全国优秀教材一等奖

U0384784

"十二五"普通高等教育本科国家级规划教材

北京市高等教育精品教材立项项目　　全国高校出版社优秀畅销书特等奖

中国高等院校计算机基础教育课程体系规划教材

丛书主编 谭浩强

C程序设计（第五版）

谭浩强 著

发行逾1700万册

清华大学出版社
北京

内 容 简 介

由谭浩强教授著、清华大学出版社出版的《C 程序设计》经过近三十年一千多万读者的实践检验,被公认为学习 C 语言程序设计的经典教材。根据 C 语言的发展和计算机教学的需要,作者在《C 程序设计(第四版)》的基础上进行了修订,使内容更加完善,更易于理解,更加切合教学需要。本书按照 C 语言的新标准 C 99 进行介绍,所有程序都符合 C 99 的规定,使编写程序更加规范;对 C 语言和程序设计的基本概念和要点讲解透彻、全面而深入;按照作者提出的"提出问题—解决问题—归纳分析"三部曲进行教学和组织教材;本书的每个例题都按以下几个步骤展开:提出任务—解题思路—编写程序—运行程序—程序分析—有关说明。符合读者认知规律,容易入门与提高。

本书内容先进,体系合理,概念清晰,讲解详尽,降低台阶,分散难点,例题丰富,深入浅出,文字流畅,通俗易懂,是初学者学习 C 语言程序设计的理想教材,既可作为高等学校各专业的正式教材,也适合读者自学。本书还配有辅助教材《C 程序设计(第五版)学习辅导》。

图书在版编目(CIP)数据

C 程序设计/谭浩强著. —5 版. —北京:清华大学出版社,2017 (2024.12重印)
(中国高等院校计算机基础教育课程体系规划教材)
ISBN 978-7-302-48144-7

Ⅰ. ①C… Ⅱ. ①谭… Ⅲ. ①C 语言—程序设计—高等学校—教材 Ⅳ. TP312.8

中国版本图书馆 CIP 数据核字(2017)第 200887 号

责任编辑:张 民
封面设计:何凤霞
责任校对:焦丽丽
责任印制:沈 露

出版发行:清华大学出版社
        网 址:https://www.tup.com.cn, https://www.wqxuetang.com
        地 址:北京清华大学学研大厦 A 座   邮 编:100084
        社 总 机:010-83470000   邮 购:010-62786544
        投稿与读者服务:010-62776969,c-service@tup. tsinghua. edu. cn
        质 量 反 馈:010-62772015,zhiliang@tup. tsinghua. edu. cn
        课 件 下 载:https://www.tup.com.cn,010-83470236
印 装 者:河北鹏润印刷有限公司
经 销:全国新华书店
开 本:185mm×260mm   印 张:24.75   插 页:1   字 数:603 千字
版 次:1991 年 7 月第 1 版   2017 年 8 月第 5 版   印 次:2024 年 12 月第 33 次印刷
定 价:59.90 元

产品编号:076450-04

教授计算技术的大师

普及现代科技之巨擘

敬颂谭浩强教授创杰远成就

宋健

一九九五年一月

▲ 原全国政协副主席、国务委员、国家科委主任、
中国工程院院长宋健同志为谭浩强教授题词

祝贺 《C程序设计》发行1000万册

向计算机教育与普及的辛勤耕耘者与
奠基人谭浩强教授致敬！
——祝贺《C程序设计》发行1000万册
吴启迪 2009年6月

▲ 全国人大常委、教育部原副部长吴启迪题词

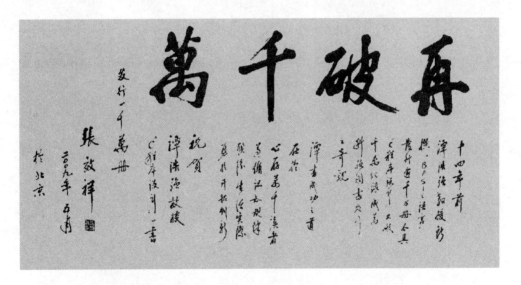

▲ 我国计算机事业的开创者、中国科学院资深院士、中国计算机学会名誉理事长张效祥题词：
"再破千万——十四年前谭浩强教授所撰《BASIC语言》发行逾千万册，今其《C程序设
计》又破千万纪录，成为科技图书发行之奇观。谭书成功之道在于：心存万千读者，遵循认
知规律，联系生活实际，勇于开拓创新。祝贺谭浩强教授《C程序设计》一书发行一千万册"。

序

从 20 世纪 70 年代末、80 年代初开始，我国的高等院校开始面向各个专业的全体大学生开展计算机教育。面向非计算机专业学生的计算机基础教育牵涉的专业面广、人数众多，影响深远，它将直接影响我国各行各业、各个领域中计算机应用的发展水平。这是一项意义重大而且大有可为的工作，应该引起各方面的充分重视。

三十多年来，全国高等院校计算机基础教育研究会和全国高校从事计算机基础教育的老师始终不渝地在这片未被开垦的土地上辛勤工作，深入探索，努力开拓，积累了丰富的经验，初步形成了一套行之有效的课程体系和教学理念。高等院校计算机基础教育的发展经历了 3 个阶段：20 世纪 80 年代是初创阶段，带有扫盲的性质，多数学校只开设一门入门课程；20 世纪 90 年代是规范阶段，在全国范围内形成了按 3 个层次进行教学的课程体系，教学的广度和深度都有所发展；进入 21 世纪，开始了深化提高的第 3 阶段，需要在原有基础上再上一个新台阶。

在计算机基础教育的新阶段，要充分认识到计算机基础教育面临的挑战。

(1) 在世界范围内信息技术以空前的速度迅猛发展，新的技术和新的方法层出不穷，要求高等院校计算机基础教育必须跟上信息技术发展的潮流，大力更新教学内容，用信息技术的新成就武装当今的大学生。

(2) 我国国民经济现在处于持续快速稳定发展阶段，需要大力发展信息产业，加快经济与社会信息化的进程，这就迫切需要大批既熟悉本领域业务，又能熟练使用计算机，并能将信息技术应用于本领域的新型专门人才。因此需要大力提高高校计算机基础教育的水平，培养出数以百万计的计算机应用人才。

(3) 21 世纪，信息技术教育在我国中小学中全面开展，计算机教育的起点从大学下移到中小学。水涨船高，这样也为提高大学的计算机教育水平创造了十分有利的条件。

迎接 21 世纪的挑战，大力提高我国高等学校计算机基础教育的水平，培养出符合信息时代要求的人才，已成为广大计算机教育工作者的神圣使命和光荣职责。全国高等院校计算机基础教育研究会和清华大学出版社于 2002 年联合成立了"中国高等院校计算机基础教育改革课题研究组"，集中了一批长期在高校计算机基础教育领域从事教学和研究的专家、教授，经过深入调查研究，广泛征求意见，反复讨论修改，提出了高校计算机基础教育改革思路和课程方案，并于 2004 年 7 月发布了《中国高等院校计算机基础教育课程体系 2004》(简称 CFC 2004)。国内知名专家和从事计算机基础教育工作的广大教师一致认为 CFC 2004 提出了一个既体现先进性又切合实际的思路和解决方案，该研究成果具有开创性、针对性、前瞻性和可操作性，对发展我国高等院校的计算机基础教育具有重要的指导作用。根据近年来计算机基础教育的发展，课题研究组先后于 2006、2008 和 2014 年发布了《中国高等院校计算机基础教育课程体系》的新版本，由清华大学出版社出版。

为了实现 CFC 提出的要求，必须有一批与之配套的教材。 教材是实现教育思想和教学要求的重要保证，是教学改革中的一项重要的基本建设。 如果没有好的教材，提高教学质量只是一句空话。 要写好一本教材是不容易的，不仅需要掌握有关的科学技术知识，而且要熟悉自己工作的对象，研究读者的认识规律，善于组织教材内容，具有较好的文字功底，还需要学习一点教育学和心理学的知识等。 一本好的计算机基础教材应当具备以下 5 个要素：

（1）定位准确。 要明确读者对象，要有的放矢，不要不问对象，提笔就写。

（2）内容先进。 要能反映计算机科学技术的新成果、新趋势。

（3）取舍合理。 要做到"该有的有，不该有的没有"，不要包罗万象、贪多求全，不应把教材写成手册。

（4）体系得当。 要针对非计算机专业学生的特点，精心设计教材体系，不仅使教材体现科学性和先进性，还要注意循序渐进，降低台阶，分散难点，使学生易于理解。

（5）风格鲜明。 要用通俗易懂的方法和语言叙述复杂的概念。 善于运用形象思维，深入浅出，引人入胜。

为了推动各高校的教学，我们愿意与全国各地区、各学校的专家和老师共同奋斗，编写和出版一批具有中国特色的、符合非计算机专业学生特点的、受广大读者欢迎的优秀教材。 为此，我们成立了"中国高等院校计算机基础教育课程体系规划教材"编审委员会，全面指导本套教材的编写工作。

本套教材具有以下几个特点：

（1）全面体现 CFC 的思路和课程要求。 可以说，本套教材是 CFC 的具体化。

（2）教材内容体现了信息技术发展的趋势。 由于信息技术发展迅速，教材需要不断更新内容，推陈出新。 本套教材力求反映信息技术领域中新的发展、新的应用。

（3）按照非计算机专业学生的特点构建课程内容和教材体系，强调面向应用，注重培养应用能力，针对多数学生的认知规律，尽量采用通俗易懂的方法说明复杂的概念，使学生易于学习。

（4）考虑到教学对象不同，本套教材包括了各方面所需要的教材(重点课程和一般课程，必修课和选修课，理论课和实践课)，供不同学校、不同专业的学生选用。

（5）本套教材的作者都有较高的学术造诣，有丰富的计算机基础教育的经验，在教材中体现了研究会所倡导的思路和风格，因而符合教学实践，便于采用。

本套教材统一规划，分批组织，陆续出版。 希望能得到各位专家、老师和读者的指正，我们将根据计算机技术的发展和广大师生的宝贵意见及时修订，使之不断完善。

全国高等院校计算机基础教育研究会荣誉会长
"中国高等院校计算机基础教育课程体系规划教材"编审委员会主任

谭浩强

前言

20世纪90年代以来，C语言迅速在全世界普及推广。无论在中国还是在世界各国，"C语言程序设计"始终是高等学校的一门基本的计算机课程。C语言程序设计在计算机教育和计算机应用中发挥着重要的作用。

作者于1991年编著了《C程序设计》一书，由清华大学出版社出版。该书针对初学者的特点和认知规律，精选内容，分散难点，降低台阶，例题丰富，深入浅出。出版后受到广大读者的热烈欢迎。许多读者说："C语言原来是比较难学的，但自从《C程序设计》出版后，C语言变得不难学了。"根据C语言的发展和教学的实践，作者先后对该书进行了3次大的修订，累计重印200多次，发行超过1400万册，平均每年印刷50万册，成为我国广大初学者学习C语言程序设计的主流用书。国内许多介绍C语言的书籍以本书为蓝本。本书曾荣获原电子工业部优秀教材一等奖、全国高等院校计算机基础教育研究会优秀教材一等奖、全国高校出版社优秀畅销书特等奖和"十二五"普通高等教育本科国家级规划教材，这是对我的莫大鼓励和鞭策。

在此书再版之际，作者想对学习程序设计问题提出以下几点看法。

一、关于C程序设计教学的指导思想

1. 为什么要学习程序设计

大学生不能满足于只会用办公软件，应当有更高的要求，对于理工科的学生尤其如此。

计算机的本质是"程序的机器"，程序和指令的思想是计算机系统中最基本的概念。程序设计是软件开发人员的基本功。只有懂得程序设计，才能进一步懂得计算机，真正了解计算机是怎样工作的。通过学习程序设计，学会进一步了解计算机的工作原理，更好地理解和应用计算机，掌握用计算机处理问题的方法，培养计算思维，提高分析问题和解决问题的能力，具有编制程序的初步能力。即使将来不是计算机专业人员，由于学过程序设计，理解软件生产的特点和生产过程，就能与程序开发人员更好地沟通与合作，开展本领域中的计算机应用，开发与本领域有关的应用程序。

因此，无论计算机专业学生还是非计算机专业学生，都应当学习程序设计知识，并且把它作为进一步学习与应用计算机的基础。

2. 为什么选择C语言

进行程序设计，必须用一种计算机语言作为工具，否则只是纸上谈兵。可供选择的语言很多，各有特点和应用领域。C语言功能丰富，表达能力强，使用灵活方便，应用面广，目标程序效率高，可移植性好，既具有高级语言的优点，又具有低级语言的许多特点，既适于编写系统软件，又能方便地用来编写应用软件。

有人以为 C++ 语言出现后，C 语言就过时了，会被淘汰了，这是一种误解。 C++ 是为处理较大规模的程序开发而研制的大型语言，它比 C 语言复杂得多，难学得多。 事实上，将来并不是每个人都需要用 C++ 编制大型程序。 C 语言是更为基本的。 美国一位资深软件专家写了一篇文章，题目是《对计算机系学生的建议》，是经验之谈，可供参考。 他说："大学生毕业前要学好 C 语言，C 语言是当前程序员共同的语言。 它使程序员互相沟通，比你在大学学到的'现代语言'(比如 ML 语言、Java 语言、Python 语言或者正在教授的流行语言)都更接近机器。" 他指出："不管你懂得多少延续、闭包、异常处理，只要你不能解释为什么 while(＊s++＝＊t++)的作用是复制字符串，那你就是在盲目无知的情况下编程，就像一个医生不懂最基本的解剖学就盲目开处方。"

C 语言更适合解决某些小型程序的编程。 C 语言作为传统的面向过程的程序设计语言，在编写底层的设备驱动程序和内嵌应用程序时，往往是更好的选择。

现在大多数高校把 C 语言作为第一门计算机语言进行程序设计教学，这是合适的，有了 C 语言的基础，需要时再进一步学习 C++ 语言，也是很容易过渡的。

3. 怎样处理好算法和语言的关系

进行程序设计，要解决两个问题：
(1) 要学习和掌握解决问题的思路和方法，即算法。
(2) 学习怎样实现算法，即用计算机语言编写程序，达到用计算机解题的目的。

因此，课程的内容应当主要包括两个方面：算法和语言。 算法是灵魂，不掌握算法，编程就是无米之炊。 语言是工具，不掌握语言，编程就成了空中楼阁。 二者都是必要的，缺一不可。 作者的做法是：以程序设计为中心，把二者紧密结合起来，既不能孤立地、抽象地研究算法，更不能孤立地、枯燥地学习语法。

算法是重要的，但本课程不是专门研究算法与逻辑的理论课程，不可能系统全面地介绍算法；也不是脱离语言环境研究算法，而是在学习编程的过程中介绍有关的典型算法，引导学生思考怎样构造一个算法。 编写程序的过程就是设计算法的过程。

语言工具也是重要的，掌握基本的语法规则是编程的基础，如果不掌握必要的语法规则，连最简单的程序也编不出来，或者编出来的程序错误百出，无法运行。 但是掌握 C 语言绝不能靠死学死记，就像熟读英语的语法不一定会写英文文章，只靠字典学不好外语一样。 如果你去看 C 语言标准文本，可能感觉如看"天书"一样，恐怕只有计算机专家才能看懂。 绝不能把程序设计课程变成枯燥地介绍语法的课程，学习语法要服务于编程。

在 30 年前我们编写《BASIC 语言》时就已经遇到了这个问题，我们坚决摒弃了孤立地介绍语法的做法，而是以程序设计为中心，把算法与语言紧密结合起来。 不是根据语言规则的分类和顺序作为教学和教材的章节和顺序，而是从应用的角度切入，以编程为目的，以编程为主线，从初学者的认知规律出发，由浅入深，由易到难，构建了教材和教学的体系。 一开始就让学生看懂简单的程序，编写简单的程序，然后逐步深入。 语法规则不是通过孤立的学习而是在学习编程的过程中学到的。 随着编程难度的逐步提高，算法和语法的学习同步趋于深入。 学生在富有创意、引人入胜的编程中，学会了算法，掌握了语法，把枯燥无味的语法规则变成生动活泼的编程应用。 事实证明这种做法是成功的。 多年来，我们坚持和发展了这种行之有效的方法，取得了很好的效果。

近年来许多学校的经验表明，按照这种思路进行教学，教师容易教，学生容易学，效果很好。

4. 注意培养科学思维方法

大学计算机基础教育要综合考虑三个方面的因素：(1)信息技术的发展； (2)面向应用的需求； (3)科学思维的培养。 大学不仅要使学生学到丰富的知识，更要培养学生的科学思维能力。

在教学中要"讲知识，讲应用，讲方法"。 方法比知识更重要。 方法就是处理问题的思维方式，教育就是教人养成正确的思维方式，知识不能代替思维。 知识不是智慧，解决问题的方法才是智慧。

编程是一项引发积极思维的活动，它不是一种简单的技能，不是只要熟记有关规则、熟能生巧，就能完成任务的。 编程需要智慧，编写每一个程序都要积极开动脑筋，发挥创造精神。 编程是一件很灵活的工作，没有标准答案，不同的人可以写出不同的程序。 在教学过程中要引导学生善于思考，在给出程序设计任务后，首先要引导学生对问题进行任务分析，思考解题的思路，设计算法，然后再考虑如何用 C 语言实现它。 同一个问题，往往有不同的解题思路和方法，要善于引导学生前后连贯，综合比较，归纳分析。 要活学活用，学用结合，学到方法，学出兴趣。

研讨算法的过程就是培养科学思维方法的过程。 正如学习数学培养了学生的逻辑思维能力一样。 要有意识地通过程序设计培养学生的科学思维(包括计算思维)能力，使学生掌握在信息时代处理问题的科学方法。

培养科学思想不是一项外加的任务，不要搞得玄而又玄，它是渗透在整个学习过程中的，是自然而然的，但是需要画龙点睛，善于归纳和提高。

二、关于本书内容的选择原则与具体安排

1. 本书是一本介绍怎样用 C 语言进行程序设计的教材，目的是学习编写程序，C 语言是工具，掌握语言工具是为了编程。 因此本书章节的安排不是以语言作为主线，而是以怎样编程作为主线。 在由浅入深介绍编程的过程中自然而然地介绍 C 语言的有关内容，二者紧密结合，同步深入。

本书不是 C 语言的使用说明手册，不可能也没必要详细介绍 C 语言的全部内容，更不可能详细介绍所有细节。 只能介绍最基本的内容，使读者能顺利地用 C 语言编写小规模的程序。 在教学中，常用到的就介绍，不常用甚至用不到的就不介绍(或在教材中列出这些内容，使读者有个印象，以后用到时可以查阅)。 如果读者今后有需要，可以在此基础上继续深入，并在实践中掌握有关语言工具的细节。

2. 程序设计课程存在以下实际问题：(1)许多学校把程序设计放在一年级，学生缺乏必要的计算机基础知识； (2)学时不是很多，一般只有四五十学时。 (3)本书的读者大多数将来不一定从事专业的编程工作。

学习 C 程序设计不能脱离实际。课程的作用是使读者了解什么是程序设计，了解计算机高级语言的特点和使用方法，能用 C 语言编写出规模不大的程序。有了这个基础，以后需要时可以进一步深入和提高，有能力用任何一种语言编写出实用程序。

3. 教材必须做到定位准确，取舍恰当，结构合理，概念清晰，循序渐进，易于理解，善于把复杂的问题简单化，能用通俗易懂的方法和语言阐述清楚复杂的概念。作者认为：只有明白"不明白的人为什么不明白"的人才是明白人。这是作者三十多年来从事教学和编著教材一贯坚持的理念，并且取得了很好的效果，受到广大师生的肯定和欢迎。在本书中仍然充分体现这一特点。

4. 根据教学实践的反馈，在本书第四版出版时已作了较大的修改，这次修订是在第四版的基础上进行的，为了教学的延续性，第五版基本保持第四版的基本结构和内容，并作了适当的精简和补充。具体安排如下：

(1) 第 1 章中简要介绍了程序设计的初步知识。但是由于篇幅关系以及学生基础不同，没有单独加设一章系统介绍计算机基本知识。有些需要用到的知识(如补码、地址、路径、数制转换等)，可在教学中随时补充(讲到哪，就补到哪)。这样可以尽早切入 C 语言编程，始终以编程为主线。

(2) 在第三版中第 3 章"数据类型、运算符与表达式"内容涉及数据在计算机中的存储形式，初学者一开始就接触这些内容容易感到枯燥难学。在第四版中对这部分内容进行了精简，不再单独设章，把其中最基本的、必须了解的内容结合在第 3 章"最简单的 C 程序设计"中介绍，降低了学习难度。在这次修订中又进一步精简，对于输入输出格式，主要介绍最基本、最常用的内容，对其他格式，有些在随后陆续结合程序介绍，有的不作具体介绍，只列表给出，使读者有全面了解，以后用到时可以查阅。

(3) 在第四版中，已把"位运算"和"预处理指令"这两章内容从教材移入《C程序设计(第四版)学习辅导》一书中。在这次修订中为减少篇幅，把第四版中的第 11 章"常见错误分析"也移放到《C程序设计(第五版)学习辅导》一书中，供读者自学参考。

(4) 在第三版的"结构体与共用体"一章中有设计链表(链表的建立、插入、删除和输出等)的内容，对于非计算机专业学生来说，难度较大。作者认为，这部分内容对非计算机专业可以不作为基本要求，在第四版中已对这部分内容作了精简，只对链表作简单的介绍，读者对之有一定了解即可。考虑到这部分对计算机专业学生是需要的，我们把有关链表的详细内容作为习题供选做，并在《C程序设计(第五版)学习辅导》一书的习题解答中给出完整的程序，供需要者参考。

(5) 专门编写了"C程序案例"一章，综合应用各章的知识。其中提供了不同难度、不同类型的程序。阅读这些程序，可以使学生了解怎样去编写应用程序，提高自己的编程能力。这部分内容安排在《C程序设计(第五版)学习辅导》一书中，供需要者参考。

5. 加强算法。专设一章(第 2 章)介绍算法的概念、算法的特点、表示算法的工具以及怎样设计算法，并通过一些简单的例子说明怎样构造一个算法。使读者有一个初步的、基本的了解。在以后各章中，由浅入深地结合例题介绍各种典型的算法，并且用 C 语言表示此算法，写出程序并运行。这样就使算法与程序紧密结合，便于验证算法的正确性。学习时不会觉得抽象，而会觉得算法具体有趣，看得见，摸得着，有利于启发思维，培养科学思维方法。

在各例题中，在提出问题后，都先进行分析问题，讨论解题思路，也就是构造算法，然后才是根据算法编写程序，而不是先列出程序再解释程序，从中了解算法。这样做，更符合读者的认知规律，使读者更容易理解算法，也引导读者在处理任务时先考虑算法再编程，而不是坐下来就写程序，养成良好的编程习惯。

6. 指针是 C 语言的一大特点，也是重点和难点，是作者下功夫最多的部分。指针这一部分概念比较复杂，应用相当灵活，很多初学者觉得指针很抽象，很难掌握，这成为学习 C 语言的拦路虎。如果没有清晰的思路和深入的理解，是难以真正掌握指针的。作者认为，应该用清晰易懂的语言使读者明白指针的本质，绝不能让读者一知半解，囫囵吞枣。作者明确指出"指针就是地址"。很多读者反映，这是画龙点睛，把指针讲透了，抓住了问题的本质。有了这个明确的认识，很多不清楚的问题都迎刃而解了，觉得指针不再难理解、难掌握了。

作者根据初学者的特点，用通俗易懂的方法讲清楚了指针是什么，并且通过大量的例子说明怎样通过用指针有效地处理问题。在这次修订中，作者对"指针就是地址"作了更深入具体的分析和叙述，使之更加容易理解，更加有说服力，解决了读者学习中的一大困惑。在这一章中，既有最基本的讲解和通俗的比喻，又有具有深度的编程技巧。从原理到应用，由浅到深，步步深入，不同程度的读者都能从中得到启迪与裨益。许多学校的老师对学生说，如果对指针不明白，看清华版的《C 程序设计》就明白了。希望读者认真学好这一章。

7. 更加通俗易懂，容易学习。作者充分考虑到广大初学者的情况，精心设计体系，适当降低门槛，尽量少用深奥难懂的专业术语，便于读者入门。没有学过计算机原理和高等数学的读者也完全可以掌握本书的内容。

本书采用作者提出的"提出问题—解决问题—归纳分析"教学三部曲，先具体后抽象，先实际后理论，先个别后一般；而不是先抽象后具体，先理论后实际，先一般后个别。在介绍每个例题时，都采取以下的步骤：给出问题—解题思路—编写程序—运行结果—程序分析—有关说明，使读者很容易理解。即使没有教师讲解，读者也能看懂本书的内容，就有可能做到，教师少讲，提倡自学，上机实践。

8. 本教材是按照 C 99 标准进行介绍的(目前许多教材是按照 C 99 标准介绍的)，以符合 C 语言的发展，使程序更加规范。C 99 是在 C 89 的基础上扩充一些功能而推出的。C 99 和 C 89 是兼容的，用 C 89 编写的程序在 C 99 环境下仍然可以运行。C 99 所增加的有些功能和规定是为了在编制比较复杂的程序时方便使用和提高效率。对初学者暂时用不到的，本书不作介绍，以免增加学习难度，可以在将来深入编程时再逐步了解和使用。

9. 程序的编译和运行环境，最早多用 Turbo C，后来多用 Visual C++ 6.0。用 Visual C++ 6.0 是比较方便的。但由于在 Windows 7 以上的系统中不支持 Visual C++ 6.0，因此许多用户改用 Visual Studio 2008 或 2010。我们在《C 程序设计(第五版)学习辅导》一书中既介绍 Visual C++ 6.0 的使用方法，也介绍用 Visual Studio 2010 编译和运行 C 程序的方法，供读者参考使用。

10. 为了帮助读者学好 C 程序设计，作者精心编著了《C 程序设计(第五版)学习辅导》，作为本书的配套用书。内容包括以下 4 个部分。

第一部分：《C 程序设计(第五版)》全部习题的参考解答。提供了 130 多个程序，可以作为学习《C程序设计(第五版)》的补充例题，对于读者拓宽视野、丰富知识和提高编程能力很有好处。

第二部分：深入学好C程序设计。包括4章：

(1) 预处理指令。系统介绍了C语言中的预处理指令，是对教材的补充。

(2) 位运算。系统介绍了C语言的位运算，是对教材的补充。

(3) 常见错误分析。作者总结了初学者学习时常出现的35种错误，对初学者避免错误会有帮助。

(4) C程序应用案例。通过3个应用实例(个人所得税计算、学生试卷分数统计和电话订餐信息处理)了解怎样用C语言编写能供实用的程序。

第三部分：C语言程序上机指南。包括：

(1) 怎样用 Visual C++ 6.0 运行 C 程序。

(2) 怎样用 Visual Studio 2010 运行 C 程序。

详细介绍这两种使用方法，尤其是 Visual Studio 2010，是很多读者希望了解和使用的，但介绍它的教材较少。

第四部分：上机实践指导。包括3章：

(1) 程序的调试与测试。

(2) 上机实验的目的和要求。

(3) 实验安排。具体安排了12个实验，给出题目和具体要求。

该书内容丰富，是对教材的重要补充。对于希望学好C程序设计的读者是很好的参考读物。

三、怎样学习 C 程序设计

1. 要着眼于培养能力。C语言程序设计并不是一门纯理论的课程，而是一门应用的课程。应当注意培养分析问题的能力、构造算法的能力、编程的能力和调试程序的能力。

2. 要把重点放在解题的思路上，通过大量的例题学习怎样设计一个算法，构造一个程序。初学时更不要在语法细节上死背死抠。一开始就要学会看懂程序，编写简单的程序，然后逐步深入。语法细节是需要通过较长期的实践才能熟练掌握的。初学时，不宜过早地使用C语言的某些容易引起错误的细节(如不适当地使用++和－－)。

3. 掌握基本要求，注意打好基础。在学校学习阶段，主要是学习程序设计的方法，进行程序设计的基本训练，为将来进一步学习和应用打下基础。不可能通过几十小时的学习，由一个门外汉变成编程高手，编写出大型而实用的程序，要求应当实事求是。如果学时有限，有些较深入的内容可以选学或自学，把精力放在最基本、最常用的内容上，打好基本功。

4. 要十分重视实践环节。光靠听课和看书是学不会程序设计的，学习本课程既要掌握概念，又必须动手编程，还要亲自上机调试运行。读者一定要重视实践环节，包括编程和上机，要既会编写程序，又会调试程序。学得好与坏，不是看你"知不知道"，而是"会不会干"。考核方法应当是编写程序和调试程序，而不应该只采用是非题和选择题。

5. 要举一反三。学习程序设计，主要是掌握程序设计的思路和方法。学会使用一种计算机语言编程，在需要时改用另一种语言应当不会太困难。不能设想今后一辈子只使用在学校里学过的某一种语言。 无论用哪一种语言进行程序设计，其基本规律是一样的。 在学习时一定要活学活用，举一反三，掌握规律，在以后需要时能很快地掌握其他新的语言进行编程。

6. 要提倡和培养创新精神。 教师和学生都不应当局限于教材中的内容，应该启发学生的学习兴趣和创新意识。 能够在教材程序的基础上思考更多的问题，编写难度更大的程序。 在本书每章的习题中，包括了一些难度较大的题目，建议学生尽量选做，学会自己发展知识，提高能力。

7. 如果对学生有较高的程序设计要求，应当在学习本课程后安排一次集中的课程设计环节，要求学生独立完成一个有一定规模的程序。

8. 从实际出发，区别对待

学习本课程的有计算机专业学生，也有非计算机专业的学生；有本科生，也有专科(高职)学生；有重点大学的学生，也有一般大学的学生。 情况各异，要求不同，必须从实际出发，制订出切实可行的教学要求和教学方案，切忌脱离实际的一刀切。

例如，对计算机专业学生的要求应当比非计算机专业高，尤其是对算法的要求应当高一些，不仅会用现成的算法，还应当会设计一般的算法。 最好能在学完本课程后独立完成一个有一定规模的程序。

对基础较好、学生程度较高的学校，可以少讲多练，强调自学，有的内容课堂上可以不讲或少讲，指定学生自学。 引导学生通过自学和实践发展知识，尽可能完成一些难度较高的习题。

9. 为了满足不同的需要，出版不同层次的 C 程序设计教材

全国各校的情况不同，学生的基础和学习要求也不尽相同，不可能都采用同一本教材。 教材应当满足多层次多样化的要求。 许多学校的老师认为《C 程序设计》是一本经过长期教学实践检验的优秀教材，其内容与风格已为广大师生所熟悉，希望在《C 程序设计》的基础上组织不同层次的教材，供不同对象选用。 作者与清华大学出版社反复研究，决定出版 C 程序设计的系列教材，包括以下 3 种：

(1)《C 程序设计(第五版)》，即本书。 本书系统全面，内容深入，讲解详尽，包含了许多其他教材中没有的内容，尤其是针对编程实践中容易出现的问题作了提醒和分析，是学习 C 语言程序设计的理想教材，适合程度较高、基础较好的学校和读者使用。

(2)《C 程序设计教程(第 3 版)》，即本书的姊妹篇。 以《C 程序设计》一书的内容为基础，适当精简内容，突出重点，紧扣最基本的教学要求，适合大多数本科院校使用。 该书已被教育部正式列为普通高等教育"十一五"国家级规划教材，并获全国高校出版社优秀畅销书一等奖。

(3)《C 语言程序设计(第 3 版)》。 要求适当降低，适合程序较好的高职高专院校使用。 该书亦已列为普通高等教育"十一五"国家级规划教材。

以上几咱教材都配有学习辅导，以帮助读者更好地掌握教学内容。

10. 为了帮助广大读者更好地掌握本书的内容，我们组织制作了与本书配合使用的数字资源，将在近期内陆续推出，供各高校教学使用。

在本书出版之际，作者衷心感谢全国高等院校计算机基础教育研究会和全国各高校教师多年来始终不渝的关心与鼎力支持，感谢广大读者给予我的理解与厚爱，感谢清华大学

出版社三十多年来的密切合作与支持。 没有这一切，我不可能取得今天的成就。 我永远感谢曾经帮助和支持过我的、相识的和不相识的同志和朋友。

　　谭浩强团队部分成员参与了本书的修订工作。 其中，南京大学金莹教授参与了本书内容的研讨与设计，编写了部分章节，编写和调试了部分程序，并负责制作与本书配合的数字资源。 薛淑斌和谭亦峰高级工程师也参与了部分章节的编写工作。 由于作者水平有限，本书肯定会有不少缺点和不足，热切期望得到专家和读者的批评指正。

谭浩强谨识

2017 年 5 月于清华园

对使用本教材的建议

1. 本书是作为高等学校学生学习 C 程序设计的教材,对象是没有学过计算机程序设计的大学生。本书既注重概念清晰,使读者建立起对程序设计和 C 语言的清晰理解,又注意引导学生学以致用,使学生在较短的时间内初步学会用 C 语言编写程序,具有初步的编程知识和能力,而不是仅停留在理论知识层面上。虽然如此,本书与就业上岗前的职业培训教材是有区别的,也不是供软件开发人员使用的手册和技术规范,本书带有基础的性质,主要帮助学生学习程序设计方法,学习怎样去编写程序,为以后的进一步提高与应用打好基础。如果读者准备从事软件开发工作,可以在学习本书的基础上进一步学习有关专业知识。

2. 本书系统全面,内容丰富,供基础较好的学校和学生学习。本书很适合自学,建议采取课堂讲授与自学相结合的方法。在课堂上教师主要介绍编程思路和怎样用 C 语言去实现算法,不要孤立地一一介绍语法的细节,但是要在介绍程序时重点指出关键之处以及容易出错的地方。要求学生通过自学教材和上机实践来理解程序设计方法,学会正确使用 C 语言工具,具有初步编程能力。语法不是靠讲和背学会的,而是在实践中掌握的。

3. 作者专门编写的"常见错误分析"(《C 程序设计(第五版)学习辅导》第 13 章)中列举了初学者在编程序时常出现的错误,这是作者在多年教学实践中收集和总结出来的,是很有价值的,希望教师和同学能充分利用这个资源。教师可以结合教学提醒学生避免出现类似的错误。学生在学习过程中可以随时翻阅,了解在什么情况下容易出错。在经过一段时间的编程和上机实践后,再系统地阅读一下,回顾和总结自己易出错的问题,这样可以减少错误,提高编程效率。

4. 要善于利用习题。本书各章中的习题包括不同类型、不同程度的 142 道题目。其中有些题目的难度高于书中的例题,这样做的目的是使学生不满足于已学过的内容,而要举一反三,善于发展已有知识,提倡创新精神,培养解决问题的能力。有的专家和读者说,如果能独立地完成全部习题,他的 C 语言学习就过关了。希望教师能指定学生完成各章中有一定难度的习题。希望学生能尽量多做习题,以提高自己的水平。

在《C 程序设计(第五版)学习辅导》一书中,提供了绝大多数习题的参考解答,列出了程序。对于比较难的习题,除了给出程序外,还作了比较详细的说明。这些习题解答实际上是作者对本教材例题的补充,希望读者能充分利用它。学生即使没有时间自己做全部习题,如果能把全部习题的参考解答都看一遍,而且都能看懂,也会很有收获,能扩大眼界,丰富知识。教师也可以挑选一些习题解答在课堂上讲授,作为补充例题。

5. 预处理指令往往是 C 程序中必要的部分,尤其是用♯include 指令来包含头文件和用♯define 指令定义符号常量。在本教材中结合编写程序,介绍了怎样使用这两种预处理指令。在《C 程序设计(第五版)学习辅导》一书中,专门有一章系统、详细地介绍各种预处理指令的使用,以供使用参考。教师可在介绍♯include 指令和♯define 指令时说明还有其他预处理指令,请同学们自己学习参考。

6．"位运算"是C语言区别于其他高级语言的一个重要特点。C语言能对"位"进行操作，使得C具有比较接近机器的特点。考虑到非计算机专业学生的情况，这次修订时在主教材中不再包括位运算的内容。但是，在编写系统软件和数据采集、检测与控制中往往需要用到位运算。信息类专业的学生需要学习这方面的知识，因此，把位运算的内容放到《C程序设计（第五版）学习辅导》一书中，计算机和其他信息类专业可以把它列入教学内容，其他读者可以选学。

7．为了便于教学，本教材中的例题程序的规模一般都不大。在学完各章内容之后，需要综合应用已学过的知识，编写一些应用程序，以提高编程能力。在《C程序设计（第五版）学习辅导》一书中专门有一章"C程序案例"，这些案例很有实用价值，对于读者在学习本书后提高编程能力会有很大的帮助。要善于利用这些资源，教师可以指定学生阅读这些程序。

8．由于学时少，只靠几十小时的教学就能使学生真正掌握C程序设计是困难的，如果有条件，最好在学完本教材后安排一次课程设计，要求学生独立完成一个有一定规模的程序设计，这是一个重要的教学实践环节，能大大提高学生的独立编程能力。

9．本书可供不同层次的读者使用。可以采取以下几种方法之一：

（1）程度较高的学校和学生，可以学完本书的全部内容，再完成一个大作业。

（2）课堂上讲完本书的基本内容，目录中有＊的章节可以指定学生课后自学，但应作为教学要求，完成相关的习题和实验。

（3）如果学时不够，难以讲完全部内容，有＊的章节可作为选学内容，不作为教学要求，教师可作很简单的介绍，然后留作学生日后需要时查阅参考。但建议不要把本书后面几章舍弃，应当让学生基本学完第1～10章，使学生对C语言有全面的了解。例如，文件的概念是很重要的，宁可作简单的介绍，也不要放弃。前5章的进度可以快些，有些程序可以让学生自学。

目 录

第1章 程序设计和C语言

1.1 什么是计算机程序

　　有人以为计算机是"万能"的,会自动进行所有的工作,甚至觉得计算机神秘莫测。这是很多初学者的误解,其实,计算机的每一个操作都是根据人们事先指定的指令进行的。例如用一条指令要求计算机进行一次加法运算,用另一条指令要求计算机将某一运算结果输出到显示屏。为了使计算机执行一系列的操作,必须事先编好一条条指令,输入计算机。

　　所谓程序,就是一组计算机能识别和执行的指令。每一条指令使计算机执行特定的操作。只要让计算机执行这个程序,计算机就会"自动地"执行各条指令,有条不紊地进行工作。一个特定的指令序列用来完成一定的功能。为了使计算机系统能实现各种功能,需要成千上万个程序。这些程序大多数是由计算机软件设计人员根据需要设计好的,作为计算机的软件系统的一部分提供给用户使用。此外,用户还可以根据自己的实际需要设计一些应用程序,例如学生成绩统计程序、财务管理程序、工程中的计算程序等。

　　总之,计算机的一切操作都是由程序控制的,离开程序,计算机将一事无成。所以,计算机的本质是程序的机器,程序和指令是计算机系统中最基本的概念。只有懂得程序设计,才能真正了解计算机是怎样工作的,才能更深入地使用计算机。

1.2 什么是计算机语言

　　人和人之间的交流需要通过语言。中国人之间用汉语,英国人用英语,俄罗斯人用俄语,等等。人和计算机交流信息也要解决语言问题。需要创造一种计算机和人都能识别的语言,这就是计算机语言。计算机语言经历了以下几个发展阶段。

　　机器语言　计算机工作基于二进制,从根本上说,计算机只能识别和接受由0和1组成的指令。在计算机发展的初期,一般计算机的指令长度为16,即以16个二进制数(0或1)组成一条指令,16个0和1可以组成各种排列组合。例如,用

1011011000000000

让计算机进行一次加法运算。要使计算机知道和执行自己的意图,就要编写许多条由0和1组成的指令。然后要用纸带穿孔机以人工的方法在特制的黑色纸带上穿孔,在指定的位置上有孔代表1,无孔代表0。一个程序往往需要一卷长长的纸带。在需要运行此程序时就将此纸带装在光电输入机上,当光电输入机从纸带读入信息时,有孔处产生一个电脉冲,指令变成电信号,让计算机执行各种操作。

　　这种计算机能直接识别和接受的二进制代码称为**机器指令**(machine instruction)。机

器指令的集合就是该计算机的**机器语言**（machine language）。在语言的规则中规定各种指令的表示形式以及它的作用。

显然，机器语言与人们习惯用的语言差别太大，难学、难写、难记、难检查、难修改、难以推广使用，因此初期只有极少数的计算机专业人员会编写计算机程序。

符号语言　为了克服机器语言的上述缺点，人们创造出符号语言（symbolic language），它用一些英文字母和数字表示一个指令，例如用 ADD 代表"加"，SUB 代表"减"，LD 代表"传送"等。如上面介绍的那条机器指令可以改用符号指令代替：

ADD A,B　　（执行 A＋B⇒A，将寄存器 A 中的数与寄存器 B 中的数相加，放到寄存器 A 中）

显然，计算机并不能直接识别和执行符号语言的指令，需要用一种称为**汇编程序**的软件把符号语言的指令转换为机器指令。一般，一条符号语言的指令对应转换为一条机器指令。转换的过程称为"代真"或"汇编"，因此，符号语言又称为**符号汇编语言**（symbolic assembler language）或**汇编语言**（assembler language）。

虽然汇编语言比机器语言简单好记一些，但仍然难以普及，只在专业人员中使用。

不同型号的计算机的机器语言和汇编语言是互不通用的。用甲机器的机器语言编写的程序在乙机器上不能使用。机器语言和汇编语言是完全依赖于具体机器特性的，是面向机器的语言。由于它"贴近"计算机，或者说离计算机"很近"，故称为计算机**低级语言**（low level language）。

高级语言　为了克服低级语言的缺点，20 世纪 50 年代创造出了第一个计算机高级语言——FORTRAN 语言。它很接近于人们习惯使用的自然语言和数学语言。程序中用到的语句和指令是用英文单词表示的，程序中所用的运算符和运算表达式和人们日常所用的数学式子差不多，很容易理解。程序运行的结果用英文和数字输出，十分方便。例如在 FORTRAN 语言程序中，想计算和输出 $3.5 \times 6 \sin(\pi/3)$，只须写出下面这样一个语句：

PRINT ＊, 3.5 ＊ 6 ＊ SIN(3.1415926/3)

即可得到计算结果。显然这是很容易理解和使用的。

这种语言功能很强，且不依赖于具体机器，用它写出的程序对任何型号的计算机都适用（或只须作很少的修改），它与具体机器距离较"远"，故称为计算机**高级语言**（high level language）。

当然，计算机也是不能直接识别高级语言程序的，也要进行"翻译"。用一种称为**编译程序**的软件把用高级语言写的程序（称为**源程序**（source program））转换为机器指令的程序（称为**目标程序**（object program）），然后让计算机执行机器指令程序，最后得到结果。高级语言的一个语句往往对应多条机器指令。

自从有了高级语言后，一般的科技人员、管理人员、大中学生以及广大计算机爱好者都能较容易地学会用高级语言编写程序，指挥计算机进行工作，而完全无须考虑什么机器指令，也可以不必深入懂得计算机的内部结构和工作原理，就能得心应手地利用计算机进行各种工作，为计算机的推广普及创造了良好的条件，人们称高级语言的出现是计算机发展史上"惊人的成就"。

高级语言经历了不同的发展阶段：

　　(1) **非结构化的语言**。初期的语言属于非结构化的语言,编程风格比较随意,只要符合语法规则即可,没有严格的规范要求,程序中的流程可以随意跳转。人们往往追求程序执行的效率而采用了许多"小技巧",使程序变得难以阅读和维护。早期的 BASIC,FORTRAN 和 ALGOL 等都属于非结构化的语言。

　　(2) **结构化语言**。为了解决以上问题,提出了"结构化程序设计方法",规定程序必须由具有良好特性的基本结构(顺序结构、选择结构、循环结构)构成,程序中的流程不允许随意跳转,程序总是由上而下顺序执行各个基本结构。这种程序结构清晰,易于编写、阅读和维护。QBASIC,FORTRAN 77 和 C 语言等属于结构化的语言,这些语言的特点是支持结构化程序设计方法。

　　以上两种语言都是基于过程的语言,在编写程序时需要具体指定每一个过程的细节。在编写规模较小的程序时,还能得心应手,但在处理规模较大的程序时,就显得捉襟见肘、力不从心了。在实践的发展中,人们又提出了面向对象的程序设计方法。程序面对的不是过程的细节,而是一个个对象,对象是由数据以及对数据进行的操作组成的。

　　(3) **面向对象的语言**。后来,在处理规模较大的问题时,人们开始使用面向对象的语言。C++,C♯,Visual Basic 和 Java 等语言是支持面向对象程序设计方法的语言。有关面向对象的程序设计方法和面向对象的语言在本书中不作详细介绍,有兴趣的读者可参考有关专门书籍(如作者编著的《C++ 面向对象程序设计(第 3 版)》)。

　　进行程序设计,必须用到计算机语言,人们根据任务的需要选择合适的语言,编写出程序,然后运行程序得到结果。

1.3　C 语言的发展及其特点

　　1972 年,美国贝尔实验室的 D. M. Ritchie 在 B 语言的基础上设计出了 C 语言。最初的 C 语言只是为描述和实现 UNIX 操作系统提供一种工作语言而设计的。1973 年,Ken Thompson 和 D. M. Ritchie 合作把 UNIX 的 90％ 以上用 C 语言改写,即 UNIX 第 5 版。随着 UNIX 的日益广泛使用,C 语言也迅速得到推广。1978 年以后,C 语言先后移植到大、中、小和微型计算机上。C 语言便很快风靡全世界,成为世界上应用最广泛的程序设计高级语言之一。

　　以 UNIX 第 7 版中的 C 语言编译程序为基础,1978 年,Brian W. Kernighan 和 Dennis M. Ritchie 合著了影响深远的名著 *The C Programming Language*,这本书中介绍的 C 语言成为后来广泛使用的 C 语言版本的基础,它是实际上第一个 C 语言标准。1983 年,美国国家标准协会(ANSI),根据 C 语言问世以来各种版本对 C 语言的发展和扩充,制定了第一个 C 语言标准草案('83 ANSI C)。1989 年,ANSI 公布了一个完整的 C 语言标准——ANSI X3. 159—1989(常称为 ANSI C 或 C 89)。1990 年,国际标准化组织 ISO (International Standard Organization)接受 C 89 作为国际标准 ISO/IEC 9899:1990,它和 ANSI 的 C 89 基本上是相同的。

　　1999 年,ISO 又对 C 语言标准进行了修订,在基本保留原来的 C 语言特征的基础上,针对应用的需要,增加了一些功能,尤其是 C++ 中的一些功能,并在 2001 年和 2004 年先后进行了两次技术修正,它被称为 C 99,C 99 是 C 89 的扩充。

应该注意到，前一时间由不同软件公司所提供的一些C语言编译系统并未完全实现C 99建议的功能，它们多以C 89为基础开发。读者应了解自己所使用的C语言编译系统的特点。

C语言是一种用途广泛、功能强大、使用灵活的过程性（procedural）编程语言，既可用于编写应用软件，又可用于编写系统软件。因此C语言问世以后得到迅速推广。自20世纪90年代初，C语言在我国开始推广以来，学习和使用C语言的人越来越多，C语言成了学习和使用人数最多的一种计算机语言，我国绝大多数理工科大学都开设了"C语言程序设计"课程。掌握C语言成为计算机开发人员的一项基本功。

C语言有以下一些主要特点。

（1）语言简洁、紧凑，使用方便、灵活。C语言一共只有37个关键字（见附录B）、9种控制语句，程序书写形式自由，主要用小写字母表示，压缩了一切不必要的成分。C语言程序比其他许多高级语言简练，源程序短，因此输入程序时工作量少。

实际上，C是一个很小的内核语言，只包括极少的与硬件有关的成分，C语言不直接提供输入和输出语句、有关文件操作的语句和动态内存管理的语句等（这些操作是由编译系统所提供的库函数来实现的），C的编译系统相当简洁。

（2）运算符丰富。C语言的运算符包含的范围很广泛，共有34种运算符（见附录C）。C语言把括号、赋值和强制类型转换等都作为运算符处理，从而使C语言的运算类型极其丰富，表达式类型多样化。灵活使用各种运算符可以实现在其他高级语言中难以实现的运算。

（3）数据类型丰富。C语言提供的数据类型包括整型、浮点型、字符型、数组类型、指针类型、结构体类型和共用体类型等，C 99又扩充了复数浮点类型、超长整型（long long）和布尔类型（bool）等。尤其是指针类型数据，使用十分灵活和多样化，能用来实现各种复杂的数据结构（如链表、树、栈等）的运算。

（4）具有结构化的控制语句（如if…else语句、while语句、do…while语句、switch语句和for语句）。用函数作为程序的模块单位，便于实现程序的模块化。C语言是完全模块化和结构化的语言。

（5）语法限制不太严格，程序设计自由度大。例如，对数组下标越界不进行检查，由程序编写者自己保证程序的正确。对变量的类型使用比较灵活，例如，整型量与字符型数据以及逻辑型数据可以通用。一般的高级语言语法检查比较严，能检查出几乎所有的语法错误，而C语言为了使编写者有较大的自由度放宽了语法检查。程序员应当仔细检查程序，保证其正确，不要过分依赖C语言编译程序查错。"限制"与"灵活"是一对矛盾。限制严格，就失去灵活性；而强调灵活，就必然放松限制。对于不熟练的人员，编写一个正确的C语言程序可能会比编写一个其他高级语言程序难一些。也就是说，对用C语言的人要求更高一些。

（6）C语言允许直接访问物理地址，能进行位（bit）操作，能实现汇编语言的大部分功能，可以直接对硬件进行操作。因此C语言既具有高级语言的功能，又具有低级语言的许多功能，可用来编写系统软件。C语言的这种双重性，使它既是成功的系统描述语言，又是通用的程序设计语言。

（7）用C语言编写的程序可移植性好。由于C的编译系统相当简洁，因此很容易移植到新的系统。而且 C 编译系统在新的系统上运行时，可以直接编译"标准链接库"中的大部分功能，不需要修改源代码，因为标准链接库是用可移植的 C 语言写的。因此，几乎在所有的计算机系统中都可以使用 C 语言。

（8）生成目标代码质量高，程序执行效率高。

C 原来是专门为编写系统软件而设计的，许多大的应用软件也都用 C 语言编写，这是因为 C 语言的可移植性好，硬件控制能力高，表达和运算能力强。许多以前只能用汇编语言处理的问题，后来可以改用 C 语言来处理了。目前 C 的主要用途之一是编写嵌入式系统程序。由于具有上述优点，使 C 语言应用面十分广泛，许多应用软件也用 C 语言编写。

对 C 语言以上的特点，待学完 C 语言以后再回顾一下，就会有比较深的体会。

1.4 最简单的 C 语言程序

为了使用 C 语言编写程序，必须了解 C 语言，并且能熟练地使用 C 语言。本书将由浅入深地介绍怎样阅读 C 语言程序和使用 C 语言编写程序。

1.4.1 最简单的 C 语言程序举例

下面介绍几个最简单的 C 语言程序。

【例 1.1】 要求在屏幕上输出以下一行信息。

This is a C program.

解题思路：在主函数中用 printf 函数原样输出以上文字。

编写程序：

```
# include <stdio. h>              //这是编译预处理指令
int main( )                       //定义主函数
  {                               //函数开始的标志
    printf ("This is a C program. \n");   //输出所指定的一行信息
    return 0;                     //函数执行完毕时返回函数值0
  }                               //函数结束的标志
```

运行结果：

```
This is a C program.
Press any key to continue_
```

以上运行结果是在 Visual C++ 6.0 环境下运行程序时屏幕上得到的显示。其中第 1 行是程序运行后输出的结果，第 2 行是 Visual C++ 6.0 系统在输出完运行结果后自动输出的一行信息，告诉用户"如果想继续进行下一步，请按任意键"。当用户按任意键后，屏幕上不再显示运行结果，而返回程序窗口，以便进行下一步工作（如修改程序）。为节省篇幅，本书在以后显示运行结果时，不再包括内容为"Press any key to continue"这一行。

程序分析：先看程序第 2 行，其中 main 是函数的名字，表示"主函数"，main 前面的 int 表示此函数的类型是 int 类型（整型）。在执行主函数后会得到函数值，它是一个整数，其值为整型。程序第 5 行"return 0;"的作用是：当 main 函数执行结束前将整数 0 作为函数值,返回到调用函数处①。每一个 C 语言程序都必须有一个 main 函数。函数体由花括号 {}括起来。本例中主函数内有两个语句,程序第 4 行是一个用来输出有关信息的语句,printf 是 C 编译系统提供的函数库中的输出函数(详见第 4 章)。printf 函数中双撇号内的字符串"This is a C program."按原样输出。\n 是换行符,即在输出"This is a C program."后,显示屏上的光标位置移到下一行的开头。这个光标位置称为输出的当前位置,即下一个输出的字符出现在此位置上。每个语句最后都有一个分号,表示语句结束。

在使用函数库中的输入输出函数时,编译系统要求程序提供有关此函数的信息(例如对输入输出函数的声明和宏的定义、全局量的定义等,这些以后会介绍的),程序第 1 行"♯include <stdio.h>"的作用就是用来提供这些信息的。stdio.h 是系统提供的一个文件名,stdio 是 standard input & output 的缩写,文件后缀.h 的意思是头文件(header file),因为这些文件都是放在程序各文件模块的开头的。输入输出函数的相关信息已事先放在 stdio.h 文件中。现在,用♯include 指令把这些信息调入供使用。如果没有此♯include 指令,就不可能执行 printf 函数。关于编译预处理指令♯include,读者可先不必深究,只要记住:在程序中如要用到标准函数库中的输入输出函数,应该在本文件模块的开头加下面一行:

♯include <stdio.h>

在以上程序各行的右侧,如果有//,则表示从此处到本行末是"注释",用来对程序有关部分进行必要的说明。在写 C 程序时应当多用注释,以方便自己和别人理解程序各部分的作用。在程序进行预编译处理时将每个注释替换为一个空格,因此在编译时注释部分不产生目标代码,注释对运行不起作用。注释只是给人看的,而不是让计算机执行的。

🐏 说明:C 语言允许用两种注释方式:

(1)以//开始的单行注释。如上面介绍的注释。这种注释可以单独占一行,也可以出现在一行中其他内容的右侧。此种注释的范围从//开始,以换行符结束。也就是说这种注释不能跨行。如果注释内容一行内写不下,可以用多个单行注释,如下面两行是连续的注释行:

//如注释内容一行内写不下
//可以在下一行重新用"//",然后继续写注释。

(2)以/*开始,以*/结束的块式注释。这种注释可以包含多行内容。它可以单独占一行(在行开头以/*开始,行末以*/结束),也可以包含多行。编译系统在发现一个/*后,会开始找注释结束符*/,把二者间的内容作为注释。

但应注意的是在字符串中的//和/*都不作为注释的开始。而是作为字符串的一部分。如:

printf("//how do you do!\n");

---

① C 99 建议把 main 函数指定为 int 型(整型),它要求函数带回一个整数值。最后有一个"return 0;"语句,表示当主函数正常结束时,得到的函数值为 0;当执行 main 函数过程中出现异常或错误时,函数值为一个非 0 的整数。这个函数值是返回给调用 main 函数的操作系统的。程序员可以利用操作指令检查 main 函数的返回值,从而判断 main 函数是否已正常执行,并据此决定以后的操作。如果在程序中不写"return 0;"语句,有的 C 编译系统会在目标程序中自动加上这一语句,因此。主函数正常结束时,也能使函数值为 0。为使程序规范和可移植,希望读者写的程序一律将 main 函数指定为 int 型,并在 main 函数的最后加一个"return 0;"语句。

或

```
printf("/ * how do you do! * /\n");
```

输出分别是:

```
//how do you do!
```

和

```
/ * how do you do! * /
```

如果所用的是中文 C 编译系统,注释可以用汉字或英文字符表示。

在 C 89 只允许用/ * … * /形式的注释,而 C++ 则允许用//形式的注释,//注释被称为 "C++ 风格"的注释。但许多 C 编译系统在 C 99 之前就已支持这种方便的注释方法, C 99 正式将//注释纳入 C 语言新标准。目前使用的一些编译系统(如 Visual C++ 6.0, Turbo C++ 3.0 和 GCC)等都支持//单行注释。在本书的程序中,将利用//对程序的各部分作简要的说明。如果读者输入并运行这些程序,可不必包括这些注释内容。

【例 1.2】 求两个整数之和。

解题思路: 设置 3 个变量,a 和 b 用来存放两个整数,sum 用来存放和数。用赋值运算符"="把相加的结果传送给 sum。

编写程序:

```
# include <stdio. h>            //这是编译预处理指令
int main( )                     //定义主函数
  {                             //函数开始
    int a,b,sum;                //本行是程序的声明部分,定义 a,b,sum 为整型变量
    a=123;                      //对变量 a 赋值
    b=456;                      //对变量 b 赋值
    sum=a+b;                    //进行 a+b 的运算,并把结果存放在变量 sum 中
    printf("sum is %d\n",sum);  //输出结果
    return 0;                   //使函数返回值为 0
  }                             //函数结束
```

运行结果:

```
sum is 579
```

然后换行,程序执行结束。

🔍 **程序分析:** 本程序的作用是求两个整数 a 和 b 之和。第 4 行是声明部分,定义 a,b 和 sum 为整型(int)变量。第 5,6 行是两个赋值语句,使 a 和 b 的值分别为 123 和 456。第 7 行使 sum 的值为 a 与 b 之和。第 8 行输出结果,这个 printf 函数圆括号内有两个部分。第一个部分是双撇号中的内容 sum is %d\n,它是输出格式字符串,作用是输出用户希望输出的字符和输出的格式。其中,sum is 是用户希望输出的字符,%d 是指定的输出格式,d 表示用"十进制整数"形式输出。圆括号内第二个部分 sum 表示要输出变量 sum 的值。在执行 printf 函数时,将 sum 变量的值(以十进制整数表示)取代双撇号中的%d。现在 sum 的值是 579(即 123 与 456 之和),所以在输出时,十进制整数 579 取代了%d(见图 1.1),\n

是换行符。

最后输出双撇号中的字符 sum is 579,然后换行,程序执行结束。

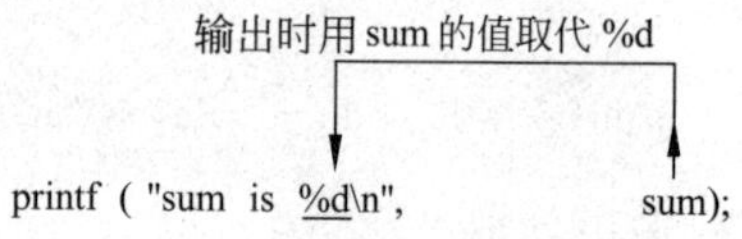

由于本程序正常运行和结束,因此 main 函数的返回值应为 0。现在并没有去检查和利用这个函数值,但是以后在某些时候会需要用到 main 函数值的。

【例 1.3】 求两个整数中的较大者。

解题思路: 用一个函数来实现求两个整数中的较大者。在主函数中调用此函数并输出结果。

编写程序:

输出时用 sum 的值取代 %d

```
printf ( "sum is %d\n",          sum);
```

图 1.1

```
# include <stdio. h>
//主函数
int main()                         //定义主函数
  {                                //主函数体开始
  int max(int x,int y);            //对被调用函数 max 的声明
  int a,b,c;                       //定义变量 a,b,c
  scanf("%d,%d",&a,&b);            //输入变量 a 和 b 的值
  c=max(a,b);                      //调用 max 函数,将得到的值赋给 c
  printf("max=%d\n",c);            //输出 c 的值
  return 0;                        //返回函数值为 0
  }                                //主函数体结束
//求两个整数中的较大者的 max 函数
int max(int x,int y)               //定义 max 函数,函数值为整型,形式参数 x 和 y 为整型
  {
  int z;                           //max 函数中的声明部分,定义本函数中用到的变量 z 为整型
  if(x>y)z=x;                      //若 x>y 成立,将 x 的值赋给变量 z
  else z=y;                        //否则(即 x>y 不成立),将 y 的值赋给变量 z
  return(z);                       //将 z 的值作为 max 函数值,返回到调用 max 函数的位置
  }
```

运行结果:

```
8,5
max=8
```

在运行时,第 1 行输入 8 和 5,赋给变量 a 和 b,程序在第 2 行输出"max=8"。

🔍 **程序分析:** 本程序包括两个函数:①主函数 main;②被调用的函数 max。

max 函数的作用是将 x 和 y 中较大者的值赋给变量 z。第 18 行 return 语句将 z 的值作为 max 的函数值返回给调用 max 函数的函数(即主函数 main)。返回值是通过函数名 max 带回到 main 函数中去的(带回到程序第 8 行,main 函数调用 max 函数处)。

程序第 5 行是对被调用函数 max 的声明(declaration)。为什么要作这个函数声明呢?因为在主函数中要调用 max 函数(程序第 8 行"c=max(a,b);"),而 max 函数的定义却在main 函数之后,对程序的编译是自上而下进行的,在对程序第 8 行进行编译时,编译系统无法知道 max 是什么,因而无法把它作为函数调用处理。为了使编译系统能识别 max 函数,

就要在调用 max 函数之前用"int max(int x,int y);"对 max 函数进行"声明",所谓声明,通俗地说就是告诉编译系统 max 是什么,以及它的有关信息。有关函数的声明详见第 7 章。

程序第 7 行 scanf 是输入函数的名字(scanf 和 printf 都是 C 的标准输入输出函数)。该 scanf 函数的作用是输入变量 a 和 b 的值。scanf 后面圆括号中包括两部分内容。一是双撇号中的内容,它指定输入的数据按什么格式输入。"%d"的含义是"以十进制整数形式"。二是输入的数据准备放到哪里,即赋给哪个变量。现在,scanf 函数中指定的是 a 和 b,在 a 和 b 的前面各有一个 &,在 C 语言中"&"是地址符,&a 的含义是"变量 a 的地址",&b 是"变量 b 的地址"。执行 scanf 函数,从键盘读入两个整数,放到变量 a 和 b 的地址,然后把这两个整数分别赋给变量 a 和 b。

程序第 8 行用 max(a,b)的形式调用 max 函数。在调用时将 a 和 b 作为 max 函数的参数(称为实际参数)的值分别传送给 max 函数中的参数 x 和 y(称为形式参数),然后执行 max 函数的函数体(程序第 14~19 行),使 max 函数中的变量 z 得到一个值(即 x 和 y 中大者的值),return(z)的作用是把 z 的值作为 max 函数值带回到程序第 8 行"="的右侧(主函数调用 max 函数的位置),取代 max(a,b),然后把这个值赋给变量 c。

第 9 行用来输出结果。在执行 printf 函数时,对双撇号括起来的 max=%d\n 是这样处理的:将 max=原样输出,%d 由变量 c 的值取代,\n 的作用是换行。

🔊**注意**:本例程序中两个函数都有 return 语句,请注意它们的异同。两个函数都定义为整型,都有函数值,都需要用 return 语句为函数指定返回值。但是 main 函数中的 return 语句指定的返回值一般为 0,而 max 函数的返回值是 max 函数中求出的两数中的最大值 z,只有通过 return 语句才能把求出的 z 值作为函数的值并返回调用它的 main 函数中(即程序第 8 行,并把此值赋给变量 c)。不要以为在 max 函数中求出最大值 z 后就会自动地作为函数值返回调用处,必须用 return 语句指定将哪个值作为函数值。也不要不加分析地在所有函数的最后都写上"return 0;"。

本例用到了函数调用、实际参数和形式参数等概念,只作了简单的解释。初学者对此可能不大理解,可以先不予深究,在学到以后有关章节时自然迎刃而解。在本章介绍此例子,主要是使读者对 C 程序的组成和形式有一个初步的了解。

1.4.2　C 语言程序的结构

通过以上几个程序例子,可以看到一个 C 语言程序的结构有以下特点:

(1) **一个程序由一个或多个源程序文件组成**。一个规模较小的程序,往往只包括一个源程序文件,如例 1.1 和例 1.2 是一个源程序文件中只有一个函数(main 函数),例 1.3 中有两个函数,属于同一个源程序文件。

在一个源程序文件中可以包括 3 个部分:

① **预处理指令**。如 #include <stdio.h>(还有一些其他预处理指令,如 #define 等)。C 编译系统在对源程序进行"翻译"以前,先由一个预处理器(也称预处理程序、预编译器)对预处理指令进行预处理,对于 #include <stdio.h>指令来说,就是将 stdio.h 头文件的内容读进来,取代 #include <stdio.h>。由预处理得到的结果与程序其他部分一起,组成一个完整的、可以用来编译的最后的源程序,然后由编译程序对该源程序正式进行编译,才得到目标程序。

② **全局声明**。即在函数之外进行的数据声明。例如可以把例1.2程序中的"int a,b,sum;"放到main函数的前面，这就是全局声明，在函数外面声明的变量称为全局变量。如果是在程序开头（定义函数之前）声明的变量，则在整个源程序文件范围内有效。在函数中声明的变量是局部变量，只在函数范围内有效。关于全局变量和局部变量的概念和用法见本书第7章。在本章的例题中没有用全局声明，只有在函数中定义的局部变量。

③ **函数定义**。如例1.1、例1.2和例1.3中的main函数和例1.3中的max函数，要指定每个函数的功能。在调用这些函数时，会完成函数定义中指定的功能。

(2) **函数是C程序的主要组成部分**。程序的几乎全部工作都是由各个函数分别完成的，函数是C程序的基本单位，在设计良好的程序中，每个函数都用来实现一个或几个特定的功能。编写C程序的工作主要就是编写一个个函数。

一个C语言程序是由一个或多个函数组成的，其中必须包含一个main函数（且只能有一个main函数）。例1.1和例1.2中的程序只由一个main函数组成，例1.3程序由一个main函数和一个max函数组成，它们组成一个源程序文件，在进行编译时对整个源程序文件统一进行编译。

一个小程序只包含一个源程序文件，在一个源程序文件中包含若干个函数（其中有一个main函数）。当程序规模较大时，所包含的函数的数量较多，如果把所有的函数都放在同一个源程序文件中，则此文件显得太大，不便于编译和调试。为了便于调试和管理，可以使一个程序包含若干个源程序文件，每个源程序文件又包含若干个函数。一个源程序文件就是一个程序模块，即将一个程序分成若干个程序模块。

在进行编译时是以源程序文件为对象进行的。在分别对各源程序文件进行编译并得到相应的目标程序后，再将这些目标程序连接成为一个统一的二进制的可执行程序。

C语言的这种特点使得容易实现程序的模块化。

在程序中被调用的函数，可以是系统提供的库函数（例如printf和scanf函数），也可以是用户根据需要自己编制设计的函数（例如例1.3中的max函数）。C的函数库十分丰富，ANSI C建议提供了一百多个标准库函数，不同的C编译系统除了提供标准库函数外，还增加了其他一些专门的函数，如Turbo C提供了三百多个库函数。不同编译系统所提供的库函数个数和功能是不完全相同的。

(3) **一个函数包括两个部分**。

① **函数首部**。即函数的第1行，包括函数名、函数类型、函数属性、函数参数（形式参数）名、参数类型。

例如，例1.3中的max函数的首部为

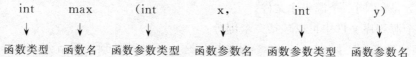

```
int       max       (int       x,       int       y)
 ↓         ↓          ↓         ↓         ↓         ↓
函数类型  函数名  函数参数类型  函数参数名  函数参数类型  函数参数名
```

一个函数名后面必须跟一对圆括号，括号内写函数的参数名及其类型。如果函数没有参数，可以在括号中写void，也可以是空括号，如：

　　int main(void)

或

int main()

② **函数体**。即函数首部下面的花括号内的部分。如果在一个函数中包括有多层花括号，则最外层的一对花括号是函数体的范围。

函数体一般包括以下两部分。

- **声明部分**。声明部分包括：定义在本函数中所用到的变量，如例 1.3 中在 main 函数中定义变量"int a,b,c;"；对本函数所调用函数进行声明，如例 1.3 中在 main 函数中对 max 函数的声明"int max(int x,int y);"。
- **执行部分**。由若干个语句组成，指定在函数中所进行的操作。

在某些情况下也可以没有声明部分（例如例 1.1），甚至可以既无声明部分也无执行部分。如：

void dump()
{}

是一个空函数，什么也不做，但这是合法的。

（4）**程序总是从 main 函数开始执行的**，而不论 main 函数在整个程序中的位置如何（main 函数可以放在程序最前头，也可以放在程序最后，或在一些函数之前、另一些函数之后）。

（5）**程序中要求计算机完成的操作是由函数中的 C 语句完成的**。如赋值、输入输出数据的操作都是由相应的 C 语句实现的。

C 程序书写格式是比较自由的。一行内可以写几个语句，一个语句可以分写在多行上，但为清晰起见，习惯上每行只写一个语句。

（6）**在每个数据声明和语句的最后必须有一个分号**。分号是 C 语句的必要组成部分。如：

c=a+b;

中的分号是不可缺少的。

（7）**C 语言本身不提供输入输出语句**。输入和输出的操作是由库函数 scanf 和 printf 等函数来完成的。C 语言对输入输出实行"函数化"。由于输入输出操作涉及具体的计算机设备，把输入输出操作用库函数实现，就可以使 C 语言本身的规模较小，编译程序简单，很容易在各种机器上实现，程序具有可移植性。

（8）**程序应当包含注释**。一个好的、有使用价值的源程序都应当加上必要的注释，以增加程序的可读性。

1.5　运行 C 程序的步骤与方法

在 1.4 节中看到的用 C 语言编写的程序是**源程序**。计算机不能直接识别和执行用高级语言写的指令，必须用编译程序（也称编译器）把 C 源程序翻译成二进制形式的目标程序，然后再将该目标程序与系统的函数库以及其他目标程序连接起来，形成可执行的目标程序。

在编写好一个 C 源程序后，怎样上机进行编译和运行呢？一般要经过以下几个步骤：

（1）上机输入和编辑源程序。可以通过键盘向计算机输入程序，如发现有错误，要及时改正。最后将此源程序以文件形式存放在自己指定的文件夹内（如果不特别指定，一般存放在用户当前目录下），文件用.c作为后缀，生成源程序文件，如 f.c。

（2）对源程序进行编译，先用C编译系统提供的"预处理器"（又称"预处理程序"或"预编译器"）对程序中的预处理指令进行编译预处理。例如，对于 #include <stdio.h> 指令来说，就是将 stdio.h 头文件的内容读进来，取代 #include <stdio.h> 行。由预处理得到的信息与程序其他部分一起组成一个完整的、可以用来进行正式编译的源程序，然后由编译系统对该源程序进行编译。

编译的作用首先是对源程序进行检查，判定它有无语法方面的错误，如有，则发出"出错信息"，告诉编程人员认真检查改正。修改程序后重新进行编译，如果还有错，再发出"出错信息"。如此反复进行，直到没有语法错误为止。这时，编译程序自动把源程序转换为二进制形式的目标程序（在 Visual C++ 中后缀为.obj，如 f.obj）。如果不特别指定，此目标程序一般也存放在用户当前目录下，此时源文件没有消失。

在用编译系统对源程序进行编译时，自动包括了预编译和正式编译两个阶段，一气呵成。用户不必分别发出二次指令。

（3）进行连接处理。经过编译所得到的二进制目标文件（后缀为.obj）还不能供计算机直接执行。前面已说明：一个程序可能包含若干个源程序文件，而编译是以源程序文件为对象的，一次编译只能得到与一个源程序文件相对应的目标文件（也称目标模块），它只是整个程序的一部分。必须把所有的编译后得到的目标模块连接装配起来，再与函数库相连接成一个整体，生成一个可供计算机执行的目标程序，称为**可执行程序**（executive program），在 Visual C++ 中其后缀为.exe，如 f.exe。

即使一个程序只包含一个源程序文件，编译后得到的目标程序也不能直接运行，也要经过连接阶段，因为要与函数库进行连接，才能生成可执行程序。

以上连接的工作是由编译系统中的"连接编辑程序"（linkage editor）实现的。

（4）运行可执行程序，得到运行结果。

以上过程如图1.2所示。其中实线表示操作流程，虚线表示文件的输入输出。例如，编辑后得到一个源程序文件 f.c，然后在进行编译时再将源程序文件 f.c 输入，经过编译得到目标程序文件 f.obj，再将所有目标模块输入计算机，与系统提供的库函数等进行连接，得到可执行的目标程序 f.exe，最后把 f.exe 输入计算机，并使之运行，得到结果。

一个程序从编写到运行得到预期结果，并不是一次就能成功的，往往要经过多次反复。编写好的程序并不一定能保证正确无误，除了用人工方式检查外，还须借助编译系统来检查有无语法错误。从图1.2中可以看到：如果在编译过程中发现错误，应当重新检查

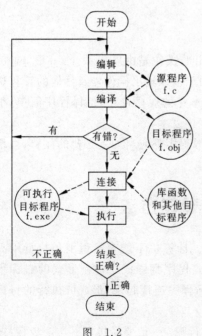

图　1.2

源程序,找出问题,修改源程序,并重新编译,直到无错为止。有时编译过程未发现错误,能生成可执行程序,但是运行的结果不正确。一般情况下,这不是语法方面的错误,而可能是程序逻辑方面的错误,例如计算公式不正确、赋值不正确等,应当返回检查源程序,并改正错误。

为了编译、连接和运行C程序,必须要有相应的编译系统。目前使用的很多C编译系统都是集成开发环境(IDE)的,把程序的编辑、编译、连接和运行等操作全部集中在一个界面上进行,功能丰富,使用方便,直观易用。

在Windows环境下,用Visual Studio 2010比较方便。本书的辅导用书《C程序设计(第五版)学习辅导》介绍了用Visual Studio 2010对C程序进行编辑、编译、连接和运行的方法,读者可以参考。

不应当只会使用一种编译系统,无论用哪一种编译系统,都应当能举一反三,在需要时会用其他编译系统进行工作。

在与本书配套出版的《C程序设计(第五版)学习辅导》中,详细介绍了常用的C编译工具的使用方法,可供读者上机调试程序时参考。

1.6 程序设计的任务

如果只是编写和运行一个很简单的程序,上面介绍的步骤就够了。但是实际上要处理的问题比上面见到的例子复杂得多,需要考虑和处理的问题也复杂得多。程序设计是指从确定任务到得到结果、写出文档的全过程。

从确定问题到最后完成任务,一般经历以下几个工作阶段:

(1) **问题分析**。对于接手的任务要进行认真的分析,研究所给定的条件,分析最后应达到的目标,找出解决问题的规律,选择解题的方法。在此过程中可以忽略一些次要的因素,使问题抽象化,例如用数学式子表示问题的内在特性。这就是建立模型。

(2) **设计算法**。即设计出解题的方法和具体步骤。例如要解一个方程式,就要选择用什么方法求解,并且把求解的每一个步骤清晰无误地写出来。一般用流程图来表示解题的步骤。

(3) **编写程序**。根据得到的算法,用一种高级语言编写出源程序。

(4) **对源程序进行编辑、编译和连接**,得到可执行程序。

(5) **运行程序,分析结果**。运行可执行程序,得到运行结果。能得到运行结果并不意味着程序正确,要对结果进行分析,看它是否合理。例如把"b=a;"错写为"a=b;",程序不存在语法错误,能通过编译,但运行结果显然与预期不符。因此要对程序进行调试(debug)。调试的过程就是通过上机发现和排除程序中故障的过程。经过调试,得到了正确的结果,但是工作不应到此结束。不要只看到某一次结果是正确的,就认为程序没有问题。例如,求c=b/a,当a=4,b=2时,求出c的值为0.5,是正确的,但是当a=0,b=2时,就无法求出c的值。说明程序对某些数据能得到正确结果,对另外一些数据却得不到正确结果,程序还有漏洞,因此,还要对程序进行测试(test)。所谓测试,就是设计多组测试数据,检查程序对不同数据的运行情况,从中尽量发现程序中存在的漏洞,并修改程序,使之能适用于各种情况。作为商品提供使用的程序,是必须经过严格测试的。

在本书的配套书《C程序设计（第五版）学习辅导》中对程序的调试和测试做了进一步的说明，读者可以参考。

（6）**编写程序文档**。许多程序是提供给别人使用的，如同正式的产品应当提供产品说明书一样，正式提供给用户使用的程序，必须向用户提供程序说明书（也称为用户文档）。内容应包括程序名称、程序功能、运行环境、程序的装入和启动、需要输入的数据，以及使用注意事项等。

程序文档是软件的一个重要组成部分，软件是计算机程序和程序文档的总称。现在的商品软件光盘中，既包括程序，也包括程序使用说明，有的则在程序中以帮助（help）或readme 形式提供。

习　题

1. 什么是程序？什么是程序设计？

2. 为什么需要计算机语言？高级语言有哪些特点？

3. 正确理解以下名词及其含义：

（1）源程序，目标程序，可执行程序。

（2）程序编辑，程序编译，程序连接。

（3）程序，程序模块，程序文件。

（4）函数，主函数，被调用函数，库函数。

（5）程序调试，程序测试。

4. 编写一个 C 程序，运行时输出

Hello World!

这个程序是一些国外 C 教材中作为第一个程序例子介绍的，一般称为 Hello 程序。

5. 编写一个 C 程序，运行时输出以下图形：

```
*****
  *****
    *****
      *****
```

6. 编写一个 C 程序，运行时输入 a,b,c 三个值，输出其中值最大者。

7. 看懂《C 程序设计（第五版）学习辅导》第 16 章中介绍的用 Visual Studio 2010 对 C 程序进行编辑、编译、连接和运行的方法，并进行以下操作：

（1）建立一个新项目，定名为 project1。

（2）建立一个新文件，定名为 test1。

（3）向 test1 文件输入源程序（此源程序为读者自己编写的程序）。

（4）编译该源程序，如发现程序有错，请修改之，直到不出现"编译出错"为止。

（5）连接并运行，得到结果。分析结果。

第 2 章　算法——程序的灵魂

通过第 1 章的学习,初步知道了什么是 C 语言,了解了 C 语言的特点,看到了几个用 C 语言编写的简单程序,有的读者可能已经上机运行了简单的 C 程序,了解了怎样从程序得到运算结果。这些是学习本课程的最基本的准备知识。

但是现在还不能直接开始进行程序设计,因为第 1 章中看到的程序是最简单不过的程序,而实际上需要处理的问题比这复杂得多。为了进行程序设计,还必须掌握更多的知识。

本章的内容并不难,但很重要,是学好后续各章的基础,请读者重视。

2.1　程序＝算法＋数据结构

一个程序主要包括以下两方面的信息:

(1) 对**数据**的描述。在程序中要指定用到哪些数据,以及这些数据的类型和数据的组织形式。这就是**数据结构**(data structure)。

(2) 对**操作**的描述。要求计算机进行操作的步骤,也就是算法(algorithm)。

数据是操作的对象,操作的目的是对数据进行加工处理,以得到期望的结果。打个比方,厨师制作菜肴,需要有菜谱,菜谱上一般应说明:①所用配料,指出为了做出顾客所指定的菜肴,应该使用哪些材料;②操作步骤,指出有了这些原料,应按什么样的步骤进行加工,才能做出所需的菜肴。

没有原料是无法加工成所需菜肴的,而同一些原料可以加工出不同风味的菜肴。作为程序设计人员,必须认真考虑和设计数据结构和操作步骤(即算法)。著名计算机科学家沃思(Nikiklaus Wirth)提出一个公式:

算法＋数据结构＝程序

直到今天,这个公式对于过程化程序来说依然是适用的。

实际上,一个过程化的程序除了以上两个主要要素之外,还应当采用结构化程序设计方法进行程序设计,并且用某一种计算机语言表示。因此,算法、数据结构、程序设计方法和语言工具 4 个方面是一个程序设计人员所应具备的知识,在设计一个程序时要综合运用这几方面的知识。在本书中不可能全面介绍这些内容,它们都属于有关的专门课程范畴。在这4 个方面中,算法是灵魂,数据结构是加工对象,语言是工具,编程需要采用合适的方法。

算法是解决"做什么"和"怎么做"的问题。程序中的操作语句,实际上就是算法的体现。显然,不了解算法就谈不上程序设计。本书不是一本专门介绍算法的教材,也不是一本只介绍 C 语言语法规则的使用说明。本书将通过一些实例把以上 4 个方面的知识结合起来,使读者学会考虑解题的思路,并且能正确地编写出 C 语言程序。

由于算法的重要性,本章先介绍有关算法的初步知识,以便为后面各章的学习建立一定的基础。

2.2　什么是算法

　　做任何事情都有一定的步骤。例如，你想从北京去天津开会，首先要去买火车票，然后按时乘坐地铁到北京站，登上火车，到天津站后坐汽车到会场，参加会议；要考大学，首先要填志愿表，交报名费，拿到准考证，按时参加考试，得到录取通知书，到指定学校报到注册等。这些步骤都是按一定的顺序进行的，缺一不可，次序错了也不行。从事各种工作和活动，都必须事先想好进行的步骤，然后按部就班地进行，才能避免产生错乱。实际上，在日常生活中，由于已养成习惯，所以人们并没意识到每件事都需要事先设计出"行动步骤"。例如吃饭、上学、打球和做作业等，事实上都是按照一定的规律进行的，只是人们不必每次都重复考虑它而已。

　　不要认为只有"计算"的问题才有算法。广义地说，为解决一个问题而采取的方法和步骤，就称为"算法"。例如，描述太极拳动作的图解，就是"太极拳的算法"。一首乐曲的乐谱，也可以称为该乐曲的算法，因为它指定了演奏该乐曲的每一个步骤，按照它的规定就能演奏出预定的曲子。

　　对同一个问题，可以有不同的解题方法和步骤。例如，求 $1+2+3+\cdots+100$，即 $\sum\limits_{n=1}^{100} n$。

有人可能先进行 $1+2$，再加 3，再加 4，一直加到 100，而有的人采取这样的方法：$\sum\limits_{n=1}^{100} n = 100+(1+99)+(2+98)+\cdots+(49+51)+50 = 100+49\times100+50 = 5050$。还可以有其他方法。当然，方法有优劣之分。有的方法只须进行很少的步骤，而有些方法则需要较多的步骤。一般来说，希望采用方法简单、运算步骤少的方法。因此，为了有效地进行解题，不仅需要保证算法正确，还要考虑算法的质量，选择合适的算法。

　　本书所关心的当然只限于计算机算法，即计算机能执行的算法。例如，让计算机算 $1\times2\times3\times4\times5$，或将 100 个学生的成绩按高低分数的次序排列，是可以做到的，而让计算机去执行"替我理发"或"煎一份牛排"，是做不到的（至少目前如此）。

　　计算机算法可分为两大类别：数值运算算法和非数值运算算法。数值运算的目的是求数值解，例如求方程的根、求一个函数的定积分等，都属于数值运算范围。非数值运算涉及的面十分广泛，最常见的是用于事务管理领域，例如对一批职工按姓名排序、图书检索、人事管理和行车调度管理等。目前，计算机在非数值运算方面的应用远远超过了在数值运算方面的应用。

　　由于数值运算往往有现成的模型，可以运用数值分析方法，因此对数值运算的算法的研究比较深入，算法比较成熟。对各种数值运算都有比较成熟的算法可供选用。人们常常把这些算法汇编成册（写成程序形式），供用户调用。例如有的计算机系统提供"数学程序库"，使用起来十分方便。

　　非数值运算的种类繁多，要求各异，难以做到全部都有现成的答案，因此只有一些典型的非数值运算算法（例如排序算法、查找搜索算法等）有现成的、成熟的算法可供使用。许多问题往往需要使用者参考已有的类似算法的思路，重新设计解决特定问题的专门算法。本书不可能罗列所有算法，只是想通过一些典型算法的介绍，帮助读者了解什么是算法，怎样设计一个算法，帮助读者举一反三。希望读者通过本章介绍的例子了解怎样提出问题，怎样思考问题，怎样表示一个算法。

2.3 简单的算法举例

【例 2.1】 求 $1\times2\times3\times4\times5$。

可以用最原始的方法进行：

步骤 1：先求 1 乘以 2，得到结果 2。

步骤 2：将步骤 1 得到的乘积 2 再乘以 3，得到结果 6。

步骤 3：将 6 再乘以 4，得 24。

步骤 4：将 24 再乘以 5，得 120。这就是最后的结果。

这样的算法虽然是正确的，但太烦琐。如果要求 $1\times2\times\cdots\times1000$，则要写 999 个步骤，显然是不可取的。而且每次都要直接使用上一步骤的具体运算结果(如 2,6,24 等)，也不方便。应当能找到一种通用的表示方法。

不妨这样考虑：设置两个变量，一个变量代表被乘数，一个变量代表乘数。不另设变量存放乘积结果，而是直接将每一步骤的乘积放在被乘数变量中。今设变量 t 为被乘数，变量 i 为乘数。用循环算法来求结果。可以将算法改写如下：

S1：令 t＝1，或写成 1⇒t(表示将 1 存放在变量 t 中)

S2：令 i＝2，或写成 2⇒i(表示将 2 存放在变量 i 中)

S3：使 t 与 i 相乘，乘积仍放在变量 t 中，可表示为：t＊i⇒t

S4：使 i 的值加 1，即 i＋1⇒i

S5：如果 i 不大于 5，返回重新执行 S3 及其后的步骤 S4 和 S5；否则，算法结束。最后得到 t 的值就是 5!的值。

上面的 S1,S2…代表步骤 1、步骤 2……S 是 Step(步)的缩写。这是写算法的习惯用法。

请读者仔细分析这个算法，能否得到预期的结果。显然这个算法比前面列出的算法简练。

如果题目改为：求 $1\times3\times5\times7\times9\times11$。

算法只须做很少的改动：

S1：1⇒t

S2：3⇒i

S3：t＊i⇒t

S4：i＋2⇒i

S5：若 i≤11，返回 S3；否则，结束。

其中,S5 也可以表示为

S5：若 i＞11，结束；否则返回 S3。

上面两种写法，作用是相同的。

可以看出用这种方法表示的算法具有一般性、通用性和灵活性。S3～S5 组成一个循环，在满足某个条件(i≤11)时，反复多次执行 S3,S4 和 S5 步骤，直到某一次执行 S5 步骤时，发现乘数 i 已超过事先指定的数值(11)而不返回 S3 为止。此时算法结束，变量 t 的值就是所求结果。

由于计算机是高速运算的自动机器，实现循环是轻而易举的，所有计算机高级语言中都有实现循环的语句，因此，上述算法不仅是正确的，而且是计算机能方便实现的较好的算法。

请读者仔细分析循环结束的条件，即 S5。如果在求 $1×2×\cdots×11$ 时，将 S5 写成

S5：若 i<11，返回 S3。

这样会有什么问题？得到什么结果？

【例 2.2】 有 50 个学生，要求输出成绩在 80 分以上的学生的学号和成绩。

为描述方便，可以统一用 n 表示学生学号，用下标 i 代表第几个学生，n_1 代表第一个学生的学号，n_i 代表第 i 个学生的学号；统一用 g 表示学生的成绩，g_1 代表第 1 个学生的成绩，g_i 代表第 i 个学生的成绩。

本来问题是很简单的：先检查第 1 个学生的成绩 g_1，如果它的值大于或等于 80，就将此成绩输出，否则不输出。然后再检查第 2 个学生的成绩 g_2……直到检查完第 50 个学生的成绩 g_{50} 为止。但是这样表示步骤太多，太烦琐，最好能找到简明的表示方法。

分析此过程的规律，每次检查的内容和处理方法都是相似的，只是检查的对象不同，而检查的对象都是学生的成绩 g，只是下标不同（从 g_1 变化到 g_{50}）。只要有规律地改变下标 i 的值（从 1～50），就可以把检查的对象统一表示为 g_i，这样就可以用循环的方法来处理了。算法可表示如下：

S1：1⇒i

S2：如果 g_i≥80，则输出 n_i 和 g_i，否则不输出

S3：i+1⇒i

S4：如果 i≤50，返回到步骤 S2，继续执行，否则，算法结束。

变量 i 代表下标，先使它的值为 1，检查 g_1（g_1 到 g_{50} 都是已知的）。然后使 i 增值 1，再检查 g_i。通过控制 i 的变化，在循环过程中实现了对 50 个学生的成绩处理。

可以看到，这样表示的算法比最初的表示方法抽象简明，抓住了解题的规律，易于用计算机实现。请读者通过这个简单的例子学会怎样归纳解题的规律，把具体的问题抽象化，设计出简明的算法。

【例 2.3】 判定 2000—2500 年中的每一年是否为闰年，并将结果输出。

先分析闰年的条件：

(1) 能被 4 整除，但不能被 100 整除的年份都是闰年，如 1996 年、2008 年、2012 年、2048 年是闰年；

(2) 能被 400 整除的年份是闰年，如 1600 年、2000 年是闰年。

不符合这两个条件的年份不是闰年。例如 2009 年、2100 年不是闰年。

设 year 为被检测的年份。算法可表示如下：

S1：2000⇒year

S2：若 year 不能被 4 整除，则输出 year 的值和"不是闰年"。然后转到 S6，检查下一个年份

S3：若 year 能被 4 整除，不能被 100 整除，则输出 year 的值和"是闰年"。然后转到 S6

S4：若 year 能被 400 整除，输出 year 的值和"是闰年"，然后转到 S6

S5：输出 year 的值和"不是闰年"

S6：year＋1⇒year

S7：当 year≤2500 时，转 S2 继续执行，否则算法停止。

在这个算法中，采取了多次判断。先判断 year 能否被 4 整除，如不能，则 year 必然不是闰年。如 year 能被 4 整除，并不能马上决定它是否闰年，还要检查它能否被 100 整除。如不能被 100 整除，则肯定是闰年（例如 2008 年）。如能被 100 整除，还不能判断它是否闰年，还要检查它能否被 400 整除，如果能被 400 整除，则是闰年；否则不是闰年。

在这个算法中，每做一步，都分别分离出一些范围（已能判定为闰年或非闰年），逐步缩小范围，使被判断的范围愈来愈小，直至执行 S5 时，只可能是非闰年，见图 2.1。

从图 2.1 可以看出："其他"这一部分，包括不能被 4 整除的年份，以及能被 4 整除，又能被 100 整除，但不能被 400 整除的那些年份（如 1900 年），它们都是非闰年。

考虑算法时，应当仔细分析所需判断的条件，如何一步一步缩小检查判断的范围。对有的问题，判断的先后次序是无所谓的；而有的问题，判断条件的先后次序是不能任意颠倒的，读者可根据具体问题决定其逻辑。

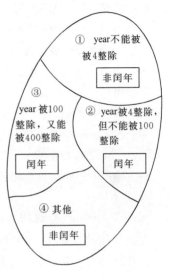

图　2.1

【例 2.4】　求 $1-\dfrac{1}{2}+\dfrac{1}{3}-\dfrac{1}{4}+\cdots+\dfrac{1}{99}-\dfrac{1}{100}$。

解题思路：表面看，每一项都不一样，但稍加分析，就可以看到：

① 第 1 项的分子分母都是 1，即 $\dfrac{1}{1}$；

② 第 2 项的分母是 2，以后每一项的分母都是前一项的分母加 1；

③ 第 2 项前的运算符为"－"，后一项前面的运算符都与前一项前的运算符相反。

这就找到了多项式的规律，能把多项式表示为一般形式，即把问题抽象化了。

有此基础就可以写出下面的算法，用 sign 代表当前处理的项前面的数值符号，term 代表当前项的值。sum 表示当前各项的累加和，deno 是当前项的分母（英文 denominator 的缩写）。本例中用有含义的单词作变量名，以使算法更易于理解。

S1：sign＝1

S2：sum＝1

S3：deno＝2

S4：sign＝（－1）＊sign

S5：term＝sign＊（1/deno）

S6：sum＝sum＋term

S7：deno＝deno＋1

S8：若 deno≤100 返回 S4；否则算法结束。

在 S1 中先预设 sign 的值为 1（sign 代表多项式中当前项的符号，它的值为 1 或－1）。在 S2 中使 sum 等于 1，相当于已将多项式中的第一项加到了 sum 中了，后面应该从第 2 项开始累加。在 S3 中使分母的值为 2，它是第 2 项的分母。在 S4 中使 sign 的值变为－1，此

时它代表第 2 项的符号。在 S5 中求出多项式中第 2 项的值（−1/2）。在 S6 中将刚才求出
的第 2 项的值（−1/2）累加到 sum 中。至此，sum 的值是（1−1/2）。在 S7 中使分母 deno
的值加 1（变成 3）。执行 S8，由于 deno≤100，故返回 S4，sign 的值改为 1，在 S5 中求出 term
的值为 1/3，在 S6 中将 1/3 累加到 sum 中。然后 S7 再使分母变为 4。按此规律反复执行
S4～S8 步骤，直到分母大于 100 为止。一共执行了 99 次循环，向 sum 累加入了 99 个分数。
sum 最后的值就是多项式的值。

【例 2.5】 给出一个大于或等于 3 的正整数，判断它是不是一个素数。

解题思路：所谓素数（prime），是指除了 1 和该数本身之外，不能被其他任何整数整除
的数。例如，13 是素数，因为它不能被 2，3，4，…，12 整除。

判断一个数 n(n≥3)是否为素数的方法是很简单的：将 n 作为被除数，将 2～(n−1)的
各个整数先后作为除数，如果都不能被整除，则 n 为素数。

算法可以表示如下：

S1：输入 n 的值

S2：i＝2 （i 作为除数）

S3：n 被 i 除，得余数 r

S4：如果 r＝0，表示 n 能被 i 整除，则输出 n"不是素数"，算法结束；否则执行 S5

S5：i＋1⇒i

S6：如果 i≤n−1，返回 S3；否则输出 n 的值以及"是素数"，然后结束

实际上，n 不必被 2～(n−1)的整数除，只须被 2～n/2 的整数除即可，甚至只须被 2～
$\sqrt{n}$ 的整数除即可。例如，判断 13 是否为素数，只须将 13 被 2 和 3 除即可，如都除不尽，n 必
为素数。S6 步骤可改为

S6：如果 i≤$\sqrt{n}$，返回 S3；否则算法结束

通过以上几个例子，可以初步了解怎样设计一个简单的算法。

2.4 算法的特性

在 2.3 节了解了几种简单的算法，这些算法是可以在计算机上实现的。为了能编写程
序，必须学会设计算法。不要以为任意写出的一些执行步骤就构成一个有效且好的算法。
一个有效算法应该具有以下特点。

(1) **有穷性**。一个算法应包含有限的操作步骤，而不能是无限的。例如例 2.4 的算法，
如果将 S8 步骤改为："若 deno>0，返回 S4"，则循环永远不会停止，这不是有穷的步骤。事
实上，"有穷性"往往指"在合理的范围之内"。如果让计算机执行一个历时 1000 年才结束的
算法，这虽然是有穷的，但超过了合理的限度，人们也不把它视为有效算法。究竟什么算"合
理限度"，由人们的常识和需要判定。

(2) **确定性**。算法中的每一个步骤都应当是确定的，而不应当是含糊的、模棱两可的。
例如，有一个健身操的动作要领，其中有一个动作："手举过头顶"，这步骤就是不确定的、
含糊的。是双手都举过头？还是左手或右手？举过头顶多少厘米？不同的人可以有不同的
理解。算法中的每一个步骤应当不致被解释成不同的含义，而应是明确无误的。如例 2.5
中的 S3 步骤如果写成"n 被一个整数除，得余数 r"，这也是不确定的，它没有说明 n 被哪个

整数除,因此无法执行。也就是说,算法的含义应当是唯一的,而不应当产生"歧义性"。所谓"歧义性",是指可以被理解为两种(或多种)的可能含义。

（3）**有零个或多个输入**。所谓输入是指在执行算法时需要从外界取得必要的信息。例如,在执行例 2.5 算法时,需要输入 n 的值,然后判断 n 是否为素数。也可以有两个或多个输入,例如,求两个整数 m 和 n 的最大公约数,则需要输入 m 和 n 的值。一个算法也可以没有输入,例如,例 2.1 在执行算法时不需要输入任何信息,就能求出 5!。

（4）**有一个或多个输出**。算法的目的是为了求解,"解"就是输出。如例 2.5 求素数的算法,最后输出的 n"是素数"或"不是素数"就是输出的信息。但算法的输出并不一定就是计算机的打印输出或屏幕输出,一个算法得到的结果就是算法的输出。没有输出的算法是没有意义的。

（5）**有效性**。算法中的每一个步骤都应当能有效地执行,并得到确定的结果。例如,若 b＝0 ,则执行 a/b 是不能有效执行的。

对于一般最终用户来说,他们并不需要在处理每一个问题时都要自己设计算法和编写程序,可以使用别人已设计好的现成算法和程序,只须根据已知算法的要求给予必要的输入,就能得到输出的结果。对使用者来说,已有的算法如同一个"黑箱子"一样,他们可以不了解"黑箱子"中的结构,只是从外部特性上了解算

图　2.2

法的作用,即可方便地使用算法。例如,对一个"输入 3 个数,求其最大值"的算法,可以用图 2.2 表示,只要输入 a,b,c 这 3 个数,执行算法后就能得到其中最大的数。

对于程序设计人员来说,必须学会设计常用的算法,并且根据算法编写程序。

2.5　怎样表示一个算法

为了表示一个算法,可以用不同的方法。常用的方法有:自然语言、传统流程图、结构化流程图和伪代码等。

2.5.1　用自然语言表示算法

第 2.3 节介绍的算法是用自然语言来表示的,自然语言就是人们日常使用的语言,可以是汉语、英语或其他语言。用自然语言表示通俗易懂,但文字冗长,容易出现歧义。自然语言表示的含义往往不大严格,要根据上下文才能判断其正确含义。例如有这样一句话:"张先生对李先生说他的孩子考上了大学",请问是张先生的孩子考上大学还是李先生的孩子考上大学呢? 光从这句话本身难以判断。此外,用自然语言来描述包含分支和循环的算法不大方便(如例 2.5 的算法)。因此,除了那些很简单的问题以外,一般不用自然语言表示算法。

2.5.2　用流程图表示算法

流程图是用一些图框来表示各种操作。用图形表示算法,直观形象,易于理解。美国国家标准化协会(American National Standard Institute,ANSI)规定了一些常用的流程图符号(见图 2.3),已为世界各国程序工作者普遍采用。

图 2.3 中**菱形框**的作用是对一个给定的条件进行判断,根据给定的条件是否成立决定

如何执行其后的操作。它有一个入口，两个出口，见图 2.4。

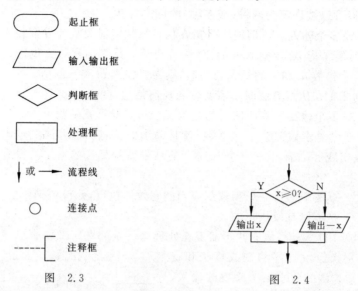

图 2.3   图 2.4

连接点（小圆圈）是用于将画在不同地方的流程线连接起来。如图 2.5 中有两个以①为标志的连接点，它表示这两个点是连接在一起的，实际上它们是同一个点，只是画不下才分开来画。用连接点可以避免流程线交叉或过长，使流程图清晰。注释框不是流程图中必要的部分，不反映流程和操作，只是为了对流程图中某些框的操作作必要的补充说明，以帮助阅读流程图的人更好地理解流程图的作用。

下面将 2.3 节中所举的几个算法例子，改用流程图表示。

【例 2.6】 将例 2.1 的算法用流程图表示。求 $1×2×3×4×5$。

按照流程图的规定，把算法用图 2.6 所示的流程图表示。菱形框两侧的 Y 和 N 代表"是"（Yes）和"否"（No）。

如果需要将最后结果输出，可以在菱形框的下面再加一个输出框，见图 2.7。

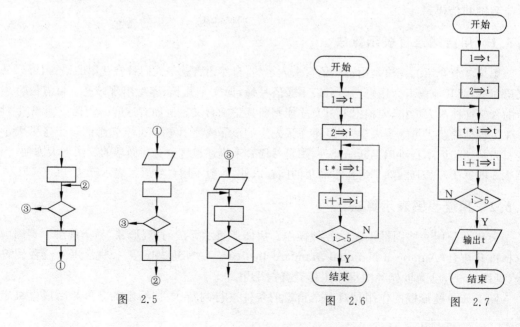

图 2.5   图 2.6   图 2.7

【例 2.7】　例 2.2 的算法用流程图表示。有 50 个学生,要求输出成绩在 80 分以上的学生的学号和成绩。

流程图见图 2.8,在此算法中没有包括输入 50 个学生数据的部分。如果包括这个输入数据的部分,流程图如图 2.9 所示。

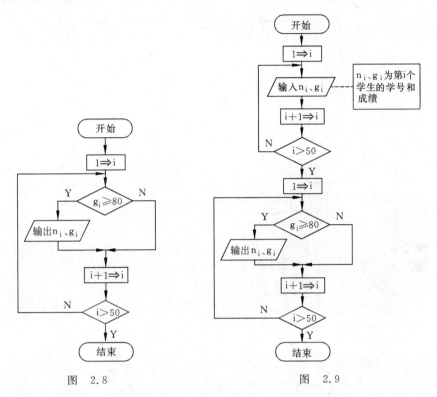

图　2.8　　　　　　　　　　　图　2.9

【例 2.8】　例 2.3 判定闰年的算法用流程图表示。判定 2000—2500 年中的每一年是否为闰年,将结果输出。

流程图见图 2.10。显然,用图 2.10 表示算法要比用文字描述算法逻辑清晰、易于理解。

请读者考虑,如果例 2.3 所表示的算法中,S2 步骤内没有最后"转到 S6"这一句话,而只是:

S2:若 year 不能被 4 整除,则输出 y "不是闰年"

这样就意味着执行完 S2 步骤后,不论 S2 的执行情况如何都应执行 S3 步骤。请读者画出相应的流程图。请思考这样的算法在逻辑上有什么错误? 从流程图上是很容易发现逻辑上的错误的。

【例 2.9】　将例 2.4 的算法用流程图表示。求 $1-\dfrac{1}{2}+\dfrac{1}{3}-\dfrac{1}{4}+\cdots+\dfrac{1}{99}-\dfrac{1}{100}$。

流程图见图 2.11。

【例 2.10】　例 2.5 判断素数的算法用流程图表示。对一个大于或等于 3 的正整数,判断它是不是一个素数。

流程图见图 2.12。

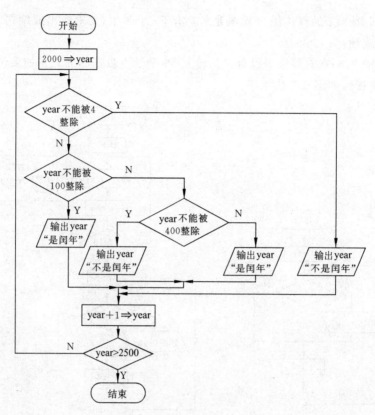

图　2.10

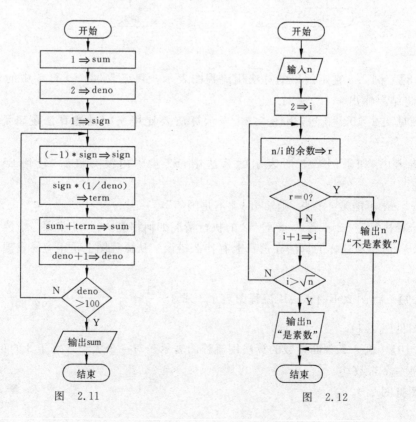

图　2.11

图　2.12

通过以上几个例子可以看出流程图是表示算法的较好的工具。一个流程图包括以下几部分。

（1）表示相应操作的框；

（2）带箭头的流程线；

（3）框内外必要的文字说明。

需要提醒的是：流程线不要忘记画箭头，因为它是反映流程的先后的，如不画出箭头就难以判定各框的执行次序了。

用流程图表示算法直观形象，比较清楚地显示出各个框之间的逻辑关系。有一段时期国内外计算机书刊都广泛使用这种流程图表示算法。但是，这种流程图占用篇幅较多，尤其当算法比较复杂时，画流程图既费时又不方便。在结构化程序设计方法推广之后，许多书刊已用 N-S 结构化流程图代替这种传统的流程图（见 2.5.4 节），但是每一个程序编制人员都应当熟练掌握传统流程图，会看会画。

2.5.3　三种基本结构和改进的流程图

1. 传统流程图的弊端

传统的流程图用流程线指出各框的执行顺序，对流程线的使用没有严格限制。因此，使用者可以不受限制地使流程随意地转来转去，使流程图变得毫无规律，阅读时要花很大精力去追踪流程，使人难以理解算法的逻辑。这种情况如图 2.13 所示，这种如同乱麻一样的算法称为 **BS** 型算法，意为一碗面条（a bowl of spaghetti），毫无头绪。

像图 2.13 这样的算法是不好的，难以阅读，也难以修改，从而使算法的可靠性和可维护性难以保证。如果写出的算法能限制流程的无规律

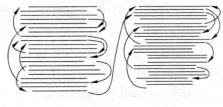

图　2.13

任意转向，像一本书那样由各章各节顺序组成，那么阅读起来就很方便，不会有任何困难，只须从头到尾顺序地看下去即可。而如果一本书不是由各章节顺序组成，而是毫无规律地乱排，例如第 1 章从 36 页开始到 47 页，第 2 章从 98 页到 107 页，第 3 章从 19 页到 35 页……各章内各节也是毫无规律地乱排，阅读这种书是不会感到愉快的。

为了提高算法的质量，使算法的设计和阅读方便，必须限制箭头的滥用，即不允许无规律地使流程随意转向，只能顺序地进行下去。但是，算法上难免会包含一些分支和循环，而不可能全部由一个个顺序框组成。例如图 2.6～图 2.12 都不是由各框顺序进行的，都包含一些流程的向前或向后的非顺序转向。为了解决这个问题，人们规定出几种基本结构，然后由这些基本结构按一定规律组成一个算法结构（如同用一些基本预制构件来搭成房屋一样），如果能做到这一点，算法的质量就能得到保证和提高。

2. 三种基本结构

1966 年，Bohra 和 Jacopini 提出了以下 3 种基本结构，用这 3 种基本结构作为表示一个良好算法的基本单元。

　　(1) **顺序结构**。如图 2.14 所示,虚线框内是一个顺序结构。其中 A 和 B 两个框是顺序执行的。即:在执行完 A 框所指定的操作后,必然接着执行 B 框所指定的操作。顺序结构是最简单的一种基本结构。

　　(2) **选择结构**。选择结构又称选取结构或分支结构,如图 2.15 所示。虚线框内是一个选择结构。此结构中必包含一个判断框。根据给定的条件 p 是否成立而选择执行 A 框或 B 框。例如 p 条件可以是 $x \geqslant 0$ 或 $x > y$,$a + b < c + d$ 等。

　　📖 **注意**:无论 p 条件是否成立,只能执行 A 框或 B 框之一,不可能既执行 A 框又执行 B 框。无论走哪一条路径,在执行完 A 或 B 之后,都经过 b 点,然后脱离本选择结构。A 或 B 两个框中可以有一个是空的,即不执行任何操作,如图 2.16 所示。

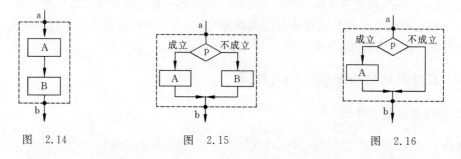

图 2.14　　　　　　　　　　图 2.15　　　　　　　　　　图 2.16

　　(3) **循环结构**。又称重复结构,即反复执行某一部分的操作。有两类循环结构。

　　① **当型(while 型)循环结构**。当型循环结构如图 2.17(a)所示。它的作用是:当给定的条件 p1 成立时,执行 A 框操作,执行完 A 后,再判断条件 p1 是否成立,如果仍然成立,再执行 A 框,如此反复执行 A 框,直到某一次 p1 条件不成立为止,此时不执行 A 框,而从 b 点脱离循环结构。

　　② **直到型(until 型)循环结构**。直到型循环结构如图 2.17(b)所示。它的作用是:先执行 A 框,然后判断给定的 p2 条件是否成立,如果 p2 条件不成立,则再执行 A,然后再对 p2 条件作判断,如果 p2 条件仍然不成立,又执行 A……如此反复执行 A,直到给定的 p2 条件成立为止,此时不再执行 A,从 b 点脱离本循环结构。

　　图 2.18 是当型循环的应用例子,图 2.19 是直到型循环的应用例子。

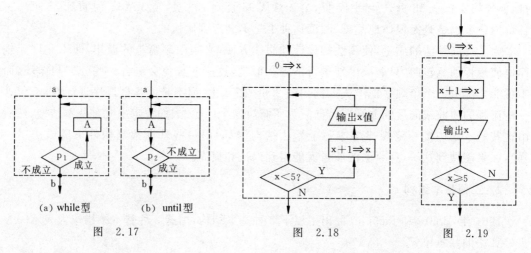

(a) while型　　　(b) until型

图 2.17　　　　　　　　　　图 2.18　　　　　　　　　　图 2.19

图 2.18 和图 2.19 的作用都是输出 5 个数：1,2,3,4,5。可以看到：对同一个问题既可以用当型循环来处理，也可以用直到型循环来处理。

以上 3 种基本结构,有以下共同特点：

(1) 只有一个入口。图 2.14～图 2.17 中的 a 点为入口点。

(2) 只有一个出口。图 2.14～图 2.17 中的 b 点为出口点。请注意,一个判断框有两个出口,而一个选择结构只有一个出口。不要将判断框的出口和选择结构的出口混淆。

(3) 结构内的每一部分都有机会被执行到。也就是说,对每一个框来说,都应当有一条从入口到出口的路径通过它。图 2.20 中没有一条从入口到出口的路径通过 A 框。

(4) 结构内不存在"死循环"(无终止的循环)。图 2.21 就是一个死循环。

图　2.20　　　　　　　　　　　　　　　　　图　2.21

由以上 3 种基本结构顺序组成的算法结构,可以解决任何复杂的问题。由基本结构所构成的算法属于"结构化"的算法,它不存在无规律的转向,只在本基本结构内才允许存在分支和向前或向后的跳转。

其实,基本结构并不一定只限于上面 3 种,只要具有上述 4 个特点的都可以作为基本结构。人们可以自己定义基本结构,并由这些基本结构组成结构化程序。例如,也可以将图 2.22 和图 2.23 这样的结构定义为基本结构。图 2.23 所示的是一个多分支选择结构,根据给定的表达式的值决定执行哪一个框。图 2.22 和图 2.23 虚线框内的结构也只有一个入口和一个出口,并且具有上述全部的 4 个特点。由它们构成的算法结构也是结构化的算法。但是,可以认为像图 2.22 和图 2.23 那样的结构是由 3 种基本结构派生出来的。因此,人们普遍认为最基本的是本节介绍的 3 种基本结构。

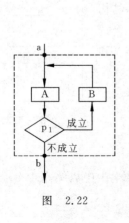

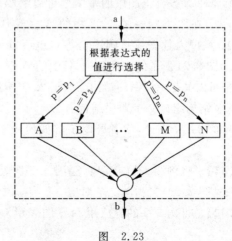

图　2.22　　　　　　　　　　　　　　　　　图　2.23

2.5.4   用N-S流程图表示算法

既然用基本结构的顺序组合可以表示任何复杂的算法结构，那么，基本结构之间的流程线就是多余的了。

1973 年，美国学者 I. Nassi 和 B. Shneiderman 提出了一种新的流程图形式。在这种流程图中，完全去掉了带箭头的流程线。全部算法写在一个矩形框内，在该框内还可以包含其他从属于它的框，或者说，由一些基本的框组成一个大的框。这种流程图又称 **N-S 结构化流程图**（N 和 S 是两位美国学者的英文姓氏的首字母）。这种流程图适于结构化程序设计，因而很受欢迎。

N-S 流程图用以下的流程图符号。

（1）顺序结构。顺序结构用图 2.24 形式表示。A 和 B 两个框组成一个顺序结构。

（2）选择结构。选择结构用图 2.25 表示。它与图 2.15 所表示的意思是相同的。当 p 条件成立时执行 A 操作，p 不成立则执行 B 操作。注意：图 2.25 是一个整体，代表一个基本结构。

（3）循环结构。当型循环结构用图 2.26 形式表示，当 p1 条件成立时反复执行 A 操作，直到 p1 条件不成立为止。

直到型循环结构用图 2.27 形式表示。

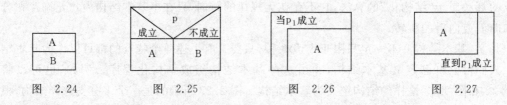

图 2.24   图 2.25   图 2.26   图 2.27

在初学时，为清楚起见，可如图 2.26 和图 2.27 那样，写明"当 p1 成立"或"直到 p2 成立"，待熟练之后，可以不写"当"和"直到"字样，只写"p1"和"p2"。从图的形状即可知道是当型还是直到型。

用以上 3 种 N-S 流程图中的基本框可以组成复杂的 N-S 流程图，以表示算法。

应当说明，在图 2.24～图 2.27 中的 A 框或 B 框，可以是一个简单的操作（如读入数据或打印输出等），也可以是 3 种基本结构之一。例如，图 2.24 所示的顺序结构，其中的 A 框可以又是一个选择结构，B 框可以又是一个循环结构。如图 2.28 所示那样，由 A 和 B 这两个基本结构组成一个顺序结构。

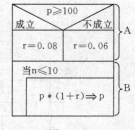

图 2.28

通过下面的几个例子，读者可以了解如何用 N-S 流程图表示算法。

【例 2.11】   将例 2.1 的求 5! 算法用 N-S 图表示。

N-S 图见图 2.29，它和图 2.7 对应。

【例 2.12】   将例 2.2 的算法用 N-S 图表示。输出 50 名学生中成绩高于 80 分者的学号和成绩。

N-S 图见图 2.30 和图 2.31，它和图 2.8 和图 2.9 对应。

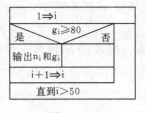

图　2.29　　　　　　　　　图　2.30　　　　　　　　图　2.31

【例 2.13】 将例 2.3 判定闰年的算法用 N-S 图表示。

N-S 图见图 2.32,它和图 2.10 对应。

【例 2.14】 将例 2.4 的算法用 N-S 图表示。求 $1-\dfrac{1}{2}+\dfrac{1}{3}-\dfrac{1}{4}+\cdots+\dfrac{1}{99}-\dfrac{1}{100}$。

N-S 图见图 2.33,它和图 2.11 对应,只是最后加了一个"输出 sum"框。

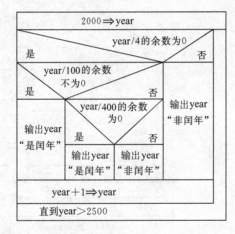

图　2.32

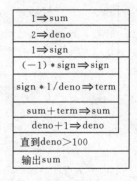

图　2.33

【例 2.15】 将例 2.5 判别素数的算法用 N-S 流程图表示。

在例 2.10 中用传统流程图(图 2.12)。可以看出,图 2.12 不是由 3 种基本结构组成的。图中间的循环部分有两个出口(一个从第 1 个判断框右面出口,另一个在第 2 个判断框下边出口),不符合基本结构的特点。由于不能分解为 3 种基本结构,就无法直接用 N-S 流程图的 3 种基本结构的符号来表示。因此,应当先对图 2.12 作必要的变换。要将第 1 个判断框("r=0?")的两个出口汇合在一点,以解决两个出口问题。当 r=0 时意味着 n 为非素数,但此时不马上输出 n"不是素数"的信息,而只使标志变量 w 的值由 0 改为 1(w 的值为 w=0)。如果 r≠0,则保持 w=0,见图 2.34。

w 的作用如同一个开关一样,有两种工作状况:w=0 和 w=1,可以从一种状态转换到另一状态。当 w=1 时表示被检查的数 n 为非素数。如果最终 w=0,则表示 n 为素数。将"1⇒w"框的出口线改为指向第 2 个判断框,同时将第 2 个判断框中的条件改为 $i\leqslant\sqrt{n}$ 和 w=0,即只有当 $i\leqslant\sqrt{n}$ 和 w=0 两个条件都满足时才继续执行循环。如果出现 $i>\sqrt{n}$ 或 w≠0

之一，都不会继续执行循环（见图 2.34）。

如果在某一次 r=0，则应执行 1⇒w，然后，由第 2 个判断框判断为"条件不成立"，接着执行图下部的选择结构。此时，由于 w≠0（表示 n 不是素数），故应输出 n 不是素数的信息。如果 w=0，则表示在上面的每次循环中，n 都不能被每一个 i 整除，所以 n 是素数，故输出 n 是素数的信息。

图 2.34 已变成由 3 种基本结构组成的流程图。可以改用 N-S 图表示此算法，见图 2.35。注意，图 2.35 直到型循环的判断条件为直到 i>n 或 w≠0，即只要 i>n 或 w≠0 之一成立，就不再继续执行循环。这和图 2.34 菱形框中的表示形式（i≤√n 和 w=0）正好相反，请读者考虑为什么。

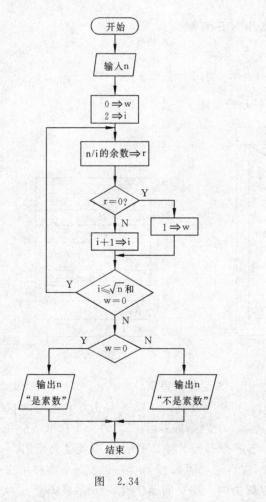

图   2.34

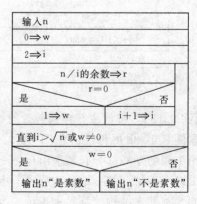

图   2.35

通过以上几个例子，可以看出用 N-S 图表示算法的优点。它比文字描述直观、形象、易于理解；比传统流程图紧凑易画，尤其是它废除了流程线，整个算法结构是由各个基本结构按顺序组成的，N-S 流程图中的上下顺序就是执行时的顺序，也就是图中位置在上面的先执行，位置在下面的后执行。写算法和看算法只须从上到下进行就可以了，十分方便。用 N-S 图表示的算法都是结构化的算法（它不可能出现流程无规律的跳转，而只能自上而下地顺序执行）。

归纳起来可知：一个结构化的算法是由一些基本结构顺序组成的；在基本结构之间不存在向前或向后的跳转，流程的转移只存在于一个基本结构范围之内（如循环中流程的跳转）；一个非结构化的算法（如图 2.12）可以用一个等价的结构化算法（如图 2.35）代替，其功能不变。如果一个算法不能分解为若干个基本结构，则它必然不是一个结构化的算法。

N-S 图如同一个多层的盒子，又称盒图（box diagram）。

2.5.5 用伪代码表示算法

用传统的流程图和 N-S 图表示算法直观易懂，但画起来比较费事，在设计一个算法时，可能要反复修改，而修改流程图是比较麻烦的。因此，流程图适于表示一个算法，但在设计算法过程中使用不是很理想（尤其是当算法比较复杂、需要反复修改时）。为了设计算法时方便，常用一种称为伪代码（pseudo code）的工具。

伪代码是用介于自然语言和计算机语言之间的文字和符号来描述算法。它如同一篇文章一样，自上而下地写下来。每一行（或几行）表示一个基本操作。它不用图形符号，因此书写方便，格式紧凑，修改方便，容易看懂，也便于向计算机语言算法（即程序）过渡。

用伪代码写算法并无固定的、严格的语法规则，可以用英文，也可以中英文混用。只要把意思表达清楚，便于书写和阅读即可，书写的格式要写成清晰易读的形式。

【例 2.16】 求 5!，用伪代码表示的算法如下：

```
begin           (算法开始)
  1⇒t
  2⇒i
  while i≤5
   {t * i⇒t
    i+1⇒i
   }
  print t
end             (算法结束)
```

在本算法中采用当型循环（第 3～6 行是一个当型循环）。while 意思为"当"，它表示当 i≤5 时执行循环体（花括号中两行）的操作。

【例 2.17】 求 $1-\frac{1}{2}+\frac{1}{3}-\frac{1}{4}+\cdots+\frac{1}{99}-\frac{1}{100}$。

用伪代码表示的算法如下：

```
begin
  1⇒sum
  2⇒deno
  1⇒sign
  while deno≤100
   {
    (-1) * sign⇒sign
    sign * 1/deno⇒term
    sum+term⇒sum
    deno+1⇒deno
```

```
    }
    print sum
end
```

从以上例子可以看到：伪代码书写格式比较自由，容易表达出设计者的思想。同时，用伪代码写的算法很容易修改，例如加一行或删一行，或将后面某一部分调到前面某一位置，都是很容易做到的。而这却是用流程图表示算法时所不便处理的。用伪代码很容易写出结构化的算法。例如上面几个例子都是结构化的算法。但是用伪代码写算法不如流程图直观，可能会出现逻辑上的错误（例如循环或选择结构的范围弄错等）。

上面介绍了常用的表示算法的几种方法，在程序设计中读者可以根据需要和习惯选用。软件专业人员一般习惯使用伪代码，考虑到国内广大初学人员的情况，为便于理解，在本书中主要采用形象化的 N-S 图表示算法。但是，读者应对其他方法也有所了解，以便在阅读其他书刊时不致发生困难。

2.5.6 用计算机语言表示算法

要完成一项工作，包括设计算法和实现算法两个部分。例如，作曲家创作一首乐谱就是设计一个算法，但它仅仅是一个乐谱，并未变成音乐，而作曲家的目的是希望使人们听到悦耳动人的音乐。演奏家按照乐谱的规定进行演奏，就是"实现算法"。在没有人实现它时，乐谱是不会自动发声的。一个菜谱是一个算法，厨师炒菜就是在实现这个算法。设计算法的目的是为了实现算法。因此，不仅要考虑如何设计一个算法，也要考虑如何实现一个算法。

到目前为止，只讲述了描述算法，即用不同的方法来表示操作的步骤。而要得到运算结果，就必须实现算法。实现算法的方式可能不止一种。例如对例 2.1（求 5!）表示的算法，可以用人工心算的方式实现而得到结果。也可以用笔算或算盘、计算器来求出结果，这都是实现算法。

我们考虑的是用计算机解题，也就是要用计算机实现算法，而计算机是无法识别流程图和伪代码的，只有用计算机语言编写的程序才能被计算机执行，因此在用流程图或伪代码描述一个算法后，还要将它转换成计算机语言程序。用计算机语言表示的算法是计算机能够执行的算法。

用计算机语言表示算法必须严格遵循所用的语言的语法规则，这是和伪代码不同的。下面将前面介绍过的算法用 C 语言表示。

【例 2.18】 将例 2.16 表示的算法（求 5!）用 C 语言表示。

```
#include <stdio.h>
int main()
  {
    int i,t;
    t=1;
    i=2;
    while(i<=5)
     {
       t=t*i;
       i=i+1;
```

```
    }
  printf("%d\n",t);
  return 0;
}
```

【例 2.19】 将例 2.17 表示的算法 $\left(\text{求多项式}\ 1-\dfrac{1}{2}+\dfrac{1}{3}-\dfrac{1}{4}+\cdots+\dfrac{1}{99}-\dfrac{1}{100}\ \text{的值}\right)$ 用 C 语言表示。

```
#include <stdio.h>
int main()
{
  int sign=1;
  double deno=2.0,sum=1.0,term;        //定义 deno,sum,term 为双精度型变量
  while (deno<=100)
    {
      sign=-sign;
      term=sign/deno;
      sum=sum+term;
      deno=deno+1;
    }
  printf ("%f\n",sum);
    return 0;
}
```

读者只须大体看懂即可,在以后各章中会详细介绍 C 语言有关的使用规则。

应当强调说明的是,写出了 C 程序,仍然只是描述了算法,并未实现算法。只有运行程序才是实现算法。

2.6　结构化程序设计方法

前面介绍了结构化的算法和 3 种基本结构。一个结构化程序就是用计算机语言表示的结构化算法,用 3 种基本结构组成的程序必然是结构化的程序。这种程序便于编写、阅读、修改和维护,这就减少了程序出错的机会,提高了程序的可靠性,保证了程序的质量。

结构化程序设计强调程序设计风格和程序结构的规范化,提倡清晰的结构。怎样才能得到一个结构化的程序呢?如果面临一个复杂的问题,是难以一下子写出一个层次分明、结构清晰、算法正确的程序的。结构化程序设计方法的基本思路是:把一个复杂问题的求解过程分阶段进行,每个阶段处理的问题都控制在人们容易理解和处理的范围内。

具体说,采取以下方法来保证得到结构化的程序:

(1) 自顶向下;

(2) 逐步细化;

(3) 模块化设计;

(4) 结构化编码。

在接受一个任务后应怎样着手进行呢?有两种不同的方法:一种是自顶向下,逐步细

化；一种是自下而上，逐步积累。以写文章为例来说明这个问题。有的人胸有全局，先设想好整个文章分成哪几个部分，然后再进一步考虑每一部分分成哪几节，每一节分成哪几段，每一段应包含什么内容，如图2.36示意。

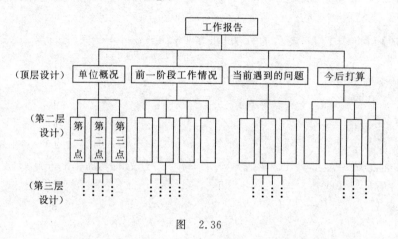

图   2.36

用这种方法逐步分解，直到作者认为可以直接将各小段表达为文字语句为止。这种方法就叫做"**自顶向下，逐步细化**"。

另有些人写文章时不拟提纲，如同写信一样提笔就写，想到哪里就写到哪里，直到他认为把想写的内容都写出来了为止。这种方法叫做自下而上，逐步积累。

显然，用第一种方法考虑周全，结构清晰，层次分明，作者容易写，读者容易看。如果发现某一部分中有一段内容不妥，需要修改，只须找出该部分，修改有关段落即可，与其他部分无关。提倡用这种方法设计程序，这就是用工程的方法设计程序。

设计房屋就是用自顶向下、逐步细化的方法。先进行整体规划，然后确定建筑物方案，再进行各部分的设计，最后进行细节的设计（如门窗、楼道等），而绝不会在没有整体方案之前先设计楼道和厕所。而在完成设计，有了图纸之后，在施工阶段则是自下而上实施的，用一砖一瓦先实现一个局部，然后由各部分组成一个建筑物。

应当掌握自顶向下、逐步细化的设计方法。这种设计方法的过程是将问题求解由抽象逐步具体化的过程。如图2.36所示，最开始拿到的题目是作"工作报告"，这是一个很笼统而抽象的任务，经过初步考虑之后把它分成4个大的部分。这就比刚才具体一些了，但还不够具体。这一步只是粗略地划分，称为"顶层设计"。然后一步一步细化，依次称为第2层、第3层设计，直到不需要细分为止。

用这种方法便于验证算法的正确性，在向下一层展开之前应仔细检查本层设计是否正确，只有上一层是正确的才能向下细化。如果每一层设计都没有问题，则整个算法就是正确的。由于每一层向下细化时都不太复杂，因此容易保证整个算法的正确性。检查时也是由上而下逐层检查，这样做，思路清楚，有条不紊地一步一步地进行，既严谨又方便。

在程序设计中常采用模块设计的方法，尤其当程序比较复杂时，更有必要。在拿到一个程序模块（实际上是程序模块的任务书）以后，根据程序模块的功能将它划分为若干个子模块，如果这些子模块的规模还嫌大，可以再划分为更小的模块。这个过程采用自顶向下的方法来实现。

程序中的子模块在 C 语言中通常用函数来实现(有关函数的概念将在第 7 章中介绍)。

程序中的子模块一般不超过 50 行,即把它打印输出时不超过一页,这样的规模便于组织,也便于阅读。划分子模块时应注意**模块的独立性**,即使用一个模块完成一项功能,耦合性愈少愈好。模块化设计的思想实际上是一种"分而治之"的思想,把一个大任务分为若干个子任务,每一个子任务就相对简单了。

结构化程序设计方法用来解决人脑思维能力的局限性和被处理问题的复杂性之间的矛盾。

在设计好一个结构化的算法之后,还要善于进行**结构化编码**(coding)。所谓编码就是将已设计好的算法用计算机语言来表示,即根据已经细化的算法正确地写出计算机程序。结构化的语言(如 Pascal,C,Visual Basic 等)都有与 3 种基本结构对应的语句,进行结构化编程序是不困难的。

本章的内容是十分重要的,是学习后面各章的基础。学习程序设计的目的不只是为了掌握某一种特定的语言,而应当学习程序设计的一般方法。脱离具体的语言去学习程序设计是困难的,但是,学习语言是为了设计程序,它本身绝不是目的。高级语言有许多种,每种语言也都在不断发展,因此千万不能只拘泥于一种具体的语言,而应当能举一反三,在需要的时候能很快地使用另一种语言编程。关键是掌握算法,有了正确的算法,用任何语言进行编码都不是什么困难的事。

本章只是初步介绍了有关算法的基本知识,并没有深入介绍如何设计各种类型的算法。在以后各章中将结合程序实例陆续介绍有关的算法。

习　　题

1. 什么是算法? 试从日常生活中找 3 个例子,描述它们的算法。

2. 什么叫结构化的算法? 为什么要提倡结构化的算法?

3. 试述 3 种基本结构的特点,请另外设计两种基本结构(要符合基本结构的特点)。

4. 用传统流程图表示求解以下问题的算法。

(1) 有两个瓶子 A 和 B,分别盛放醋和酱油,要求将它们互换(即 A 瓶原来盛醋,现改盛酱油,B 瓶则相反)。

(2) 依次将 10 个数输入,要求输出其中最大的数。

(3) 有 3 个数 a,b,c,要求按大小顺序把它们输出。

(4) 求 $1+2+3+\cdots+100$。

(5) 判断一个数 n 能否同时被 3 和 5 整除。

(6) 将 $100\sim200$ 之间的素数输出。

(7) 求两个数 m 和 n 的最大公约数。

(8) 求方程式 $ax^2+bx+c=0$ 的根。分别考虑:

① 有两个不等的实根;

② 有两个相等的实根。

5. 用 N-S 图表示第 4 题中各题的算法。

6. 用伪代码表示第 4 题中各题的算法。

7. 什么叫结构化程序设计？它的主要内容是什么？

8. 用自顶向下、逐步细化的方法进行以下算法的设计：

（1）输出 1900—2000 年中是闰年的年份，符合下面两个条件之一的年份是闰年：

① 能被 4 整除但不能被 100 整除；

② 能被 100 整除且能被 400 整除。

（2）求 $ax^2 + bx + c = 0$ 的根。分别考虑 $d = b^2 - 4ac$ 大于 0、等于 0 和小于 0 这 3 种情况。

（3）输入 10 个数，输出其中最大的一个数。

第3章 最简单的C程序设计
——顺序程序设计

有了前两章的基础,现在可以开始由浅入深地学习C语言程序设计了。

为了能编写出C语言程序,必须具备以下的知识和能力:

(1)要有正确的解题思路,即学会设计算法,否则无从入手。

(2)掌握C语言的语法,知道怎样使用C语言所提供的功能编写出一个完整的、正确的程序。也就是在设计好算法之后,能用C语言正确表示此算法。

(3)在写算法和编写程序时,要采用结构化程序设计方法,编写出结构化的程序。

算法的种类很多,不可能等到把所有算法都学透以后再来学习编程。C语言的语法规定很多,很烦琐,孤立地学习语法不但枯燥乏味,而且即使倒背如流,也不一定能写出一个好的程序,必须找到一种有效的学习方法。

本书的做法是:以程序设计为主线,把算法和语法紧密结合起来,引导读者由易及难地学会编写C程序。对于简单的程序,算法比较简单,程序中涉及的语法现象也比较简单(一般只用到简单的变量、简单的输出格式)。对于比较复杂的算法,程序中用到的语法现象也比较复杂(例如要使用数组、指针和结构体等)。

本章先从简单的程序开始,介绍简单的算法,同时介绍最基本的语法现象,使读者具有编写简单的程序的能力。在此基础上,逐步介绍复杂一些的程序,介绍比较复杂的算法,同时介绍较深入的语法现象,把算法与语法有机地结合起来,由浅入深,由简单到复杂,使读者很自然地、循序渐进地学会编写程序。

3.1 顺序程序设计举例

【例3.1】 有人用温度计测量出用华氏法表示的温度(如 64°F),今要求把它转换为以摄氏法表示的温度(如 17.8℃)。

解题思路:这个问题的算法很简单,关键在于找到二者间的转换公式。根据物理学知识,知道以下转换公式:

$$c = \frac{5}{9}(f-32)$$

输入 f 的值
$c=\frac{5}{9}(f-32)$
输出 c 的值

图　3.1

其中 f 代表华氏温度,c 代表摄氏温度。据此可以用 N-S 图表示算法,见图3.1。

算法由3个步骤组成,这是一个简单的顺序结构。

编写程序:有了 N-S 图,很容易用C语言表示,写出求此问题的C程序。

```
#include <stdio.h>
int main()
```

```
{
    float f,c;                            //定义 f 和 c 为单精度浮点型变量
    f=64.0;                               //指定 f 的值
    c=(5.0/9)*(f-32);                     //利用公式计算 c 的值
    printf("f=%f\nc=%f\n",f,c);           //输出 c 的值
    return 0;
}
```

运行结果：

```
f=64.000000
c=17.777778
```

读者应能看懂这个简单的程序。

【例 3.2】 计算存款利息。有 1000 元,想存一年。有 3 种方法可选：(1)活期,年利率为 r1；(2)一年期定期,年利率为 r2；(3)存两次半年定期,年利率为 r3。请分别计算出一年后按 3 种方法所得到的本息和。

解题思路：关键是确定计算本息和的公式。从数学知识可知,若存款额为 p0,则：

活期存款一年后本息和为 p1=p0(1+r1)。

一年期定期存款,一年后本息和为 p2=p0(1+r2)。

两次半年定期存款,一年后本息和为 $p3=p0\left(1+\dfrac{r3}{2}\right)\left(1+\dfrac{r3}{2}\right)$。

画出 N-S 流程图,见图 3.2。

编写程序：按照 N-S 图所表示的算法,很容易写出 C 程序。

输入 p0,r1,r2,r3 的值
计算 p1=p0(1+r1)
计算 p2=p0(1+r2)
计算 $p3=p0\left(1+\dfrac{r3}{2}\right)\left(1+\dfrac{r3}{2}\right)$
输出 p1,p2,p3

图 　3.2

```
#include <stdio.h>
int main ()
{ float p0=1000, r1=0.0036, r2=0.0225, r3=0.0198, p1, p2, p3;
                                          //定义变量
    p1=p0*(1+r1);                         //计算活期本息和
    p2=p0*(1+r2);                         //计算一年定期本息和
    p3=p0*(1+r3/2)*(1+r3/2);              //计算存两次半年定期的本息和
    printf("p1=%f\np2=%f\np3=%f\n",p1, p2, p3);      //输出结果
    return 0;
}
```

运行结果：

```
p1=1003.599976
p2=1022.500000
p3=1019.898010
```

第 1 行是活期存款一年后本息和,第 2 行是一年期定期存款一年后本息和,第 3 行是两次半年定期存款一年后本息和。

程序分析：第 4 行,在定义实型变量 p0,p1,p2,p3,r1,r2,r3 的同时,对变量 p0,r1,r2,r3 赋予初值。

第 8 行,在输出 p1,p2 和 p3 的值之后,用 \n 使输出换行。

💬 **注意**：在 Visual C++ 6.0 系统中对以上两个程序进行编译时,会显示出"警告"信息。这是因为编译系统把所有实数都作为双精度数处理。因此提醒用户：把双精度常量转换成 float 型会造成精度损失。对这类"警告",用户知道是怎么回事就可以了。承认此现实,让程序继续进行连接和运行,不影响运行结果。如果用 GCC 编译系统,则不会出现此"警告"信息。

3.2　数据的表现形式及其运算

有了以上写程序的基础,本节对程序中最基本的成分作必要的介绍。

💡 **说明**：本节介绍的主要是 C 语言的一些语法规定,在编程序时会用到这些知识,因此不知道是不行的,所以本书作了简单的介绍。但是,不需要死记硬背,这样既枯燥又难以奏效,教师也不必在课堂中一一讲授。建议学习本节时采取"浏览"的方法,大致知道有这些因素就可以了,这样在遇到有关问题时就不会茫然。在后续的章节中,通过阅读程序和分析程序对这些内容会具体掌握的,必要时再回头查阅一下即可。

3.2.1　常量和变量

在计算机高级语言中,数据有两种表现形式：常量和变量。

1. 常量

在程序运行过程中,其值不能被改变的量称为常量。如例 3.1 程序中的 5,9,32 和例 3.2 程序中的 1000,0.0036,0.0225,0.0198 是常量。数值常量就是数学中的常数。

常用的常量有以下几类：

(1) **整型常量**。如 1000,12345,0,−345 等都是整型常量。

(2) **实型常量**。有两种表示形式：

① 十进制小数形式,由数字和小数点组成。如 123.456,0.345,−56.79,0.0,12.0 等。

② 指数形式,如 12.34e3(代表 12.34×10^3),−346.87e−25(代表 $−346.87 \times 10^{-25}$),0.145E−25(代表 0.145×10^{-25})等。由于在计算机输入或输出时无法表示上角或下角,故规定以字母 e 或 E 代表以 10 为底的指数。但应注意：e 或 E 之前必须有数字,且 e 或 E 后面必须为整数。如不能写成 e4,12e2.5。

(3) **字符常量**。有两种形式的字符常量：

① **普通字符**,用单撇号括起来的一个字符,如：'a','Z','3','?','#'。不能写成'ab'或'12'。请注意：单撇号只是界限符,字符常量只能是一个字符,不包括单撇号。'a'和'A'是不同的字符常量。字符常量存储在计算机存储单元中时,并不是存储字符(如 a,z,# 等)本身,而是以其代码(一般采用 ASCII 代码)存储的,例如字符'a'的 ASCII 代码是 97,因此,在存储单元中存放的是 97(以二进制形式存放)。ASCII 字符与代码对照表见附录 A①。

---

① C 语言并没有指定使用哪一种字符集,由各编译系统自行决定采用哪一种字符集。C 语言只是规定：基本字符集中的每个字符必须用一个字节表示；空字符也占一个字节,它的所有二进位都是 0；对数字 0~9 字符的代码,后面一个数字的代码应比前一个数字的代码大 1(如在 ASCII 字符集中,数字'2'的代码是 50,数字'3'的代码是 51,后者比前者的代码大 1,符合要求)。中小型计算机系统大都采用 ASCII 字符集,ASCII 是 American Standard Code for Information Interchange(美国标准信息交换代码)的缩写。

② **转义字符**，除了以上形式的字符常量外，C语言还允许用一种特殊形式的字符常量，就是以字符"\"开头的字符序列。例如，前面已经遇到过的，在printf函数中的'\n'代表一个"换行"符。'\t'代表将输出的位置跳到下一个Tab位置（制表位置），一个Tab位置为8列。这是一种在屏幕上无法显示的"控制字符"，在程序中也无法用一个一般形式的字符来表示，只能采用这样的特殊形式来表示。

常用的以"\"开头的特殊字符见表3.1。

表3.1 转义字符及其作用

转 义 字 符	字 符 值	输 出 结 果
\'	一个单撇号(')	输出单撇号字符'
\"	一个双撇号(")	输出双撇号字符"
\?	一个问号(?)	输出问号字符?
\\	一个反斜线(\)	输出反斜线字符\
\a	警告(alert)	产生声音或视觉信号
\b	退格(backspace)	将光标当前位置后退一个字符
\f	换页(form feed)	将光标当前位置移到下一页的开头
\n	换行	将光标当前位置移到下一行的开头
\r	回车(carriage return)	将光标当前位置移到本行的开头
\t	水平制表符	将光标当前位置移到下一个Tab位置
\v	垂直制表符	将光标当前位置移到下一个垂直制表对齐点
\o、\oo 或\ooo 其中o代表一个八进制数字	与该八进制码对应的ASCII字符	与该八进制码对应的字符
\xh[h…] 其中h代表一个十六进制数字	与该十六进制码对应的ASCII字符	与该十六进制码对应的字符

表3.1中列出的字符称为**转义字符**，意思是将"\"后面的字符转换成另外的意义。如"\n"中的"n"不代表字母n而作为"换行"符。

表3.1中倒数第2行是一个以八进制数表示的字符，例如'\101'代表八进制数101的ASCII字符，即'A'（八进制数101相当于十进制数65，从附录A可以看到ASCII码（十进制数）为65的字符是大写字母'A'）。'\012'代表八进制数12（即十进制数的10）的ASCII码所对应的字符"换行"符。表3.1中倒数第1行是一个以十六进制数表示的ASCII字符，如'\x41'代表十六进制数41的ASCII字符，也是'A'（十六进制数41相当于十进制数65）。用表3.1中的方法可以表示任何可显示的字母字符、数字字符、专用字符、图形字符和控制字符。如'\033'或'\x1B'代表ASCII代码为27的字符，即ESC控制符。'\0'或'\000'是代表ASCII码为0的控制字符，即"空操作"字符，它常用在字符串中。

（4）**字符串常量**。如"boy"，"123"等，用双撇号把若干个字符括起来，字符串常量是双撇号中的全部字符（但不包括双撇号本身）。注意不能错写成'CHINA'，'boy'，'123'。单撇号内只能包含一个字符,双撇号内可以包含一个字符串。

💡 **说明**:从其字面形式上即可识别的常量称为"字面常量"或"直接常量"。字面常量是没有名字的不变量。

(5) **符号常量**。用 #define 指令,指定用一个符号名称代表一个常量。如:

#define   PI   3.1416   //注意行末没有分号

经过以上的指定后,本文件中从此行开始所有的 PI 都代表 3.1416。在对程序进行编译前,预处理器先对 PI 进行处理,把所有 PI 全部置换为 3.1416。这种用一个符号名代表一个常量的,称为**符号常量**。在预编译后,符号常量已全部变成字面常量(3.1416)。使用符号常量有以下好处。

① 含义清楚。看程序时从 PI 就可大致知道它代表圆周率。在定义符号常量名时应考虑"见名知义"。在一个规范的程序中不提倡使用很多的常数,如:sum=15 * 30 * 23.5 * 43,在检查程序时搞不清各个常数究竟代表什么。应尽量使用"见名知义"的变量名和符号常量。

② 在需要改变程序中多处用到的同一个常量时,能做到"一改全改"。例如在程序中多处用到某物品的价格,如果价格用一个常数 30 表示,则在价格调整为 40 时,就需要在程序中作多处修改,若用符号常量 PRICE 代表价格,只须改动一处即可:

#define PRICE 40

🐭 **注意**:要区分符号常量和变量,不要把符号常量误认为变量。符号常量不占内存,只是一个临时符号,代表一个值,在预编译后这个符号就不存在了,故不能对符号常量赋新值。为与变量名相区别,习惯上符号常量用大写表示,如 PI,PRICE 等。

2. 变量

如例 3.1 程序中的 c,f 和例 3.2 程序中的 p0,p1,p2,p3,r1,r2,r3 等是变量。变量代表一个有名字的、具有特定属性的一个存储单元。它用来存放数据,也就是存放变量的值。在程序运行期间,变量的值是可以改变的。

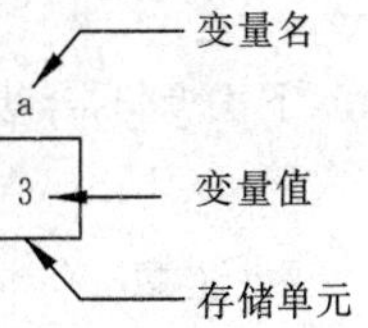

变量必须**先定义,后使用**[①]。在定义时指定该变量的名字和类型。一个变量应该有一个名字,以便被引用。请注意区分**变量名**和**变量值**这两个不同的概念,图 3.3 中 a 是变量名,3 是变量 a 的值,即存放在变量 a 的内存单元中的数据。变量名实际上是以一个名字代表的一个存储地址。在对程序编译连接时由编译系统给每一个变量名分配对应的内存地址。从变量中取值,实际上是通过变量名找到相应的内存地址,从该存储单元中读取数据。

图 3.3

3. 常变量

C 99 允许使用**常变量**,方法是在定义变量时,前面加一个关键字 const,如:

---

① 定义变量的位置:一般在函数开头的声明部分中定义变量,也可以在函数外定义变量(即外部变量、全局变量,见第 7 章)。C 99 允许在函数中的复合语句(用一对花括号包起来)中定义变量。

```
const int a＝3；
```

定义 a 为一个整型变量，指定其值为 3，而且在变量存在期间其值不能改变。

常变量与常量的异同是：常变量具有变量的基本属性：有类型，占存储单元，只是不允许改变其值。可以说，常变量是有名字的不变量，而常量是没有名字的不变量。有名字就便于在程序中被引用。

请思考：常变量与符号常量有什么不同？如：

```
＃define Pi 3.1415926                                    //定义符号常量
const float pi＝3.1415926；                              //定义常变量
```

符号常量 Pi 和常变量 pi 都代表 3.1415926，在程序中都能使用。但二者性质不同：定义符号常量用＃define 指令，它是预编译指令，它只是用符号常量代表一个字符串，在预编译时仅进行字符替换，在预编译后，符号常量就不存在了（全置换成 3.1415926 了），对符号常量的名字是不分配存储单元的。而常变量要占用存储单元，有变量值，只是该值不改变而已。从使用的角度看，常变量具有符号常量的优点，而且使用更方便。有了常变量以后，可以不必多用符号常量。

说明：有些编译系统还未实现 C 99 的功能，因此不能使用常变量。

4. 标识符

在计算机高级语言中，用来对变量、符号常量名、函数、数组、类型等命名的有效字符序列统称为**标识符**（identifier）。简单地说，标识符就是一个对象的名字。前面用到的变量名 p1，p2，c，f，符号常量名 PI，PRICE，函数名 printf 等都是标识符。

C 语言规定标识符只能由字母、数字和下画线 3 种字符组成，且第 1 个字符必须为字母或下画线。下面列出的是合法的标识符，可以作为变量名：

sum，average，_total，Class，day，month，Student_name，lotus_1_2_3，BASIC，li_ling。

下面是不合法的标识符和变量名：

M. D. John，￥123，＃33，3D64，a＞b

注意：编译系统认为大写字母和小写字母是两个不同的字符。因此，sum 和 SUM 是两个不同的变量名，同样，Class 和 class 也是两个不同的变量名。一般而言，变量名用小写字母表示，与人们日常习惯一致，以提高可读性。

3.2.2 数据类型

在例 3.1 和例 3.2 中可以看到：在定义变量时需要指定变量的类型。如例 3.1 中变量 f 和 c 被定义为单精度（float）型。C 语言要求在定义所有的变量时都要指定变量的类型。常量也是区分类型的。

为什么在用计算机运算时要指定数据的类型呢？在数学中，数值是不分类型的，数值的运算是绝对准确的，例如：78 与 97 之和为 175，1/3 的值是 0.33333333…（循环小数）。数学是一门研究抽象问题的学科，数和数的运算都是抽象的。而在计算机中，数据是存放在存储单元中的，它是具体存在的。而且，存储单元是由有限的字节构成的，每一个存储单元中

存放数据的范围是有限的,不可能存放"无穷大"的数,也不能存放循环小数。例如用 C 程序计算和输出 1/3:

　　printf("%f",1.0/3.0);

得到的结果是 0.333333,只能得到 6 位小数,而不是无穷位的小数。

　　注意:用计算机进行的计算不是抽象的理论值的计算,而是用工程的方法实现的计算,在许多情况下只能得到近似的结果。

　　所谓类型,就是对数据分配存储单元的安排,包括存储单元的长度(占多少字节)以及数据的存储形式。不同的类型分配不同的长度和存储形式。

　　C 语言允许使用的类型见图 3.4,图中有 * 的是 C 99 所增加的。

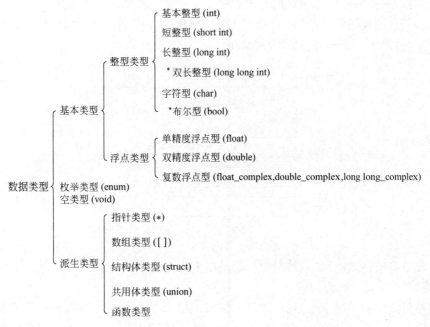

图　3.4

　　其中,基本类型(包括整型和浮点型)和枚举类型变量的值都是数值,统称为算术类型(arithmetic type)。算术类型和指针类型统称为纯量类型(scalar type),因为其变量的值是以数字来表示的。枚举类型是程序中用户定义的整数类型。数组类型和结构体类型统称为组合类型(aggregate type),共用体类型不属于组合类型,因为在同一时间内只有一个成员具有值。函数类型用来定义函数,描述一个函数的接口,包括函数返回值的数据类型和参数的类型。

　　不同类型的数据在内存中占用的存储单元长度是不同的,例如,Visual C++ 为 char 型(字符型)数据分配 1 个字节,为 int 型(基本整型)数据分配 4 个字节,存储不同类型数据的方法也是不同的。

　　本书不孤立地、枯燥地叙述以上各种类型的规则,而是结合编程介绍怎样使用各种数据类型。本章及第 4、5 章介绍基本数据类型的应用,第 6 章介绍数组,第 7 章介绍函数,第 8 章介绍指针,第 9 章介绍结构体类型、共用体类型和枚举类型。

3.2.3 整型数据

1. 整型数据的分类

本节介绍最基本的整型类型。

(1) **基本整型**（int 型）

编译系统分配给 int 型数据 2 个字节或 4 个字节（由具体的 C 编译系统自行决定）。如 Turbo C 2.0 为每一个整型数据分配 2 个字节（16 个二进位），而 Visual C++ 为每一个整型数据分配 4 个字节（32 位）。在存储单元中的存储方式是：用整数的补码（complement）形式存放。一个正数的补码是此数的二进制形式，如 5 的二进制形式是 101，如果用两个字节存放一个整数，则在存储单元中数据形式如图 3.5 所示。如果是一个负数，则应先求出负数的补码。求负数的补码的方法是：先将此数的绝对值写成二进制形式，然后对其所有二进位按位取反，再加 1。如 −5 的补码见图 3.6。

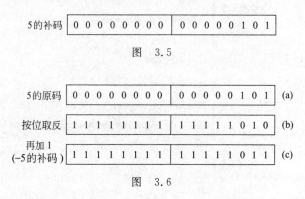

图　3.5

图　3.6

在存放整数的存储单元中，最左面一位是用来表示符号的。如果该位为 0，表示数值为正；如果该位为 1，表示数值为负。

有关补码的知识不属本书范围，在此不深入介绍，如需进一步了解，可参考有关计算机原理的书籍。

💡**说明**：如果给整型变量分配 2 个字节，则存储单元中能存放的最大值为 0111111111111111，第 1 位为 0 代表正数，后面 15 位为全 1，此数值是 $(2^{15}-1)$，即十进制数 32 767。最小值为 1000000000000000，此数是 -2^{15}，即 −32 768。因此一个整型变量的值的范围是 −32 768～32 767。超过此范围，就出现数值的"溢出"，输出的结果显然不正确。如果给整型变量分配 4 个字节（Visual C++），其能容纳的数值范围为 -2^{31}～$(2^{31}-1)$，即 −2 147 483 648～2 147 483 647。

(2) **短整型**（short int）

类型名为 short int 或 short。如用 Visual C++，编译系统分配给 int 数据 4 个字节，短整型 2 个字节。存储方式与 int 型相同。一个短整型变量的值的范围是 −32 768～32 767。

(3) **长整型**（long int）

类型名为 long int 或 long。Visual C++ 对一个 long 型数据分配 4 个字节（即 32 位），因此 long int 型变量的值的范围是 -2^{31}～$(2^{31}-1)$，即 −2 147 483 648～2 147 483 647。

（4）**双长整型**(long long int)

类型名为 long long int 或 long long，一般分配 8 个字节。这是 C 99 新增的类型，但许多 C 编译系统尚未实现。

说明：C 标准没有具体规定各种类型数据所占用存储单元的长度，这是由各编译系统自行决定的。C 标准只要求 long 型数据长度不短于 int 型，short 型不长于 int 型。即

$$sizeof(short) \leqslant sizeof(int) \leqslant sizeof(long) \leqslant sizeof(long\ long)$$

sizeof 是测量类型或变量长度的运算符。在 Turbo C 2.0 中，int 型和 short 型数据都是 2 个字节（16 位），而 long 型数据是 4 个字节（32 位）。在 Visual C++ 中，short 数据的长度为 2 字节，int 数据的长度为 4 字节，long 数据的长度为 4 字节。通常的做法是：把 long 定为 32 位，把 short 定为 16 位，而 int 可以是 16 位，也可以是 32 位，由编译系统决定。读者应了解所用系统的规定。在将一个程序从 A 系统移到 B 系统时，需要注意这个区别。例如，在 A 系统，整型数据占 4 个字节，程序中将整数 50000 赋给整型变量 price 是合法的、可行的。但在 B 系统，整型数据占 2 个字节，将整数 50000 赋给整型变量 price 就超过整型数据的范围，出现"溢出"。这时应当把 int 型变量改为 long 型，才能得到正确的结果。

2. 整型变量的符号属性

以上介绍的几种类型，变量值在存储单元中都是以补码形式存储的，存储单元中的第 1 个二进位制代表符号。整型变量的值的范围包括负数到正数（见表 3.2）。

表 3.2 整型数据常见的存储空间和值的范围（**Visual C++ 的安排**）

类 型	字节数	取 值 范 围
int(基本整型)	4	$-2\ 147\ 483\ 648 \sim 2\ 147\ 483\ 647$，即 $-2^{31} \sim (2^{31}-1)$
unsigned int(无符号基本整型)	4	$0 \sim 4\ 294\ 967\ 295$，即 $0 \sim (2^{32}-1)$
short(短整型)	2	$-32\ 768 \sim 32\ 767$，即 $-2^{15} \sim (2^{15}-1)$
unsigned short(无符号短整型)	2	$0 \sim 65\ 535$，即 $0 \sim (2^{16}-1)$
long(长整型)	4	$-2\ 147\ 483\ 648 \sim 2\ 147\ 483\ 647$，即 $-2^{31} \sim (2^{31}-1)$
unsigned long(无符号长整型)	4	$0 \sim 4\ 294\ 967\ 295$，即 $0 \sim (2^{32}-1)$
long long(双长型)	8	$-9\ 223\ 372\ 036\ 854\ 775\ 808 \sim 9\ 223\ 372\ 036\ 854\ 775\ 807$ 即 $-2^{63} \sim (2^{63}-1)$
unsigned long long （无符号双长整型）	8	$0 \sim 18\ 446\ 744\ 073\ 709\ 551\ 615$，即 $0 \sim (2^{64}-1)$

在实际应用中，有的数据的范围常常只有正值（如学号、年龄、库存量、存款额等）。为了充分利用变量的值的范围，可以将变量定义为"无符号"类型。可以在类型符号前面加上修饰符 unsigned，表示指定该变量是"无符号整数"类型。如果加上修饰符 signed，则是"有符号类型"。因此，在以上 4 种整型数据的基础上可以扩展为以下 8 种整型数据：

有符号基本整型	[signed] int
无符号基本整型	unsigned int
有符号短整型	[signed] short [int]
无符号短整型	unsigned short [int]
有符号长整型	[signed] long [int]
无符号长整型	unsigned long [int]
有符号双长整型*	[signed] long long [int]
无符号双长整型*	unsigned long long [int]

以上有"*"的是 C 99 增加的,方括号表示其中的内容是可选的,既可以有,也可以没有。如果既未指定为 signed 也未指定为 unsigned 的,默认为"有符号类型"。如 signed int a 和 int a 等价。

有符号整型数据存储单元中最高位代表数值的符号(0 为正,1 为负)。如果指定 unsigned(为无符号)型,存储单元中全部二进位(b)都用作存放数值本身,而没有符号。无符号型变量只能存放不带符号的整数,如 123,4687 等,而不能存放负数,如－123,－3。由于左面最高位不再用来表示符号,而用来表示数值,因此无符号整型变量中可以存放的正数的范围比一般整型变量中正数的范围扩大一倍。如果在程序中定义 a 和 b 两个短整型变量(占 2 个字节),其中 b 为无符号短整型:

```
short a;                    //a为有符号短整型变量
unsigned short b;           //b为无符号短整型变量
```

则变量 a 的数值范围为－32 768～32 767,而变量 b 的数值范围为 0～65 535。图 3.7(a)表示有符号整型变量 a 的最大值(32 767),图 3.7(b)表示无符号整型变量 b 的最大值(65 535)。

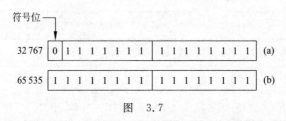

图　3.7

💡 说明:

(1) 只有整型(包括字符型)数据可以加 signed 或 unsigned 修饰符,实型数据不能加。

(2) 对无符号整型数据用"%u"格式输出。%u 表示用无符号十进制数的格式输出。如:

```
unsigned short price = 50;       //定义price为无符号短整型变量
printf("%u\n",price);            //指定用无符号十进制数的格式输出
```

在将一个变量定义为无符号整型后,不应向它赋予一个负值,否则会得到错误的结果。如:

```
unsigned short price = -1;       //不能把一个负整数存储在无符号变量中
printf("%d\n",price);
```

得到结果为 65535。显然与原意不符。

请思考：这是为什么？

原因是：系统对 −1 先转换成补码形式，就是全部二进位都是 1（见图 3.8），然后把它存入变量 price 中。由于 price 是无符号短整型变量，其左面第一位不代表符号，按"％d"格式输出，就是 65535。

图　3.8

对以上补码的表示有初步了解即可，暂时可不细究。

💡 **说明**：在程序中经常会对各种类型的数据进行操作，使用 C 语言编程时应当对数据在计算机内部的存储情况有一些基本的了解。否则，对运行时出现的问题会感到莫名其妙，无从分析。

3.2.4　字符型数据

由于字符是按其代码（整数）形式存储的，因此 C 99 把字符型数据作为整数类型的一种。但是，字符型数据在使用上有自己的特点，因此把它单独列为一节来介绍。

1. 字符与字符代码

字符与字符代码并不是任意写一个字符，程序都能识别的。例如代表圆周率的 π 在程序中是不能识别的，只能使用系统的字符集中的字符，目前大多数系统采用 ASCII 字符集。各种字符集（包括 ASCII 字符集）的基本集都包括了 127 个字符。其中包括：

- 字母：大写英文字母 A～Z，小写英文字母 a～z。
- 数字：0～9。
- 专门符号：29 个，包括

  ! " # & ' ( ) * + , − . / : ; ＜ = ＞ ? [\ ] ^ _ ` { | } ～
- 空格符：空格、水平制表符（tab）、垂直制表符、换行、换页（form feed）。
- 不能显示的字符：空（null）字符（以 '\0' 表示）、警告（以 '\a' 表示）、退格（以 '\b' 表示）、回车（以 '\r' 表示）等。

详见附录 A（ASCII 字符表）。这些字符用来写英文文章、材料或编程序基本够用了。

前已说明，字符是以整数形式（字符的 ASCII 代码）存放在内存单元中的。例如：

大写字母 'A' 的 ASCII 代码是十进制数 65，二进制形式为 1000001。

小写字母 'a' 的 ASCII 代码是十进制数 97，二进制形式为 1100001。

数字字符 '1' 的 ASCII 代码是十进制数 49，二进制形式为 0110001。

空格字符 ' ' 的 ASCII 代码是十进制数 32，二进制形式为 0100000。

专用字符 '％' 的 ASCII 代码是十进制数 37，二进制形式为 0100101。

转义字符 '\n' 的 ASCII 代码是十进制数 10，二进制形式为 0001010。

可以看到，以上字符的 ASCII 代码最多用 7 个二进位就可以表示。所有 127 个字符都可以用 7 个二进位表示（ASCII 代码为 127 时，二进制形式为 1111111,7 位全 1）。所以在 C 语言中，指定用一个字节（8 位）存储一个字符（所有系统都不例外）。此时，字节中的第 1 位置为 0。

如小写字母'a'在内存中的存储情况见图 3.9（'a'ASCII 代码是十进制数 97，二进制数为 01100001）。

✎ **注意**：字符'1'和整数 1 是不同的概念。字符'1'只是代表一个形状为'1'的符号，在需要时按原样输出，在内存中以 ASCII 码形式存储，占 1 个字节，见图 3.10(a)；而整数 1 是以整数存储方式（二进制补码方式）存储的，占 2 个或 4 个字节，见图 3.10(b)。

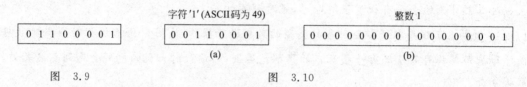

字符'1'(ASCII码为49)   整数1

	01100001		00110001		00000000	00000001

(a)   (b)

图 3.9   图 3.10

整数运算 1+1 等于整数 2，而字符'1'+'1'并不等于整数 2 或字符'2'。

2. 字符变量

字符变量是用类型符 char 定义字符变量。char 是英文 character(字符)的缩写，见名即可知义。如：

char c='?';

定义 c 为字符型变量并使初值为字符'?'。'?'的 ASCII 代码是 63，系统把整数 63 赋给变量 c。

c 是字符变量，实质上是一个字节的整型变量，由于它常用来存放字符，所以称为字符变量。可以把 0~127 之间的整数赋给一个字符变量。

在输出字符变量的值时，可以选择以十进制整数形式输出，或以字符形式输出。如：

printf("%d %c\n",c,c);

输出结果是

63 ?

✎ **说明**：用"%d"格式输出十进制整数 63，用"%c"格式输出字符'?'。

前面介绍了整型变量可以用 signed 和 unsigned 修饰符表示符号属性。字符类型也属于整型，也可以用 signed 和 unsigned 修饰符。

字符型数据的存储空间和值的范围见表 3.3。

表 3.3 字符型数据的存储空间和值的范围

类 型	字节数	取 值 范 围
signed char(有符号字符型)	1	$-128 \sim 127$，即 $-2^7 \sim (2^7-1)$
unsigned char(无符号字符型)	1	$0 \sim 255$，即 $0 \sim (2^8-1)$

说明:在使用有符号字符型变量时,允许存储的值为 $-128\sim127$,但字符的代码不可能为负值,所以在存储字符时实际上只用到 $0\sim127$ 这一部分,其第 1 位都是 0[①]。

3.2.5　浮点型数据

浮点型数据是用来表示具有小数点的实数的。为什么在 C 中把实数称为浮点数呢?在 C 语言中,实数是以指数形式存放在存储单元中的。一个实数表示为指数可以有不止一种形式,如 3.14159 可以表示为 3.14159×10^0,0.314159×10^1,0.0314159×10^2,31.4159×10^{-1},314.159×10^{-2} 等,它们代表一个值。可以看到:小数点的位置是可以在 314159 几个数字之间、之前或之后(加 0)浮动的,只要在小数点位置浮动的同时改变指数的值,就可以保证它的值不会改变。由于小数点位置可以浮动,所以实数的指数形式称为**浮点数**。

浮点数类型包括 float(单精度浮点型)、double(双精度浮点型)、long double(长双精度浮点型)。

(1) **float 型**(单精度浮点型)。编译系统为每一个 float 型变量分配 4 个字节,数值以规范化的二进制数指数形式存放在存储单元中。在存储时,系统将实型数据分成小数部分和指数部分两个部分,分别存放。小数部分的小数点前面的数为 0。如 3.14159 在内存中的存放形式可以用图 3.11 表示。

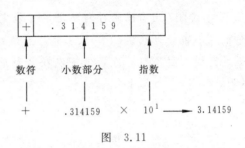

图　3.11

图 3.11 是用十进制数来示意的,实际上在计算机中是用二进制数来表示小数部分以及用 2 的幂次来表示指数部分的。在 4 个字节(32 位)中,究竟用多少位来表示小数部分,多少位来表示指数部分,C 标准并无具体规定,由各 C 语言编译系统自定。有的 C 语言编译系统以 24 位表示小数部分(包括符号),以 8 位表示指数部分(包括指数的符号)。由于用二进制形式表示一个实数以及存储单元的长度是有限的,因此不可能得到完全精确的值,只能存储成有限的精确度。小数部分占的位(bit)数愈多,数的有效数字愈多,精度也就愈高。指数部分占的位数愈多,则能表示的数值范围愈大。float 型数据能得到 6 位有效数字,数值范围为 $-3.4\times10^{-38}\sim3.4\times10^{38}$。

(2) **double 型**(双精度浮点型)。为了扩大能表示的数值范围,用 8 个字节存储一个

---

① 前面已介绍:127 个基本字符用 7 个二进制位存储,如果系统只提供 127 个字符,那么就将 char 型变量的第 1 个二进制位设置为 0,用后面 7 位存放 127 个字符的代码。在这种情况下,系统提供的 char 类型相当于 signed char。但是在实际应用中,往往觉得 127 个字符不够用,希望能多提供一些可用的字符。根据此需要,有的系统提供了扩展的字符集。把可用的字符由 127 个扩展为 255 个,即扩大了一倍。怎么解决这个问题呢? 就是把本来不用的第一位用起来。把 char 变量改为 unsigned char,即第一位并不固定设为 0,而是把 8 位都用来存放字符代码。这样,可以存放 2^8-1 即 255 个字符代码。附录 A 中 ASCII 代码的 $128\sim255$ 部分就是某系统扩展的 ASCII 字符,它并不适用于所有的系统。

读者可以用以下语句检查 ASCII 代码从 128 到 255 部分的扩展字符。

unsigned char c=128;　　　　　　　　//定义 c 为无符号字符变量
printf("%d;%c\n",c,c);　　　　　　　//输出 ASCII 代码为 128 的字符

观察是否输出附录 A 中代码为 128 的字符。可以用类似方法检查其他扩展字符。

在中文操作系统下,ASCII 代码为 127 以后的部分被作为中文字符处理,故不会显示出附录 A 中的扩展字符。

double 型数据，可以得到 15 位有效数字，数值范围为$-1.7\times10^{-308}\sim1.7\times10^{308}$。为了提高运算精度，在 C 语言中进行浮点数的算术运算时，将 float 型数据都自动转换为 double 型，然后进行运算。

（3）**long double 型**（长双精度）型，不同的编译系统对 long double 型的处理方法不同，Turbo C 对 long double 型分配 16 个字节。而 Visual C++ 则对 long double 型和 double 型一样处理，分配 8 个字节。请读者在使用不同的编译系统时注意其差别。

表 3.4 列出实型数据的有关情况（Visual C++ 环境下）。

表 3.4　实型数据的有关情况

类　　型	字节数	有效数字	数值范围（绝对值）
float	4	6	0 以及 $1.2\times10^{-38}\sim3.4\times10^{38}$
double	8	15	0 以及 $2.3\times10^{-308}\sim1.7\times10^{308}$
long double	8	15	0 以及 $2.3\times10^{-308}\sim1.7\times10^{308}$
	16	19	0 以及 $3.4\times10^{-4932}\sim1.1\times10^{4932}$

说明：用有限的存储单元不可能完全精确地存储一个实数，例如 float 型变量能存储的最小正数为 1.2×10^{-38}，不能存放绝对值小于此值的数，例如 10^{-40}。float 型变量能存储的范围见图 3.12。即数值可以在 3 个范围内：（1）$-3.4\times10^{38}\sim-1.2\times10^{-38}$；（2）0；（3）$1.2\times10^{-38}\sim3.4\times10^{38}$。

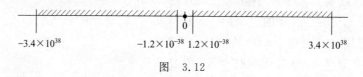

$$-3.4\times10^{38} \qquad -1.2\times10^{-38}\ 1.2\times10^{-38} \qquad 3.4\times10^{38}$$

图　3.12

3.2.6　怎样确定常量的类型

在 C 语言中，不仅变量有类型，常量也有类型。为什么要把常量分为不同的类型呢？在程序中出现的常量是要存放在计算机中的存储单元中的。这就必须确定分配给它多少字节，按什么方式存储。例如，程序中有整数 12，在 Visual C++ 中会分配给它 4 个字节，按补码方式存储。

怎样确定常量的类型呢？从常量的表示形式即可以判定其类型。对于字符常量很简单，只要看到由单撇号括起来的单个字符或转义字符就可以知道它是字符常量。对于数值常量按以下规律判断。

整型常量。不带小数点的数值是整型常量，但应注意其有效范围。如在 Turbo C 中，系统为整型数据分配 2 个字节，其表值范围为$-32\,768\sim32\,767$，如果在程序中出现数值常量 23 456，系统把它作为 int 型处理，用 2 个字节存放。如果出现 49 875，由于超过 32 767，2 个字节放不下，系统会把它作为长整型（long int）处理，分配 4 个字节。在 Visual C++ 中，在范围$-2\,147\,483\,648\sim2\,147\,483\,647$的不带小数点的数都作为 int 型，分配 4 个字节，在此范围外，而又在 long long 型数的范围内的整数，作为 long long 型处理。

在一个整数的末尾加大写字母 L 或小写字母 l,表示它是长整型(long int)。例如 123L,234l 等。但在 Visual C++ 中由于对 int 和 long int 型数据都分配 4 个字节,因此没有必要用 long int 型。

浮点型常量。凡以小数形式或指数形式出现的实数均是浮点型常量,在内存中都以指数形式存储。如,10 是整型常量,10.0 是浮点型常量。那么对浮点型常量是按单精度处理还是按双精度处理呢? C 编译系统把浮点型常量都按双精度处理,分配 8 个字节。

注意:C 程序中的实型常量都作为双精度浮点型常量。

如果有

float a＝3.14159;

在进行编译时,对 float 变量分配 4 个字节,但对于浮点型常量 3.14159,则按双精度处理,分配 8 个字节。编译系统会发出“警告”(warning: truncation from ′const double′ to ′float′)。意为“把一个双精度常量转换为 float 型”,提醒用户注意这种转换可能损失精度。这样的“警告”,一般不会影响程序运行结果的正确性,但会影响程序运行结果的精确度。

可以在常量的末尾加专用字符,强制指定常量的类型。如在 3.14159 后面加字母 F 或 f,就表示是 float 型常量,分配 4 个字节。如果在实型常量后面加大写或小写的 L,则指定此常量为 long double 型。如:

float a＝3.14159f;   //把此 3.14159 按单精度浮点常量处理,编译时不出现“警告”
long double a ＝ 1.23L;   //把此 1.23 作为 long double 型处理

注意:要区分类型与变量。

有些读者容易弄不清类型和变量的关系,往往把它们混为一谈。应当看到它们是既有联系又有区别的两个概念。每一个变量都属于一个确定的类型,类型是变量的一个重要的属性。变量是占用存储单元的,是具体存在的实体,在其占用的存储单元中可以存放数据。而类型是变量的共性,是抽象的,不占用存储单元,不能用来存放数据。

例如,“大学生”是一个抽象的名词,它代表所有大学生共有的属性(在高等学校学习的、具有正式学籍的学生),而张方章、李四元、王建则是具体存在的大学生,他们有姓名、家庭、成绩等。可以输出张方章的成绩,但不能输出“大学生”的成绩。同理,可以对一个变量赋值,但不能向一个类型赋值。如:

int a；a＝3;   //正确。对整型变量 a 赋值
int＝3;   //错误。不能对类型赋值

3.3 运算符和表达式

几乎每一个程序都需要进行运算,对数据进行加工处理,否则程序就没有意义了。要进行运算,就需规定可以使用的运算符。C 语言的运算符范围很宽,把除了控制语句和输入输出以外几乎所有的基本操作都作为运算符处理,例如将赋值符“＝”作为赋值运算符、方括号作为下标运算符等。

3.3.1　C运算符

C语言提供了以下运算符：

(1) 算术运算符	（＋ － ＊ / ％ ＋＋ －－）
(2) 关系运算符	（＞ ＜ ＝＝ ＞＝ ＜＝ ！＝）
(3) 逻辑运算符	（！&& ‖）
(4) 位运算符	（＜＜ ＞＞ ～ ｜ ∧ &）
(5) 赋值运算符	（＝及其扩展赋值运算符）
(6) 条件运算符	（？：）
(7) 逗号运算符	（，）
(8) 指针运算符	（＊和&）
(9) 求字节数运算符	（sizeof）
(10) 强制类型转换运算符	（（类型））
(11) 成员运算符	（．－＞）
(12) 下标运算符	（［］）
(13) 其他	（如函数调用运算符（））

本章先介绍算术运算符和赋值运算符，其余的在以后各章中陆续介绍。

3.3.2　基本的算术运算符

最常用的算术运算符见表3.5。

表3.5　最常用的算术运算符

运算符	含　义	举例	结　果
＋	正号运算符（单目运算符）	＋a	a 的值
－	负号运算符（单目运算符）	－a	a 的算术负值
＊	乘法运算符	a＊b	a 和 b 的乘积
/	除法运算符	a/b	a 除以 b 的商
％	求余运算符	a％b	a 除以 b 的余数
＋	加法运算符	a＋b	a 和 b 的和
－	减法运算符	a－b	a 和 b 的差

 说明：

• 由于键盘无×号，运算符×以＊代替。

• 由于键盘无÷号，运算符÷以/代替。两个实数相除的结果是双精度实数，两个整数相除的结果为整数，如5/3的结果值为1，舍去小数部分。但是，如果除数或被除数中有一个为负值，则舍入的方向是不固定的。例如，－5/3，有的系统中得到的结果为－1，在有的系统中则得到结果为－2。多数 C 编译系统（如 Visual C++）采取"向零取整"的方法，即5/3＝1，－5/3＝－1，取整后向零靠拢。

- %运算符要求参加运算的运算对象(即操作数)为整数,结果也是整数。如 8%3,结果为 2。
- 除%以外的运算符的操作数都可以是任何算术类型。

3.3.3　自增(++)、自减(--)运算符

自增(++)、自减(--)运算符的作用是使变量的值加 1 或减 1,例如:

++i,--i　(在使用 i 之前,先使 i 的值加(减)1)
i++,i--　(在使用 i 之后,使 i 的值加(减)1)

粗略地看,++i 和 i++ 的作用相当于 i=i+1。但++i 和 i++ 的不同之处在于:++i 是先执行 i=i+1,再使用 i 的值;而 i++ 是先使用 i 的值,再执行 i=i+1。如果 i 的原值等于 3,请分析下面的赋值语句:

① j=++i;　(i 的值先变成 4,再赋给 j,j 的值为 4)
② j=i++;　(先将 i 的值 3 赋给 j,j 的值为 3,然后 i 变为 4)

又例如:

i=3;
printf("%d",++i);

输出 4。若改为

printf("%d\n",i++);

则输出 3。

自增(减)运算符常用于循环语句中,使循环变量自动加 1;也用于指针变量,使指针指向下一个地址。这些将在以后的章节中介绍。

有些专业人员喜欢在使用++或--运算符时采用一些技巧,但是往往会出现意想不到的副作用,例如 i+++j,是理解为(i++)+j 还是 i+(++j)呢? 程序应当清晰易读,不致引起歧义。建议谨慎使用++和--运算符,只用最简单的形式,即 i++,i--。而且把它们作为单独的表达式,而不要在一个复杂的表达式中使用++或--运算符。

3.3.4　算术表达式和运算符的优先级与结合性

用算术运算符和括号将运算对象(也称操作数)连接起来的、符合 C 语法规则的式子称为 **C 算术表达式**。运算对象包括常量、变量、函数等。例如,下面是一个合法的 C 算术表达式:

a * b/c-1.5+'a'

C 语言规定了运算符的优先级(例如先乘除后加减),还规定了运算符的**结合性**。

在表达式求值时,先按运算符的优先级别顺序执行,如表达式 a-b * c,b 的左侧为减号,右侧为乘号,而乘号优先级高于减号,因此,相当于 a-(b * c)。

如果在一个运算对象两侧的运算符的优先级别相同,如 a-b+c,则按规定的"结合方向"处理。C 语言规定了各种运算符的结合方向(结合性),算术运算符的结合方向都是"自

左至右"，即先左后右，因此 b 先与减号结合，执行 a－b 的运算，然后再执行加 c 的运算。"自左至右的结合方向"又称"左结合性"，即运算对象先与左面的运算符结合。以后可以看到有些运算符的结合方向为"自右至左"，即右结合性（例如，赋值运算符，若有 a＝b＝c，按从右到左顺序，先把变量 c 的值赋给变量 b，然后把变量 b 的值赋给变量 a）。关于"结合性"的概念在其他一些高级语言中是没有的，是 C 语言的特点之一，希望能弄清楚。附录 C 列出了所有运算符以及它们的优先级别和结合性。

 说明： 不必死记，只要知道：算术运算符是自左至右（左结合性），赋值运算符是自右至左（右结合性），其他复杂的遇到时查一下即可。

3.3.5 不同类型数据间的混合运算

在程序中经常会遇到不同类型的数据进行运算，如 5 ＊ 4.5。如果一个运算符两侧的数据类型不同，则先自动进行类型转换，使二者成为同一种类型，然后进行运算。整型、实型、字符型数据间可以进行混合运算。规律为：

（1）＋、－、＊、/运算的两个数中有一个数为 float 或 double 型，结果是 double 型，因为系统将所有 float 型数据都先转换为 double 型，然后进行运算。

（2）如果 int 型与 float 或 double 型数据进行运算，先把 int 型和 float 型数据转换为 double 型，然后进行运算，结果是 double 型。

（3）字符（char）型数据与整型数据进行运算，就是把字符的 ASCII 代码与整型数据进行运算。如：12＋'A'，由于字符 A 的 ASCII 代码是 65，相当于 12＋65，等于 77。如果字符型数据与实型数据进行运算，则将字符的 ASCII 代码转换为 double 型数据，然后进行运算。

以上的转换是编译系统自动完成的，用户不必过问。

分析下面的表达式，假设已指定 i 为整型变量，值为 3，f 为 float 型变量，值为 2.5，d 为 double 型变量，值为 7.5。

10＋'a'＋i＊f－d/3

编译时，从左至右扫描，运算次序如下：

① 进行 10＋'a'的运算，'a'的值是整数 97，运算结果为 107。

② 由于"＊"比"＋"优先级高，先进行 i＊f 的运算。先将 i 与 f 都转成 double 型，运算结果为 7.5，double 型。

③ 整数 107 与 i＊f 的积相加。先将整数 107 转换成双精度数，相加结果为 114.5，double 型。

④ 进行 d/3 的运算，先将 3 转换成 double 型，d/3 结果为 2.5，double 型。

⑤ 将 10＋'a'＋i＊f 的结果 114.5 与 d/3 的商 2.5 相减，结果为 112.0，double 型。

【例 3.3】 给定一个大写字母，要求用小写字母输出。

解题思路： 前已介绍，字符数据以 ASCII 码存储在内存中，形式与整数的存储形式相同。所以字符型数据和其他算术型数据之间可以互相赋值和运算。

要进行大小写字母之间的转换，就要找到一个字母的大写形式和小写形式之间有什么内在联系。从附录 A 中可以找到其内在规律：同一个字母，用小写表示的字符的 ASCII 代码比用大写表示的字符的 ASCII 代码大 32。例如字符'a'的 ASCII 代码为 97，而'A'的

ASCII 代码为 65。将'A'的 ASCII 代码加 32,就能得到'a'的 ASCII 代码。有此思路就可以编写程序了。

编写程序:

```
# include <stdio.h>
int main( )
    {
        char c1,c2;
        c1='A';                    //将字符'A'的 ASCII 代码放到 c1 变量中
        c2=c1+32;                  //得到字符'a'的 ASCII 代码,放在 c2 变量中
        printf("%c\n",c2);         //输出 c2 的值,是一个字符
        printf("%d\n",c2);         //输出 c2 的值,是字符'a'的 ASCII 代码
        return 0;
    }
```

运行结果:

```
a
97
```

程序分析:程序第 6 行"c2=c1+32;"把字符变量 c1 的值(是字符'A'的 ASCII 代码)与整数 32 相加。c1+32 就是'A'+32,就是 65+32,其值为 97。将 97 赋给字符变量 c2,在 c2 的存储单元中存放了 97(以二进制形式存储)。

一个字符数据既可以以字符形式输出,也可以以整数形式输出。第 7 行的目的是以字符形式输出 c2,在 printf 函数中指定用"%c"格式,系统会将 c2 变量的值 97 转换成相应字符'a',然后输出。最后一行的目的是以 ASCII 码(十进制整数)形式输出 c2 的值,故指定用"%d"输出格式,得到 97,见图 3.13。

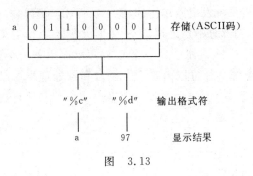

图 3.13

3.3.6 强制类型转换运算符

可以利用强制类型转换运算符将一个表达式转换成所需类型。例如:

(double)a   (将 a 转换成 double 型)

(int)(x+y)   (将 x+y 的值转换成 int 型)

(float)(5%3)   (将 5%3 的值转换成 float 型)

其一般形式为

（类型名）（表达式）

注意，表达式应该用括号括起来。如果写成

(int)x＋y

则只将 x 转换成整型，然后与 y 相加。

需要说明的是，在强制类型转换时，得到一个所需类型的中间数据，而原来变量的类型未发生变化。例如：

a＝(int)x

如果已定义 x 为 float 型变量，a 为整型变量，进行强制类型运算(int)x 后得到一个 int 类型的临时值，它的值等于 x 的整数部分，把它赋给 a，注意 x 的值和类型都未变化，仍为 float 型。该临时值在赋值后就不再存在了。

从上可知，有两种类型转换。一种是在运算时不必用户干预，系统自动进行的类型转换，如 3＋6.5。另一种是强制类型转换。当自动类型转换不能实现目的时，可以用强制类型转换。如％运算符要求其两侧均为整型量，若 x 为 float 型，则 x％3 不合法，必须用(int)x％3。从附录 C 可以查到，强制类型转换运算优先于％运算，因此先进行(int)x 的运算，得到一个整型的中间变量，然后再对 3 求余。此外，在函数调用时，有时为了使实参与形参类型一致，可以用强制类型转换运算符得到一个所需类型的参数。

3.4 C 语 句

3.4.1 C语句的作用和分类

在前面的例子中可以看到：一个函数包含**声明部分**和**执行部分**，执行部分是由语句组成的，语句的作用是向计算机系统发出操作指令，要求执行相应的操作。一个 C 语句经过编译后产生若干条机器指令。声明部分不是语句，它不产生机器指令，只是对有关数据的声明。

C程序结构可以用图3.14表示。即一个 C 程序可以由若干个源程序文件（编译时以文件模块为单位）组成，一个源文件可以由若干个函数和预处理指令以及全局变量声明部分组成（关于"全局变量"见第 7 章）。一个函数由数据声明部分和执行语句组成。

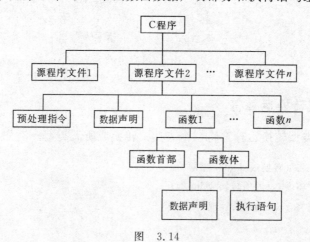

图   3.14

C 语句分为以下 5 类。

（1）**控制语句**。控制语句用于完成一定的控制功能。C 语言只有 9 种控制语句，它们的形式是：

① **if( )…else…**　　　（条件语句）

② **for( )…**　　　　　（循环语句）

③ **while( )…**　　　　（循环语句）

④ **do…while ( )**　　　（循环语句）

⑤ **continue**　　　　　（结束本次循环语句）

⑥ **break**　　　　　　（中止执行 switch 或循环语句）

⑦ **switch**　　　　　　（多分支选择语句）

⑧ **return**　　　　　　（从函数返回语句）

⑨ **goto**　　　　　　　（转向语句，在结构化程序中基本不用 goto 语句）

上面 9 种语句表示形式中的( )表示括号中是一个"判别条件"，"…"表示内嵌的语句。例如上面的"if ( )…else…"的具体语句可以写成

if (x>y)　z＝x; else　z＝y;

其中，x>y 是一个"判别条件"，"z＝x;"和"z＝y;"是 C 语句，这两个语句是内嵌在 if…else 语句中的。这个 if…else 语句的作用是：先判别条件"x>y"是否成立，如果 x>y 成立，就执行内嵌语句"z＝x;"，否则就执行内嵌语句"z＝y;"。

（2）**函数调用语句**。函数调用语句由一个函数调用加一个分号构成，例如：

printf("This is a C statement.")；

其中 printf("This is a C statement.")是一个函数调用，加一个分号成为一个语句。

（3）**表达式语句**。表达式语句由一个表达式加一个分号构成，最典型的是由赋值表达式构成一个赋值语句。例如：

a＝3

是一个赋值表达式，而

a＝3;

是一个赋值语句。可以看到，**一个表达式的最后加一个分号就成了一个语句**。一个语句必须在最后有一个分号，分号是语句中不可缺少的组成部分，而不是两个语句间的分隔符号。例如：

i＝i+1　　　（是表达式，不是语句）

i＝i+1;　　　（是语句）

任何表达式都可以加上分号而成为语句，例如：

i++;

是一个语句，作用是使 i 值加 1。又例如：

x+y;

也是一个语句,作用是完成 x＋y 的操作,它是合法的,但是并不把 x＋y 的和赋给另一变量,所以它并无实际意义。

表达式能构成语句是 C 语言的一个重要特色。其实"函数调用语句"也属于表达式语句,因为函数调用(如 sin(x))也属于表达式的一种。只是为了便于理解和使用,才把"函数调用语句"和"表达式语句"分开来说明。

（4）**空语句**。下面是一个空语句:

```
;
```

此语句只有一个分号,它什么也不做。那么它有什么用呢? 可以用来作为流程的转向点(流程从程序其他地方转到此语句处),也可用来作为循环语句中的循环体(循环体是空语句,表示循环体什么也不做)。

（5）**复合语句**。可以用{}把一些语句和声明括起来成为复合语句(又称语句块)。例如下面是一个复合语句:

```
{
    float pi=3.14159, r=2.5, area;             //定义变量
    area=pi * r * r;
    printf("area=%f",area);
}
```

可以在复合语句中包含声明部分(如上面的第 2 行),C 99 允许将声明部分放在复合语句中的任何位置,但习惯上把它放在语句块开头位置。复合语句常用在 if 语句或循环中,此时程序需要连续执行一组语句。

注意:复合语句中最后一个语句末尾的分号不能忽略不写。

3.4.2 最基本的语句——赋值语句

在 C 程序中,最常用的语句是:赋值语句和输入输出语句。其中最基本的是赋值语句。程序中的计算功能大部分是由赋值语句实现的,几乎每一个有实用价值的程序都包括赋值语句。有的程序中的大部分语句都是赋值语句。本节先介绍赋值语句,下一节介绍程序的输入输出。

先分析一个例子。

【**例 3.4**】 给出三角形的三边长,求三角形面积。

解题思路:假设给定的三个边符合构成三角形的条件:任意两边之和大于第三边。解此题的关键是要找到求三角形面积的公式。从数学知识已知求三角形面积的公式为

$$area = \sqrt{s(s-a)(s-b)(s-c)}$$

其中,$s=(a+b+c)/2$。

编写程序:根据上面的公式编写程序如下:

```
# include <stdio.h>
# include <math.h>
int main ()
    {
```

```
    double a,b,c,s,area;                          //定义各变量,均为 double 型
    a=3.67;                                       //对边长 a 赋值
    b=5.43;                                       //对边长 b 赋值
    c=6.21;                                       //对边长 c 赋值
    s=(a+b+c)/2;                                  //计算 s
    area=sqrt(s*(s-a)*(s-b)*(s-c));              //计算 area
    printf("a=%f\tb=%f\tc=%f\n",a,b,c);          //输出三边 a,b,c 的值
    printf("area=%f\n",area);                     //输出面积 area 的值
    return 0;
}
```

运行结果:

```
a=3.670000      b=5.430000      c=6.210000
area=9.903431
```

程序分析: 程序执行部分主要由赋值语句构成,分别实现对 a,b,c 的赋值,计算 s 和 area。为了提高精度,几个变量全部定义为双精度型。第 10 行中 sqrt 函数是求平方根的函数。由于要调用数学函数库中的函数,必须在程序的开头加一条#include 指令,把头文件“math.h”包含到程序中来。

printf 函数双撇号内字符串中的'\t'是转义字符,在表 3.1 中可以查到,它的作用是“使输出位置跳到下一个 Tab 位置”。分析 printf 函数的输出情况:先原样输出字符 a=,然后按%f 格式输出变量 a 的值,这时输出了“a=3.670000”,共 10 个字符,然后遇到'\t',输出位置就跳到下一个 Tab 区。一个 Tab 区有 8 列,在输出“a=3.670000”后已进入第 2 个 Tab 区,今要求跳到下一个 Tab 区,就应该跳到第 3 个 Tab 区,即从 17 列开始的区。然后接着输出其后的数据。所以从第 17 列开始输出“b=5.430000”,再遇到'\t',使输出位置又移到第 5 个 Tab 区,从第 33 列开始输出“c=6.210000”。

在安排输出时,常用'\t'来调整输出的位置,使输出的数据清晰、整齐、美观。

注意: 以后凡在程序中要用到数学函数库中的函数,都应当在本文件的开头包含 math.h 头文件。

下面归纳一下与赋值有关的一些问题。

1. 赋值运算符

赋值符号“＝”就是赋值运算符,它的作用是将一个数据赋给一个变量。如 a=3 的作用是执行一次赋值操作(或称赋值运算)。把常量 3 赋给变量 a。也可以将一个表达式的值赋给一个变量。

*2. 复合的赋值运算符

在赋值符=之前加上其他运算符,可以构成复合的运算符。如果在“＝”前加一个“＋”运算符就成了复合运算符“＋＝”。例如,可以有以下的复合赋值运算:

```
a+=3        等价于   a=a+3
x*=y+8      等价于   x=x*(y+8)
x%=3        等价于   x=x%3
```

以"a＋＝3"为例来说明，它相当于使 a 进行一次自加 3 的操作。即：先使 a 加 3，再赋给 a。同样，"x＊＝y＋8"的作用是使 x 乘以(y＋8)，再赋给 x。

为便于理解和记忆，可以这样理解 a＋＝b：

① a＋＝b　　　　　（其中 a 为变量，b 为表达式）

② a＋＝b　　　　　（将有下画线的"a＋"移到＝右侧）

③ a＝a＋b　　　　（在＝左侧补上变量名 a）

🔔注意：如果 b 是包含若干项的表达式，则相当于它有括号。例如，以下 3 种写法是等价的：

① x％＝y＋3

② x％＝(y＋3)

③ x＝x％(y＋3)　　（不要错写成 x＝x％y＋3）

凡是二元(二目)运算符，都可以与赋值符一起组合成复合赋值符。有关算术运算的复合赋值运算符有＋＝，－＝，＊＝，/＝，％＝。

C 语言采用这种复合运算符，一是为了简化程序，使程序精练，二是为了提高编译效率，能产生质量较高的目标代码。专业人员往往喜欢使用复合运算符，程序显得专业一点。对初学者来说，不必多用，首要的是保持程序清晰易懂。本节在此作简单的介绍，是为了便于读者阅读别人编写的程序。对本小节内容有一定了解即可。

3. 赋值表达式

前面介绍过，赋值语句是在赋值表达式的末尾加一个分号构成的。那么什么是赋值表达式呢？

由赋值运算符将一个变量和一个表达式连接起来的式子称为"赋值表达式"。它的一般形式为

变量　赋值运算符　表达式

赋值表达式的作用是将一个表达式的值赋给一个变量，因此赋值表达式具有计算和赋值的双重功能。如 a＝3＊5 是一个赋值表达式。对赋值表达式求解的过程是：先求赋值运算符右侧的"表达式"的值，然后赋给赋值运算符左侧的变量。既然是一个表达式，就应该有一个值，表达式的值等于赋值后左侧变量的值。例如，赋值表达式 a＝3＊5，对表达式求解后，变量 a 的值和表达式的值都是 15。

赋值运算符左侧应该是一个可修改值的"**左值**"(left value，简写为 lvalue)。左值的意思是它可以出现在赋值运算符的左侧，它的值是可以改变的。并不是任何形式的数据都可以作为左值的，左值应当为存储空间并可以被赋值。变量可以作为左值，而算术表达式 a＋b 就不能作为左值，常量也不能作为左值，因为常量不能被赋值。能出现在赋值运算符右侧的表达式称为"**右值**"(right value，简写为 rvalue)。显然左值也可以出现在赋值运算符右侧，因而凡是左值都可以作为右值。例如：

b＝a;　　　　　　　　　　　　　//b 是左值

c＝b;   //b 也是右值

赋值表达式中的"表达式"又可以是一个赋值表达式。例如:

a＝(b＝5)

括号内的 b＝5 是一个赋值表达式,它的值等于 5。执行表达式"a＝(b＝5)",就是执行 b＝5 和 a＝b 两个赋值表达式。因此 a 的值等于 5,整个赋值表达式的值也等于 5。从附录 C 可知赋值运算符按照"自右而左"的结合顺序,因此,(b＝5)外面的括号可以不要,即 a＝(b＝5)和 a＝b＝5 等价,都是先求 b＝5 的值(得 5),然后再赋给 a,下面是赋值表达式的例子:

a＝b＝c＝5   (赋值表达式的值为 5,a,b,c 值均为 5)
a＝5＋(c＝6)   (表达式值为 11,a 值为 11,c 为 6)
a＝(b＝4)＋(c＝6)   (表达式值为 10,a 值为 10,b 等于 4,c 等于 6)
a＝(b＝10)/(c＝2)   (表达式值为 5,a 等于 5,b 等于 10,c 等于 2)

请分析下面的赋值表达式:

a＝(b＝3 * 4)

将 3 * 4 的值先赋给变量 b,然后把变量 b 的值赋给变量 a,最后 a 和 b 的值都等于 12。

把赋值表达式作为表达式的一种,使得赋值操作不仅可以出现在赋值语句中,而且可以以表达式的形式出现在其他语句中(如输出语句、循环语句等),如:

printf("%d",a＝b);

如果 b 的值为 3,则输出 a 的值(也是表达式 a＝b 的值)为 3。在一个 printf 函数中完成了赋值和输出双重功能。这是 C 语言灵活性的一种表现。以后将进一步看到这种应用及其优越性。

* 4. 赋值过程中的类型转换

如果赋值运算符两侧的类型一致,则直接进行赋值。如:

i＝234;   //设已定义 i 为整型变量

此时直接将整数 234 存入变量 i 的存储单元中。

如果赋值运算符两侧的类型不一致,但都是基本类型时,在赋值时要进行类型转换。类型转换是由系统自动进行的,转换的规则是:

(1) 将浮点型数据(包括单、双精度)赋给整型变量时,先对浮点数取整,即舍弃小数部分,然后赋予整型变量。如果 i 为整型变量,执行"i＝3.56;"的结果是使 i 的值为 3,以整数形式存储在整型变量中。

(2) 将整型数据赋给单、双精度变量时,数值不变,但以浮点数形式存储到变量中。如果有 float 变量 f,执行"f＝23;"。先将整数 23 转换成实数 23.0,再按指数形式存储在变量 f 中。如将 23 赋给 double 型变量 d,即执行"d＝23;",则将整数 23 转换成双精度实数 23.0,然后以双精度浮点数形式存储到变量 d 中。

(3) 将一个 double 型数据赋给 float 变量时,先将双精度数转换为单精度,即只取 6~7 位有效数字,存储到 float 型变量的 4 个字节中。应注意双精度数值的大小不能超出 float 型变量的数值范围。例如,将一个 double 型变量 d 中的双精度实数赋给一个 float 型变量 f。

```
double d=123.456789e100;        //指数为 100,超过了 float 数据的最大范围
f=d;
```

f 无法容纳如此大的数,就出现错误,无法输出正确的信息。

将一个 float 型数据赋给 double 型变量时,数值不变,在内存中以 8 个字节存储,有效位数扩展到 15 位。

(4) 字符型数据赋给整型变量时,将字符的 ASCII 代码赋给整型变量。如:

```
i='A';                          //已定义 i 为整型变量
```

由于'A'字符的 ASCII 代码为 65,因此赋值后 i 的值为 65。

(5) 将一个占字节多的整型数据赋给一个占字节少的整型变量或字符变量(例如把占 4 个字节的 int 型数据赋给占 2 个字节的 short 变量或占 1 个字节的 char 变量)时,只将其低字节原封不动地送到被赋值的变量(即发生"截断")。例如:

```
int i=289;
char c='a';
c=i;
```

赋值情况见图 3.15。c 的值为 33,如果用"%c"输出 c,将得到字符"!"(其 ASCII 码为 33)。又如:

```
int a=32767;
short b;
b=a+1;
```

按理论上应得到 32 768,但输出的结果却是 −32 768,看上去莫名其妙,其实原因很简单,对短整型数据分配 2 个字节,最大能表示 32 767,无法表示 32768,见图 3.16。

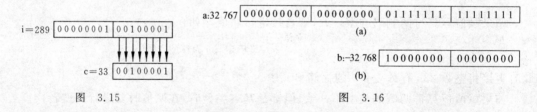

图　3.15　　　　　　　　　　　　　图　3.16

图 3.16(a)表示 int 型变量用 4 个字节存储 32 767 的情况,加 1 以后,两个低字节的第 1 位为 1,后 15 位为 0,把它传送到 short 变量 b 中,见图 3.16(b)。由于整型变量的最高位代表符号,第 1 位是 1,代表此数是负数,它就是 −32 768 的补码形式。对一般初学者来说,只需要知道变量的数值范围即可。

要避免把占字节多的整型数据向占字节少的整型变量赋值,因为赋值后数值可能发生失真。如果一定要进行这种赋值,应当保证赋值后数值不会发生变化,即所赋的值在变量的允许数值范围内。如果把上面的 a 值改为 12 345,就不会失真。

以上的赋值规则看起来比较复杂,其实,不必死记。只要知道整型数据之间的赋值,按存储单元中的存储形式直接传送。实型数据之间以及整型与实型之间的赋值,是先转换(类

型)后赋值。

由于 C 语言使用灵活,在不同类型数据之间赋值时,常常会出现数据的失真,而且这不属于语法错误,编译系统并不提示出错,全靠程序员的经验来找出问题。这就要求编程人员对出现问题的原因有所了解,以便迅速排除故障。

5. 赋值表达式和赋值语句

在 C 程序中,赋值语句是用得最多的语句。在 3.4.1 节的 C 语句分类中,并没有看到赋值语句,实际上,C 语言的赋值语句属于表达式语句,由一个赋值表达式加一个分号组成。其他一些高级语言(如 BASIC,FORTRAN,COBOL,Pascal 等)有赋值语句,而无"赋值表达式"这一概念。这是 C 语言的一个特点,使之应用灵活方便。

前面已经提到,在一个表达式中可以包含另一个表达式。赋值表达式既然是表达式,那么它就可以出现在其他表达式之中。例如:

    if((a=b)>0) max=a;

按一般理解,if 后面的括号内应该是一个"条件",例如可以是

    if(a>0) max=a;

现在,在 a 的位置上换上一个赋值表达式 a=b,其作用是:先进行赋值运算(将 b 的值赋给 a),然后判断 a 是否大于 0,如大于 0,执行 max=a。请注意,在 if 语句中的 a=b 不是赋值语句,而是赋值表达式。如果写成

    if((a=b;)>0) max=a;   //"a=b;"是赋值语句

就错了。在 if 的条件中可以包含赋值表达式,但不能包含赋值语句。由此可以看到,C 语言把赋值语句和赋值表达式区别开来,增加了表达式的种类,使表达式的应用几乎"无孔不入",能实现其他语言中难以实现的功能。

注意:要区分赋值表达式和赋值语句。

赋值表达式的末尾没有分号,而赋值语句的末尾必须有分号。在一个表达式中可以包含一个或多个赋值表达式,但绝不能包含赋值语句。

6. 变量赋初值

从前面的程序中可以看到:可以用赋值语句对变量赋值,也可以在定义变量时对变量赋以初值。这样可以使程序简练。如:

    int a=3;   //指定 a 为整型变量,初值为 3
    float f=3.56;   //指定 f 为浮点型变量,初值为 3.56
    char c='a';   //指定 c 为字符变量,初值为'a'

也可以使被定义的变量的一部分赋初值。例如:

    int a,b,c=5;

指定 a,b,c 为整型变量,但只对 c 初始化,c 的初值为 5。

如果对几个变量赋予同一个初值,应写成

```
int a=3,b=3,c=3;
```

表示 a,b,c 的初值都是 3。不能写成

```
int a=b=c=3;
```

一般变量初始化不是在编译阶段完成的（只有在静态存储变量和外部变量的初始化是在编译阶段完成的），而是在程序运行时执行本函数时赋予初值的，相当于执行一个赋值语句。例如：

```
int a=3;
```

相当于

```
int a;                                    //指定 a 为整型变量
a=3;                                      //赋值语句,将 3 赋给 a
```

又如：

```
int a,b,c=5;
```

相当于

```
int a,b,c;                                //指定 a,b,c 为整型变量
c=5;                                      //将 5 赋给 c
```

3.5　数据的输入输出

3.5.1　输入输出举例

前面已经看到了利用 printf 函数进行数据输出的程序，现在再介绍一个包含输入和输出的程序。

【例 3.5】　求 $ax^2+bx+c=0$ 方程的根。a,b,c 由键盘输入，设 $b^2-4ac>0$。

解题思路：首先要知道求方程式的根的方法。由数学知识已知：如果 $b^2-4ac \geqslant 0$，则一元二次方程有两个实根：

$$x_1 = \frac{-b+\sqrt{b^2-4ac}}{2a}, \quad x_2 = \frac{-b-\sqrt{b^2-4ac}}{2a}$$

可以将上面的分式分为两项：

$$p = \frac{-b}{2a}, \quad q = \frac{\sqrt{b^2-4ac}}{2a}$$

则

$$x_1 = p+q, \quad x_2 = p-q$$

有了这些式子，只要知道 a,b,c 的值，就能顺利地求出方程的两个根。

剩下的问题就是输入 a,b,c 的值和输出根的值了。需要用 scanf 函数输入 a,b,c 的值，用 printf 函数输出两个实根的值。

编写程序：

```
# include ＜stdio. h＞
# include    ＜math. h＞              //程序中要调用求平方根函数 sqrt
int main ()
 {double a,b,c,disc,x1,x2,p,q;      //disc 用来存放判别式(b＊b－4ac)的值
  scanf("%lf%lf%lf",&a,&b,&c);      //输入双精度型变量的值要用格式声明"%lf"
  disc=b＊b－4＊a＊c;
  p=－b/(2.0＊a);
  q=sqrt(disc)/(2.0＊a);
  x1=p＋q;x2=p－q;                   //求出方程的两个根
  printf("x1=%7.2f\nx2=%7.2f\n",x1,x2);   //输出方程的两个根
  return 0;
 }
```

运行结果：

```
1 3 2
x1=  -1.00
x2=  -2.00
```

注意在输入数据时，1，3，2 这 3 个数之间用空格分隔，最后按"回车"键。

程序分析：

(1) 用 scanf 函数输入 a,b,c 的值，请注意在 scanf 函数中括号内变量 a,b,c 的前面，要用地址符 &，即 &a,&b,&c。&a 表示变量 a 在内存中的地址。该 scanf 函数表示从终端输入的 3 个数据分别送到地址为 &a,&b,&c 的存储单元，也就是赋给变量 a,b,c。双撇号内用 %lf 格式声明，表示输入的是双精度型实数。

(2) 在 scanf 函数中，格式声明为"%lf%lf%lf"，连续 3 个"%lf"。要求输入 3 个双精度实数。请注意在程序运行时应怎样输入数据。从上面运行情况中可以看到输入"1 3 2"，两个数之间用空格分开。这是正确的，如果用其他符号(如逗号)会出错。现在输入的是整数，但由于指定用 %lf 格式输入，因此系统会先把这 3 个整数转换成实数 1.0，3.0，2.0，然后赋给变量 a,b,c。

(3) 在 printf 函数中，不是简单地用 %f 格式声明，而是在格式符 f 的前面加了"7.2"，表示在输出 x1 和 x2 时，指定数据占 7 列，其中小数占 2 列。请分析运行结果。这样做的好处是：①可以根据实际需要来输出小数的位数，因为并不是任何时候都需要 6 位小数的，例如价格只须 2 位小数即可(第 3 位按四舍五入处理)。②如果输出多个数据，各占一行，而用同一个格式声明(如%7.2f)，即使输出的数据整数部分值不同，但输出时上下行必然按小数点对齐，使输出数据整齐美观。读者可自己试一下。

(4) 在本例中假设给定的 a,b,c 的值满足 $b^2-4ac>0$，所以程序不对此进行判断。在实际上，用所输入的 a,b,c 并不一定能求出两个实根。因此为稳妥起见，应在程序的开头检查 b^2-4ac 是否大于等于 0。只有确认它大于等于 0，才能用上述方法求方程的根。在学习了下一章后，就可以用 if 语句来进行检查了。

3.5.2 有关数据输入输出的概念

从前面的程序可以看到：几乎每一个 C 程序都包含输入输出。因为要进行运算，就必

须给出数据，而运算的结果当然需要输出，以便人们应用。没有输出的程序是没有意义的。输入输出是程序中最基本的操作之一。

　　在讨论程序的输入输出时首先要注意以下几点。

　　(1) **所谓输入输出是以计算机主机为主体而言的**。从计算机向输出设备(如显示器、打印机等)输出数据称为**输出**，从输入设备(如键盘、光盘、扫描仪等)向计算机输入数据称为**输入**，如图 3.17 所示。

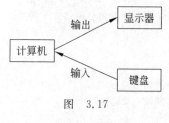

图　3.17

　　(2) **C语言本身不提供输入输出语句**，输入和输出操作是由 C 标准函数库中的函数来实现的。在 C 标准函数库中提供了一些输入输出函数，例如 printf 函数和 scanf 函数。读者在使用它们时，千万不要误认为它们是 C 语言提供的"输入输出语句"。printf 和 scanf 不是 C 语言的关键字，而只是库函数的名字。实际上可以不用 printf 和 scanf 这两个名字，而另外编写一个输入函数和一个输出函数，用来实现输入输出的功能，采用其他名字作为函数名。

　　C 提供的标准函数以库的形式在 C 的编译系统中提供，它们不是 C 语言文本中的组成部分。不把输入输出作为 C 语句的目的是使 C 语言编译系统简单精练，因为将语句翻译成二进制的指令是在编译阶段完成的，没有输入输出语句就可以避免在编译阶段处理与硬件有关的问题，可以使编译系统简化，而且通用性强，可移植性好，在各种型号的计算机和不同的编译环境下都能适用，便于在各种计算机上实现。

　　各种 C 编译系统提供的系统函数库是各软件公司编制的，它包括了 C 语言建议的全部标准函数，还根据用户的需要补充一些常用的函数，已对它们进行了编译，成为目标文件(.obj 文件)。它们在程序连接阶段与由源程序经编译而得到的目标文件(.obj 文件)相连接，生成一个可执行的目标程序(.exe 文件)。如果在源程序中有 printf 函数，在编译时并不把它翻译成目标指令，而是在连接阶段与系统函数库相连接后，在执行阶段中调用函数库中的 printf 函数。

　　不同的编译系统所提供的函数库中，函数的数量、名字和功能是不完全相同的。不过，有些通用的函数(如 printf 和 scanf 等)，各种编译系统都提供，成为各种系统的标准函数。

　　C 语言函数库中有一批标准输入输出函数，它是以标准的输入输出设备(一般为终端设备)为输入输出对象的。其中有 putchar(输出字符)、getchar(输入字符)、printf(格式输出)、scanf(格式输入)、puts(输出字符串)和 gets(输入字符串)。本章主要介绍前面 4 个最基本的输入输出函数。

　　(3) **要在程序文件的开头用预处理指令 # include 把有关头文件放在本程序中**。

　　如：

include <stdio.h>

　　如果程序调用标准输入输出函数，就必须在本程序的开头用 # include 指令把 stdio.h 头文件包含到程序中。# include 指令放在程序的开头，所以把 stdio.h 称为"头文件"(header file)，文件后缀为".h"。在 stdio.h 头文件中存放了调用标准输入输出函数时所需要的信息，包括与标准 I/O 库有关的变量定义和宏定义以及对函数的声明。在对程序进行编译预处理时,系统会把在该头文件中存放的内容调出来,取代本行的 #include 指令。这些内容就成为了程序中的一部分。调用不同的库函数,应当把不同的头文件包含进来,见本书附录 E(C 库函数)。

💡 **说明**:#include 指令还有一种形式,头文件不是用尖括号括起来,而是用双撇号,如:

```
# include "stdio. h"
```

这两种 #include 指令形式的区别是:用尖括号形式(如<stdio. h>)时,编译系统从存放 C 编译系统的子目录中去找所要包含的文件(如 stdio. h),这称为**标准方式**。如果用双撇号形式(如"stdio. h"),在编译时,编译系统先在用户的当前目录(一般是用户存放源程序文件的子目录)中寻找要包含的文件,若找不到,再按标准方式查找。如果用 #include 指令是为了使用系统库函数,因而要包含系统提供的相应头文件,这时以用标准方式为宜,以提高效率。如果用户想包含的头文件不是系统提供的相应头文件,而是用户自己编写的文件(这种文件一般都存放在用户当前目录中),这时应当用双撇号形式,否则会找不到所需的文件。如果该头文件不在当前目录中,可以在双撇号中写出文件路径(如 #include "C:\temp\file1. h"),以便系统能从中找到所需的文件。

🐞 **注意**:应养成习惯,只要在本程序文件中使用标准输入输出库函数时,一律加上 #include <stdio. h>指令。

3.5.3 用 printf 函数输出数据

在 C 程序中用来实现输出和输入的主要是 printf 函数和 scanf 函数。这两个函数是格式输入输出函数。用这两个函数时,程序设计人员必须指定输入输出数据的格式,即根据数据的不同类型指定不同的格式。

💡 **说明**:C 提供的输入输出格式比较多,也比较烦琐,初学时不易掌握,更不易记住。用得不对就得不到预期的结果,不少编程人员由于掌握不好这方面的知识而浪费了大量调试程序的时间。为了使读者便于掌握,本章主要介绍最常用的格式输入输出,有了这些基本知识,就可以顺利地进行一般的编程工作了。以后再结合应用进一步介绍格式输入输出的各种应用。

在初学时不必花许多精力去深究每一个细节,重点掌握最常用的一些规则即可。其他部分可在需要时随时查阅。学习这部分的内容时最好边看书边上机练习,通过编写和调试程序的实践逐步深入而自然地掌握输入输出的应用。

在前面的例题中已经多次用 printf 函数输出数据,下面再作比较系统的介绍。

printf 函数(格式输出函数)用来向终端(或系统隐含指定的输出设备)输出若干个任意类型的数据。

1. printf 函数的一般格式

printf 函数的一般格式为

printf(格式控制,输出表列)

例如:

```
printf("%d,%c\n",i,c)
```

括号内包括两部分：

（1）"**格式控制**"是用双撇号括起来的一个字符串，称为**格式控制字符串**，简称**格式字符串**。它包括两个信息：

① **格式声明**。格式声明由"%"和**格式字符**组成，如%d、%f 等。它的作用是将输出的数据转换为指定的格式后输出。格式声明总是由"%"字符开始的。

② **普通字符**。普通字符即需要在输出时**原样输出**的字符。例如上面 printf 函数中双撇号内的逗号、空格和换行符，也可以包括其他字符。

（2）**输出表列**是程序需要输出的一些数据，可以是常量、变量或表达式。

下面是 printf 函数的具体例子：

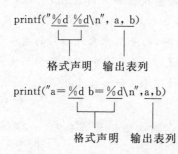

在第 2 个 printf 函数中的双撇号内的字符除了两个"%d"以外，还有非格式声明的普通字符(如 a= ,b=和'\n')，它们全部按原样输出。如果 a 和 b 的值分别为 3 和 4，则输出结果为

a=3 b=4

执行'\n'使输出控制移到下一行的开头，从显示屏幕上可以看到光标已移到下一行的开头。

上面输出结果中有下画线的字符是 printf 函数中的"格式控制字符串"中的普通字符按原样输出的结果。3 和 4 是 a 和 b 的值(注意 3 和 4 这两个数字前和后都没有加空格)，其数字位数由 a 和 b 的值而定。假如 a=12,b=123，则输出结果为

a=12 b=123

由于 printf 是函数，因此，格式控制字符串和输出表列实际上都是函数的参数。

printf 函数的一般形式可以表示为

printf(参数 1,参数 2,参数 3,…,参数 n)

参数 1 是格式控制字符串，参数 2～参数 n 是需要输出的数据。执行 printf 函数时，将参数 2～参数 n 按参数 1 所指定的格式进行输出。参数 1 是必须有的，参数 2～参数 n 是可选的。

2. 格式字符

前已介绍，在输出时，对不同类型的数据要指定不同的格式声明，而格式声明中最重要的内容是格式字符。常用的有以下几种格式字符。

（1）**d 格式符**。用来输出一个有符号的十进制整数。

在前面的例子中已经看到了：在输出时，按十进制整型数据的实际长度输出，正数的符号不输出。

可以在格式声明中指定输出数据的**域宽**(所占的列数),如用"%5d",指定输出数据占 5 列,输出的数据显示在此 5 列区域的右侧。如:

　　printf("%5d\n%5d\n",12,−345);

输出结果为

　　12　　　　(12 前面有 3 个空格)
　　−345　　(−345 前面有 1 个空格)

若输出 long(长整型)数据,在格式符 d 前加字母 l(代表 long),即"%ld"。若输出 long long (双长整型)数据,在格式符 d 前加两个字母 ll(代表 long long),即"%lld"。

　　(2) **c 格式符**。用来输出一个字符。例如:

　　char ch='a';
　　printf("%c",ch);

运行时输出

　　a

也可以指定域宽,如

　　printf("%5c",ch);

运行时输出

　　　　　a　　　　　　　　　　　　　　　(a 前面有 4 个空格)

　　一个整数,如果在 0~127 范围中,也可以用"%c"使之按字符形式输出,在输出前,系统会将该整数作为 ASCII 码转换成相应的字符;如:

　　short a=121;
　　printf("%c",a);

输出字符 y。如果整数比较大,则把它的最后一个字节的信息以字符形式输出。如:

　　int a=377;
　　printf("%c",a);

也输出字符 y,见图 3.18。因为用%c 格式输出时,只考虑一个字节,存放 a 的存储单元中最后一个字节中的信息是 01111001,即十进制的 121,它是'y'的 ASCII 代码。

0 0 0 0 0 0 0 1	0 1 1 1 1 0 0 1

图　3.18

　　(3) **s 格式符**。用来输出一个字符串。如:

　　printf("%s","CHINA");

执行此函数时在显示屏上输出字符串"CHINA"(不包括双引号)。

　　(4) **f 格式符**。用来输出实数(包括单、双精度、长双精度),以小数形式输出,有几种用法:

　　① **基本型,用%f**。

不指定输出数据的长度,由系统根据数据的实际情况决定数据所占的列数。系统处理的方法一般是:实数中的整数部分全部输出,小数部分输出 6 位。

【**例 3.6**】 用 %f 输出实数，只能得到 6 位小数。

```
#include <stdio.h>
int main()
  {double a=1.0;
   printf("%f\n",a/3);
   return 0;
  }
```

运行结果：

```
0.333333
```

虽然 a 是双精度型，a/3 的结果也是双精度型，但是用 %f 格式声明只能输出 6 位小数。

② **指定数据宽度和小数位数，用 %m. nf。**

例 3.5 已经用了 "%7.2" 格式指定了输出的数据占 7 列，其中包括 2 位小数。对其后一位采取四舍五入方法处理，即向上或向下取近似值。如果把小数部分指定为 0，则不仅不输出小数，而且小数点也不输出。如果在例 3.6 的 printf 函数中指定 "%7.0f" 格式声明，由于其整数部分为 0，因此输出结果为 0。所以不要轻易指定小数的位数为 0。

如果想在例 3.6 中输出双精度变量 a 的 15 位小数，可以采用例 3.5 所用的方法，用 "%20.15f" 格式声明，即把上面程序的第 4 行改为

```
printf("%20.15f\n",a/3);
```

运行结果：

```
0.333333333333333
```

注意在 0 的前面有 3 个空格。

这时输出了 15 位小数。但是应该注意：一个双精度数只能保证 15 位有效数字的精确度，即使指定小数位数为 50（如用 %55.50f），也不能保证输出的 50 位都是有效的数字。读者可以上机试一下。

🔔**注意：** 在用 %f 输出时要注意数据本身能提供的有效数字，如 float 型数据的存储单元只能保证 6 位有效数字。double 型数据能保证 15 位有效数字。不要以为计算机输出的所有数字都是绝对精确的。

【**例 3.7**】 float 型数据的有效位数。

```
#include <stdio.h>
int main()
  {float a;
   a=10000/3.0;
   printf("%f\n",a);
   return 0;
  }
```

运行结果：

```
3333.333252
```

本来计算的理论值应为 3333.333333333…，但由于 float 型数据只能保证 6～7 位有效数字，因此虽然程序输出了 6 位小数，但从左面开始的第 7 位数字(即第 3 位小数)以后的数字并不保证是绝对正确的。

　　如果将 a 改为 double 型，其他不变，请考虑输出结果如何，可上机一试。

　　③ **输出的数据向左对齐，用％－m.nf。**

　　在 m.n 的前面加一个负号，其作用与％m.nf 形式作用基本相同，但当数据长度不超过 m 时，数据向左靠，右端补空格。如：

```
printf("%-25.15f,%25.15f\n",a,a);
```

运行结果：

```
3333.333333333500          3333.333333333500
```

第 1 次输出 a 时输出结果向左端靠，右端空 5 列。第 2 次输出 a 时输出结果向右端靠，左端空 5 列。

　　(5) **e 格式符**。用格式声明 ％e 指定以**指数形式**输出实数。如果不指定输出数据所占的宽度和数字部分的小数位数，许多 C 编译系统(如 Visual C++)会自动给出数字部分的小数位数为 6 位，指数部分占 5 列(如 e＋002，其中"e"占 1 列，指数符号占 1 列，指数占 3 列)。数值按标准化指数形式输出(即小数点前必须有而且只有 1 位非零数字)。例如：

```
printf("%e",123.456);
```

输出如下：

```
1.234560 e+002
  6 列    5 列
```

所输出的实数共占 13 列宽度(注：不同系统的规定略有不同)。

　　也可以用"％m.ne"形式的格式声明，如：

```
printf("%13.2e",123.456);
```

输出为

```
    1.23e+002          (数的前面有 4 个空格)
```

　　格式符 e 也可以写成大写 E 形式，此时输出的数据中的指数不是以小写字母 e 表示而以大写字母 E 表示，如 1.23456 E＋002。

　　以上几种输出格式是常用的，在以后各章中会结合实际问题加以具体应用，读者可在实际应用中逐步掌握它们。

　　*(6) 其他格式符。

　　C 语言还提供以下几种输出格式符，由于初学时用得不多，不作详细介绍，只供必要时查阅。

　　① **i 格式符**。作用与 d 格式符相同，按十进制整型数据的实际长度输出。一般习惯用％d 而少用％i。

　　② **o 格式符**。以八进制整数形式输出。将内存单元中的各位的值(0 或 1)按八进制形式输出，因此输出的数值不带符号，即将符号位也一起作为八进制数的一部分输出。

例如：

```
int a=-1;
printf("%d\t%o\n",a,a);
```

-1在内存单元中的存放形式（以补码形式存放在4个字节）如下：

11111111	11111111	11111111	11111111

运行时输出：

```
-1        37777777777
```

用%d（十进制整数形式）输出a时，得到-1，按%o输出时，按内存单元中实际的二进制数按3位一组构成八进制数形式，如上面的32个二进位可以从右至左每3位为一组：

11,111,111,111,111,111,111,111,111,111,111,111
 | | | | | | | | | | |
3 7 7 7 7 7 7 7 7 7 7

二进制数111就是八进制数7。因此上面的数用八进制数表示为37777777777。八进制整数是不会带负号的。用%o格式声明可以得到存储单元中实际的存储情况。

③ **x格式符**。以十六进制数形式输出整数。例如：

```
int a=-1;
printf("%d\t%o\t%x\n",a,a,a);
```

输出结果为

```
-1        37777777777        ffffffff
```

同样可以用"%lx"输出长整型数，也可以指定输出字段的宽度，如"%12x"。

如果读者对二进制数、八进制数、十六进制数、补码等不熟悉，可以忽略这部分内容，在需要时可参阅有关书籍，这些不属本书的范围。

④ **u格式符**。用来输出无符号（unsigned）型数据，以十进制整数形式输出。

⑤ **g格式符**。用来输出浮点数，系统自动选f格式或e格式输出，选择其中长度较短的格式，不输出无意义的0。如：

```
double a=12345678954321;
printf("%f\t%e\t%g\n",a,a,a);
```

输出结果为

```
12345678954321.000000    1.234568e+013    1.23457e+013
```

可从以上看到用%f格式输出占21列，用%e格式输出占13列，故%g采用%e格式输出。

综合上面的介绍，格式声明的一般形式可以表示为

% 附加字符 格式字符

以上介绍的加在格式字符前面的字符（如l，m，n，-等）就是附加字符，又称为修饰符，起补充声明的作用。

为便于查阅，表3.6和表3.7分别列出了printf函数中用到的格式字符和附加字符。

表 3.6　printf 函数中用到的格式字符

格式字符	说　　　明
d,i	以带符号的十进制形式输出整数(正数不输出符号)
o	以八进制无符号形式输出整数(不输出前导符 0)
x，X	以十六进制无符号形式输出整数(不输出前导符 0x),用 x 则输出十六进制数的 a～f 时以小写形式输出,用 X 时,则以大写字母输出
u	以无符号十进制形式输出整数
c	以字符形式输出,只输出一个字符
s	输出字符串
f	以小数形式输出单、双精度数,隐含输出 6 位小数
e,E	以指数形式输出实数,用 e 时指数以"e"表示(如 1.2e+02),用 E 时指数以"E"表示(如 1.2E+02)
g,G	选用%f 或%e 格式中输出宽度较短的一种格式,不输出无意义的 0。用 G 时,若以指数形式输出,则指数以大写表示

在格式声明中,在%和上述格式字符间可以插入表 3.7 中列出的几种附加符号(又称修饰符)。

表 3.7　printf 函数中用到的格式附加字符

字　　　符	说　　　明
l	长整型整数,可加在格式符 d、o、x、u 前面
m(代表一个正整数)	数据最小宽度
n(代表一个正整数)	对实数,表示输出 n 位小数;对字符串,表示截取的字符个数
—	输出的数字或字符在域内向左靠

💡 说明:

(1) printf 函数输出时,务必注意输出对象的类型应与上述格式说明匹配,否则将会出现错误。

(2) 除了 X,E,G 外,其他格式字符必须用小写字母,如%d 不能写成%D。

(3) 可以在 printf 函数中的格式控制字符串内包含转义字符,如\n,\t,\b,\r,\f 和\377 等。

(4) 表 3.6 中所列出的字母 d,o,x,u,c,s,f,e,g,X,E 和 G 等,如用在格式声明中就作为格式字符。一个格式声明以"%"开头,以上述 12 个格式字符之一为结束,中间可以插入附加格式字符(也称修饰符)。例如:

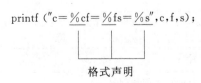

格式声明

第 1 个格式声明为"%c"而不包括其后的字母 f；第 2 个格式声明为"%f"，不包括其后的字母 s；第 3 个格式声明为"%s"。其他字符都是在输出时按原样输出的普通字符。

（5）如果想输出字符"%"，应该在"格式控制字符串"中用连续两个"%"表示，如：

printf("%f%%\n",1.0/3);

输出：

```
0.333333%
```

实现了输出"%"符号。

3.5.4　用 scanf 函数输入数据

在本章例 3.5 程序中已经看到怎样用 scanf 函数输入数据。下面再作比较系统的说明。

1. scanf 函数的一般形式

scanf（格式控制，地址表列）

"格式控制"的含义同 printf 函数。"地址表列"是由若干个地址组成的表列，可以是变量的地址，或字符串的首地址。

2. scanf 函数中的格式声明

与 printf 函数中的格式声明相似，以%开始，以一个格式字符结束，中间可以插入附加的字符。

例 3.5 中的 scanf 函数是比较简单的。可以把 scanf 函数改写成以下形式：

scanf("a=%f,b=%f,c=%f",&a,&b,&c);

在格式字符串中除了有格式声明%f 以外，还有一些普通字符（有"a=""b=""c="和","）。

表 3.8 和表 3.9 列出 scanf 函数所用的格式字符和附加字符。它们的用法和 printf 函数中的用法差不多。

* 表 3.8　scanf 函数中用到的格式字符

格式字符	说　　　明
d,i	输入有符号的十进制整数
u	输入无符号的十进制整数
o	输入无符号的八进制整数
x, X	输入无符号的十六进制整数（大小写作用相同）
c	输入单个字符
s	输入字符串，将字符串送到一个字符数组中，在输入时以非空白字符开始，以第一个空白字符结束。字符串以串结束标志'\0'作为其最后一个字符
f	输入实数，可以用小数形式或指数形式输入
e, E, g, G	与 f 作用相同，e 与 f、g 可以互相替换（大小写作用相同）

* **表 3.9　scanf 函数中用到的格式附加字符**

字符	说　　　　明
l	输入长整型数据(可用%ld,%lo,%lx,%lu)以及 double 型数据(用%lf 或%le)
h	输入短整型数据(可用%hd,%ho,%hx)
域宽	指定输入数据所占宽度(列数),域宽应为正整数
*	本输入项在读入后不赋给相应的变量

这两个表是为了备查用的,不必死记。开始时会用比较简单的形式输入数据即可。

3. 使用 scanf 函数时应注意的问题

(1) scanf 函数中的格式控制后面应当是**变量地址**,而不是变量名。例如,若 a 和 b 为整型变量,如果写成

scanf("%f%f%f",a,b,c);

是不对的。应将"a,b,c"改为"&a,&b,&c"。许多初学者常犯此错误。

(2) 如果在格式控制字符串中除了格式声明以外还有其他字符,则在输入数据时在对应的位置上应输入与这些字符相同的字符。如果有

scanf("a=%f,b=%f,c=%f",&a,&b,&c);

在输入数据时,应在对应的位置上输入同样的字符。即输入

a=1,b=3,c=2✓　　　　(注意输入的内容)

如果输入

1 3 2✓

就错了。因为系统会把它和 scanf 函数中的格式字符串逐个字符对照检查的,只是在%f 的位置上代以一个浮点数。

🔔**注意**:在"a=1"的后面输入一个逗号,它与 scanf 函数中的"格式控制"中的逗号对应。如果输入时不用逗号而用空格或其他字符是不对的。

(3) 在用"%c"格式声明输入字符时,空格字符和"转义字符"中的字符都作为有效字符输入,例如:

scanf("%c%c%c",&c1,&c2,&c3);

在执行此函数时应该连续输入 3 个字符,中间不要有空格。如:

abc✓　　　　(字符间没有空格)

若在两个字符间插入空格就不对了。如:

a b c✓

系统会把第 1 个字符'a'送给 c1;第 2 个字符是空格字符' ',送给 c2;第 3 个字符'b'送给

c3。而并不是把′a′送给c1,把′b′送给c2,把′c′送给c3。

提示：输入数值时,在两个数值之间需要插入空格(或其他分隔符),以使系统能区分两个数值。在连续输入字符时,在两个字符之间不要插入空格或其他分隔符(除非在scanf函数中的格式字符串中有普通字符,这时在输入数据时要在原位置插入这些字符),系统能区分两个字符。

(4) 在输入数值数据时,如输入空格、回车、Tab键或遇非法字符(不属于数值的字符),认为该数据结束。例如：

scanf("%d%c%f",&a,&b,&c);

若输入

  1234a 123o. 26 ↙
  ↓ ↓ ↓
  a b c

第1个数据对应%d格式,在输入1234之后遇字符′a′,因此系统认为数值1234后已没有数字了,第1个数据应到此结束,就把1234送给变量a。把其后的字符′a′送给字符变量b,由于%c只要求输入一个字符,系统判定该字符已输入结束,因此输入字符a之后不需要加空格。字符′a′后面的数值应送给变量c。如果由于疏忽把1230.26错打成123o.26,由于123后面出现字母o,就认为该数值数据到此结束,将123送给变量c,后面几个字符没有被读入。

3.5.5 字符输入输出函数

除了可以用printf函数和scanf函数输出和输入字符外,C函数库还提供了一些专门用于输入和输出字符的函数。它们是很容易理解和使用的。

1. 用putchar函数输出一个字符

想从计算机向显示器输出一个字符,可以调用系统函数库中的putchar函数(字符输出函数)。

putchar函数的一般形式为

putchar(c)

putchar是put character(给字符)的缩写,很容易记忆。C语言的函数名大多是可以见名知义的,不必死记。putchar(c)的作用是输出字符变量c的值,显然输出的是一个字符。

【**例3.8**】 先后输出BOY三个字符。

解题思路：定义3个字符变量,分别赋以初值′B′,′O′,′Y′,然后用putchar函数输出这3个字符变量的值。

编写程序：

```
#include <stdio.h>
int main ()
{
    char a='B',b='O',c='Y';                    //定义3个字符变量并初始化
```

```
    putchar(a);                            //向显示器输出字符 B
    putchar(b);                            //向显示器输出字符 O
    putchar(c);                            //向显示器输出字符 Y
    putchar ('\n');                        //向显示器输出一个换行符
    return 0;
}
```

运行结果：

BOY

连续输出 B,O,Y 3 个字符,然后换行。

从此例可以看出:用 putchar 函数既可以输出能在显示器屏幕上显示的字符,也可以输出屏幕控制字符,如 putchar('\n')的作用是输出一个换行符,使输出的当前位置移到下一行的开头。

如果把上面的程序改为以下这样,请思考输出结果。

```
#include <stdio. h>
int main ()
{
    int a=66,b=79,c=89;                    //定义 3 个整型变量,并初始化
    putchar(a);                            //向显示器输出字符 B
    putchar(b);                            //向显示器输出字符 O
    putchar(c);                            //向显示器输出字符 Y
    putchar ('\n');                        //向显示器输出一个换行符
    return 0;
}
```

运行结果：

BOY

从前面的介绍已知:字符类型也属于整数类型,因此将一个字符赋给字符变量和将字符的 ASCII 代码赋给字符变量作用是完全相同的(但应注意,整型数据的范围为 0~127)。putchar 函数是输出字符的函数,它输出的是字符而不能输出整数。66 是字符 B 的 ASCII 代码,因此,putchar(66)输出字符 B。其他类似。

说明:putchar(c)中的 c 可以是字符常量、整型常量、字符变量或整型变量(其值在字符的 ASCII 代码范围内)。

可以用 putchar 函数输出转义字符,例如:

putchar('\101')　　　(输出字符 A)

putchar('\'')　　　(括号中的\'是转义字符代表单撇号,输出单撇号字符)

putchar('\015')　　　(八进制数 15 等于十进制数 13,从附录 A 查出 13 是"回车"的 ASCII 代码,因此输出回车,不换行,使输出的当前位置移到本行开头)

2. 用 getchar 函数输入一个字符

为了向计算机输入一个字符,可以调用系统函数库中的 getchar 函数(字符输入函数)。

getchar 函数的一般形式为

    getchar( )

getchar 是 get character(取得字符)的缩写,getchar 函数没有参数,它的作用是从计算机终端(一般是键盘)输入一个字符,即计算机获得一个字符。getchar 函数的值就是从输入设备得到的字符。getchar 函数只能接收一个字符。如果想输入多个字符就要用多个 getchar 函数。

【例 3.9】 从键盘输入 BOY 3 个字符,然后把它们输出到屏幕。

解题思路:用 3 个 getchar 函数先后从键盘向计算机输入 BOY 3 个字符,然后用 putchar 函数输出。

编写程序:

```
#include <stdio.h>
int   main()
 { char a,b,c;              //定义字符变量 a,b,c
   a=getchar();             //从键盘输入一个字符,送给字符变量 a
   b=getchar();             //从键盘输入一个字符,送给字符变量 b
   c=getchar();             //从键盘输入一个字符,送给字符变量 c
   putchar(a);              //将变量 a 的值输出
   putchar(b);              //将变量 b 的值输出
   putchar(c);              //将变量 c 的值输出
   putchar('\n');           //换行
   return 0;
 }
```

运行结果:

```
BOY
BOY
```

    注意:在连续输入 BOY 并按 Enter 键后,字符才送到计算机中,然后输出 BOY 3 个字符。

    说明:在用键盘输入信息时,并不是在键盘上敲一个字符,该字符就立即送到计算机中去的。这些字符先暂存在键盘的缓冲器中,只有按了 Enter 键才把这些字符一起输入到计算机中,然后按先后顺序分别赋给相应的变量。

如果在运行时,每输入一个字符后马上按 Enter 键,会得到什么结果?

运行情况:

```
B
O
B
O
```

输入字符 B 后马上按 Enter,再输入字符 O,按 Enter。立即会分两行输出 B 和 O。

请思考是什么原因?

第 1 行输入的不是一个字符 B,而是两个字符:B 和换行符,其中字符 B 赋给了变量 a,换行符赋给了变量 b。第 2 行接着输入两个字符:O 和换行符,其中字符 O 赋给了变量 c,换行符没有送入任何变量。在用 putchar 函数输出变量 a,b,c 的值时,就输出了字符 B,然后输出换行,再输出字符 O,然后执行 putchar('\n'),换行。

🔔**注意**:执行 getchar 函数不仅可以从输入设备获得一个可显示的字符,而且可以获得在屏幕上无法显示的字符,如控制字符。

用 getchar 函数得到的字符可以赋给一个字符变量或整型变量,也可以不赋给任何变量,而作为表达式的一部分,在表达式中利用它的值。例如,例 3.9 可以改写如下:

```
#include <stdio.h>
int main()
  { putchar(getchar());                //将接收到的字符输出
    putchar(getchar());                //将接收到的字符输出
    putchar(getchar());                //将接收到的字符输出
    putchar('\n');                     //换行
    return 0;
  }
```

运行结果:

```
BOY
BOY
```

连续输入 BOY 后,按 Enter 键,输出 BOY,然后换行。

在连续输入 BOY 并按 Enter 键后,这些字符才被送到计算机中,然后按得到字符的顺序输出 3 个字符 BOY,最后再输出一个回车。因为第 1 个 getchar 函数得到的值为'B',因此 putchar(getchar())相当于 putchar('B'),输出'B'。第 2 个 getchar 函数相当于 putchar('O'),输出得到的值为'O'。第 3 个情况类似。

🔔**注意**:不要在按 B 后马上按回车键,这样就会把回车也作为一个字符输入。

也可以在 printf 函数中输出刚接收的字符:

```
printf("%c",getchar());            //%c 是输出字符的格式声明
```

在执行此语句时,先从键盘输入一个字符,然后用输出格式符%c 输出该字符。

【例 3.10】 改写例 3.3 程序,使之可以适用于任何大写字母。从键盘输入一个大写字母,在显示屏上显示对应的小写字母。

解题思路:用 getchar 函数从键盘读入一个大写字母,把它转换为小写字母,然后用 putchar 函数输出该小写字母。

编写程序:

```
#include <stdio.h>
int main()
  {
    char c1,c2;
    c1=getchar();            //从键盘读入一个大写字母,赋给字符变量 c1
    c2=c1+32;                //求对应小写字母的 ASCII 代码,放在字符变量 c2 中
    putchar(c2);             //输出 c2 的值,是一个字符
    putchar('\n');
    return 0;
  }
```

运行结果：

> B
> b

从键盘输入一个大写字母，在显示屏上显示对应的小写字母。

当然，也可以用 printf 函数输出。把最后两个 putchar 函数改用一个 printf 函数代替：

```
#include <stdio.h>
int main()
{
    char c1,c2;
    c1=getchar();                          //从键盘读入一个大写字母,赋给字符变量 c1
    c2=c1+32;                              //得到对应的小写字母的 ASCII 代码,放在字符变量 c2 中
    printf("大写字母:%c\n 小写字母:%c\n",c1,c2);     //输出 c1,c2 的值
    return 0;
}
```

运行结果：

> N
> 大写字母：N
> 小写字母：n

从键盘输入一个大写字母 N，程序输出大写 N 和小写 n。

说明：如果使用汉化的 C 编译系统（如 Visual C++ 中文版），可以在 printf 函数的格式字符串中包含汉字，在输出时就能显示汉字，以增加可读性。

思考：可以用 printf 函数和 scanf 函数输出或输入字符，也可以用字符输入输出函数输入或输出字符，请比较这两个方法的特点，在特定情况下用哪一种方法为宜。

本章结合介绍最简单的程序，系统地介绍了编写程序的各项要素，有了这些基础，就可以开始编写程序了。

习　题

1. 假如我国国民生产总值的年增长率为 7%，计算 10 年后我国国民生产总值与现在相比增长多少百分比。计算公式为

$$p=(1+r)^n$$

r 为年增长率，n 为年数，p 为与现在相比的倍数。

2. 存款利息的计算。有 1000 元，想存 5 年，可按以下 5 种办法存：

(1) 一次存 5 年期。

(2) 先存 2 年期，到期后将本息再存 3 年期。

(3) 先存 3 年期，到期后将本息再存 2 年期。

(4) 存 1 年期，到期后将本息再存 1 年期，连续存 5 次。

(5) 存活期存款。活期利息每一季度结算一次。

2017 年的银行存款利息如下：

1 年期定期存款利息为 1.5%；

2 年期定期存款利息为 2.1%;

3 年期定期存款利息为 2.75%;

5 年期定期存款利息为 3%;

活期存款利息为 0.35%(活期存款每一季度结算一次利息)。

如果 r 为年利率, n 为存款年数,则计算本息和的公式如下:

$$1 \text{ 年期本息和:} P = 1000 * (1+r);$$

$$n \text{ 年期本息和:} P = 1000 * (1+n*r);$$

$$\text{存 } n \text{ 次 1 年期的本息和:} P = 1000 * (1+r)^n;$$

$$\text{活期存款本息和:} P = 1000 * \left(1+\frac{r}{4}\right)^{4n}。$$

说明:$1000 * \left(1+\dfrac{r}{4}\right)$ 是一个季度的本息和。

3. 购房从银行贷了一笔款 d,准备每月还款额为 p,月利率为 r,计算多少月能还清。设 d 为 300 000 元, p 为 6000 元, r 为 1%。对求得的月份取小数点后一位,对第 2 位按四舍五入处理。

提示:计算还清月数 m 的公式如下:

$$m = \frac{\log p - \log(p - d \times r)}{\log(1+r)}$$

可以将公式改写为

$$m = \frac{\log\left(\dfrac{p}{p-d \times r}\right)}{\log(1+r)}$$

C 的库函数中有求对数的函数 log10,是求以 10 为底的对数,log(p)表示 $\log p$。

4. 分析下面的程序:

```c
# include <stdio.h>
int main()
{ char c1,c2;
  c1=97;
  c2=98;
  printf("c1=%c,c2=%c\n",c1,c2);
  printf("c1=%d,c2=%d\n",c1,c2);
  return 0;
}
```

(1) 运行时会输出什么信息? 为什么?

(2) 如果将程序第 4,5 行改为

```c
c1=197;
c2=198;
```

运行时会输出什么信息? 为什么?

(3) 如果将程序第 3 行改为

```c
int c1,c2;
```

运行时会输出什么信息？为什么？

5. 用下面的 scanf 函数输入数据，使 a＝3，b＝7，x＝8.5，y＝71.82，c1＝'A'，c2＝'a'。在键盘上应如何输入？

```
#include <stdio.h>
int main()
{
    int a,b;
    float x,y;
    char c1,c2;
    scanf("a=%db=%d",&a,&b);
    scanf("%f%e",&x,&y);
    scanf("%c%c",&c1,&c2);
    return 0;
}
```

6. 请编程序将"China"译成密码，密码规律是：用原来的字母后面第 4 个字母代替原来的字母。例如，字母"A"后面第 4 个字母是"E"，用"E"代替"A"。因此，"China"应译为"Glmre"。请编一程序，用赋初值的方法使 c1，c2，c3，c4，c5 这 5 个变量的值分别为'C'，'h'，'i'，'n'，'a'，经过运算，使 c1，c2，c3，c4，c5 分别变为'G'，'l'，'m'，'r'，'e'。分别用 putchar 函数和 printf 函数输出这 5 个字符。

7. 设圆半径 $r＝1.5$，圆柱高 $h＝3$，求圆周长、圆面积、圆球表面积、圆球体积、圆柱体积。用 scanf 输入数据，输出计算结果，输出时要求有文字说明，取小数点后 2 位数字。请编程序。

8. 编程序，用 getchar 函数读入两个字符给 c1 和 c2，然后分别用 putchar 函数和 printf 函数输出这两个字符。思考以下问题：

（1）变量 c1 和 c2 应定义为字符型、整型还是二者皆可？

（2）要求输出 c1 和 c2 值的 ASCII 码，应如何处理？用 putchar 函数还是 printf 函数？

（3）整型变量与字符变量是否在任何情况下都可以互相代替？如：

char   c1,c2;

与

int   c1,c2;

是否无条件地等价？

第4章 选择结构程序设计

第3章介绍了顺序结构程序设计。在顺序结构中,各语句是按自上而下的顺序执行的,执行完上一个语句就自动执行下一个语句,是无条件的,不必作任何判断。这是最简单的程序结构。实际上,在很多情况下,需要根据某个条件是否满足来决定是否执行指定的操作任务,或者从给定的两种或多种操作选择其一。这就是选择结构要解决的问题。

4.1 选择结构和条件判断

在现实生活中需要进行判断和选择的情况是很多的。如:从北京出发上高速公路,到一个岔路口,有两个出口,一个是去上海方向,另一个是沈阳方向。驾车者到此处必须进行判断,根据自己的目的地,从二者中选择一条路径,见图4.1。

在日常生活或工作中,类似这样需要判断的情况是司空见惯的。如:

- 如果你在家,我去拜访你;   (需要判断你是否在家)
- 如果考试不及格,要补考;   (需要判断是否及格)
- 如果遇到红灯,要停车等待;   (需要判断是否红灯)
- 周末我们去郊游;   (需要判断是否周末)
- 如果 $b^2-4ac\geq0$,可以求出方程 $ax^2+bx+c=0$ 的实根。

(需要判断 $b^2-4ac\geq0$ 是否满足)

又如:输入一个数,要求输出其绝对值。可以写出以下语句:

```
if(x>=0)
    printf("%d",x);
else
    printf("%d",-x);
```

用 if 语句进行检查,如果 x 的值符合 x≥0 的条件,就输出 x 的值。否则就输出 -x 的值。接着执行 if 语句的下一个语句。用流程图表示见图4.2。

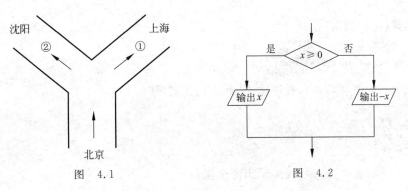

图 4.1   图 4.2

可以看到：要处理以上问题，关键在于进行"条件判断"。

由于程序处理问题的需要，在大多数程序中都会包含选择结构，需要在进行下一个操作之前先进行条件判断。

C语言有两种选择语句：(1)**if 语句**，用来实现两个分支的选择结构；(2)**switch 语句**，用来实现多分支的选择结构。本节先介绍怎样用 if 语句实现双分支选择结构，这是很容易理解的，然后在此基础上介绍怎样用 switch 语句实现多分支选择结构。

【例 4.1】 在例 3.5 的基础上对程序进行改进。题目要求解得 $ax^2+bx+c=0$ 方程的根。由键盘输入 a,b,c。假设 a,b,c 的值任意，并不保证 $b^2-4ac \geqslant 0$。需要在程序中进行判别，如果 $b^2-4ac \geqslant 0$，就计算并输出方程的两个实根，如果 $b^2-4ac<0$，就输出"此方程无实根"的信息。

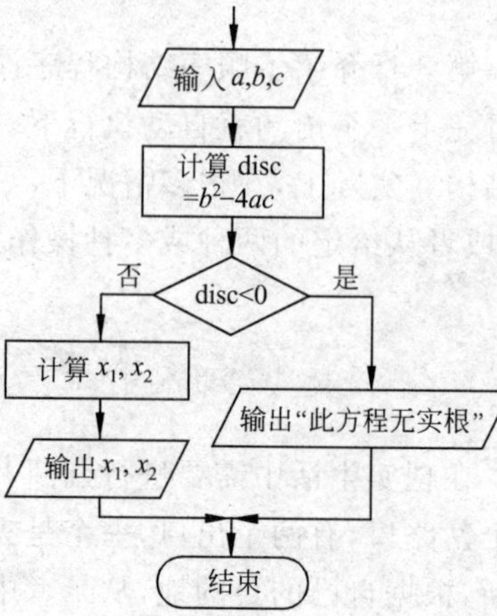

解题思路：画出流程图，见图 4.3。

编写程序：

图　4.3

```
#include<stdio.h>
#include<math.h>    //程序中要调用求平方根函数 sqrt
int main()
{
    double a,b,c,disc,x1,x2,p,q;        //disc 是判别式(b*b-4ac)
    scanf("%lf%lf%lf",&a,&b,&c);        //输入双精度浮点型变量的值要用格式声明"%lf"
    disc=b*b-4*a*c;
    if(disc<0)                          //若 b²-4ac<0
        printf("This equation hasn't real roots\n");   //输出"此方程无实根"
    else                                //b²-4ac≥0
    { p=-b/(2.0*a);
      q=sqrt(disc)/(2.0*a);
      x1=p+q;x2=p-q;                    //求出方程的两个根
      printf("real roots:\nx1=%7.2f\nx2=%7.2f\n",x1,x2);   //输出方程的两个根
    }
    return 0;
}
```

运行结果（运行两次）：

```
6 3 1
This equation hasn't real roots
```

输入 a,b,c 的值(6,3,1)，程序输出"此方程无实根"。

```
2 4 1
real roots:
x1=  -0.29
x2=  -1.71
```

输入 a,b,c 的值(2,4,1)，程序输出两个实根。

🔍 **程序分析：**

（1）为提高精度以及避免在编译时出现"警告"，将所有变量定义为双精度浮点型。

（2）在用 scanf 函数输入双精度实型数据时，不能用"%f"格式声明，而应当用"%lf"格式声明。即在格式符 f 的前面加修饰符 l（小写字母），表示是"长浮点型"，即双精度型。scanf 函数中附加字符的用法见第 3 章表 3.9。在输出双精度实型数据时，可以用"%f""%lf"或"%m.nf"，以指定输出的精度。

（3）用 if 语句来实现选择结构。第 8～15 行是一个选择结构。if 语句对给定条件"disc<0"进行判断后，形成两条路径，一条是执行第 9 行的输出语句，另一条是输出第 11～15 行的复合语句。

（4）在第二次运行输入数据时，输入了整数 2,4,1。而在 scanf 函数中用"%lf"格式声明，要求将数送到双精度变量中。在输入数字 2 之后，输入了一个非数字字符（空格），系统就认为第 1 个数据到此结束，把整数 2 转换为双精度数，然后赋给变量 a。其他亦然。

（5）输出实根时用"%7.2f"格式声明，保留两位小数，对小数点后第 3 位自动四舍五入。如果改用"%10.6f"格式声明，则输出：

```
2 4 1
real roots:
x1= -0.292893
x2= -1.707107
```

可见对小数点后第 7 位四舍五入，并且上下行小数点对齐。

4.2 用 if 语句实现选择结构

4.2.1 用 if 语句处理选择结构举例

从例 4.1 可以看到：在 C 语言中选择结构主要是用 if 语句实现的。为了进一步了解 if 语句的应用，下面再举两个简单的例子。

【例 4.2】 输入两个实数，按由小到大的顺序输出这两个数。

解题思路： 这个问题的算法很简单，只要做一次比较，然后进行一次交换即可。用 if 语句实现条件判断。

关键是怎样实现两个变量的值的互换。不能把两个变量直接互相赋值，如为了将 a 和 b 对换，不能用下面的办法：

```
a=b;          //把变量 b 的值赋给变量 a，a 的值等于 b 的值
b=a;          //再把变量 a 的值赋给变量 b，变量 b 值没有改变
```

为了实现互换。必须借助于第 3 个变量。可以这样考虑：将 A 和 B 两个杯子中的水互换，用两个杯子的水倒来倒去的办法是无法实现的。必须借助于第 3 个杯子 C，先把 A 杯的水倒在 C 杯中，再把 B 杯的水倒在 A 杯中，最后再把 C 杯的水倒在 B 杯中，这就实现了两个杯子中的水互换。这是在程序中实现两变量换值的算法。

编写程序：

```
#include <stdio.h>
```

```
int main()
  {
    float a,b,t;
    scanf("%f,%f",&a,&b);
    if(a>b)
      { //将 a 和 b 的值互换
        t=a;
        a=b;
        b=t;
      }
    printf("%5.2f,%5.2f\n",a,b);
    return 0;
  }
```

运行结果：

```
3.6,-3.2
-3.20, 3.60
```

🔍 **程序分析**：输入 3.6 和 −3.2 两个数给变量 a 和 b，用 if 语句进行判断，如果 a＞b，使 a 和 b 的值互换。否则不互换。请熟练掌握交换两个变量的值的方法。经过 if 语句的处理后，变量 a 是小数，b 是大数。依次输出 a 和 b，就实现了由小到大顺序的输出。

【例 4.3】 输入 3 个数 a,b,c，要求按由小到大的顺序输出。

解题思路：解此题的算法比上一题稍复杂一些。可以先用伪代码写出算法：

S1：if a＞b,将 a 和 b 对换　　　（交换后,a 是 a,b 中的小者）
S2：if a＞c,将 a 和 c 对换　　　（交换后,a 是 a,c 中的小者,因此 a 是三者中最小者）
S3：if b＞c,将 b 和 c 对换　　　（交换后,b 是 b,c 中的小者,也是三者中次小者）
S4：顺序输出 a,b,c。

编写程序：

```
#include <stdio.h>
int main()
  {
    float a,b,c,t;
    scanf("%f,%f,%f",&a,&b,&c);
    if(a>b)
      {
        t=a;                      //借助变量 t,实现变量 a 和变量 b 互换值
        a=b;
        b=t;
      }                           //互换后,a 小于或等于 b
    if(a>c)
      {
        t=a;                      //借助变量 t,实现变量 a 和变量 c 互换值
        a=c;
        c=t;
```

```
    }                          //互换后,a小于或等于c
    if(b>c)                    //还要
    {
        t=b;                   //借助变量 t,实现变量 b 和变量 c 互换值
        b=c;
        c=t;
    }                          //互换后,b 小于或等于 c
    printf("%5.2f,%5.2f,%5.2f\n",a,b,c);    //顺序输出 a,b,c 的值
    return 0;
}
```

运行结果：

```
3,7,1
 1.00, 3.00, 7.00
```

程序分析：在经过第 1 次互换值后,a≤b,经过第 2 次互换值后 a≤c,这样 a 已是三者中最小的(或最小者之一),但是 b 和 c 谁大还未解决,还需要进行比较和互换。经过第 3 次互换值后,a≤b≤c。此时,a,b,c 3 个变量已按由小到大顺序排列。顺序输出 a,b,c 的值即实现了由小到大输出 3 个数。

4.2.2　if 语句的一般形式

通过上面 3 个简单的例子,可以初步知道怎样使用 if 语句去实现选择结构。

if 语句的一般形式如下：

if（表达式）语句 1

　　[**else 语句 2**]

if 语句中的"表达式"可以是关系表达式、逻辑表达式,甚至是数值表达式。其中最直观、最容易理解的是关系表达式。例 4.1 程序第 8 行 if(disc<0),其中的"disc<0"就是一个关系表达式。所谓关系表达式就是两个数值进行比较的式子。下一节将对此进行详细的讨论。

在上面 if 语句的一般形式中,方括号内的部分(即 else 子句)为可选的,既可以有,也可以没有。

语句 1 和语句 2 可以是一个简单的语句,也可以是一个复合语句,还可以是另一个 if 语句(即在一个 if 语句中又包括另一个或多个内嵌的 if 语句)。

根据 if 语句的一般形式,if 语句可以写成不同的形式,最常用的有以下 3 种形式：

（1）**if（表达式）　语句 1**　　　　（没有 else 子句部分）

（2）**if（表达式）**　　　　　　　　（有 else 子句部分）

　　语句 1

　　else

　　语句 2

（3）**if（表达式 1）　　语句 1**　　　（在 else 部分又嵌套了多层的 if 语句）

　　else if（表达式 2）　语句 2

　　else if（表达式 3）　语句 3

　　　　⋮　　　　　　　⋮

else if（表达式 m）　语句 m

else　　　　　　　 语句 m+1

例如：

```
if       (number>500)   cost=0.15;
else if  (number>300)   cost=0.10;
else if  (number>100)   cost=0.075;
else if  (number>50)    cost=0.05;
else                    cost=0
```

这种形式相当于：

```
if (number>500)
   cost=0.15;
else
   if (number>300)           //在if语句的else部分内嵌了一个if语句
      cost=0.10;
   else
      if (number>100)        //在内嵌的if语句的else部分又内嵌了一个if语句
         cost=0.075;
      else
         if (number>50)      //在第2层内嵌的if语句的else部分又内嵌了一个if语句
            cost=0.05;
         else                //第3层内嵌的if语句中的else子句
            cost=0
```

写成上面的"if…else if…else if…else if…else"形式更为直观和简洁。

💡 说明：

（1）整个if语句可以写在多行上，也可以写在一行上，如：

if (x>0) y=1; else y=−1;

但是，为了程序的清晰，提倡写成锯齿形式。

（2）一般形式（3）中"语句1""语句2""语句 m"等是if语句中的"内嵌语句"。它们是if语句中的一部分。每个内嵌语句的末尾都应当有分号，因为分号是语句中的必要成分。如：

```
if (x>0)
   y=1;            //语句末尾必须有分号
else
   y=−1;           //语句末尾必须有分号
```

不能写成：

if (x>0) y=1 else y=−1;   //"语句1"的末尾缺少分号

如果无此分号，则出现语法错误。

（3）if语句无论写在几行上，都是一个整体，属于同一个语句。不要误认为if部分是一个语句，else部分是另一个语句。不要一看见分号，就以为是if语句结束了。在系统对if语句编译时,若发现内嵌语句结束(出现分号),还要检查其后有无 else,如果无 else,就认为整个 if 语句结束,如果有 else,则把 else 子句作为 if 语句的一部分。注意 else 子句不能作为语句单独使用,它必须是 if 语句的一部分,与 if 配对使用。

(4)"语句 1""语句 2"…"语句 m"可以是一个简单的语句,也可以是一个包括多个语句的复合语句。例 4.1 程序中的 if 语句中的 else 子句中的内嵌语句就是一个复合语句。注意:复合语句应当用花括号括起来。请分析,如果 4.1 程序中的 if 语句的 else 分支中没有用花括号,情况会怎样。请画出其相应的流程图。

(5)内嵌语句也可以是一个 if 语句。如用 if 语句表示阶跃函数:

$$y=\begin{cases}1 & (x>0)\\0 & (x=0)\\-1 & (x<0)\end{cases}$$

可以写成:

```
if (x<0)
    y=-1;
else
    if (x==0)                //内嵌语句是一个 if 语句,它也包含 else 部分
        y=0;
    else
        y=1;
```

其流程图见图 4.4。

(6)在 if 语句中要对给定的条件进行检查,判定所给定的条件是否成立。判断的结果是一个逻辑值"是"或"否"。例如,需要判断的条件是"考试是否合格",答案只能有两个:"是"或"否",而不是数值 100,1000 或 10000。在计算机语言中用"真"和"假"来表示"是"或"否"。例如,判断一个人是否"70 岁以上",如果有一个人年龄为 75 岁,对他而言,"70 岁以上"是"真的",如果有一个人年龄为 15 岁,对他而言,"70 岁以上"是"假的"。又如:判断"a>b"条件是否满足,当 a>b 时,就称条件"a>b"为"真",如果 a≤b,则不满足"a>b"条件,就称此时条件"a>b"为假。

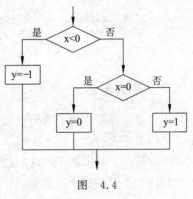

图 4.4

4.3 关系运算符和关系表达式

在例 4.1 程序中已看到,在 if 语句中对关系表达式 disc>0 进行判断。其中的">"是一个比较符,用来对两个数值进行比较。在 C 语言中,比较符(或称比较运算符)称为**关系运算符**。所谓"关系运算"就是"比较运算",将两个数值进行比较,判断其比较的结果是否符合给定的条件。例如,a>3 是一个关系表达式,大于号是一个关系运算符,如果 a 的值为 5,则满足给定的"a>3"条件,因此关系表达式的值为"真"(即"条件满足");如果 a 的值为 2,不满足"a>3"条件,则称关系表达式的值为"假"。

4.3.1　关系运算符及其优先次序

C语言提供6种关系运算符：

① ＜　　（小于）
② ＜＝　（小于或等于）
③ ＞　　（大于）　　　　　　　优先级相同（高）
④ ＞＝　（大于或等于）
⑤ ＝＝　（等于）
⑥ ！＝　（不等于）　　　　　　优先级相同（低）

关于优先次序：

（1）前4种关系运算符（＜，＜＝，＞，＞＝）的优先级别相同，后2种也相同。前4种高于后2种。例如，"＞"优先于"＝＝"。而"＞"与"＜"优先级相同。

（2）关系运算符的优先级低于算术运算符。

（3）关系运算符的优先级高于赋值运算符。

以上关系见图4.5。

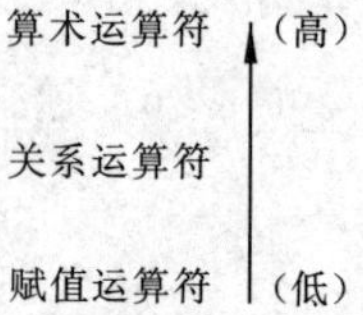

例如：

算术运算符　（高）
关系运算符
赋值运算符　（低）

图　4.5

c＞a+b 　　等效于　c＞(a+b)　　（关系运算符的优先级低于算术运算符）
a＞b＝＝c　等效于　(a＞b)＝＝c　（大于运算符＞的优先级高于相等运算符＝＝）
a＝＝b＜c　等效于　a＝＝(b＜c)　（小于运算符＜的优先级高于相等运算符＝＝）
a＝b＞c　　等效于　a＝(b＞c)　　（关系运算符的优先级高于赋值运算符）

4.3.2　关系表达式

用关系运算符将两个数值或数值表达式连接起来的式子，称为**关系表达式**。例如，下面都是合法的关系表达式：a＞b,a+b＞b+c,(a=3)＞(b=5),'a'＜'b',(a＞b)＞(b＜c)。关系表达式的值是一个逻辑值，即"真"或"假"。例如，关系表达式"5＝＝3"的值为"假"，"5＞＝0"的值为"真"。在C的逻辑运算中，以"1"代表"真"，以"0"代表"假"。若a=3,b=2,c=1,则：

关系表达式"a＞b"的值为"真"，表达式的值为1。

关系表达式"(a＞b)＝＝c"的值为"真"（因为a＞b的值为1，等于c的值），表达式的值为1。

关系表达式"b+c＜a"的值为"假"，表达式的值为0。

如果有以下赋值表达式：

d=a＞b，由于a＞b为真，因此关系表达式a＞b的值为1，所以赋值后d的值为1。

f=a＞b＞c,则f的值为0。因为"＞"运算符是自左至右的结合方向，先执行"a＞b"得值为1，再执行关系运算"1＞c"，得值0，赋给f，所以f的值为0。

4.4　逻辑运算符和逻辑表达式

有时要求判断的条件不是一个简单的条件，而是由几个给定简单条件组成的复合条件。如："如果星期六不下雨，我去公园玩"。这就是由两个简单条件组成的复合条件，需要判定两个条件：(1)是否星期六；(2)是否下雨。只有这两个条件都满足,才去公园玩。又如"参加少年运动会的年龄限制为 13～17 岁",这就需要检查两个条件：(1)年龄 age≥13,(2)年龄 age≤17。这个组合条件是不能够用一个关系表达式来表示的,要用两个表达式的组合来表示,即 age>＝13 AND age<＝17。用一个逻辑运算符 AND 连接 age>＝13 和 age<＝17。两个关系表达式组成一个复合条件。"AND"的含义是"与",即"二者同时满足"。age>＝13 AND age<＝17 表示 age>＝13 和 age<＝17 同时满足。这个复合的关系表达式"age>＝13 AND age<＝17"就是一个逻辑表达式。其他逻辑表达式可以有：

```
x>0 AND y>0                (同时满足 x>0 和 y>0)
age<12 OR age>65           (表示年龄 age 小于 12 的儿童或大于 65 的老人)
```

上面第 1 个逻辑表达式的含义是：只有 x>0 和 y>0 都为真时,逻辑表达式 x>0 AND y>0 才为真。上面第 2 个逻辑表达式的含义是：age<12 或 age>65 至少有一个为真时,逻辑表达式 age<12 OR age>65 为真。OR 是"或"的意思,即"有一即可",在两个条件中有一个满足即可。AND 和 OR 是逻辑运算符。

用逻辑运算符将关系表达式或其他逻辑量连接起来的式子就是**逻辑表达式**。

4.4.1　逻辑运算符及其优先次序

有 3 种逻辑运算符：与(AND),或(OR),非(NOT)。在 BASIC 和 Pascal 等语言中可以在程序中直接用 AND,OR,NOT 作为逻辑运算符。在 C 语言中不能在程序中直接用 AND,OR,NOT 作为逻辑运算符,而是用其他符号代替。见表 4.1。

表 4.1　C 逻辑运算符及其含义

运算符	含　义	举　例	说　明
&&	逻辑与(AND)	a&&b	如果 a 和 b 都为真,则结果为真,否则为假
‖	逻辑或(OR)	a‖b	如果 a 和 b 有一个以上为真,则结果为真,二者都为假时,结果为假
!	逻辑非(NOT)	!a	如果 a 为假,则!a 为真,如果 a 为真,则!a 为假

"&&"和"‖"是双目(元)运算符,它要求有两个运算对象(操作数),如(a>b)&&(x>y),(a>b)‖(x>y)。"!"是单目运算符,只要求有一个运算对象,如!(a>b)。

表 4.2 为逻辑运算的真值表。用它表示当 a 和 b 的值为不同组合时,各种逻辑运算所得到的值。

表 4.2　逻辑运算的真值表

a	b	!a	!b	a&&b	a‖b
真	真	假	假	真	真
真	假	假	真	假	真
假	真	真	假	假	真
假	假	真	真	假	假

在一个逻辑表达式中如果包含多个逻辑运算符,例如:!a && b‖x>y && c。按以下的优先次序:

(1) !(非)→&&(与)→‖(或),即"!"为三者中最高的。

(2) 逻辑运算符中的"&&"和"‖"低于关系运算符,"!"高于算术运算符,见图4.6。

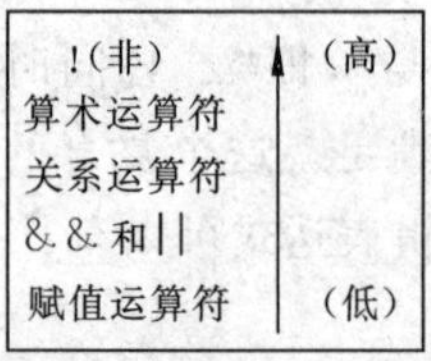

```
┌─────────────────┐
│ !(非)      ↑ (高) │
│ 算术运算符  │     │
│ 关系运算符  │     │
│ && 和‖     │     │
│ 赋值运算符  │ (低) │
└─────────────────┘
      图  4.6
```

例如:

(a>b) && (x>y)	可写成 a>b && x>y
(a==b)‖(x==y)	可写成 a==b‖x==y
(!a)‖(a>b)	可写成 !a‖a>b

4.4.2　逻辑表达式

如前所述,逻辑表达式的值应该是一个逻辑量"真"或"假"。C语言编译系统在表示逻辑运算结果时,用数值1代表"真",用0代表"假",但在判断一个量是否为"真"时,以0代表"假",以非0代表"真"。即将一个非零的数值认作为"真"。例如:

(1) 若a=4,则!a的值为0。因为a的值为非0,被认作"真",对它进行"非运算",得"假"。"假"以0代表。

(2) 若a=4,b=5,则a&&b的值为1。因为a和b均为非0,被认为是"真",因此a&&b的值也为"真",值为1。

(3) a和b值分别为4和5,a‖b的值为1。

(4) a和b值分别为4和5,!a‖b的值为1。

(5) 4&&0‖2的值为1。

通过这几个例子可以看出,由系统给出的逻辑运算结果不是0就是1,不可能是其他数值。而在逻辑表达式中作为参加逻辑运算的运算对象可以是0("假")或任何非0的数值(按"真"对待)。如果在一个表达式中不同位置上出现数值,应区分哪些是作为数值运算或关系运算的对象,哪些作为逻辑运算的对象。例如:

5>3 && 8<4 −!0

表达式自左至右扫描求解。首先处理"5>3"(因为关系运算符优先于逻辑运算符&&)。在关系运算符>两侧的5和3作为数值参加关系运算,"5>3"的值为1(代表真)。再进行"1 && 8<4−!0"的运算,8的左侧为"&&",右侧为"<"运算符,根据优先规则,应先进行"<"的运算,即先进行"8<4−!0"的运算。现在4的左侧为"<",右侧为"−"运算符,而"−"优先于"<",因此应先进行"4−!0"的运算,由于"!"的级别最高,因此先进行"!0"的运算,得到结果1。然后进行"4−1"的运算,得到结果3,再进行"8<3"的运算,得0,最后进行"1&&0"的运算,结果为0。

实际上,逻辑运算符两侧的运算对象不但可以是0和1,或者是0和非0的整数,也可以是字符型、浮点型、枚举型或指针型的纯量型数据。系统最终以0和非0来判定它们属于"真"或"假"。例如:'c' && 'd'的值为1(因为'c'和'd'的ASCII值都不为0,按"真"处理),所以1 && 1的值为1。

可以将表4.2改写成表4.3形式。

表 4.3　逻辑运算的真值表

a	b	!a	!b	a && b	a ‖ b
非 0	非 0	0	0	1	1
非 0	0	0	1	0	1
0	非 0	1	0	0	1
0	0	1	1	0	0

在逻辑表达式的求解中,并不是所有的逻辑运算符都被执行,只是在必须执行下一个逻辑运算符才能求出表达式的解时,才执行该运算符。举例如下。

(1) a && b && c。只有 a 为真(非 0)时,才需要判别 b 的值。只有当 a 和 b 都为真的情况下才需要判别 c 的值。如果 a 为假,就不必判别 b 和 c(此时整个表达式已确定为假)。如果 a 为真,b 为假,不判别 c,见图 4.7。

(2) a ‖ b ‖ c。只要 a 为真(非 0),就不必判断 b 和 c。只有 a 为假,才判别 b。a 和 b 都为假才判别 c,见图 4.8。

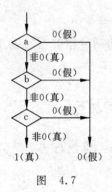

图　4.7

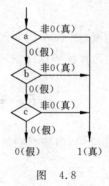

图　4.8

也就是说,在(1)中,对 && 运算符来说,只有 a≠0(a 为真),才继续进行右面的运算。在(2)中,对 ‖ 运算符来说,只有 a=0,才继续进行其右面的运算。因此,如果有下面的逻辑表达式:

(m=a>b) && (n=c>d)

当 a=1,b=2,c=3,d=4,m 和 n 的原值为 1 时,由于"a>b"的值为 0,因此 m=0,此时已能判定整个表达式不可能为真,不必再进行"n=c>d"的运算,因此 n 的值不是 0 而仍保持原值 1。这点请读者注意。

💡 说明:既然关系表达式和逻辑表达式的值是 0 和 1,而且在判断一个量是否为"真"时,以 0 代表"假",以非 0 代表"真"。那么就可以理解为什么在 if 语句中表达式可以是任何数值表达式。如:

```
if(x!=0) 语句 1         //括号内的表达式是关系表达式,如果 x 不等于 0,执行语句 1
if(x>0 && y>0) 语句 2   //表达式是逻辑表达式,如果 x 和 y 都大于 0,执行语句 2
if(x) 语句 3            //表达式是变量,如果 x 不等于 0,则条件判断结果为真,执行语句 3
if(1) 语句 4            //表达式是非 0 整数,条件判断结果为真,执行语句 4
```

```
if (0) 语句 5          //表达式是整数 0,条件判断结果为假,不执行语句 5,接着执行下一语句
if(x+3.5) 语句 6       //表达式是实数表达式,若 x+3.5 不等于 0,则条件判断结果为真,执行语句 6
```

熟练掌握 C 语言的关系运算符和逻辑运算符后,可以巧妙地用一个逻辑表达式来表示一个复杂的条件。

例如,判别用 year 表示的某一年是否为闰年,可以用一个逻辑表达式来表示。闰年的条件是符合下面二者之一:①能被 4 整除,但不能被 100 整除,如 2008。②能被 400 整除,如 2000。可写出逻辑表达式:

(year%4==0 && year%100!=0) || year%400==0

year 为整数(年份),如果上述表达式值为真(值为 1),则 year 为闰年;否则 year 为非闰年。

可以加一个"!"用来判别非闰年:

!((year%4==0 && year%100!=0) || year%400 == 0)

若此表达式值为真(1),则 year 为非闰年。也可以用下面逻辑表达式判别非闰年:

(year%4!=0) || (year%100==0 && year%400!=0)

若表达式值为真,则 year 为非闰年。请注意表达式中右面的括号内的不同运算符(%,!=,&&,==)的运算优先次序。

4.5 条件运算符和条件表达式

有一种 if 语句,当被判别的表达式的值为"真"或"假"时,都执行一个赋值语句且向同一个变量赋值。如:

```
if (a>b)
  max=a;
else
  max=b;
```

当 a>b 时将 a 的值赋给 max,当 a≤b 时将 b 的值赋给 max,可以看到无论 a>b 是否满足,都是给同一个变量赋值。C 提供条件运算符和条件表达式来处理这类问题。可以把上面的 if 语句改写为

```
max=(a>b) ? a :b;
```

赋值号右侧的"(a>b)? a:b"是一个"条件表达式"。"?"是条件运算符。

如果(a>b)条件为真,则条件表达式的值等于 a;否则取值 b。如果 a 等于 5,b 等于 3,则条件表达式"(a>b)? a:b"的值就是 a 的值 5,把它赋给变量 max,因此 max 的值为 5。

条件运算符由两个符号(? 和:)组成,必须一起使用。要求有 3 个操作对象,称为三目(元)运算符,它是 C 语言中唯一的一个三目运算符。

条件表达式的一般形式为

表达式 1? 表达式 2: 表达式 3

它的执行过程见图 4.9。

可以这样形象地理解：先计算出表达式 1 的值，表达式 1 后面的问号表示"该往哪里走啊?"，有两条路，如果表达式 1 的值为真(非 0)，自然直接到表达式 2，如为假(0 值)，就绕过表达式 2，到表达式 3，如图 4.10 示意。

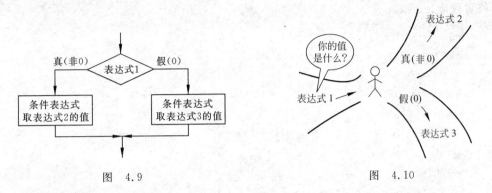

图 4.9   图 4.10

💡 说明：

(1) 条件运算符的执行顺序：先求解表达式 1，若为非 0(真)则求解表达式 2，此时表达式 2 的值就作为整个条件表达式的值。若表达式 1 的值为 0(假)，则求解表达式 3，表达式 3 的值就是整个条件表达式的值。赋值表达式

max＝(a＞b)? a : b

的执行结果就是将条件表达式的值赋给 max，也就是将 a 和 b 二者中的大者赋给 max。

(2) 条件运算符优先于赋值运算符，因此赋值表达式的求解过程是先求解条件表达式，再将它的值赋给 max。

(3) 上面的例子是利用了条件表达式的值，把它赋给一个变量 max。其实也可以不把条件表达式的值赋予一个变量，而在条件表达式中的表达式 2 和表达式 3 中对 max 赋值，并在条件表达式后面加一个分号，就成为一个独立的语句。如：

a＞b ? (max＝a) : (max＝b);   //表达式 2 和表达式 3 是赋值表达式

相当于：

if (a＞b) max＝a;
else   max＝b;

条件表达式还可以写成以下形式：

a＞b ? printf("%d",a) : printf ("%d",b)

即"表达式 2"和"表达式 3"不仅可以是数值表达式，还可以是赋值表达式或函数表达式。上面条件表达式相当于以下 if…else 语句：

if (a＞b)
    printf("%d", a);
else
    printf ("%d",b);

【例 4.4】 输入一个字符，判别它是否为大写字母，如果是，将它转换成小写字母；如果不是，不转换。然后输出最后得到的字符。

解题思路：用条件表达式来处理，当字母是大写时，转换成小写字母，否则不转换。关于大小写字母之间的转换方法，在本书中已做了介绍，因此可直接编写程序。

编写程序：

```
# include <stdio. h>
int main()
{
    char ch;
    scanf("%c",&ch);
    ch=(ch>='A' && ch<='Z') ? (ch+32) : ch;
    printf("%c\n",ch);
    return 0;
}
```

运行结果：

```
A
a
```

输入大写字母 A，输出小写字母 a。

 程序分析：条件表达式"(ch>='A' && ch<='Z') ? (ch+32)：ch"的作用是：如果字符变量 ch 的值为大写字母，则条件表达式的值为(ch+32)，即相应的小写字母，32 是小写字母和大写字母 ASCII 的差值。如果 ch 的值不是大写字母，则条件表达式的值为 ch，即不进行转换。

可以看到，条件表达式相当于一个不带关键字 if 的 if 语句，用它处理简单的选择结构可使程序简洁。但初学时用得不多。

4.6   选择结构的嵌套

在 if 语句中又包含一个或多个 if 语句称为 **if 语句的嵌套**(nest)。本章 4.2.2 节中 if 语句的第 3 种形式就属于 if 语句的嵌套，其一般形式如下：

if( )
    if( )   语句 1   }内嵌 if
    else   语句 2
else
    if( )   语句 3   }内嵌 if
    else   语句 4

应当注意 if 与 else 的配对关系。else 总是与它上面的最近的未配对的 if 配对。假如写成：

if( )

```
if()      语句 1 ⎤
else               ⎬ 内嵌 if
   if()   语句 2 ⎥
else      语句 3 ⎦
```

编程序者把 else 写在与第 1 个 if(外层 if)同一列上,意图是使 else 与第 1 个 if 对应,但实际上 else 是与第 2 个 if 配对,因为它们相距最近。为了避免二义性的混淆,最好使内嵌 if 语句也包含 else 部分(如本节开头列出的形式),这样 if 的数目和 else 的数目相同,从内层到外层一一对应,不致出错。

如果 if 与 else 的数目不一样,为实现程序设计者的思想,可以加花括号来确定配对关系。例如:

```
if ()
   {
      if () 语句 1 ⎤ 内嵌 if
   }
else      语句 2
```

这时"{}"限定了内嵌 if 语句的范围,因此 else 与第一个 if 配对。

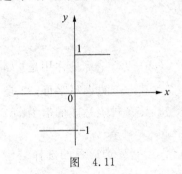

图 4.11

【例 4.5】 有一阶跃函数(见图 4.11):

$$y = \begin{cases} -1 & (x < 0) \\ 0 & (x = 0) \\ 1 & (x > 0) \end{cases}$$

编一程序,输入一个 x 值,要求输出相应的 y 值。

解题思路:用 if 语句检查 x 的值,根据 x 的值决定赋予 y 的值。由于 y 的可能值不是两个而是 3 个,因此不可能只用一个简单的(无内嵌 if)的 if 语句来实现。可以有两种方法,其算法如下:

(1) 先后用 3 个独立的 if 语句处理:

输入 x
若 x<0,则 y = -1
若 x=0,则 y=0
若 x>0,则 y=1
输出 y

(2) 用一个嵌套的 if 语句处理:

输入 x
若   x<0,则 y=-1
否则
若 x=0,则 y=0
否则(即 x>0),则 y=1
输出 y

用流程图表示,见图 4.12。

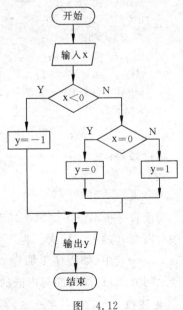

图 4.12

编写程序：

采用嵌套的 if 语句处理。

程序 1：

```
#include <stdio.h>
int main()
 {
    int x,y;
    scanf("%d",&x);
    if(x<0)
      y=-1;
    else
      if(x==0) y=0;
      else y=1;
    printf("x=%d,y=%d\n",x,y);
    return 0;
 }
```

运行结果：

```
-5
x=-5,y=-1
```

程序 2：

可将上面程序改为

```
#include <stdio.h>
int main()
 {
    int x,y;
    scanf("%d",&x);
    if (x>=0)                        //注意分析此 if 语句
      if (x>0) y=1;
      else      y=0;
    else        y=-1;
    printf("x=%d,y=%d\n",x,y);
    return 0;
 }
```

运行结果：

```
5
x=5,y=1
```

请读者分析本章习题第 7 题提出的问题，弄清楚嵌套 if 中各个 if 的配对关系以及在程序中对嵌套 if 的书写格式。为了使逻辑关系清晰，避免出错，一般把内嵌的 if 语句放在外层的 else 子句中（如程序 1 那样），这样由于有外层的 else 相隔，内嵌的 else 不会被误认为和外层的 if 配对，而只能与内嵌的 if 配对，这样就不会搞混。

🎯 **注意**：为了使程序清晰、易读，写程序时对选择结构和循环结构应采用锯齿形的缩进形式,如本书例题所示那样。

4.7 用 switch 语句实现多分支选择结构

if 语句只有两个分支可供选择,而实际问题中常常需要用到多分支的选择。例如,学生成绩分类(85 分以上为 A 等,70~84 分为 B 等,60~69 分为 C 等),人口统计分类(按年龄分为老、中、青、少、儿童),工资统计分类,银行存款分类等。当然这些都可以用嵌套的 if 语句来处理,但如果分支较多,则嵌套的 if 语句层数多,程序冗长而且可读性降低。C 语言提供 switch 语句直接处理多分支选择。

switch 语句是多分支选择语句。用来实现如图 2.23 所表示的多分支选择结构。

【例 4.6】 要求按照考试成绩的等级输出百分制分数段,A 等为 85 分以上,B 等为70~84 分,C 等为 60~69 分,D 等为 60 分以下。成绩的等级由键盘输入。

解题思路:这是一个多分支选择问题,根据百分制分数将学生成绩分为 4 个等级,如果用 if 语句来处理至少要用 3 层嵌套的 if,进行 3 次检查判断。用 switch 语句,进行一次检查即可得到结果。

编写程序:

```c
#include <stdio.h>
int main()
    {
        char grade;
        scanf("%c",&grade);
        printf("Your score:");
        switch(grade)
            {
            case 'A': printf("85~100\n");break;
            case 'B': printf("70~84\n");break;
            case 'C': printf("60~69\n");break;
            case 'D': printf("<60\n");break;
            default: printf("enter data error!\n");
            }
    return 0;
    }
```

运行结果:

```
A
Your score:85~100
```

从键盘输入大写字母 A,按回车键,程序输出对应的分数段。

程序分析:等级 grade 定义为字符变量,从键盘输入一个大写字母,赋给变量grade,switch 得到 grade 的值并把它和各 case 中给定的值('A','B','C','D'之一)相比较,如果和其中之一相同(称为匹配),则执行该 case 后面的语句(即 printf 语句)。输出相应的信息。如果输入的字符与'A','B','C','D'都不相同,就执行 default 后面的语句,输出"输入数据有错"的信息。注意在每个 case 后面后的语句中，最后都有一个 break 语句，它的作用是使流程转到 switch 语句的末尾（即右花括号处）。流程图见图 4.13。

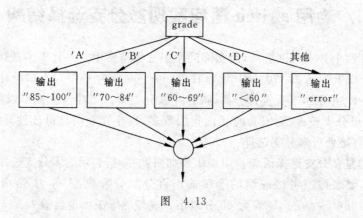

图　4.13

可以看到，switch 语句的作用是根据表达式的值，使流程跳转到不同的语句。switch 语句的一般形式如下：

switch（表达式）

{

    case　常量 1：语句 1

    case　常量 2：语句 2

    ⋮　　⋮　　⋮

    case　常量 n：语句 n

    default：　　语句 n＋1

}

💡 说明：

（1）上面 switch 一般形式中括号内的"表达式"，其值的类型应为整数类型（包括字符型）。

（2）switch 下面的花括号内是一个复合语句。这个复合语句包括若干语句，它是 switch 语句的语句体。语句体内包含多个以关键字 case 开头的语句行和最多一个以 default 开头的行。case 后面跟一个常量（或常量表达式），如：case 'A'，它们和 default 都是起标号（label，或称标签、标记）的作用，用来标志一个位置。执行 switch 语句时，先计算 switch 后面的"表达式"的值，然后将它与各 case 标号比较，如果与某一个 case 标号中的常量相同，流程就转到此 case 标号后面的语句。如果没有与 switch 表达式相匹配的 case 常量，流程转去执行 default 标号后面的语句。

（3）可以没有 default 标号，此时如果没有与 switch 表达式相匹配的 case 常量，则不执行任何语句，流程转到 switch 语句的下一个语句。

（4）各个 case 标号出现次序不影响执行结果。例如，可以先出现 default 标号，再出现"case 'D'：…"，然后是"case 'B'：…"。

（5）每一个 case 常量必须互不相同；否则就会出现互相矛盾的现象（对 switch 表达式的同一个值，有两种或多种执行方案）。

（6）case 标号只起标记的作用。在执行 switch 语句时，根据 switch 表达式的值找到匹配的入口标号,并不在此进行条件检查,在执行完一个 case 标号后面的语句后,就从此标号开始执行下去,不再进行判断。例如在例 4.6 中,如果在各 case 子句中没有 break 语句,将连续输出:

```
Your score:85～100
70～84
60～69
<60
enter data error!
```

🔔**注意**:一般情况下,在执行一个 case 子句后,应当用 break 语句使流程跳出 switch 结构,即终止 switch 语句的执行。最后一个 case 子句(今为 default 子句)中可不必加 break 语句,因为流程已到了 switch 结构的结束处。

(7) 在 case 子句中虽然包含了一个以上执行语句,但可以不必用花括号括起来,会自动顺序执行本 case 标号后面所有的语句。当然加上花括号也可以。

(8) 多个 case 标号可以共用一组执行语句,例如:

```
case 'A':
case 'B':
case 'C': printf(">60\n");break;
  ⋮
```

当 grade 的值为 'A','B','C' 时都执行同一组语句,输出">60",然后换行。

【例 4.7】 用 switch 语句处理菜单命令。在许多应用程序中,用菜单对流程进行控制,例如从键盘输入一个 'A' 或 'a' 字符,就会执行 A 操作,输入一个 'B' 或 'b' 字符,就会执行 B 操作。可以按以下思路编写程序。

```c
#include <stdio.h>
int main()
  {
    void action1(int,int),action2(int,int);        //函数声明
    char ch;
    int a=15,b=23;
    ch=getchar();
    switch(ch)
      {
      case 'a':
      case 'A': action1(a,b);break;        //调用 action1 函数,执行 A 操作
      case 'b':
      case 'B': action2(a,b);break;        //调用 action2 函数,执行 B 操作
      ⋮
      default: putchar('\a');        //如果输入其他字符,发出警告
      }
    return 0;
  }
```

```
void action1(int x,int y)                    //执行加法的函数
  {
    printf("x+y=%d\n",x+y);
  }

void action2(int x,int y)                    //执行乘法的函数
  {
    printf("x*y=%d\n",x*y);
  }
```

这是一个非常简单的示意程序。假如有一个菜单，对两个整数进行运算，如果输入 a 或 A，就调用 action1 函数，进行两个整数的相加运算，如果输入 b 或 B，就调用 action2 函数，进行两个整数的相乘运算。当然还可以有 C 操作、D 操作等。

在实际应用中，所指定的操作可能比较复杂，例如：

A：输入全班学生各门课的成绩

B：计算并输出每个学生各门课的平均成绩

C：计算并输出各门课的全班平均成绩

D：对全班学生的平均成绩由高到低排序并输出

把各 action 函数设计成不同的功能以实现以上的要求。

在学习函数一章后，读者可以参照此思路设计一个简单实用的菜单。

4.8 选择结构程序综合举例

前面已学习编写和分析过一些程序，下面再综合介绍几个包含选择结构的应用程序。

【例 4.8】 写一程序，判断某一年是否为闰年。

解题思路：在前面已介绍过判别闰年的方法。现在用不同的方法编写程序，请读者分析比较。

程序 1：先画出判别闰年算法的流程图，见图 4.14。用变量 leap 代表是否为闰年的信息。若闰年，令 leap=1；非闰年，leap=0。最后判断 leap 是否为 1（真），若是，则输出"闰年"信息。

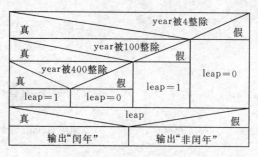

图 4.14

编写程序：

```
#include <stdio.h>
int main()
```

```
{
    int year,leap;
    printf("enter year:");
    scanf("%d",&year);
    if (year%4==0)
        {
            if(year%100==0)
                {
                    if(year%400==0)
                        leap=1;
                    else
                        leap=0;
                }
            else
                leap=1;
        }
    else
        leap=0;
    if (leap)
        printf("%d is ",year);
    else
        printf("%d is not ",year);
    printf("a leap year.\n");
    return 0;
}
```

运行结果(先后运行两次):

```
2012
2012 is a leap year.
```

```
2100
2100 is not a leap year.
```

程序分析:

(1) 变量 year 代表年份,leap 是一个"标志变量",用来表示相应的年份是否为闰年。如果是闰年,就使 leap 等于 1,如果不是闰年,就使 leap 等于 0。最后检查 leap 的值,如果是 0,就不是闰年,输出"非闰年"的信息,如果不是 0,就是闰年,输出"是闰年"的信息。

(2) 请仔细分析程序中各层 if 与 else 的配对关系。写程序时采取锯齿形式,可以清楚地看明白嵌套关系。建议读者今后写程序时一定要采用锯齿形式。

(3) 第 21 行"if (leap)"中,如果 leap 的值为非 0(例如 1),则 if 判断结果为真。写 if (leap)与写成 if (leap!=0)含义相同。

程序 2:也可以将程序中第 7～20 行改写成以下的 if 语句:

```
if(year%4!=0)
    leap=0;
else if (year%100!=0)
```

```
        leap=1;
    else if(year%400!=0)
        leap=0;
    else
        leap=1;
```

运行结果：

```
2050
2050 is not a leap year.
```

程序3：可以用一个逻辑表达式包含所有的闰年条件，将上述 if 语句用下面的 if 语句代替：

```
if((year%4==0 && year%100!=0)||(year%400==0))
    leap=1;
else
    leap=0;
```

【例 4.9】 求 $ax^2+bx+c=0$ 方程的解。

解题思路：在例 4.1 中曾编写过程序，但实际上应该有以下几种可能。

① $a=0$，不是二次方程。

② $b^2-4ac=0$，有两个相等实根。

③ $b^2-4ac>0$，有两个不等实根。

④ $b^2-4ac<0$，有两个共轭复根。应当以 $p+qi$ 和 $p-qi$ 的形式输出复根。其中，$p=-b/2a$，$q=(\sqrt{b^2-4ac})/2a$。

画出 N-S 流程图表示算法（见图 4.15）。

编写程序：

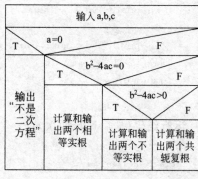

图 4.15

```
#include <stdio.h>
#include <math.h>
int main()
 {
    double a,b,c,disc,x1,x2,realpart,imagpart;
    scanf("%lf,%lf,%lf",&a,&b,&c);
    printf("The equation ");
    if(fabs(a)<=1e-6)
      printf("is not a quadratic\n");
    else
    {
      disc=b*b-4*a*c;
      if(fabs(disc)<=1e-6)
        printf("has two equal roots:%8.4f\n",-b/(2*a));
      else
        if(disc>1e-6)
        {
```

```
        x1=(−b+sqrt(disc))/(2 * a);
        x2=(−b−sqrt(disc))/(2 * a);
        printf("has distinct real roots:%8.4f and %8.4f\n",x1,x2);
      }
      else
      {
        realpart=−b/(2 * a);                        //realpart 是复根的实部
        imagpart=sqrt(−disc)/(2 * a);               //imagpart 是复根的虚部
        printf(" has complex roots:\n");
        printf("%8.4f+ %8.4fi\n",realpart,imagpart);  //输出一个复数
        printf("%8.4f− %8.4fi\n",realpart,imagpart);  //输出另一个复数
      }
   }
   return 0;
}
```

运行结果(运行 3 次):

(1) 输入 a,b,c 的值 1,2,1,得到两个相等的实根。

```
1,2,1
The equation has two equal roots: −1.0000
```

(2) 输入 a,b,c 的值 1,2,2,得到两个共轭的复根。

```
1,2,2
The equation  has complex roots:
 −1.0000+  1.0000i
 −1.0000−  1.0000i
```

(3) 输入 a,b,c 的值 2,6,1,得到两个不等的实根。

```
2,6,1
The equation has distinct real roots: −0.1771 and  −2.8229
```

程序分析：程序中用 disc 代表 b^2-4ac,先计算 disc 的值,以减少以后的重复计算。对于判断 b^2-4ac 是否等于 0 时,要注意：由于 disc(即 b^2-4ac)是实数,而实数在计算和存储时会有一些微小的误差,因此不能直接进行如下判断："if(disc==0)…",因为这样可能会出现本来是零的量,由于上述误差而被判别为不等于零而导致结果错误。所以采取的办法是判别 disc 的绝对值(fabs(disc))是否小于一个很小的数(例如 10^{-6}),如果小于此数,就认为 disc 等于 0。程序中以 realpart 代表实部 p,以 imagpart 代表虚部 q,以增加可读性。

在输出复根时,先分别计算出其实部与虚部,在 printf 函数的格式字符串中在输出虚部的格式声明(%8.4f)后面人为地加一个普通字符"i",就能输出"p+qi"这样的复数形式。

【例 4.10】 运输公司对用户计算运输费用。路程越远,运费越低。标准如下：

$s<250$	没有折扣
$250\leqslant s<500$	2%折扣
$500\leqslant s<1000$	5%折扣
$1000\leqslant s<2000$	8%折扣
$2000\leqslant s<3000$	10%折扣
$3000\leqslant s$	15%折扣

解题思路：设每吨每千米货物的基本运费为 p（price 的缩写），货物重为 w（weight 的缩写），距离为 s（代表 distance），折扣为 d（discount 的缩写），则总运费 f（freight 的缩写）的计算公式为

$$f = p \times w \times s \times (1-d)$$

经过仔细分析发现折扣的变化是有规律的：从图 4.16 可以看到，折扣的"变化点"都是 250 的倍数（250,500,1000,2000,3000）。利用这一特点，可以在横轴上加一种坐标 c，c 的值为 $s/250$。c 代表 250 的倍数。当 $c<1$ 时，表示 $s<250$，无折扣；$1 \leqslant c < 2$ 时，表示 $250 \leqslant s < 500$，折扣 $d=2\%$；$2 \leqslant c < 4$ 时，$d=5\%$；$4 \leqslant c < 8$ 时，$d=8\%$；$8 \leqslant c < 12$ 时，$d=10\%$；$c \geqslant 12$ 时，$d=15\%$。

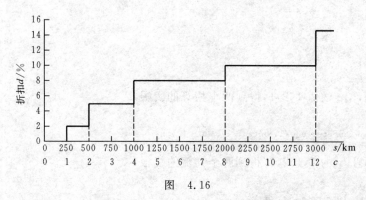

图   4.16

编写程序：

```
# include <stdio.h>
int main()
 {
    int c,s;
    float p,w,d,f;
    printf("please enter price,weight,distance:");    //提示输入的数据
    scanf("%f,%f,%d",&p,&w,&s);                        //输入单价、重量、距离
    if(s>=3000) c=12;                                  //3000km 以上为同一折扣
    else        c=s/250;                               //3000km 以下各段折扣不同,c 的值不相同
    switch(c)
       {
       case 0: d=0;break;                              //c=0,代表 250km 以下,折扣 d=0
       case 1: d=2;break;                              //c=1,代表 250～500km 以下,折扣 d=2%
       case 2:
       case 3: d=5;break;                              //c=2 和 3,代表 500～1000km,折扣 d=5%
       case 4:
       case 5:
       case 6:
       case 7: d=8;break;                              //c=4～7,代表 1000～2000km,折扣 d=8%
       case 8:
       case 9:
       case 10:
```

```
        case 11:d=10;break;          //c=8~11,代表 2000~3000km,折扣 d=10%
        case 12:d=15;break;          //c12,代表 3000km 以上,折扣 d=15%
      }
    f=p*w*s*(1-d/100);               //计算总运费
    printf("freight=%10.2f\n",f);    //输出总运费,取两位小数
    return 0;
  }
```

运行结果：

```
please enter price,weight, distance :100,20,300
freight= 588000.00
```

程序分析：

（1）解此题的关键是找出折扣 d 与距离 s 的关系。一般情况下,这类问题都是有一定规律的,要细心观察分析,找出了规律,问题就变得简单了。如果的确没有什么规律,就不能以这种方式使用 switch 语句处理,可以用嵌套的 if 语句(if…else if…else if…else 形式)处理。

（2）c 和 s 是整型变量,因此 c=s/250 的结果为整数。当 s>=3000 时,令 c=12,而不使 c 随 s 增大,这是为了在 switch 语句中便于处理,用一个 case 就可以处理所有 s>=3000 的情况。

（3）变量名尽量采用"见名知义"的原则,例如,可以用 price,weight,distance,freight 等作为变量名,这样,习惯用英语的人在阅读程序时不必解释,就很容易理解各变量的含义。在本书的例题程序,由于是练习程序,并且考虑到多数读者的习惯和方便,尽量不采用较长的变量名,而用单词的首字母或缩写作为变量名。在读者今后编程时,可根据实际情况决定。

（4）第 6 行"printf("please enter price,weight,distance:");"的作用是向用户提示应输入什么数据,以方便用户使用,避免出错,形成友好的界面。建议读者在编程序(尤其是供别人使用的应用程序)也这样做,在 scanf 函数语句输入数据前,用 printf 函数语句输出必要的"提示信息"。

习　题

1. 什么是算术运算? 什么是关系运算? 什么是逻辑运算?

2. C 语言中如何表示"真"和"假"? 系统如何判断一个量的"真"和"假"?

3. 写出下面各逻辑表达式的值。设 a=3,b=4,c=5。

(1) a+b>c && b==c

(2) a || b+c && b-c

(3) !(a>b) && !c || 1

(4) !(x=a) && (y=b) && 0

(5) !(a+b)+c-1 && b+c/2

4. 有 3 个整数 a,b,c,由键盘输入,输出其中最大的数。

5. 从键盘输入一个小于 1000 的正数,要求输出它的平方根(如平方根不是整数,则输出其整数部分)。要求在输入数据后先对其进行检查是否为小于 1000 的正数。若不是,则

要求重新输入。

6. 有一个函数：

$$y = \begin{cases} x & (x < 1) \\ 2x - 1 & (1 \leqslant x < 10) \\ 3x - 11 & (x \geqslant 10) \end{cases}$$

写程序，输入 x 的值，输出 y 相应的值。

7. 有一函数：

$$y = \begin{cases} -1 & (x < 0) \\ 0 & (x = 0) \\ 1 & (x > 0) \end{cases}$$

有人编写了以下两个程序，请分析它们是否能实现题目要求。不要急于上机运行程序，先分析两个程序的逻辑，画出它们的流程图，分析它们的运行情况。然后上机运行程序，观察和分析结果。

(1)

```
#include <stdio.h>
int main()
  {
    int x,y;
    printf("enter x:");
    scanf("%d",&x);
    y=-1;
    if(x!=0)
      if(x>0)
        y=1;
    else
      y=0;
    printf("x=%d,y=%d\n",x,y);
    return 0;
  }
```

(2)

```
#include <stdio.h>
int main()
  {
    int x,y;
    printf("enter x:");
    scanf("%d",&x);
    y=0;
    if(x>=0)
      if(x>0) y=1;
    else y=-1;
    printf("x=%d,y=%d\n",x,y);
    return 0;
  }
```

8. 给出一百分制成绩,要求输出成绩等级$'A'$、$'B'$、$'C'$、$'D'$、$'E'$。90 分以上为$'A'$,80~89 分为$'B'$,70~79 分为$'C'$,60~69 分为$'D'$,60 分以下为$'E'$。

9. 给一个不多于 5 位的正整数,要求:

① 求出它是几位数;

② 分别输出每一位数字;

③ 按逆序输出各位数字,例如原数为 321,应输出 123。

10. 企业发放的奖金根据利润提成。利润 I 低于或等于 100 000 元的,奖金可提成 10%;利润高于 100 000 元,低于 200 000 元($100\ 000 < I \leqslant 200\ 000$)时,低于 100 000 元的部分按 10% 提成,高于 100 000 元的部分,可提成 7.5%;$200\ 000 < I \leqslant 400\ 000$ 时,低于 200 000 元的部分仍按上述办法提成(下同)。高于 200 000 元的部分按 5% 提成;$400\ 000 < I \leqslant 600\ 000$ 时,高于 400 000 元的部分按 3% 提成;$600\ 000 < I \leqslant 1\ 000\ 000$ 时,高于 600 000 元的部分按 1.5% 提成;$I > 1\ 000\ 000$ 时,超过 1 000 000 元的部分按 1% 提成。从键盘输入当月利润 I,求应发奖金总数。

要求:

(1) 用 if 语句编程序;

(2) 用 switch 语句编程序。

11. 输入 4 个整数,要求按由小到大的顺序输出。

12. 有 4 个圆塔,圆心分别为 $(2,2)$、$(-2,2)$、$(-2,-2)$、$(2,-2)$,圆半径为 1,见图 4.17。这 4 个塔的高度为 10m,塔以外无建筑物。今输入任一点的坐标,求该点的建筑高度(塔外的高度为零)。

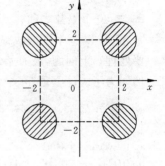

图 4.17

第5章 循环结构程序设计

5.1 为什么需要循环控制

前面介绍了程序中常用到的顺序结构和选择结构,但是只有这两种结构是不够的,还需要用到**循环结构**(或称**重复结构**)。因为在日常生活中或是在程序所处理的问题中常常遇到需要重复处理的问题。例如:

- 要向计算机输入全班 50 个学生的成绩; (重复 50 次相同的输入操作)
- 分别统计全班 50 个学生的平均成绩; (重复 50 次相同的计算操作)
- 求 30 个整数之和; (重复 30 次相同的加法操作)
- 检查 30 个学生的成绩是否及格。 (重复 30 次相同的判别操作)

要处理以上问题,最原始的方法是分别编写若干个相同或相似的语句或程序段进行处理。例如为了统计全班 50 个学生的平均成绩,可以先编写求一个学生平均成绩的程序段:

```
scanf("%f,%f,%f,%f,%f",&score1,&score2,&score3,&score4,&score5);
                                        //输入一个学生 5 门课的成绩
aver=(score1+score2+score3+score4+score5)/5;    //求该学生平均成绩
printf("aver=%7.2f",aver);              //输出该学生平均成绩
```

然后再重复写 49 个同样的程序段。这种方法虽然可以实现要求,但是显然是不可取的,因为工作量大,程序冗长、重复,难以阅读和维护。相信每一位读者都会认为这是最笨的办法。实际上,几乎每一种计算机高级语言都提供了循环控制,用来处理需要进行的重复操作。

在 C 语言中,可以用循环语句来处理上面的问题:

```
i=1;                                    //设整型变量 i 初值为 1
while(i<=50)                            //当 i 的值小于或等于 50 时执行花括号内的语句
  { scanf("%f,%f,%f,%f,%f",&score1,&score2,&score3,&score4,&score5);
                                        //输入一个学生 5 门课的成绩
    aver=(score1+score2+score3+score4+score5)/5;    //求该学生平均成绩
    printf("aver=%7.2f",aver);          //输出该学生平均成绩
    i++;                                //每执行完一次循环使 i 的值加 1
  }
```

可以看到:用一个循环语句(while 语句),就把需要重复执行 50 次程序段的问题解决了。一个 while 语句实现了一个循环结构。请读者先阅读这个程序段,理解循环结构的执行过程,在下一节将对其执行过程作必要的说明。

大多数的应用程序都会包含循环结构。循环结构和顺序结构、选择结构是结构化程序设计的 3 种基本结构,它们是各种复杂程序的基本构成单元。因此熟练掌握选择结构和循

环结构的概念及使用是进行程序设计最基本的要求。

5.2 用 while 语句实现循环

在 5.1 节中已看到了在 C 程序中可以用 while 语句来实现循环结构。上面的 while 循环结构就是一个 while 语句,它的执行过程是:开始时变量 i 的值为 1,while 语句首先检查变量 i 的值是否小于或等于 50,如果是,则执行 while 后面的语句(称为**循环体**,在本例中是花括号内的复合语句)。在循环体中先输入第 1 个学生 5 门课的成绩,然后求出该学生的平均成绩 aver,并输出此平均成绩。请思考最后一行"i++;"的作用。它使 i 的值加 1,i 的原值为 1,现在变成 2了。然后流程返回到 while 语句的开头,再检查 i 的值是否小于或等于 50,由于 i 的值 2 小于 50,因此又执行循环体,输入第 2 个学生 5 门课的成绩,然后求出第 2 个学生的平均成绩并输出此平均成绩。i++ 又使变量 i 的值变为 3,处理第 3 个学生的数据……直到处理完第 50 个学生的数据后,i 的值变为 51。由于它大于 50,因此不再执行循环体。流程图见图 5.1,其中,虚线框内为 while 循环结构。

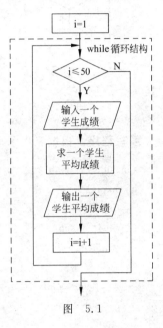

图 5.1

while 语句的一般形式如下:

while(表达式)语句

其中的"语句"就是循环体。循环体只能是一个语句,可以是一个简单的语句,还可以是复合语句(用花括号括起来的若干语句)。执行循环体的次数是由循环条件控制的,这个循环条件就是上面一般形式中的"表达式",它也称为**循环条件表达式**。当此表达式的值为"真"(以非 0 值表示)时,就执行循环体语句;为"假"(以 0 表示)时,就不执行循环体语句。例如"i<=50"是一个循环条件表达式,它是一个关系表达。它的值只能是"真"或"假"。在执行 while 语句时,先检查循环条件表达式的值,当为非 0 值(真)时,就执行 while 语句中的循环体语句;当表达式为 0(假)时,不执行循环体语句。其流程图见图 5.2。

while 语句可简单地记为:**只要当循环条件表达式为真(即给定的条件成立),就执行循环体语句。**

注意:while 循环的特点是先判断条件表达式,后执行循环体语句。

通过下面的例子,可以学习到怎样利用 while 语句进行循环程序设计。

【**例 5.1**】 求 $1+2+3+\cdots+100$,即 $\sum_{n=1}^{100} n$。

解题思路:在处理这个问题时,先分析此题的特点:

(1) 这是一个累加的问题,需要先后将 100 个数相加。要重复进行 100 次加法运算,显然可以用循环结构来实现。重复执行循环体 100 次,每次加一个数。

(2) 分析每次所加的数有无规律。发现每次累加的数是有规律的,后一个数是前一个数加 1。因此不需要每次用 scanf 语句从键盘临时输入数据,只须在加完上一个数 i 后,使 i

加 1 就可得到下一个数。

为了使思路清晰,画出传统流程图和 N-S 结构流程图表示算法,见图 5.3。

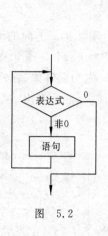

图 5.2

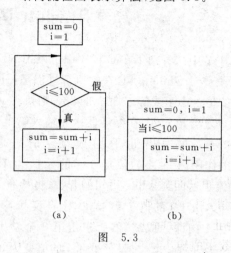

图 5.3

编写程序。根据流程图写出程序:

```
#include<stdio.h>
int main()
{
    int i=1,sum=0;              //定义变量i的初值为1,sum的初值为0
    while(i<=100)               //当i>100,条件表达式i<=100的值为假,不执行循环体
    {                          //循环体开始
        sum=sum+i;             //第1次累加后,sum的值为1
        i++;                   //加完后,i的值加1,为下次累加做准备
    }                          //循环体结束
    printf("sum=%d\n",sum);    //输出1+2+3…+100的累加和
    return 0;
}
```

运行结果:

```
sum=5050
```

🔍 **程序分析:**

(1) 循环体如果包含一个以上的语句,应该用花括号括起来,作为复合语句出现。如果不加花括号,则 while 语句的范围只到 while 后面第 1 个分号处。例如,本例中 while 语句中如无花括号,则 while 语句范围只到"sum=sum+i;"为止。

(2) 不要忽略给 i 和 sum 赋初值(这是未进行累加前的初始情况),否则它们的值是不可预测的,结果显然不正确。读者可上机试一下。

(3) 在循环体中应有使循环趋向于结束的语句。例如,在本例中循环结束的条件是"i>100",因此在循环体中应该有使 i 增值以最终导致 i>100 的语句,本例用"i++;"语句来达到此目的。如果无此语句,则 i 的值始终不改变,循环永远不结束。

5.3　用 do…while 语句实现循环

除了 while 语句以外，C 语言还提供了 do…while 语句来实现循环结构。如：

```
int i=1;                    //设变量 i 的初值为 1
do                          //循环结构开始
  {
      printf("%d",i++);     //循环体,输出 i 的值,然后使 i 加 1
  }
while(i<=100);              //当 i 小于或等于 100 时,继续执行循环体
```

它的作用是：执行（用 do 表示"做"）printf 语句，然后在 while 后面的括号内的表达式中检查 i 的值，当 i 小于或等于 100 时，就返回再执行一次循环体（printf 语句），直到 i 大于 100 为止。执行此 do…while 语句的结果是输出 1～100，共 100 个数。请注意分析 printf 函数中的输出项 i++ 的作用：先输出当前 i 的值，然后再使 i 的值加 1。如果改为 printf("%d",++i)，则是先使 i 的值加 1，然后输出 i 的新值。若在执行 printf 函数之前，i 的值为 1，则 printf 函数的输出是 i 的新值 2。在本例中 do 下面的一对花括号其实不是必要的，因为花括号内只有一个语句。可以写成

```
do
    printf("%d",i++);
while(i<=100);
```

但这样写，容易使人在看到第 2 行末尾的分号后误认为整个语句结束了。为了使程序清晰、易读，建议把循环体用花括号括起来。

do…while 语句的执行过程是：先执行循环体，然后再检查条件是否成立，若成立，再执行循环体。这是和 while 语句的不同。

注意：do…while 语句的特点是，先无条件地执行循环体，然后判断循环条件是否成立。

do…while 语句的一般形式为

do

　语句

while（表达式）;

其中的"语句"就是循环体。它的执行过程可以用图 5.4 表示。请注意 do…while 循环用 N-S 流程图的表示形式（图 5.4(b)）。

先执行一次指定的循环体语句，然后判别表达式，当表达式的值为非零（"真"）时，返回重新执行循环体语句，如此反复，直到表达式的值等于 0（"假"）为止，此时循环结束。

【例 5.2】　用 do…while 语句求 $1+2+3+\cdots+100$，即 $\sum_{n=1}^{100} n$。

解题思路：与例 5.1 相似，用循环结构来处理。但题目要求用 do…while 语句来实现循环结构。先画出流程图，见图 5.5。

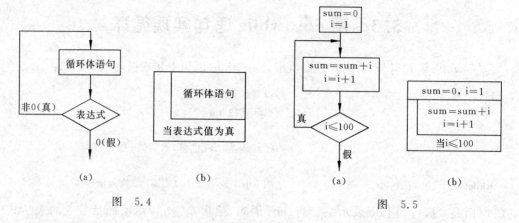

图 5.4　　　　　　　图 5.5

编写程序。根据流程图可以很容易写出以下程序：

```c
#include <stdio.h>
int main()
{
    int i=1,sum=0;
    do
    {
        sum=sum+i;
        i++;
    }while(i<=100);
    printf("sum=%d\n",sum);
    return 0;
}
```

运行结果：

```
sum=5050
```

程序分析：从例5.1和例5.2可以看到：对同一个问题可以用while语句处理，也可以用do…while语句处理。do…while语句结构可以转换成while结构。如图5.4可以改画成图5.6形式，二者完全等价。而图5.6中虚线框部分就是一个while结构。可见，do…while结构是由一个"语句"加一个while结构构成的。若图5.2中表达式值为真，则图5.2也与图5.6等价（因为都要先执行一次"语句"）。

在一般情况下，用while语句和用do…while语句处理同一问题时，若二者的循环体部分是一样的，那么结果也一样。如例5.1和例5.2程序中的循环体是相同的，得到的结果也相同。但是如果while后面的表达式一开始就为假（0值）时，两种循环的结果是不同的。

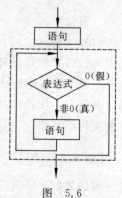

图 5.6

【例 5.3】 while 和 do…while 循环的比较。

(1) 用 while 循环：

```
#include <stdio.h>
int main()
  {
    int i,sum=0;
    printf("please enter i,i=?");
    scanf("%d",&i);
    while(i<=10)
      {
        sum=sum+i;
        i++;
      }
    printf("sum=%d\n",sum);
    return 0;
  }
```

运行结果(两次)：

```
please enter i,i=?1
sum=55
```

```
please enter i,i=?11
sum=0
```

(2) 用 do…while 循环：

```
#include <stdio.h>
int main()
  {
    int i,sum=0;
    printf("please enter i,i=?");
    scanf("%d",&i);
    do
      {
        sum=sum+i;
        i++;
      }while(i<=10);
    printf("sum=%d\n",sum);
    return 0;
  }
```

运行结果(两次)：

```
please enter i,i=?1
sum=55
```

再运行一次：

```
please enter i,i=?11
sum=11
```

可以看到，当输入 i 的值小于或等于 10 时，二者得到的结果相同；而当 i>10 时，二者结果就不同了。这是因为此时对 while 循环来说，一次也不执行循环体（表达式"i<=10"的值为假），而对 do…while 循环语句来说则至少要执行一次循环体。可以得到结论：当 while 后面的表达式的第 1 次的值为"真"时，两种循环得到的结果相同；否则，二者结果不相同（指二者具有相同的循环体的情况）。

5.4　用 for 语句实现循环

除了可以用 while 语句和 do…while 语句实现循环外，C 语言还提供了 for 语句实现循环，而且 for 语句更为灵活，不仅可以用于循环次数已经确定的情况，还可以用于循环次数不确定而只给出循环结束条件的情况，它完全可以代替 while 语句。

例如：

```
for (i=1;i<=100;i++)        //控制循环次数,i 由 1 变到 100,共循环 100 次
    printf("%d",i);         //执行循环体,输出 i 的当前值
```

它的执行过程见图 5.7。

它的作用是：输出 1～100，共 100 个整数。

for 语句的一般形式为

for（表达式 1；表达式 2；表达式 3）

　　语句

括号中 3 个表达式的主要作用是：

表达式 1：设置初始条件，只执行一次。可以为零个、一个或多个变量设置初值（如 i=1）。

表达式 2：是循环条件表达式，用来判定是否继续循环。在每次执行循环体前先执行此表达式，决定是否继续执行循环。

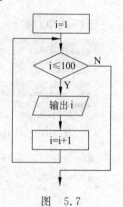

图　5.7

表达式 3：作为循环的调整，例如使循环变量增值，它是在执行完循环体后才进行的。

最常用的 for 语句形式是：

for（循环变量赋初值；循环条件；循环变量增值）

　　语句

例如：

```
for(i=1;i<=100;i++)
    sum=sum+i;
```

其中的"i=1"是给循环变量 i 设置初值为 1，"i<=100"是指定循环条件：当循环变量 i 的值小于或等于 100 时，循环继续执行。"i++"的作用是使循环变量 i 的值不断变化，以便最终满足终止循环的条件，使循环结束。也就是：循环变量 i 的初值为 1，循环变量增量为 1，循环变量终值为 100，每执行一次循环，i 的值加 1，直到 i 的值大于 100，就不再执行了。

for 语句的执行过程如下：

（1）求解表达式 1。本例中把整数 1 赋给变量 i。

（2）求解表达式 2，若此条件表达式的值为真（非 0），则执行 for 语句中的循环体，然后

执行第(3)步。若为假(0),则结束循环,转到第(5)步。

上例中,循环条件表达式"i<=100"是一个关系表达式,当 i=1 时,表达式 i<=100 的值为真(非 0),故执行循环体中的语句,即 printf 语句,输出 i 的当前值 1。然后执行第(3)步。

(3) 求解表达式 3。在本例中,执行 i++,使 i 的值加 1,i 的值变成 2。

(4) 转回步骤(2)继续执行。

由于此时 i=2,表达式 i<=100 的值为真,再次执行循环体中的语句,printf 语句输出 i 的当前值 2。然后再执行步骤(3)。如此反复,直到 i 变到 101,此时表达式 i<=100 的值为假,不再执行循环体,而转到步骤(5)。

可以用图 5.8 来表示 for 语句的执行过程。

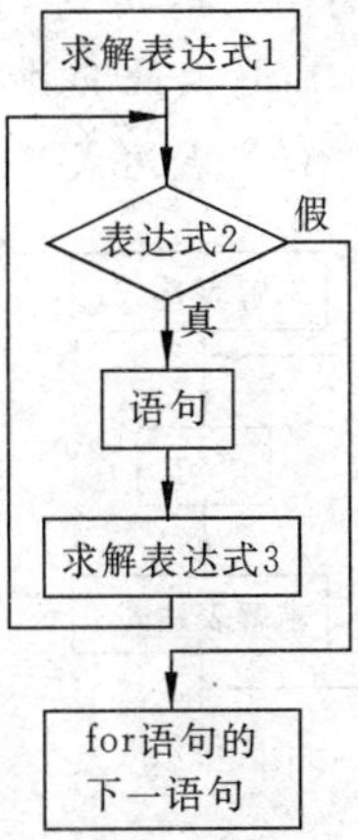

注意:在执行完循环体后,循环变量的值"超过"循环终值,循环结束。例如,在本例中,在执行完循环体后循环变量 i 的值为 101,大于循环终值 100。如果循环变量的增值为负值,如:for(i=100;i>=1;i--),执行完循环体后循环变量 i 的值为 0,小于循环终值 1。其规律为:循环变量沿着变化的方向"超过"循环终值,循环就结束了。

(5) 循环结束,执行 for 语句下面的一个语句。

上面看到的 for 语句

```
for(i=1;i<=100;i++)
    sum=sum+i;
```

```
求解表达式1

表达式2 ──假──

    真

语句

求解表达式3

for语句的
下一语句
```

图 5.8

其执行过程与图 5.3 完全一样。它相当于以下语句:

```
i=1;
while(i<=100)
    {
        sum=sum+i;
        i++;
    }
```

显然,用 for 语句简单、方便。

说明:

(1) for 语句的一般形式如下:

for(表达式 1;表达式 2;表达式 3) 语句

可以改写为 while 循环的形式:

表达式 1;

while 表达式 2

```
    {
        语句
        表达式 3
    }
```

二者无条件等价。

（2）"表达式1"可以省略，即不设置初值，但表达式1后的分号不能省略。例如：

```
for(;i<=100;i++) sum=sum+i;              //for语句中没有表达式1
```

应当注意：由于省略了表达式1，没有对循环变量赋初值，因此，为了能正常执行循环，应在for语句之前给循环变量赋以初值。即

```
i=1;                                     //对循环变量i赋初值
for(;i<=100;i++) sum=sum+i;              //for语句中没有表达式1
```

执行for语句时，跳过图5.8中的"求解表达式1"这一步。由于在for语句前加了"i=1;"，因此其作用仍然不变。

（3）表达式2也可以省略，即不用表达式2来作为循环条件表达式，不设置和检查循环的条件。如：

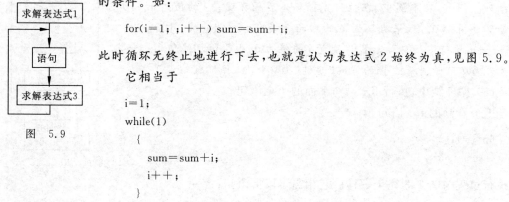

```
for(i=1; ;i++) sum=sum+i;
```

此时循环无终止地进行下去，也就是认为表达式2始终为真，见图5.9。

它相当于

```
i=1;
while(1)
    {
        sum=sum+i;
        i++;
    }
```

图 5.9

循环无终止地进行，i的值不断加大，sum的值也不断累加。

（4）表达式3也可以省略，但此时程序设计者应另外设法保证循环能正常结束。例如：

```
for(i=1;i<=100;)              //没有表达式3
  {
      sum=sum+i;
      i++;                     //这时可以在循环体中使循环变量增值
  }
```

在上面的for语句中只有表达式1和表达式2，而没有表达式3。i++的操作不放在表达式3的位置，而作为循环体的一部分，效果是一样的，都能使循环正常结束。如果在循环体中无此"i++;"语句，则循环体无止境地执行下去。

（5）如果表达式1和表达式3都没有，只有表达式2，即只给循环条件，情况会怎样？如：

```
for(;i<=100;)                //没有表达式1和表达式3，只有表达式2
  {
  sum=sum+i;
      i++;                    //在循环体中使循环变量增值
  }
```

当然，应当在for语句前给循环变量赋初值，否则循环无法正常执行。即：

```
i=1;                         //给循环变量赋初值
for(;i<=100;)                //没有表达式1和表达式3，只有表达式2
```

```
    {
        sum=sum+i;
        i++;                    //在循环体中使循环变量增值
    }
```

相当于

```
    i=1;
    while(i<=100)
    {
        sum=sum+i;
        i++;
    }
```

可见 for 语句比 while 语句功能强,除了可以给出循环条件外,还可以赋初值,使循环变量自动增值等。

(6) 甚至可以将 3 个表达式都可省略,例如:

```
    for(; ;) printf("%d\n",i);
```

相当于

```
    while(1) printf("%d\n",i);
```

即不设初值,不判断条件(认为表达式 2 为真值),循环变量也不增值,无终止地执行循环体语句,显然这是没有实用价值的。

(7) 表达式 1 可以是设置循环变量初值的赋值表达式,也可以是与循环变量无关的其他表达式。例如:

```
    for (sum=0;i<=100;i++) sum=sum+i;
```

表达式 3 也可以是与循环控制无关的任意表达式。但不论怎样写 for 语句,都必须使循环能正常执行。

(8) 表达式 1 和表达式 3 可以是一个简单的表达式,也可以是逗号表达式,即包含一个以上的简单表达式,中间用逗号间隔。如:

```
    for(sum=0,i=1;i<=100;i++) sum=sum+i;
```

或

```
    for(i=0,j=100;i<=j;i++,j--) k=i+j;
```

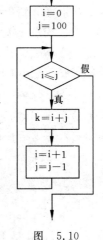

图 5.10

表达式 1 和表达式 3 都是逗号表达式,各包含两个赋值表达式,即同时设两个初值(i=0,j=100),使两个变量增值(i++,j--),执行情况见图 5.10。

在逗号表达式内按自左至右顺序求解,整个逗号表达式的值为最右边的表达式的值。例如:

```
    for(i=1;i<=100;i++,i++) sum=sum+i;
```

相当于

for(i=1;i<=100;i=i+2) sum=sum+i;

（9）表达式2一般是关系表达式（如i<=100）或逻辑表达式（如a<b && x<y），但也可以是数值表达式或字符表达式，只要其值为非零，就执行循环体。分析下面两个例子：

① for(i=0;(c=getchar())!='\n';i+=c);

在表达式2中先从终端接收一个字符赋给c，然后判断此赋值表达式的值是否不等于'\n'（换行符），如果不等于'\n'，就执行循环体。此for语句的执行过程见图5.11，它的作用是不断输入字符，将它们的ASCII码相加，直到输入一个"换行"符为止。

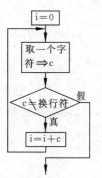

图　5.11

注意：此for语句的循环体为空语句，把本来要在循环体内处理的内容放在表达式3中，作用是一样的。可见for语句功能强，可以在表达式中完成本来应在循环体内完成的操作。

② for(;(c=getchar())!='\n';)
　　printf("%c",c);

for语句中只有表达式2，而无表达式1和表达式3。其作用是每读入一个字符后立即输出该字符，直到输入一个"换行"为止。

运行情况：

Computer✓　　　（输入）
Computer　　　（输出）

请注意，从终端键盘向计算机输入时，是在按Enter键以后才将一批数据一起送到内存缓冲区中去的。因此不是从终端输入一个字符马上输出一个字符，而是在按Enter键后数据才送入内存缓冲区，然后每次从缓冲区读一个字符，再输出该字符。

（10）C99允许在for语句的"表达式1"中定义变量并赋初值，如：

for(int i=1;i<=100;i++)　　　//定义循环变量i,同时赋初值1
sum=sum+i;

显然，这可以使程序简练，灵活方便。但应注意：所定义的变量的有效范围只限于for循环中，在循环外不能使用此变量。

从上面介绍可以知道，C语言的for语句使用十分灵活，变化多端，可以把循环体和一些与循环控制无关的操作也作为表达式1或表达式3出现，这样程序可以短小简洁。但应注意：过分地利用这一特点会使for语句显得杂乱，可读性降低，最好不要把与循环控制无关的内容放到for语句中。

注意：对以上"说明"中介绍的内容，读者应当了解，以便能看懂别人写的程序，并且在熟练掌握C以后能写出简洁高效的程序，但是，建议初学者开始时不要过于追求技巧而写出别人不易看懂的程序，应当尽量写出清晰易读的程序。

5.5　循环的嵌套

一个循环体内又包含另一个完整的循环结构，称为循环的嵌套。内嵌的循环中还可以嵌套循环，这就是多层循环。各种语言中关于循环的嵌套的概念都是一样的。

3 种循环(while 循环、do…while 循环和 for 循环)可以互相嵌套。例如,下面几种都是合法的形式:

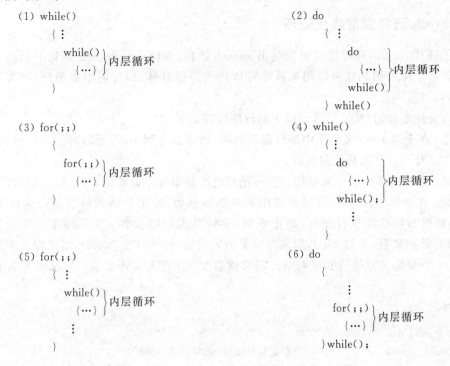

(1) while()
    { ⋮
      while()
      {…} } 内层循环
    }

(2) do
    { ⋮
      do
      {…} } 内层循环
      while()
    } while()

(3) for(;;)
    { ⋮
      for(;;)
      {…} } 内层循环
    }

(4) while()
    { ⋮
      do
      {…} } 内层循环
      while();
      ⋮
    }

(5) for(;;)
    { ⋮
      while()
      {…} } 内层循环
      ⋮
    }

(6) do
    { ⋮
      for(;;)
      {…} } 内层循环
    } while();

5.6   几种循环的比较

(1) 3 种循环都可以用来处理同一问题,一般情况下它们可以互相代替。

(2) 在 while 循环和 do…while 循环中,只在 while 后面的括号内指定循环条件,因此为了使循环能正常结束,应在循环体中包含使循环趋于结束的语句(如 i++,或 i=i+1 等)。

for 循环可以在表达式 3 中包含使循环趋于结束的操作,甚至可以将循环体中的操作全部放到表达式 3 中。因此 for 语句的功能更强,凡用 while 循环能完成的,用 for 循环都能实现。

(3) 用 while 和 do…while 循环时,循环变量初始化的操作应在 while 和 do…while 语句之前完成。而 for 语句可以在表达式 1 中实现循环变量的初始化。

(4) while 循环、do…while 循环和 for 循环都可以用 break 语句跳出循环,用 continue 语句结束本次循环(break 语句和 continue 语句见 5.7 节)。

5.7   改变循环执行的状态

以上介绍的都是根据事先指定的循环条件正常执行和终止的循环。但有时在某种情况下需要提早结束正在执行的循环操作。例如,慈善募捐,收到 10 万元就结束。可以用循环来处理此问题,每次输入一个捐款人的捐款数,不断累加。但是,事先并不能确定循环的次数,需要每次输入捐款数后进行累加,并检查总数是否达到 10 万,如果未达到,就继续执行循环,输入下一个捐款数,如果达到10万元,就终止循环。可以用 break 语句和 continue 语句来实现提前结束循环。

5.7.1 用 break 语句提前终止循环

如前所述,用 break 语句可以使流程跳出 switch 结构,继续执行 switch 语句下面的一个语句。实际上,break 语句还可以用来从循环体内跳出循环体,即提前结束循环,接着执行循环下面的语句。

例如上面统计捐款的例子,可以用以下的程序处理。

【例5.4】 在全系1000名学生中举行慈善募捐,当总数达到10万元时就结束,统计此时捐款的人数以及平均每人捐款的数目。

编程思路: 显然应该用循环来处理。实际循环的次数事先不能确定,可以设为最大值,即1000(最多会有1000人捐款),在循环体中累计捐款总数,并用 if 语句检查是否达到10万元,如果达到就不再继续执行循环,终止累加,并计算人均捐款数。在程序中定义变量 amount,用来存放捐款数,变量 total,用来存放累加后的总捐款数,变量 aver,用来存放人均捐款数,以上3个变量均为单精度浮点型。定义整型变量 i 作为循环变量。定义符号常量 SUM 代表100 000。

编写程序:

```c
#include <stdio.h>
#define SUM 100000                //指定符号常量 SUM 代表100000
int main()
 {
    float amount,aver,total;
    int i;
    for (i=1,total=0;i<=1000;i++)
     {
        printf("please enter amount:");
        scanf("%f",&amount);
        total= total+amount;
        if (total>=SUM) break;
     }
    aver=total/i;
    printf("num=%d\naver=%10.2f\n",i,aver);
    return 0;
 }
```

运行结果(为简化起见,只输入几个数据):

```
please enter amount:12000
please enter amount:24600
please enter amount:3200
please enter amount:5643
please enter amount:21900
please enter amount:12345
please enter amount:23000
num=7
aver=  14669.71
```

程序分析：for 语句本来指定执行循环体 1000 次。在每一次循环中,输入一个捐款人的捐款数,然后把它累加到 total 中,如果没有 if 语句,则执行循环体 1000 次。现在设置一个 if 语句,在每一次累加了捐款数 amount 后,立即检查累加和 total 是否达到或超过 SUM(即 100 000),当 total>=100 000 时,就执行 break 语句,流程跳转到循环体的花括号外,即不再继续执行剩余的几次循环,提前结束循环。请思考此时变量 i 的值是什么。结论是:已经输入捐款数的人数(本例中为 7 人)。因此用捐款总数 total 除以捐款人数,得到的就是人均捐款额 aver。

break 语句的一般形式为

break;

其作用是使流程跳到循环体之外,接着执行循环体下面的语句。

注意:break 语句只能用于循环语句和 switch 语句之中,而不能单独使用。

5.7.2　用 continue 语句提前结束本次循环

有时并不希望终止整个循环的操作,而只希望提前结束**本次**循环,而接着执行下次循环。这时可以用 continue 语句。

【例 5.5】　要求输出 100~200 的不能被 3 整除的数。

编程思路：显然需要对 100~200 的每一个整数进行检查,如果不能被 3 整除,就将此数输出,若能被 3 整除,就不输出此数。无论是否输出此数,都要接着检查下一个数(直到 200 为止)。

可以画出流程图,见图 5.12。

从图 5.12 可以看出:不论 n 能否被 3 整除,循环的次数总是 101 次,不会改变。

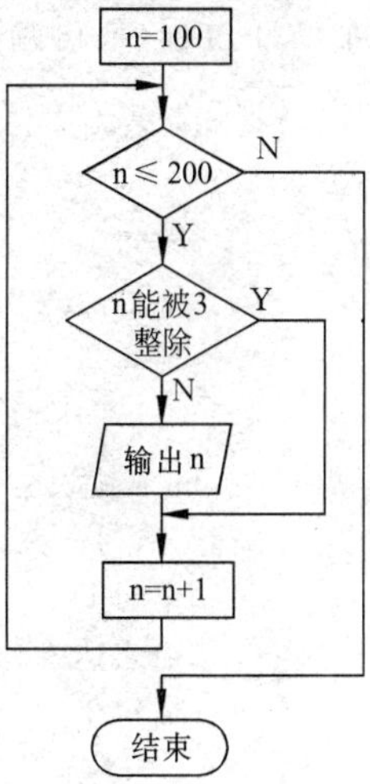

编写程序：

```
# include <stdio. h>
int main()
  {int n;
  for (n=100;n<=200;n++)
    {if (n%3==0)
        continue;
     printf("%d ",n);
    }
  printf("\n");
  return 0;
  }
```

图　5.12

运行结果：

```
100  101  103  104  106  107  109  110  112  113  115  116  118  119  121  122
124  125  127  128  130  131  133  134  136  137  139  140  142  143  145  146
148  149  151  152  154  155  157  158  160  161  163  164  166  167  169  170
172  173  175  176  178  179  181  182  184  185  187  188  190  191  193  194
196  197  199  200
```

🔍 **程序分析**：当 n 能被 3 整除时，执行 continue 语句，流程跳转到表示循环体结束的右花括号的前面（注意不是右花括号的后面），从图 5.12 可以看到：流程跳过 printf 函数语句，结束本次循环，然后进行循环变量的增值（n++），只要 n≤200，就会接着执行下一次循环。如果 n 不能被 3 整除，就不会执行 continue 语句，而执行 printf 函数语句，输出不能被 3 整除的整数。

当然，例 5.5 中循环体中也可以不用 continue 语句，而改用一个 if 语句处理：

if (n%3!=0) printf("%d",n);

效果也一样。在本例中用 continue 语句无非为了说明 continue 语句的作用。为读者提供不同的思路和方法，使编写程序更加灵活多样。

continue 语句的一般形式为

continue;

其作用为结束本次循环，即跳过循环体中下面尚未执行的语句，转到循环体结束点之前，接着执行 for 语句中的"表达式 3"（在本例中是 n++），然后进行下一次是否执行循环的判定。

5.7.3 break 语句和 continue 语句的区别

continue 语句只结束本次循环，而不是终止整个循环的执行。而 break 语句则是结束整个循环过程，不再判断执行循环的条件是否成立。如果有以下两个循环结构：

```
(1) while(表达式 1)
    {
        语句 1
        if(表达式 2)break;
        语句 2
    }
(2) while(表达式 1)
    {
        语句 1
        if(表达式 2) continue;
        语句 2
    }
```

程序(1)的流程如图 5.13 所示，而程序(2)的流程如图 5.14 所示。请注意图 5.13 和图 5.14 中当表达式 2 为真时流程的转向。

如果是双重循环，在内循环体内有一个 break 语句，请思考：是提前终止内循环，还是提前终止整个循环？或者说，流程是跳转到内循环体之外（执行内循环体下面的语句），还是跳转到外循环体之外（执行外循环体下面的语句）？结论是前者，即提前终止内循环。请分析下面程序的执行情况及其输出。

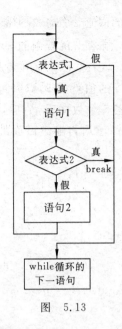

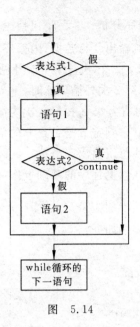

图　5.13　　　　　　　　　　　　　　图　5.14

【例 5.6】　输出以下 4×5 的矩阵。

1	2	3	4	5
2	4	6	8	10
3	6	9	12	15
4	8	12	16	20

解题思路：可以用循环的嵌套来处理此问题,用外循环来输出一行数据,用内循环来输出一列数据。要注意设法输出以上矩阵的格式(每行 5 个数据),即每输出完 5 个数据后换行。

编写程序：

```c
#include <stdio.h>
int main()
 {
    int i,j,n=0;
    for (i=1;i<=4;i++)
      for (j=1;j<=5;j++,n++)          //n用来累计输出数据的个数
      { if (n%5==0) printf ("\n");    //控制在输出5个数据后换行
          printf ("%d\t",i*j);
      }
    printf("\n");
    return 0;
 }
```

运行结果：

1	2	3	4	5
2	4	6	8	10
3	6	9	12	15
4	8	12	16	20

$\mathbb{Q}$ **程序分析：** 本程序包括一个双重循环，是 for 循环的嵌套。外循环变量 i 由 1 变到 4，用来控制输出 4 行数据；内循环变量 j 由 1 变到 5，用来控制输出每行中的 5 个数据。输出的值是 i * j。在执行第 1 次外循环体时，i=1，j 由 1 变到 5，因此，i * j 的值就是 1,2,3,4,5。在执行第 2 次外循环体时，i=2，j 由 1 变到 5，因此，i * j 的值就是 2,4,6,8,10，依此类推。n 的初值为 0，每执行一次内循环，n 的值加 1，在输出完 5 个数据后，n 等于 5，用 n%5 是否等于 0 来判定 n 是否是 5 的倍数。如果是，就进行换行，然后再输出后面的数据，用这样的方法使每行输出 5 个数。

假如在以上程序的基础上作一些改动。在内循环体中增加一个 if 语句：

```
if (i==3 && j==1)break;
```

此时程序如下：

```
#include <stdio.h>
int main()
  {
    int i,j,n=0;
    for (i=1;i<=4;i++)
      for (j=1;j<=5;j++,n++)
        { if(n%5==0)printf("\n");          //控制在输出 5 个数据后换行
          if (i==3 && j==1)break;          //遇到第 3 行第 1 列，终止内循环
          printf("%d\t",i * j);
        }
    printf("\n");
    return 0;
  }
```

请读者分析，输出结果会怎样。实际的输出如下：

1	2	3	4	5
2	4	6	8	10
4	8	12	16	20

第 3 行空白，即不输出第 3 行的 5 个数据。原因是：当 i 等于 3 和 j 等于 1 时，执行 break 语句，提前终止执行内循环，流程进入下一次外循环，即开始第 4 次外循环，i 等于 4。

如果把上面的 break 语句改为 continue 语句，即：

```
if (i==3 && j==1) continue;
```

请分析运行情况。实际的输出如下：

1	2	3	4	5
2	4	6	8	10
6	9	12	15	
4	8	12	16	20

原来第 3 行第 1 个数据 3 没有输出，从第 3 行第 2 个数据 6 开始输出，由于没有执行"printf("%d\t",i * j);"，所以少输出一次"\t"，后面 4 个数据向左移动了一个位置。应当注意的是，continue 语句只是跳过其后的"printf("%d\t",i * j);"结束了当"i=3,j=1"时的那次内

循环,而接着执行"i＝3,j＝2"时的内循环。

请读者画出本例中 3 个程序的流程图。通过本例分析 break 和 continue 语句的区别。

5.8　循环程序举例

前面仔细分析了循环结构的特点和实现方法,有了初步编写循环程序的能力,下面通过几个例子进一步掌握循环程序的编写和应用,特别是学习与循环有关的算法。

【例 5.7】　用公式 $\frac{\pi}{4} \approx 1 - \frac{1}{3} + \frac{1}{5} - \frac{1}{7} + \cdots$ 求 π 的近似值,直到发现某一项的绝对值小于 10^{-6} 为止(该项不累加)。

解题思路:这是求 π 值的近似方法中的一种。求 π 值可以用不同的近似方法。如下面的表达式都可以用来求 π 的近似值:

$$\pi \approx \frac{22}{7}$$

$$\frac{\pi^2}{6} \approx \frac{1}{1^2} + \frac{1}{2^2} + \frac{1}{3^2} + \cdots + \frac{1}{n^2}$$

$$\frac{\pi}{2} = \frac{2 \times 2}{1 \times 3} \times \frac{4 \times 4}{3 \times 5} \times \frac{6 \times 6}{5 \times 7} \times \cdots \times \frac{(n-1)^2}{n \times (n+2)}$$

不同的方法求出的结果不完全相同(近似程度不同)。因此用计算机解题时,首先应当确定用哪一种方法来实现计算。专门有一门学科叫做"计算方法",研究用什么方法最有效,近似程度最好,执行效率最高。这不是本课程的任务。读者只要对此有一些了解即可。

现在,题目已确定要求用以下公式:

$$\frac{\pi}{4} \approx 1 - \frac{1}{3} + \frac{1}{5} - \frac{1}{7} + \cdots$$

求 π 的近似值。也就是说,计算方法确定了,但是怎样去求出这个多项式的方法和步骤并未解决。例如,有的人按次序一项一项计算和加(减),有的人把符号为正的各项(即奇数项)相加,再把符号为负的各项(即偶数项)相加,最后再把两者相加得到结果。有的人用笨办法一项一项相加,有的人用循环来处理。计算机一般是不会自动选择采用哪种方法和哪些步骤的,要编程者来指定每一个执行步骤,计算机只是忠实地执行而已。这就是算法要解决的问题。

为解决一个问题,可以有多种算法,当然希望能设计出较好的算法。可以看出: $\frac{\pi}{4}$ 的值是由求一个多项式的值来得到的。这个多项式从理论上说包含无穷项。包含的项数愈多,近似程度就愈高。但是在实际运算时不可能加(减)到无穷项,只能在近似程度和效率之间找到一个平衡点。现在题目已明确,当多项式中的某一项的绝对值小于 10^{-6} 时,就认为足够近似了,可以据此计算出 π 的近似值了。

现在问题的关键是用什么方法能最简便地求出多项式的值。显然,谁也不会像小学生做算术题那样,用最原始的方法一项一项依次求出各项的值,然后把它们相加。这样做太笨,如果有几千几万项怎么办? 应当设法利用计算机的特点,用一个循环来处理就能全部解决问题。经过仔细分析,发现多项式的各项是有规律的:

（1）每项的分子都是1。

（2）后一项的分母是前一项的分母加2。

（3）第1项的符号为正，从第2项起，每一项的符号与前一项的符号相反。

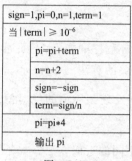

图 5.15

找到这个规律后，就可以用循环来处理了。例如前一项的值是 $\frac{1}{n}$，则可以推出下一项为 $-\frac{1}{n+2}$，其中分母中 $n+2$ 的值是上一项分母 n 再加上2。后一项的符号则与上一项符号相反。

在每求出一项后，检查它的绝对值是否大于或等于 10^{-6}，如果是，则还需要继续求下一项，直到某一项的值小于 10^{-6}，则不必再求下一项了。认为足够近似了。

可以用 N-S 结构化流程图表示算法（见图 5.15）。

编写程序：根据流程图可以很容易写出 C 程序：

程序如下：

```
#include <stdio.h>
#include <math.h>              //程序中用到数学函数 fabs,应包含头文件 math.h
int main()
  {
    int sign=1;                //sign 用来表示数值的符号
    double pi=0.0,n=1.0,term=1.0;   //pi 开始代表多项式的值,最后代表 π 的值,n 代表分母,
                               //term 代表当前项的值
    while(fabs(term)>=1e-6)    //检查当前项 term 的绝对值是否大于或等于 10⁻⁶
      {
        pi=pi+term;            //把当前项 term 累加到 pi 中
        n=n+2;                 //n+2 是下一项的分母
        sign=-sign;            //sign 代表符号,下一项的符号与上一项符号相反
        term=sign/n;           //求出下一项的值 term
      }
    pi=pi*4;                   //多项式的和 pi 乘以4,才是 π 的近似值
    printf("pi=%10.8f\n",pi);  //输出 π 的近似值
    return 0;
  }
```

运行结果：

```
pi=3.14159065
```

程序分析：

（1）fabs 是求绝对值的函数，从附录 E 中可以看到：在 C 库函数中，有两个求绝对值的函数。一个是 abs(x)，求整数 x 的绝对值，结果是整型；另一个是 fabs(x)，x 是双精度数，得到的结果是双精度型。程序中需要求 term 的绝对值，而 term 是双精度数，因此不能用 abs 函数，而应当用 fabs 函数。在用数学函数（包括 fabs 函数）时，要在本文件模块的开头加预处理指令：#include <math.h>。

（2）本题的关键是找出多项式的规律，用同一个循环体处理所有项的求值和累加工作。

计算机处理循环是很得心应手的,不论循环多少次,循环体不须改动,只须修改循环条件即可。例如,想提高精确度,要求计算到当前项的绝对值小于 10^{-8} 为止,只须改变 while 语句的第 1 行即可:

while(fabs(t)>=1e-8)

(3) 本程序输出的结果是 3.14159065,虽然输出了 8 位小数,但是只有前 5 位小数 3.14159 是准确的,因为第 7 位已小于 10^{-6},后面的项没有累加。如果把输出格式改为"%10.6f",则输出为 3.141591,对第 7 位小数四舍五入了。如果循环条件改为 while(fabs(t)>=1e-8),则程序运行时输出:3.14159263。

(4) 请读者补充程序,统计出执行循环体多少次。经过对程序的补充和运行,可以知道:在 while(fabs(t)>=1e-6) 时,执行循环体 50 万次,当 while(fabs(t)>=1e-8) 时,执行循环体 5000 万次。二者时间差 100 倍,在分别运行以上两种情况下的程序时,可以明显地感觉到后者运行的时间长很多。

【例 5.8】 求 Fibonacci(斐波那契)数列的前 40 个数。这个数列有如下特点:第 1,2 两个数为 1,1。从第 3 个数开始,该数是其前面两个数之和。即该数列为 1,1,2,3,5,8,13,…,用数学方式表示为

$$\begin{cases} F_1 = 1 & (n = 1) \\ F_2 = 1 & (n = 2) \\ F_n = F_{n-1} + F_{n-2} & (n \geqslant 3) \end{cases}$$

这是一个有趣的古典数学问题:有一对兔子,从出生后第 3 个月起每个月都生一对兔子。小兔子长到第 3 个月后每个月又生一对兔子。假设所有兔子都不死,问每个月的兔子总数为多少?

可以从表 5.1 看出兔子繁殖的规律。

表 5.1 兔子繁殖的规律

月数	小兔子对数	中兔子对数	老兔子对数	兔子总对数
1	1	0	0	1
2	0	1	0	1
3	1	0	1	2
4	1	1	1	3
5	2	1	2	5
6	3	2	3	8
7	5	3	5	13
⋮	⋮	⋮	⋮	⋮

注:假设不满 1 个月的为小兔子,满 1 个月不满 2 个月的为中兔子,满 2 个月以上的为老兔子。

可以看到每个月的兔子总数依次为 1,1,2,3,5,8,13,…,这就是 Fibonacci 数列。

解题思路: 最简单易懂的方法是,根据题意,从前两个月的兔子数可以推出第 3 个月的兔子数。设第 1 个月的兔子数 f1=1,第 2 个月的兔子数 f2=1,则第 3 个月的兔子数 f3=f1+f2=2。当然可以在程序中继续写:f4=f2+f3,f5=f3+f4,…,但这样的程序烦琐冗长。应当

善于利用循环来处理,这样就要重复利用变量名,一个变量名在不同时间代表不同月的兔子数。

在开始时,f1 代表第 1 个月的兔子数,f2 代表第 2 个月的兔子数,f3 代表第 3 个月的兔子数。f3＝f1＋f2。然后在求第 4 个月的兔子数时,需要的是第 2 和第 3 个月的兔子数。在此不打算用 f4,f5,f6 等变量名,而把 f1 作为"本月的前两个月"的兔子数,f2 是"本月的前一个月"的兔子数,f3 就是本月的兔子数。在求第 4 个月的兔子数前,先把 f2(第 2 个月的兔子数)赋给 f1,作为第 4 个月"前两个月"的兔子数,把 f3(原来第 3 个月的兔子数)赋给 f2,作为第 4 个月"前一个月"的兔子数,执行 f1＋f2＝f3,此时的 f3 就是第 4 个月的兔子数。以后依此类推。算法如图 5.16 所示。

| f1=1,f2=1 |
| 输出 f1,f2 |
| for i=1 to 38 |
| f3=f1+f2 |
| 输出 f3 |
| f1=f2 |
| f2=f3 |

图　5.16

编写程序:

```
#include <stdio.h>
int main()
{
    int f1=1,f2=1,f3;
    int i;
    printf("%12d\n%12d\n",f1,f2);
    for(i=1; i<=38; i++)
    {
        f3=f1+f2;
        printf("%12d\n",f3);
        f1=f2;
        f2=f3;
    }
    return 0;
}
```

运行结果:

```
        1
        1
        2
        3
        5
        8
       13
       21
       34
       55
       89
       ⋮
```

🔍 **程序分析:**程序共应输出 40 个月的兔子数。这个程序虽然是正确的,运行结果也是对的(读者可以自己运行程序并观察结果),但算法并非最好的,而且每个月的输出占一行,篇幅太大,不可取。

程序改进:可以修改程序,在循环体中一次求出下两个月的兔子数。而且只用两个变量 f1 和 f2 就够了,不必用 f3。这里有一个技巧,把 f1＋f2 的结果不放在 f3 中,而放在 f1 中取代了 f1 的原值,此时 f1 不再代表前两个月的兔子数,而代表新求出来的第 3 个月的兔子数,再执行 f2+f1,由于此时的 f1 已是第 3 个月的兔子数,因此 f2+f1 就是第 4 个月的兔子数了,把它存放在 f2 中。可以看到此时的 f1 和 f2 已是新求出的最近两个月的兔子数。再由此推出下两个月的兔子数。

其算法的 N-S 流程图见图 5.17。

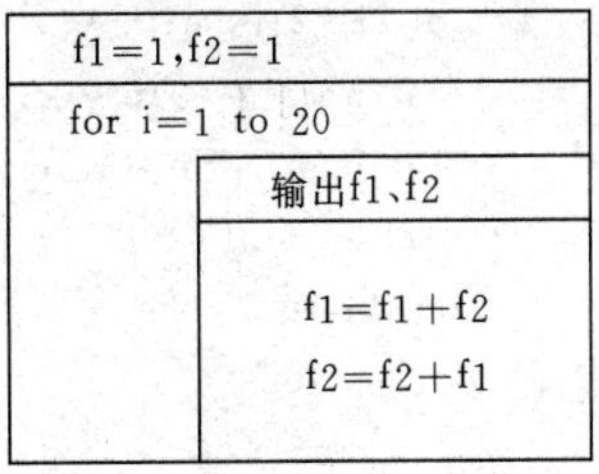

修改后的程序如下:

```
# include <stdio. h>
int main()
  {
    int f1=1,f2=1;
    int i;
    for(i=1; i<=20; i++)        //每个循环中输出 2 个月的数据,故循环 20 次即可
    {
      printf("%12d %12d",f1,f2);   //输出已知的两个月的兔子数
      if(i%2==0) printf("\n");
      f1=f1+f2;                //计算出下一个月的兔子数,并存放在 f1 中
      f2=f2+f1;                //计算出下两个月的兔子数,并存放在 f2 中
    }
    return 0;
  }
```

图　5.17

if 语句的作用是使输出 4 个数后换行。i 是循环变量,当 i 为偶数时换行,由于每次循环要输出 2 个数(f1,f2),因此 i 为偶数时意味着已输出了 4 个数,执行换行。

运行结果:

```
         1            1            2            3
         5            8           13           21
        34           55           89          144
       233          377          610          987
      1597         2584         4181         6765
     10946        17711        28657        46368
     75025       121393       196418       317811
    514229       832040      1346269      2178309
   3524578      5702887      9227465     14930352
  24157817     39088169     63245986    102334155
```

【例 5.9】 输入一个大于 3 的整数 n,判定它是否为素数(prime,又称质数)。

解题思路:采用的算法是,让 n 被 i 除(i 的值从 2 变到 n−1),如果 n 能被 2~(n−1)的任何一个整数整除,则表示 n 肯定不是素数,不必再继续被后面的整数除,因此,可以提前结束循环。此时 i 的值必然小于 n。分别用传统流程图和 N-S 流程图表示算法(见图 5.18)。从这两种流程图的对比,可以具体了解 break 语句的执行情况。

编写程序:根据流程图可以很容易写出以下程序。

```
# include <stdio. h>
int main()
  { int n,i;
    printf("please enter a integer number,n=?");
    scanf("%d",&n);
```

```
    for (i=2;i<n;i++)
      if(n%i==0)break;
      if(i<n) printf("%d is not a prime number. \n",n);
      else printf("%d is a prime number. \n",n);
    return 0;
  }
```

运行结果：

```
please enter a integer number,n=?17
17 is a prime number.
```

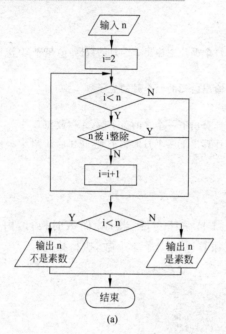

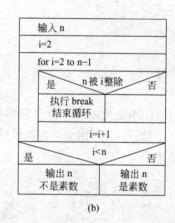

图　5.18

🔍 **程序分析**：在图 5.18 中可以看到，如果 n 能被 2～(n−1)的一个整数整除(例如，n=18,i=2 时，n 能被 2 整除)，此时执行 break 语句，提前结束循环，流程跳转到循环体之外。那么，怎样判定 n 是否为素数从而输出相应的信息呢？关键是看结束循环时 i 的值是否小于 n，如果 n 能被 2～(n−1)的一个整数整除，则必然是由 break 语句导致循环提前结束，即 i 并未达到 n 的值时，循环就终止了。显然此时 i<n。如果 n 不能被 2～(n−1)的任何一个整数整除，则不会执行 break 语句，循环变量 i 一直变化到等于 n，然后由第 1 个判断框判定"i<n"条件不成立，从而结束循环。这种正常结束的循环，其循环变量的值必然大于事先指定的循环变量终值(本例中循环变量终值为 n−1)。

因此，只要在循环结束后检查循环变量 i 的值，就能判定循环是提前结束还是正常结束的。如果是正常结束(i=n)，则 n 是素数，如果是提前结束的，则表明是由于 n 被 i 整除而执行了 break 语句，显然不是素数。

希望读者理解和掌握这一方法，以后会常用到。

程序改进：其实 n 不必被 2～(n-1)的各整数去除,只须将 n 被 2～n/2 的整数除即可,甚至只须被 2～$\sqrt{n}$的整数除即可。因为 n 的每一对因子,必然有一个小于$\sqrt{n}$,另一个大于$\sqrt{n}$。例如,判断 17 是否为素数,只须将 17 被 2,3 和 4 除即可,如都除不尽,n 必为素数。这样做可以大大减少循环次数,提高执行效率。请读者思考为什么只须使 n 被 2～$\sqrt{n}$的整数除即可判定 n 是否为素数。

为方便,可以定义一个整型变量 k(其值为$\sqrt{n}$的整数部分);如果 n 不能被 2～k(即$\sqrt{n}$)的任一整数整除,则在完成最后一次循环后,i 还要加 1,因此 i=k+1,然后才终止循环。在循环之后判别 i 的值是否大于或等于 k+1,若是,则表明未曾被 2～k 任一整数整除过,因此输出该数是素数。

算法如图 5.19 所示。

请读者对比图 5.18 和图 5.19。

修改后的程序如下：

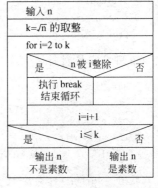

图　5.19

```c
#include <stdio.h>
#include <math.h>
int main()
{ int n,i,k;
  printf("please enter an integer number:n=?");
  scanf("%d",&n);
  k=sqrt(n);
  for (i=2;i<=k;i++)
    if(n%i==0)break;
  if(i<=k) printf("%d is not a prime number. \n",n);
  else printf("%d is a prime number. \n",n);
  return 0;
}
```

运行结果：

```
please enter a integer number:n=?327
327 is not a prime number.
```

💡**说明**：求素数并不是只有一种方法,可以有不同的算法。下面列出几种处理方法,请读者自己分析。可以把例 5.9 第 2 个程序第 7～11 行分别改为以下语句：

```c
for (t=1,i=2;i<n; i++)          //先定义 t 为 int 型,t 作为标志变量
  if(n%i==0)
      t=0;                      //t=0 表示 n 能被 i 整除,n 不是素数
if(t)                           //如果 t=1 表示 n 是素数
  printf("%d is prime. \n",n);
```

对所有的 i 值都作为除数进行检测,共执行循环 n-2 次。

```c
for (t=1,i=2;i<n; i++)
  if(n%i==0)
    {t=0;
```

```
        break;
    }
if(t)
    printf("%d is prime. \n",n);
```

若发现 n 不是素数,立即停止后续判断。

```
for (i=2;i<n; i++)
  if(n%i==0)
    break;
if(i==n)
  printf("%d is prime. \n",n);
```

不用 t,直接判断循环是正常执行结束还是中途退出,利用循环控制变量 i 和 break 语句。

```
for(i=2; i<=(int)sqrt(n); i++)
  if(n%i==0)
    break;
if(i>(int)sqrt(n))
  printf("%d is prime. \n",n);
```

把 2～sqrt(n)作为除数。

【例 5.10】 求 100～200 的全部素数。

解题思路：有了例 5.9 的基础,解本题就不困难了,只要增加一个外循环,先后对 100～200 的全部整数一一进行判定即可。也就是用一个嵌套的 for 循环即可处理。请读者自己画出流程图。

编写程序：

```
# include <stdio. h>
# include <math. h>
int main()
  {int n,k,i,m=0;
  for(n=101;n<=200;n=n+2)           //n 从 100 变化到 200,对每个 n 进行判定
    { k=sqrt(n);
      for (i=2;i<=k;i++)
        if (n%i==0)break;           //如果 n 被 i 整除,终止内循环,此时 i<k+1
        if (i>=k+1)                 //若 i>=k+1,表示 n 未曾被整除
          {printf("%d ",n);         //应确定 n 是素数
            m=m+1;                  //m 用来控制换行,一行内输出 10 个素数
          }
        if(m%10==0) printf("\n");   //m 累计到 10 的倍数,换行
    }
  printf ("\n");
  return 0;
  }
```

运行结果：

```
101 103 107 109 113 127 131 137 139 149
151 157 163 167 173 179 181 191 193 197
199
```

🔍 **程序分析：**

（1）根据常识，偶数不是素数，所以不必对偶数进行判定，只对奇数进行检查。故外循环变量 n 从 101 开始，每次增值 2。

（2）从附录 E 可以看到：sqrt 是求平方根的函数，它要求参数为双精度数。在执行时会自动将整数 n 转换为双精度数。求出的函数值也是双精度数，再把它赋给整型变量 k，系统会自动将小数部分舍弃，只把整数部分赋给 k。在进行编译时，系统给出警告，提醒用户有可能由此出现误差。只要用户确认没有问题，可以不理会它。

（3）请分析执行 break 语句时流程应转至何处。答案是提前终止内循环，流程应转至"if（i>=k+1）"行的开头。

（4）m 的作用是累计输出素数的个数，控制每行输出 10 个数据。

【例 5.11】 译密码。为使电文保密，往往按一定规律将其转换成密码，收报人再按约定的规律将其译回原文。例如，可以按以下规律将电文变成密码：

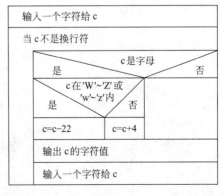

将字母 A 变成字母 E，a 变成 e，即变成其后的第 4 个字母，W 变成 A，X 变成 B，Y 变成 C，Z 变成 D，见图 5.20。

字母按上述规律转换，非字母字符保持原状不变，如"China!"转换为"Glmre!"。

从键盘输入一行字符，要求输出其相应的密码。

解题思路： 问题的关键有两个。

图　5.20

（1）如何决定哪些字符不需要改变，哪些字符需要改变，如果需要改变，应改为哪个对应的字符。处理的方法是：输入一个字符给字符变量 c，先判定它是否为字母（包括大小写）。若不是字母，不改变 c 的值；若是字母，则还要检查它是否在'W'～'Z'内（包括大小写字母）。如不在此范围内，则使变量 c 的值改变为其后第 4 个字母；如果在'W'～'Z'内，则应按图 5.20 所示的规律将它转换为 A～D（或 a～d）之一的字母。

（2）怎样使字符变量 c 改变为所指定的字母？办法是改变它的 ASCII 值。例如字符变量 c 的原值是大写字母'A'，想使 c 的值改变为'E'，只须执行"c=c+4"即可，因为'A'的 ASCII 值为 65，而'E'的 ASCII 值为 69，二者相差 4。

如果字符变量 c 的原值为大写字母'W'，按规定应变为'A'。用什么方法可以得到此结果呢？可以用 c=c+4-26，即 c=c-22。先使 c+4，即'W'+4，从附录 A 可知，'W'的 ASCII 值为 87，加 4 后为 91，它已超出字母'A'～'Z'的范围了，从图 5.20 可以看出，W 应该转换成'A'，'A'的 ASCII 代码为 65，故应当使 91 减 26，变成 65。所以如果变量 c 的值在'W'～'Z'内，应执行 c+4-26。查 ASCII 码表即可弄清楚。

算法可用 N-S 图表示，见图 5.21。

输入一个字符给 c

当 c 不是换行符

	c 是字母	
是		否
c 在'W'~'Z'或 'w'~'z'内		
是	否	c=c+4
c=c-22	c=c+4	

输出 c 的字符值

输入一个字符给 c

图　5.21

编写程序：

```
#include <stdio.h>
int main()
 {char c;
    c=getchar();                                          //输入一个字符给字符变量c
    while(c!='\n')                                        //检查c的值是否为换行符'\n'
      {if((c>='a' && c<='z') || (c>='A'&& c<='Z'))        //c如果是字母
       { if(c>='W' && c<='Z' || c>='w'&& c<='z') c=c-22;
                         //如果是26个字母中最后4个字母之一就使c-22
         else c=c+4;      //如果是前面22个字母之一,就使c加4,即变成其后第4个字母
       }
       printf("%c",c);    //输出已改变的字符
       c=getchar();       //再输入下一个字符给字符变量c
      }
    printf("\n");
    return 0;
 }
```

运行结果：

China!
Glmre!

🔍 **程序分析**：以上程序和运行结果都是正确的,程序也比较容易理解,关键在于对字符的 ASCII 值的运算。在有了一定的基础后,可以对程序作进一步的改进。例如可以把前后两个读入字符的"c=getchar();"合并为一个,并且放在 while 语句的检查条件中。对 if 语句的写法也可改进。

程序改进：

```
#include <stdio.h>
int main()
 {char c;
    while((c=getchar())!='\n')   //输入一个字符给字符变量c并检查其值是否是换行符
      {if((c>='A' && c<='Z') || (c>='a' && c<='z'))   //c如果是字母
       { c=c+4;                           //只要是字母,都先加4
         if(c>'Z' && c<='Z'+4 || c>'z')   //如果是26个字母中最后4个字母之一
           c=c-26;          //c的值改变为26个字母中最前面的4个字母中对应的字母
       }
       printf("%c",c);      //输出已改变的字符
      }
    printf("\n");
    return 0;
 }
```

运行结果同上。

请对比分析上面两个程序中的第 1 个 if 语句中的复合语句的写法有什么不同,分析内

嵌的 if 语句中的条件表述的方法有什么不同。

有一点请读者注意：内嵌的 if 语句不能写成：

if (c>'Z' ‖ c>'z')　c=c−26;

因为所有小写字母都满足"c>'Z'"条件，从而也执行"c=c−26;"语句，这就会出错。因此必须限制其范围为"c>='A' && c<='Z'"，即原字母为'W'～'Z'，在此范围以外的不是大写字母'W'～'Z'，不应按此规律转换。请考虑：为什么对小写字母不按此处理，即没有写成"c>'z' && c<='z'+4"，而只写成"c>'z'"。

在本节的程序举例中，对怎样分析问题，怎样思考和设计算法，作了比较详尽而通俗易懂的介绍。这种分析和思路对于今后编写程序是非常重要的。希望读者在接触一个任务后，也能这样一步步地进行分析，找出关键，设计算法，编写程序，并改进程序。

💡 说明：循环程序设计是很重要的，许多问题都需要通过循环来处理，希望大家熟练掌握它的用法和技巧。尽可能多做一些练习，多阅读和编写一些典型的程序，本章习题大多是很基本的(如求两个数的最大公约数和最小公倍数，求多项式之和以及用迭代法求方程的根等)。在《C 程序设计(第五版)学习辅导》一书第 5 章中提供了这些题目的程序，可供读者参考。

习　题

1. 请画出例 5.6 中给出的 3 个程序段的流程图。

2. 请补充例 5.7 程序，分别统计当"fabs(t)>=1e−6"和"fabs(t)>=1e−8"时执行循环体的次数。

3. 输入两个正整数 m 和 n，求其最大公约数和最小公倍数。

4. 输入一行字符，分别统计出其中英文字母、空格、数字和其他字符的个数。

5. 求 $S_n = a + aa + aaa + \cdots + \overbrace{aa\cdots a}^{n个a}$ 之值，其中 a 是一个数字，n 表示 a 的位数，n 由键盘输入。例如：

2+22+222+2222+22222　　(此时 $n=5$)

6. 求 $\sum\limits_{n=1}^{20} n!$（即求 $1! + 2! + 3! + 4! + \cdots + 20!$）。

7. 求 $\sum\limits_{k=1}^{100} k + \sum\limits_{k=1}^{50} k^2 + \sum\limits_{k=1}^{10} \dfrac{1}{k}$。

8. 输出所有的"水仙花数"，所谓"水仙花数"是指一个 3 位数，其各位数字立方和等于该数本身。例如，153 是水仙花数，因为 $153 = 1^3 + 5^3 + 3^3$。

9. 一个数如果恰好等于它的因子之和，这个数就称为"完数"。例如，6 的因子为 1,2,3，而 6=1+2+3，因此 6 是"完数"。编程序找出 1000 之内的所有完数，并按下面格式输出其因子：

6 its factors are 1,2,3

10. 有一个分数序列

$$\frac{2}{1}, \frac{3}{2}, \frac{5}{3}, \frac{8}{5}, \frac{13}{8}, \frac{21}{13}, \cdots$$

求出这个数列的前 20 项之和。

11. 一个球从 100m 高度自由落下，每次落地后反弹回原高度的一半，再落下，再反弹。求它在第 10 次落地时共经过多少米，第 10 次反弹多高。

12. 猴子吃桃问题。猴子第 1 天摘下若干个桃子，当即吃了一半，还不过瘾，又多吃了一个。第 2 天早上又将剩下的桃子吃掉一半，又多吃了一个。以后每天早上都吃了前一天剩下的一半零一个。到第 10 天早上想再吃时，就只剩一个桃子了。求第 1 天共摘多少个桃子。

13. 用迭代法求 $x = \sqrt{a}$。求平方根的迭代公式为

$$x_{n+1} = \frac{1}{2}\left(x_n + \frac{a}{x_n}\right)$$

要求前后两次求出的 x 的差的绝对值小于 10^{-5}。

14. 用牛顿迭代法求下面方程在 1.5 附近的根：

$$2x^3 - 4x^2 + 3x - 6 = 0$$

15. 用二分法求下面方程在 $(-10, 10)$ 的根：

$$2x^3 - 4x^2 + 3x - 6 = 0$$

16. 输出以下图案：

```
      *
     ***
    *****
   *******
    *****
     ***
      *
```

17. 两个乒乓球队进行比赛，各出 3 人。甲队为 A，B，C 3 人，乙队为 X，Y，Z 3 人。已抽签决定比赛名单。有人向队员打听比赛的名单，A 说他不和 X 比，C 说他不和 X，Z 比，请编程序找出 3 对赛手的名单。

注：本章习题 13～15 所用的方法，可参考《C 程序设计（第五版）学习辅导》第 5 章习题解答中的介绍。

第6章　利用数组处理批量数据

第 5 章之前的程序中使用的变量都属于基本类型,例如整型、字符型、浮点型数据,这些都是简单的数据类型。对于简单的问题,使用这些简单的数据类型就可以了。但是,对于有些需要处理的数据,只用以上简单的数据类型是不够的,难以反映出数据的特点,也难以有效地进行处理。例如,一个班有 30 个学生,每个学生有一个成绩,要求这 30 名学生的平均成绩。从理论上,这是很简单的:把 30 个学生成绩加起来,再除以 30 就行了。问题是怎样表示 30 个学生成绩? 当然可以用 30 个 float 型变量 s1,s2,s3,…,s30。但是这里存在两个问题:一是烦琐,要定义 30 个简单变量,如果有 1000 名学生怎么办呢? 二是没有反映出这些数据间的内在联系,实际上这些数据是同一个班级、同一门课程的成绩,它们具有相同的属性。

人们想出这样的办法:既然它们都是同一类性质的数据(都代表一个班中学生的成绩),就可以用同一个名字(如 s)来代表它们,而在名字的右下角加一个数字来表示这是第几名学生的成绩,例如,可以用 s_1,s_2,s_3,…,s_{30} 代表学生 1、学生 2、学生 3……学生 30 这 30 个学生的成绩。这个右下角的数字称为下标(subscript)。一批具有同名的同属性的数据就组成一个数组(array),s 就是数组名。

由此可知:

(1) 数组是**一组有序数据的集合**。数组中各数据的排列是有一定规律的,下标代表数据在数组中的序号。

(2) 用一个数组名(如 s)和下标(如 15)来唯一地确定数组中的元素,如 s_{15} 就代表第 15 个学生的成绩。

(3) 数组中的每一个元素都**属于同一个数据类型**。不能把不同类型的数据(如学生的成绩和学生的性别)放在同一个数组中。

由于计算机键盘只能输入有限的单个字符而无法表示上下标,C 语言规定用方括号中的数字来表示下标,如用 s[15]表示 s_{15},即第 15 个学生的成绩。

将数组与循环结合起来,可以有效地处理大批量的数据,大大提高了工作效率,十分方便。

本章介绍在 C 语言中怎样使用数组来处理同类型的批量数据。

6.1　怎样定义和引用一维数组

一维数组是数组中最简单的,它的元素只需要用数组名加一个下标,就能唯一地确定。如上面介绍的学生成绩数组 s 就是一维数组。有的数组,其元素要指定两个下标才能唯一地确定,如用 $s_{2,3}$ 表示"第 2 班第 3 名学生的成绩",其中第 1 个下标代表班,第 2 个下标代表在本班中的学生序号。此时,s 就是二维数组。还可以有三维甚至多维数组,如用 $s_{4,2,3}$ 表示"4 年级 2 班第 3 名学生的成绩",此时,s 就是三维数组。它们的概念和用法基本上是相同的。熟练掌握一维数组后,对二维或多维数组,很容易举一反三,迎刃而解。

6.1.1 怎样定义一维数组

要使用数组,必须在程序中先定义数组,即通知计算机:由哪些数据组成数组,数组中有多少元素,属于哪个数据类型。否则计算机不会自动地把一批数据作为数组处理。例如,下面是对数组的定义:

int a[10];

它表示定义了一个整型数组,数组名为 a,此数组包含 10 个整型元素。

定义一维数组的一般形式为

类型说明符 数组名[常量表达式];

💡 说明:

(1) 数组名的命名规则和变量名相同,遵循标识符命名规则。

(2) 在定义数组时,需要指定数组中元素的个数,方括号中的常量表达式用来表示元素的个数,即数组长度。例如,指定 a[10],表示 a 数组有 10 个元素。注意,下标是从 0 开始的,这 10 个元素是 a[0],a[1],a[2],a[3],a[4],a[5],a[6],a[7],a[8],a[9]。请特别注意,按上面的定义,不存在数组元素 a[10]。

(3) 常量表达式中可以包括常量和符号常量,如"int a[3+5];"是合法的。不能包含变量,如"int a[n];"是不合法的。也就是说,C 语言不允许对数组的大小作动态定义,即数组的大小不依赖于程序运行过程中变量的值。例如,下面这样定义数组是不行的:

```
int n;
scanf("%d",&n);                          //企图在程序中临时输入数组的大小
int a[n];
```

用"int a[10];"定义了数组 a 后,在内存中划出一片存储空间(见图 6.1),存放了一个有 10 个整型元素的数组(如果用 Visual C++ ,此空间大小为 $4 \times 10 = 40$ 字节)。可以看到,用一个"int a[10];",就相当于定义了 10 个简单的整型变量,显然简捷方便。

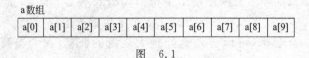

a数组

| a[0] | a[1] | a[2] | a[3] | a[4] | a[5] | a[6] | a[7] | a[8] | a[9] |

图 6.1

6.1.2 怎样引用一维数组元素

在定义数组并对其中各元素赋值后,就可以引用数组中的元素。应注意:只能引用数组元素而不能一次整体调用整个数组全部元素的值。

引用数组元素的表示形式为

数组名[下标]

例如,a[0]就是数组 a 中序号为 0 的元素,它和一个简单变量的地位和作用相似。"下标"可以是整型常量或整型表达式。例如下面的赋值表达式包含了对数组元素的引用:

a[0]=a[5]+a[7]−a[2*3]

每一个数组元素都代表一个整数值。

注意：定义数组时用到的"数组名[常量表达式]"和引用数组元素时用的"数组名[下标]"形式相同,但含义不同。例如:

```
int a[10];            //前面有 int,这是定义数组,指定数组包含 10 个元素
t=a[6];               //这里的 a[6]表示引用 a 数组中序号为 6 的元素
```

【例 6.1】 对 10 个数组元素依次赋值为 0,1,2,3,4,5,6,7,8,9,要求按逆序输出。

解题思路:显然首先要定义一个长度为 10 的数组,由于赋给的值是整数,因此,数组可定义为整型,要赋的值是 0~9,有一定规律,可以用循环来赋值。同样,用循环来输出这10 个值,在输出时,先输出最后的元素,按下标从大到小输出这 10 个元素。这个算法很简单,可以直接写出程序。

编写程序:

```
# include <stdio. h>
int main()
    {
    int i,a[10];
    for(i=0; i<=9;i++)      //对数组元素 a[0]~a[9]赋值
        a[i]=i;
    for(i=9;i>=0; i--)      //输出 a[9]~a[0]共 10 个数组元素
        printf("%d ",a[i]);
    printf("\n");
    return 0;
    }
```

运行结果:

```
9 8 7 6 5 4 3 2 1 0
```

程序分析:第 1 个 for 循环使 a[0]~a[9]的值为 0~9,见图 6.2。第 2 个 for 循环按 a[9]~a[0]的顺序输出各元素的值。

a数组

a[0]	a[1]	a[2]	a[3]	a[4]	a[5]	a[6]	a[7]	a[8]	a[9]
0	1	2	3	4	5	6	7	8	9

图 6.2

应当特别提醒的是:数组元素的下标从 0 开始,如果用"int a[10];"定义数组,则最大下标值为 9,不存在数组元素 a[10]。下面是常见的错误。

```
for (i=1; i<=10;i++)            //循环变量从 1 开始,变到 10
    a[i]=i;                     //下标从 1 开始,变到 10
for(i=10;i>=1; i--)            //试图输出 a[10]~a[1]
    printf("%d ",a[i]);
```

6.1.3 一维数组的初始化

为了使程序简洁,常在定义数组的同时给各数组元素赋值,这称为数组的**初始化**。可以用"初始化列表"方法实现数组的初始化。

(1) 在定义数组时对全部数组元素赋予初值。例如:

int a[10]={0,1,2,3,4,5,6,7,8,9};

将数组中各元素的初值顺序放在一对花括号内,数据间用逗号分隔。花括号内的数据就称为"初始化列表"。经过上面的定义和初始化之后,a[0]=0,a[1]=1,a[2]=2,a[3]=3,a[4]=4,a[5]=5,a[6]=6,a[7]=7,a[8]=8,a[9]=9。

(2) 可以只给数组中的一部分元素赋值。例如:

int a[10]={0,1,2,3,4};

定义 a 数组有 10 个元素,但花括号内只提供 5 个初值,这表示只给前面 5 个元素赋初值,系统自动给后 5 个元素赋初值为 0。

(3) 如果想使一个数组中全部元素值为 0,可以写成

int a[10]={0,0,0,0,0,0,0,0,0,0};

或

int a[10]={0};   //未赋值的部分元素自动设定为 0

(4) 在对全部数组元素赋初值时,由于数据的个数已经确定,因此可以不指定数组长度。例如:

int a[5]={1,2,3,4,5};

可以写成

int a[]={1,2,3,4,5};

在第 2 种写法中,花括号中有 5 个数,虽然没有在方括号中指定数组的长度,但是系统会根据花括号中数据的个数确定 a 数组有 5 个元素。但是,如果数组长度与提供初值的个数不相同,则方括号中的数组长度不能省略。例如,想定义数组长度为 10,就不能省略数组长度的定义,而必须写成

int a[10]={1,2,3,4,5};

只初始化前 5 个元素,后 5 个元素为 0。

👉 **说明**:如果在定义数值型数组时,指定了数组的长度并对之初始化,凡未被"初始化列表"指定初始化的数组元素,系统会自动把它们初始化为 0(如果是字符型数组,则初始化为'\0',如果是指针型数组,则初始化为 NULL,即空指针)。

6.1.4 一维数组程序举例

【例 6.2】 用数组来处理求 Fibonacci 数列问题。

解题思路:在第 5 章例 5.8 中是用简单变量处理的,只定义了两个或 3 个变量,程序可

以顺序计算并输出各数,但不能在内存中保存这些数。假如想直接输出数列中第 25 个数,是很困难的。如果用数组来处理,在概念上反而简单了:每一个数组元素代表数列中的一个数,依次求出各数并存放在相应的数组元素中即可。

编写程序:

```
# include <stdio. h>
int main()
   {
      int i;
      int f[20]={1,1};              //对最前面两个元素 f[0]和 f[1]赋初值1
      for(i=2;i<20;i++)
         f[i]=f[i−2]+f[i−1];       //先后求出 f[2]～f[19]的值
      for(i=0;i<20;i++)
         {
            if(i%5==0) printf("\n");    //控制每输出 5 个数后换行
            printf("%12d",f[i]);         //输出一个数
         }
      printf("\n");
      return 0;
   }
```

运行结果:

1	1	2	3	5
8	13	21	34	55
89	144	233	377	610
987	1597	2584	4181	6765

🔍 **程序分析:**为节约篇幅,程序只计算 20 个数。定义数组长度为 20,对最前面两个元素 f[0]和 f[1]均指定初值为 1,根据数列的特点,由前面两个元素的值可计算出第 3 个元素的值,即

f[2]=f[0]+f[1];

在循环中可以用以下语句依次计算出 f[2]～f[19]的值。

f[i]=f[i−2]+f[i−1];

if 语句用来控制换行,每行输出 5 个数据。

【例 6.3】 有 10 个地区的面积,要求对它们按由小到大的顺序排列。

解题思路:这种问题称为数的排序(sort)。排序的规律有两种:一种是"升序",从小到大;另一种是"降序",从大到小。可以把这个题目抽象为一般形式"对 n 个数按升序排序"。

排序方法是一种重要的、基本的算法。排序的方法很多,本例用起泡法排序。起泡法的基本思路是:每次将相邻两个数比较,将小的调到前面。若有 6 个数:9,8,5,4,2,0,第 1 次先将最前面的两个数 8 和 9 对调(见图 6.3)。第 2 次将第 2 和第 3 个数(9 和 5)对调……如此共进行 5 次,得到 8-5-4-2-0-9 的顺序,可以看到:最大的数 9 已"沉底",成为最

下面一个数，而小的数"上升"。最小的数0已向上"浮起"一个位置。经过第1趟（共5次比较与交换）后，已得到最大的数9。

然后进行第2趟比较，对余下的前面5个数(8,5,4,2,0)进行新一轮的比较，以便使次大的数"沉底"。按以上方法进行第2趟比较，见图6.4。经过这一趟4次比较与交换，得到次大的数8。

图 6.3 图 6.4

按此规律进行下去，可以推知，对6个数要比较5趟，才能使6个数按大小顺序排列。在第1趟中要进行两个数之间的比较共5次，在第2趟过程中比较4次……第5趟只须比较1次。

如果有n个数，则要进行n−1趟比较。在第1趟比较中要进行n−1次两两比较，在第j趟比较中要进行n−j次两两比较。

请读者分析排序的过程，原来0是最后一个数，经过第1趟的比较与交换，0上升为第5个数（最后第2个数）。再经过第2趟比较与交换，0上升为第4个数（最后第3个数）。再经过第3趟比较与交换，0上升为第3个数……每经过一趟的比较与交换，最小的数"上升"一位，最后升到第一个数。这如同水底的气泡逐步冒出水面一样，故称为冒泡法或起泡法。

据此画出流程图（见图6.5）。

图 6.5

编写程序：

根据流程图写出程序（今设 n=10）。

```
#include <stdio.h>
int main()
  {
    int a[10];
    int i,j,t;
    printf("input 10 numbers :\n");
    for (i=0;i<10;i++)
      scanf("%d",&a[i]);
    printf("\n");
    for(j=0;j<9;j++)                  //进行9次循环，实现9趟比较
      for(i=0;i<9-j;i++)              //在每一趟中进行9-j次比较
        if (a[i]>a[i+1])             //相邻两个数比较
```

```
            {t=a[i];a[i]=a[i+1];a[i+1]=t;}
  printf("the sorted numbers :\n");
  for(i=0;i<10;i++)
      printf("%d ",a[i]);
  printf("\n");
  return 0;
}
```

运行结果:

```
input 10 numbers :
34 67 90 43 124 87 65 99 132 26

the sorted numbers :
26 34 43 65 67 87 90 99 124 132
```

🔍 **程序分析**:程序中实现起泡法排序算法的主要是第 10～13 行。请仔细分析嵌套的 for 语句。当执行外循环第 1 次循环时,j=0,然后执行第 1 次内循环,此时 i=0,在 if 语句中将 a[i]和 a[i+1]比较,就是将 a[0]和 a[1]比较。执行第 2 次内循环时,i=1,a[i]和 a[i+1]比较,就是将 a[1]和 a[2]比较……执行最后一次内循环时,i=8,a[i]和 a[i+1]比较,就是将 a[8]和 a[9]比较。这时第 1 趟过程完成了。

当执行第 2 次外循环时,j=1,开始第 2 趟过程。内循环继续的条件是 i<9−j,由于 j=1,因此相当于 i<8,即 i 由 0 变到 7,要执行内循环 8 次。其余类推。

🐂 **说明**:通过此例,着重学习有关排序的算法。排序的算法有多种,本例介绍的是起泡法,常用的还有选择法、希尔法等。本章的习题 2 是要求用选择法排序,其程序在《C 程序设计(第五版)学习辅导》一书第 6 章,建议读者尽可能参考一下。希望读者不要满足于教材中的内容,要善于扩展知识,善于思考,善于比较,善于归纳提高。

重要的是了解和掌握解题思路,学会分析问题,建立算法,以及如何利用 C 语言编程的技巧。

6.2 怎样定义和引用二维数组

前面已提到,有的问题需要用二维数组来处理。例如,有 3 个小分队,每队有 6 名队员,要把这些队员的工资用数组保存起来以备查。这就需要用到二维数组,见图 6.6。如果建立一个数组 pay,它应当是二维的,第一维用来表示第几分队,第二维用来表示第几个队员。例如用 $pay_{2,3}$ 表示 2 分队第 3 名队员的工资,它的值是 1725。

	队员1	队员2	队员3	队员4	队员5	队员6
1分队	2456	1847	1243	1600	2346	2757
2分队	3045	2018	1725	2020	2458	1436
3分队	1427	1175	1046	1976	1477	2018

图 6.6

二维数组常称为**矩阵**（matrix）。把二维数组写成行（row）和列（column）的排列形式，可以有助于形象化地理解二维数组的逻辑结构。

6.2.1　怎样定义二维数组

怎样定义二维数组呢？其基本概念与方法和一维数组相似。如：

float pay[3][6];

以上定义了一个 float 型的二维数组，第 1 维有 3 个元素，第 2 维有 6 个元素。每一维的长度分别用一对方括号括起来。

二维数组定义的一般形式为

类型说明符　数组名[常量表达式][常量表达式]；

例如：

float a[3][4],b[5][10];

定义 a 为 3×4（3 行 4 列）的数组，b 为 5×10（5 行 10 列）的数组。注意，不能写成

float a[3,4],b[5,10];　　　　　　　　　　　//在一对方括号内写两个下标，错误

C 语言对二维数组采用这样的定义方式，使得二维数组可被看作一种特殊的一维数组：它的元素又是一个一维数组。例如，可以把 a 看作一个一维数组，它有 3 个元素：

a[0],a[1],a[2]

每个元素又是一个包含 4 个元素的一维数组，见图 6.7。

```
a[0]  ----  a[0][0]  a[0][1]  a[0][2]  a[0][3]

a[1]  ----  a[1][0]  a[1][1]  a[1][2]  a[1][3]

a[2]  ----  a[2][0]  a[2][1]  a[2][2]  a[2][3]
```

图　6.7

可以把 a[0],a[1],a[2] 看作 3 个一维数组的名字。上面定义的二维数组可以理解为定义了 3 个一维数组，即相当于

float a[0][4],a[1][4],a[2][4];

此处把 a[0],a[1],a[2] 看作一维数组名。C 语言的这种处理方法在数组初始化和用指针表示时显得很方便，这在以后会体会到。

C 语言中，二维数组中元素排列的顺序是按行存放的，即在内存中先顺序存放第 1 行的元素，接着再存放第 2 行的元素。图 6.8 表示对 a[3][4] 数组存放的顺序。

假设数组 a 存放在从 2000 字节开始的一段内存单元中，一个元素占 4 个字节，前 16 个字节（2000～2015）存放序号为 0 的行中的 4 个元素，接着的 16 个字节（2016～2031）存放序号为 1 的行中的 4 个元素，余类推，如图 6.9 所示。

🔔**注意：**用矩阵形式（如 3 行 4 列形式）表示二维数组，是逻辑上的概念，能形象地表示出行列关系。而在内存中，各元素是连续存放的，不是二维的，是线性的。这点务请明确。

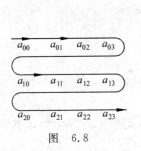

图　6.8　　　　　　　　　　　　　　图　6.9

C 语言还允许使用多维数组。有了二维数组的基础,再掌握多维数组是不困难的。例如,定义三维数组的方法如下:

float a[2][3][4];　　　　　　　　　//定义三维数组 a,它有 2 页,3 行,4 列

多维数组元素在内存中的排列顺序为:第 1 维的下标变化最慢,最右边的下标变化最快。例如,上述三维数组的元素排列顺序为

a[0][0][0]→a[0][0][1]→a[0][0][2]→a[0][0][3]→a[0][1][0]→a[0][1][1]→a[0][1][2]→
a[0][1][3]→a[0][2][0]→a[0][2][1]→a[0][2][2]→a[0][2][3]→a[1][0][0]→a[1][0][1]→
a[1][0][2]→a[1][0][3]→a[1][1][0]→a[1][1][1]→a[1][1][2]→a[1][1][3]→a[1][2][0]→
a[1][2][1]→a[1][2][2]→a[1][2][3]

6.2.2　怎样引用二维数组的元素

二维数组元素的表示形式为

数组名[下标][下标]

例如,a[2][3]表示 a 数组中序号为 2 的行中序号为 3 的列的元素。下标应是整型表达式,如 a[2−1][2*2−1]。不要写成 a[2,3]、a[2−1,2*2−1]形式。

数组元素可以出现在表达式中,也可以被赋值,例如:

b[1][2]=a[2][3]/2

注意:在引用数组元素时,下标值应在已定义的数组大小的范围内。在这个问题上常出现错误。例如:

int a[3][4];　　　　　　　　　　　//定义 a 为 3×4 的二维数组
⋮
a[3][4]=3;　　　　　　　　　　　//不存在 a[3][4]元素

按以上的定义,数组 a 可用的"行下标"的范围为 0~2,"列下标"的范围为 0~3。用 a[3][4]表示元素显然超过了数组的范围。

注意:请读者严格区分在定义数组时用的 a[3][4]和引用元素时的 a[3][4]的区别。

前者用a[3][4]来定义数组的维数和各维的大小,后者 a[3][4]中的 3 和 4 是数组元素的下标值,a[3][4]代表行序号为 3、列序号为 4 的元素(行序号和列序号均从 0 起算)。

6.2.3　二维数组的初始化

可以用"初始化列表"对二维数组初始化。

（1）分行给二维数组赋初值。例如：

int a[3][4]={{1,2,3,4},{5,6,7,8},{9,10,11,12}};

这种赋初值方法比较直观,把第 1 个花括号内的数据给第 1 行的元素,第 2 个花括号内的数据赋给第 2 行的元素……即按行赋初值。

（2）可以将所有数据写在一个花括号内,按数组元素在内存中的排列顺序对各元素赋初值。例如：

int a[3][4]={1,2,3,4,5,6,7,8,9,10,11,12};

效果与前相同。但以第(1)种方法为好,一行对一行,界限清楚。用第(2)种方法如果数据多,则会写成一大片,容易遗漏,也不易检查。

（3）可以对部分元素赋初值。例如：

int a[3][4]={{1},{5},{9}};

它的作用是只对各行第 1 列(即序号为 0 的列)的元素赋初值,其余元素值自动为 0。赋初值后数组各元素为

```
1    0    0    0
5    0    0    0
9    0    0    0
```

也可以对各行中的某一元素赋初值,例如：

int a[3][4]={{1},{0,6},{0,0,11}};

初始化后的数组元素如下：

```
1    0    0    0
0    6    0    0
0    0    11   0
```

这种方法对非 0 元素少时比较方便,不必将所有的 0 都写出来,只须输入少量数据。

也可以只对某几行元素赋初值：

int a[3][4]={{1},{5,6}};

数组元素为

```
1    0    0    0
5    6    0    0
0    0    0    0
```

第3行不赋初值。

也可以对第2行不赋初值,例如:

int a[3][4]={{1},{ },{9}};

(4) 如果对全部元素都赋初值(即提供全部初始数据),则定义数组时对第1维的长度可以不指定,但第2维的长度不能省。例如:

int a[3][4]={1,2,3,4,5,6,7,8,9,10,11,12};

与下面的定义等价:

int a[][4]={1,2,3,4,5,6,7,8,9,10,11,12};

系统会根据数据总个数和第2维的长度算出第1维的长度。数组一共有12个元素,每行4列,显然可以确定行数为3。

在定义时也可以只对部分元素赋初值而省略第1维的长度,但应分行赋初值。例如:

int a[][4]={{0,0,3},{ },{0,10}};

这样的写法,能通知编译系统:数组共有3行。数组各元素为

```
0    0    3    0
0    0    0    0
0   10    0    0
```

从本节的介绍中可以看到:C语言在定义数组和表示数组元素时采用a[][]这种两个方括号的方式,对数组初始化时十分有用,它使概念清楚,使用方便,不易出错。

6.2.4 二维数组程序举例

【例6.4】 将一个二维数组行和列的元素互换,存到另一个二维数组中。例如:

$$a = \begin{bmatrix} 1 & 2 & 3 \\ 4 & 5 & 6 \end{bmatrix} \qquad b = \begin{bmatrix} 1 & 4 \\ 2 & 5 \\ 3 & 6 \end{bmatrix}$$

解题思路:可以定义两个数组:数组a为2行3列,存放指定的6个数。数组b为3行2列,开始时未赋值。只要将a数组中的元素a[i][j]存放到b数组中的b[j][i]元素中即可。用嵌套的for循环即可完成此任务。

编写程序:

```
#include <stdio.h>
int main()
  {
    int a[2][3]={{1,2,3},{4,5,6}};
    int b[3][2],i,j;
    printf("array a:\n");
    for(i=0;i<=1;i++)                    //处理a数组中的一行中各元素
      {
        for (j=0;j<=2;j++)               //处理a数组中某一列中各元素
```

```
            {
                printf("%5d",a[i][j]);          //输出 a 数组的一个元素
                b[j][i]=a[i][j];                //将 a 数组元素的值赋给 b 数组相应元素
            }
            printf("\n");
        }
    printf("array b:\n");                        //输出 b 数组各元素
    for(i=0;i<=2;i++)                            //处理 b 数组中一行中各元素
        {
            for(j=0;j<=1;j++)                    //处理 b 数组中一列中各元素
                printf("%5d",b[i][j]);           //输出 b 数组的一个元素
            printf("\n");
        }
    return 0;
}
```

运行结果：

```
array a:
    1    2    3
    4    5    6
array b:
    1    4
    2    5
    3    6
```

【例 6.5】 有一个 3×4 的矩阵，要求编程序求出其中值最大的那个元素的值，以及其所在的行号和列号。

解题思路：先思考一下在打擂台时怎样确定最后的优胜者。先找出任一人站在台上，第 2 人上去与之比武，胜者留在台上。再上去第 3 人，与台上的人（即刚才的得胜者）比武，胜者留台上，败者下台。以后每一个人都是与当时留在台上的人比武。直到所有人都上台比过为止，最后留在台上的就是冠军。这就是"打擂台算法"。

解本题也是用"打擂台算法"。先让 a[0][0] 作"擂主"，把它的值赋给变量 max，max 用来存放当前已知的最大值，在开始时还未进行比较，把最前面的元素暂时认为是当前值最大的。然后让下一个元素 a[0][1] 与 max 比较，如果 a[0][1]>max，则表示 a[0][1] 是已经比过的数据中值最大的，把它的值赋给 max，取代了 max 的原值。以后依此处理，值大的赋给 max。直到全部比完后，max 就是最大的值。

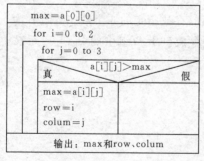

图 6.10

按此思路画出 N-S 图，见图 6.10。

编写程序：

根据流程图很容易写出程序：

```
#include <stdio.h>
int main()
    {int i,j,row=0,colum=0,max;
```

```
    int a[3][4]={{1,2,3,4},{9,8,7,6},{-10,10,-5,2}};    //定义数组并赋初值
    max=a[0][0];                                        //先认为 a[0][0]最大
    for (i=0;i<=2;i++)
      for (j=0;j<=3;j++)
        if (a[i][j]>max)                                //如果某元素大于 max,就取代 max 的原值
            {max=a[i][j];
             row=i;                                     //记下此元素的行号
             colum=j;                                   //记下此元素的列号
            }
    printf("max=%d\nrow=%d\ncolum=%d\n",max,row,colum);
    return 0;
  }
```

运行结果:

```
max=10
row=2
colum=1
```

最大值为 10,此元素为 a[2][1]。

6.3　字　符　数　组

前已介绍:字符型数据是以字符的 ASCII 代码存储在存储单元中的,一般占一个字节。由于 ASCII 代码也属于整数形式,因此在 C 99 标准中,把字符类型归纳为整型类型中的一种。

由于字符数据的应用较广泛,尤其是作为字符串形式使用,有其自己的特点,因此,在本书中专门加以讨论,希望读者熟练掌握。

C 语言中没有字符串类型,也没有字符串变量,字符串是存放在字符型数组中的。

6.3.1　怎样定义字符数组

用来存放字符数据的数组是字符数组。在字符数组中的一个元素内存放一个字符。

定义字符数组的方法与定义数值型数组的方法类似。例如:

char c[10];
c[0]='I'; c[1]=' '; c[2]='a'; c[3]='m'; c[4]=' ';c[5]='h'; c[6]='a'; c[7]='p'; c[8]='p';
c[9]='y';

以上定义了 c 为字符数组,包含 10 个元素。赋值以后数组的状态如图 6.11 所示。

c[0]	c[1]	c[2]	c[3]	c[4]	c[5]	c[6]	c[7]	c[8]	c[9]
I	␣	a	m	␣	h	a	p	p	y

图　6.11

由于字符型数据是以整数形式(ASCII 代码)存放的,因此也可以用整型数组来存放字符数据,例如:

```
int c[10];
c[0]='a';                        //合法,但浪费存储空间
```

6.3.2　字符数组的初始化

对字符数组初始化,最容易理解的方式是用"初始化列表",把各个字符依次赋给数组中各元素。例如:

```
char c[10]={'I',' ','a','m',' ','h','a','p','p','y'};
```

把 10 个字符依次赋给 c[0]~c[9]这 10 个元素。

如果在定义字符数组时不进行初始化,则数组中各元素的值是不可预料的。如果花括号中提供的初值个数(即字符个数)大于数组长度,则出现语法错误。如果初值个数小于数组长度,则只将这些字符赋给数组中前面那些元素,其余的元素自动定为空字符(即'\0')。例如:

```
char c[10]={'c',' ','p','r','o','g','r','a','m'};
```

数组状态如图 6.12 所示。

如果提供的初值个数与预定的数组长度相同,在定义时可以省略数组长度,系统会自动根据初值个数确定数组长度。例如:

```
char c[]={'I',' ','a','m',' ','h','a','p','p','y'};
```

数组 c 的长度自动定为 10。用这种方式可以不必人工去数字符的个数,尤其在赋初值的字符个数较多时,比较方便。

也可以定义和初始化一个二维字符数组,例如:

```
char diamond[5][5]={{' ',' ','*'},{' ','*',' ','*'},
                    {'*',' ',' ',' ','*'},{' ','*',' ','*'},{' ',' ','*'}};
```

用它代表一个菱形的平面图形,见图 6.13。完整的程序见例 6.7。

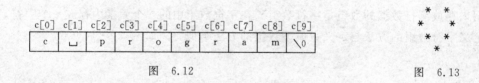

图　6.12　　　　　　　　　　　　　　　　　　　　　图　6.13

6.3.3　怎样引用字符数组中的元素

可以引用字符数组中的一个元素,得到一个字符。

【例 6.6】　输出一个已知的字符串。

解题思路:先定义一个字符数组,并用"初始化列表"对其赋以初值。然后用循环逐个输出此字符数组中的字符。

编写程序:

```
#include <stdio.h>
```

```
int main()
  {char c[15]={'I',' ','a','m',' ','a',' ','s','t','u','d','e','n','t','.'};
   int i;
   for(i=0;i<15;i++)
     printf("%c",c[i]);
   printf("\n");
   return 0;
  }
```

运行结果：

```
I am a student.
```

【例 6.7】 输出一个菱形图。

解题思路： 先画出一个如图 6.13 所示的平面菱形图案,每行包括 5 个字符,其中有的是空白字符,有的是′*′字符,记下在每行中′*′字符出现的位置。定义一个字符型的二维数组,用"初始化列表"进行初始化。初始化列表中的字符顺序就是图 6.12 中各行中的字符顺序。这样字符数组中已存放了一个菱形的图案。然后用嵌套的 for 循环输出字符数组中的所有元素。

编写程序：

```
#include <stdio.h>
int main()
  {char diamond[][5]={{' ',' ','*'},{' ','*',' ','*'},{'*',' ',' ',' ','*'},
                      {' ','*',' ',' ','*'},{' ',' ','*'}};

   int i,j;
   for (i=0;i<5;i++)
     {for (j=0;j<5;j++)
         printf("%c",diamond[i][j]);
      printf("\n");
     }
   return 0;
  }
```

运行结果：

6.3.4 字符串和字符串结束标志

在 C 语言中,是将字符串作为字符数组来处理的。例 6.6 就是用一个一维的字符数组来存放字符串"I am a student."的,字符串中的字符是逐个存放到数组元素中的。在该例中,字符串的实际长度与数组长度相等。

在实际工作中,人们关心的往往是字符串的有效长度而不是字符数组的长度。例如,定义一个字符数组长度为 100,而实际有效字符只有 40 个。为了测定字符串的实际长度,

C语言规定了一个"字符串结束标志"，以字符'\0'作为结束标志。如果字符数组中存有若干字符，前面9个字符都不是空字符('\0')，而第10个字符是'\0'，则认为数组中有一个字符串，其有效字符为9个。也就是说，在遇到字符'\0'时，表示字符串结束，把它前面的字符组成一个字符串。

🔔**注意**：C系统在用字符数组存储**字符串常量**时会自动加一个'\0'作为结束符。例如"C program"共有9个字符。字符串是存放在一维数组中的，在数组中它占10个字节，最后一个字节'\0'是由系统自动加上的。

有了结束标志'\0'后，字符数组的长度就显得不那么重要了。在程序中往往依靠检测'\0'的位置来判定字符串是否结束，而不是根据数组的长度来决定字符串长度。当然，在定义字符数组时应估计实际字符串长度，保证数组长度始终大于字符串实际长度。如果在一个字符数组中先后存放多个不同长度的字符串，则应使数组长度大于最长的字符串的长度。

🐻**说明**：'\0'代表ASCII码为0的字符，从ASCII码表中可以查到，ASCII码为0的字符不是一个可以显示的字符，而是一个"空操作符"，即它什么也不做。用它来作为字符串结束标志不会产生附加的操作或增加有效字符，只起一个供辨别的标志。

前面曾用过以下语句输出一个字符串。

```
printf("How do you do? \n");
```

在执行此语句时系统怎么知道应该输出到哪里为止呢？实际上，在向内存中存储时，系统自动在最后一个字符'\n'的后面加了一个'\0'，作为字符串结束标志。在执行 printf 函数时，每输出一个字符检查一次，看下一个字符是否为'\0'，遇'\0'就停止输出。

对C语言处理字符串的方法有以上的了解后，再对字符数组初始化的方法补充一种方法，即用字符串常量来使字符数组初始化。例如：

```
char c[]={"I am happy"};
```

也可以省略花括号，直接写成

```
char c[]="I am happy";
```

这里不像例6.6那样用单个字符作为字符数组的初值，而是用一个字符串（注意字符串的两端是用双撇号而不是单撇号括起来的）作为初值。显然，这种方法直观、方便、符合人们的习惯。请注意，此时数组 c 的长度不是10，而是11。因为字符串常量的最后由系统加上一个'\0'。上面的初始化与下面的初始化等价。

```
char c[]={'I',' ','a','m',' ','h','a','p','p','y','\0'};
```

而不与下面的等价：

```
char c[]={'I',' ','a','m',' ','h','a','p','p','y'};
```

前者的长度为11，后者的长度为10。如果有：

```
char c[10]={"China"};
```

数组 c 的前5个元素为：'C'，'h'，'i'，'n'，'a'，第6个元素为'\0'，后4个元素也自动设定为空字符,见图 6.14。

C	h	i	n	a	\0	\0	\0	\0	\0

图 6.14

💡 **说明**:字符数组并不要求它的最后一个字符为'\0',甚至可以不包含'\0'。像以下这样写完全是合法的:

char c[5]={'C','h','i','n','a'};

是否需要加'\0',完全根据需要决定。由于系统在处理字符串常量存储时会自动加一个'\0',因此,为了使处理方法一致,便于测定字符串的实际长度,以及在程序中作相应的处理,在字符数组中也常常人为地加上一个'\0'。例如:

char c[6]={'C','h','i','n','a','\0'};

这样做,便于引用字符数组中的字符串。

如定义了以下的字符数组:

char c[]={"C program."};

由于系统自动在字符串常量的最后一个字符后面加了一个'\0',因此 c 数组的存储情况如下:

C		p	r	o	g	r	a	m	.	\0

若想用一个新的字符串代替原有的字符串"C program.",如从键盘输入"Hello"分别赋给 c 数组中前面 5 个元素。如果不加'\0'的话,字符数组中的字符如下:

H	e	l	l	o	g	r	a	m	.	\0

新字符串和老字符串连成一片,无法区分开。如果想输出字符数组中的字符串,则会连续输出:

Hellogram.

如果在"Hello"后面加一个'\0',它取代了第 6 个字符'g'。在数组中的存储情况为

H	e	l	l	o	\0	r	a	m	.	\0

'\0'是字符串结束标志,如果用以下语句输出数组 c 中的字符串:

printf("%s\n",c);   //输出数组 c 中的字符串

在输出字符数组中的字符串时,遇'\0'就停止输出,因此只输出了字符串"Hello"。而不会输出"Hellogram."。

从这里可以看到在字符串末尾加'\0'的作用。

6.3.5　字符数组的输入输出

字符数组的输入输出可以有两种方法。

（1）逐个字符输入输出。用格式符"%c"输入或输出一个字符,如例 6.6。

（2）将整个字符串一次输入或输出。用"%s"格式符,意思是对字符串(string)的输入输出。例如:

char c[]={"China"};
printf("%s\n",c);

在内存中数组 c 的存储情况为

输出时,遇结束符'\0'就停止输出。输出结果为

China

💡说明:

（1）输出的字符中不包括结束符'\0'。

（2）用"%s"格式符输出字符串时,printf 函数中的输出项是字符数组名,而不是数组元素名。写成下面这样是不对的:

printf("%s",c[0]);　　　　　　　　　　　//c[0]不是字符数组名,而是一个数组元素

（3）如果数组长度大于字符串的实际长度,也只输出到遇'\0'结束。例如:

char c[10]={"China"};　　　　　　//字符串长度为5,连'\0'共占 6 个字节
printf("%s",c);

只输出字符串的有效字符"China",而不是输出 10 个字符。这就是用字符串结束标志的好处。

（4）如果一个字符数组中包含一个以上'\0',则遇第一个'\0'时输出就结束。

（5）可以用 scanf 函数输入一个字符串。例如:

scanf("%s",c);

scanf 函数中的输入项 c 是已定义的字符数组名,输入的字符串应短于已定义的字符数组的长度。例如,已定义:

char c[6];

从键盘输入:

China ↙

系统会自动在 China 后面加一个'\0'结束符。如果利用一个 scanf 函数输入多个字符串,则应在输入时以空格分隔。例如:

char str1[5],str2[5],str3[5];

```
scanf("%s%s%s",str1,str2,str3);
```

输入数据：

　　How are you? ✓

由于有空格字符分隔,作为 3 个字符串输入。在输入完后,str1,str2 和 str3 数组的状态如下:

str1:	H	o	w	\0	\0
str2:	a	r	e	\0	\0
str3:	y	o	u	?	\0

数组中未被赋值的元素的值自动置'\0'。若改为

```
char str[13];
scanf("%s",str);
```

如果输入以下 12 个字符:

　　How are you? ✓

由于系统把空格字符作为输入的字符串之间的分隔符,因此只将空格前的字符"How"送到 str 中。把"How"作为一个字符串处理,故在其后加'\0'。str 数组的状态为

H	o	w	\0	\0	\0	\0	\0	\0	\0	\0	\0	\0

　　✎注意：scanf 函数中的输入项如果是字符数组名,不要再加地址符 &,因为在 C 语言中数组名代表该数组第一个元素的地址(或者说数组的起始地址)。下面写法不正确:

```
scanf("%s",&str);              //str 前面不应加 &
```

分析图 6.15 所示的字符数组,若数组占 6 个字节。数组名 c 代表地址 2000。可以用下面的输出语句得到数组第一个元素的地址。

	c 数组
2000	C
2001	h
2002	i
2003	n
2004	a
2005	\0

```
printf("%o",c);            //用八进制形式输出数组 c 的起始地址
```

可以得到数组 c 的起始地址(例如 2000)。可知数组名 c 代表数组起始地址。

图　6.15

(6) 前面介绍的输出字符串的方法:

```
printf("%s",c);
```

实际上是这样执行的:按字符数组名 c 找到其数组第一个元素的地址,然后逐个输出其中的字符,直到遇'\0'为止。

6.3.6　使用字符串处理函数

在 C 函数库中提供了一些用来专门处理字符串的函数,使用方便。几乎所有版本的 C 语言编译系统都提供这些函数。下面介绍几种常用的函数。

1. puts 函数——输出字符串的函数

其一般形式为

puts（字符数组）

其作用是将一个字符串（以'\0'结束的字符序列）输出到终端。假如已定义 str 是一个字符数组名，且该数组已被初始化为"China"。则执行：

puts(str);

其结果是在终端上输出"China"。由于可以用 printf 函数输出字符串，因此 puts 函数用得不多。

用 puts 函数输出的字符串中可以包含转义字符。例如：

char str[]={"China\nBeijing"};
puts(str);

输出：

China
Beijing

在用 puts 输出时将字符串结束标志'\0'转换成'\n'，即输出完字符串后换行。

2. gets 函数——输入字符串的函数

其一般形式为

gets（字符数组）

其作用是从终端输入一个字符串到字符数组，并且得到一个函数值。该函数值是字符数组的起始地址。如执行下面的函数：

gets(str);　　　　　　　　　　　　//str 是已定义的字符数组

如果从键盘输入：

Computer↙

将输入的字符串"Computer"送给字符数组 str（请注意，送给数组的共有 9 个字符，而不是 8 个字符），返回的函数值是字符数组 str 的第一个元素的地址。一般利用 gets 函数的目的是向字符数组输入一个字符串，而不大关心其函数值。

注意：用 puts 和 gets 函数只能输出或输入一个字符串，不能写成

puts(str1,str2);

或

gets(str1,str2);

3. strcat 函数——字符串连接函数

其一般形式为

strcat(字符数组 1,字符数组 2)

strcat 是 STRing CATenate(字符串连接)的缩写。其作用是把两个字符数组中的字符串连接起来,把字符串 2 接到字符串 1 的后面,结果放在字符数组 1 中,函数调用后得到一个函数值——字符数组 1 的地址。例如:

```
char str1[30]={"People's Republic of "};
char str2[]={"China"};
printf("%s", strcat(str1, str2));
```

输出:

People's Republic of China

连接前后的状况见图 6.16 所示。

str1: | P | e | o | p | l | e | ' | s | ␣ | R | e | p | u | b | l | i | c | ␣ | o | f | ␣ | \0 | \0 | \0 | \0 | \0 | \0 | \0 | \0 | \0 |

str2: | C | h | i | n | a | \0 |

str3: | P | e | o | p | l | e | ' | s | ␣ | R | e | p | u | b | l | i | c | ␣ | o | f | ␣ | C | h | i | n | a | \0 | \0 | \0 | \0 |

图　6.16

💡 **说明:**

(1) 字符数组 1 必须足够大,以便容纳连接后的新字符串。本例中定义 str1 的长度为 30,是足够大的,如果在定义时改用 str1[]={"People's Republic of"},就会出问题,因长度不够。

(2) 连接前两个字符串的后面都有'\0',连接时将字符串 1 后面的'\0'取消,只在新串最后保留'\0'。

4. strcpy 和 strncpy 函数——字符串复制函数

其一般形式为

strcpy(字符数组 1,字符串 2)

strcpy 是 STRingCoPY(字符串复制)的简写。它表示"字符串复制函数",作用是将字符串 2 复制到字符数组 1 中去。例如:

```
char str1[10],str2[]="China";
strcpy(str1,str2);
```

执行后,str1 的状态如下:

| C | h | i | n | a | \0 | \0 | \0 | \0 | \0 |

💡 **说明:**

(1) 字符数组 1 必须定义得足够大,以便容纳被复制的字符串 2。字符数组 1 的长度不应小于字符串 2 的长度。

(2) "字符数组 1"必须写成数组名形式(如 str1),"字符串 2"可以是字符数组名,也可以是一个字符串常量。例如:

```
strcpy(str1,"China");
```

作用与前面相同。

（3）如果在复制前未对 str1 数组初始化或赋值，则 str1 各字节中的内容是无法预知的，复制时将 str2 中的字符串和其后的′\0′一起复制到字符数组 1 中，取代字符数组 1 中的前面 6 个字符，最后 4 个字符并不一定是′\0′，而是 str1 中原有的最后 4 个字节的内容。

（4）不能用赋值语句将一个字符串常量或字符数组直接给一个字符数组。字符数组名是一个地址常量，它不能改变值，正如数值型数组名不能被赋值一样。如下面两行都是不合法的：

```
str1="China";            //企图用赋值语句将一个字符串常量直接赋给一个字符数组
str1=str2;               //企图用赋值语句将一个字符数组直接赋给另一个字符数组
```

只能用 strcpy 函数将一个字符串复制到另一个字符数组中去。用赋值语句只能将一个字符赋给一个字符型变量或字符数组元素。如下面的语句是合法的：

```
char a[5],c1,c2;
c1='A';c2='B';
a[0]='C'; a[1]='h'; a[2]='i'; a[3]='n'; a[4]='a';
```

（5）可以用 strncpy 函数将字符串 2 中前面 n 个字符复制到字符数组 1 中去。例如：

```
strncpy(str1,str2,2);
```

作用是将 str2 中最前面 2 个字符复制到 str1 中，取代 str1 中原有的最前面 2 个字符。但复制的字符个数 n 不应多于 str1 中原有的字符（不包括′\0′）。

5. strcmp 函数——字符串比较函数

其一般形式为

strcmp（字符串 1，字符串 2）

strcmp 是 STRing CoMPare（字符串比较）的缩写。它的作用是比较字符串 1 和字符串 2。例如：

```
strcmp(str1,str2);
strcmp("China","Korea");
strcmp(str1,"Beijing");
```

说明：字符串比较的规则是：将两个字符串自左至右逐个字符相比（按 ASCII 码值大小比较），直到出现不同的字符或遇到′\0′为止。

（1）如全部字符相同，则认为两个字符串相等；

（2）若出现不相同的字符，则以第 1 对不相同的字符的比较结果为准。例如：
"A"<"B"，"a">"A"，"computer">"compare"，"these">"that"，"1A">"$20"，"CHINA">"CANADA"，"DOG"<"cat"，"Tsinghua">"TSINGHUA"

说明：如果参加比较的两个字符串都由英文字母组成，则有一个简单的规律：**在英文字典中位置在后面的为"大"**。例如 computer 在字典中的位置在 compare 之后，所以"computer">"compare"。但应注意小写字母比大写字母"大"，所以"DOG"<"cat"。

比较的结果由函数值带回。

（1）如果字符串 1 与字符串 2 相同，则函数值为 0。

（2）如果字符串 1＞字符串 2，则函数值为一个正整数。

（3）如果字符串 1＜字符串 2，则函数值为一个负整数。

🌧 **注意**：对两个字符串比较，不能用以下形式：

```
if(str1>str2)
    printf("yes");
```

因为 str1 和 str2 代表地址而不代表数组中全部元素，而只能用

```
if(strcmp(str1,str2)>0)
    printf("yes");
```

这时，系统分别找到两个字符数组的第一个元素，然后顺序比较数组中各个元素的值。

6. strlen 函数——测字符串长度的函数

其一般形式为

strlen（字符数组）

strlen 是 STRing LENgth(字符串长度)的缩写。它是测试字符串长度的函数。函数的值为字符串中的实际长度(不包括'\0'在内)。例如：

```
char str[10]="China";
printf("%d",strlen(str));
```

输出结果不是 10，也不是 6，而是 5。也可以直接测试字符串常量的长度，例如：

```
strlen("China");
```

7. strlwr 函数——转换为小写的函数

其一般形式为

strlwr（字符串）

strlwr 是 STRing LoWeRcase（字符串小写）的缩写。函数的作用是将字符串中大写字母换成小写字母。

8. strupr 函数——转换为大写的函数

其一般形式为

strupr（字符串）

strupr 是 STRing UPpeRcase(字符串大写)的缩写。函数的作用是将字符串中小写字母换成大写字母。

以上介绍了常用的 8 种字符串处理函数，应当再次强调：库函数并非 C 语言本身的组成部分，而是 C 语言编译系统为方便用户使用而提供的公共函数。不同的编译系统提供的函数数量和函数名、函数功能都不尽相同，使用时要小心，必要时查一下库函数手册。当然，有一些基本的函数(包括函数名和函数功能)，不同的系统所提供的是相同的，这就为程序的

通用性提供了基础。

列出以上字符串函数是为使读者了解怎样用字符串函数去处理字符串的运算。如果不了解这些函数，难以正确有效地进行字符串的运算。但是不必死记，从这些函数规定的名字大体可以猜到它们的含义，用到时查一下即可。

😊 **注意**：在使用字符串处理函数时，应当在程序文件的开头用

include <string. h>

把 string. h 文件包含到本文件中。

6.3.7 字符数组应用举例

【例6.8】 输入一行字符，统计其中有多少个单词，单词之间用空格分隔开。

解题思路：问题的关键是怎样确定"出现一个新单词了"。可以采取这样的方法：从第1个字符开始逐个字符进行检查，判断此字符是否是新单词的开头，如果是，就使变量 num 的值加1（用变量 num 统计单词数），最后得到的 num 的值就是单词总数。

判断是否出现新单词，可以由是否有空格出现来决定（连续的若干个空格作为出现一次空格；一行开头的空格不统计在内）。如果测出某一个字符为非空格，而它的前面的字符是空格，则表示"新的单词开始了"，此时使 num（单词数）累加1。如果当前字符为非空格而其前面的字符也是非空格，则意味着仍然是原来那个单词的继续，num 不应再累加1。用变量 word 作为判别当前是否开始了一个新单词的标志，若 word＝0 表示未出现新单词，如出现了新单词，就把 word 置成1。

前面一个字符是否为空格可以从 word 的值看出来，若 word 等于0，则表示前一个字符是空格；如果 word 等于1，意味着前一个字符为非空格，可以用图 6.17 表示。

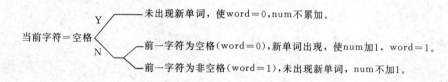

图　6.17

以输入"I am a boy."为例，说明在对每个字符作检查时的有关参数状态，见表 6.1 所示。

表 6.1　输入" I am a boy.",有关参数状态

当前字符	I		a	m		a		b	o	y	.
是否空格	否	是	否	否	是	否	是	否	否	否	否
word 原值	0	1	0	1	1	0	1	0	1	1	1
新单词开始否	是	否	是	否	否	是	否	是	否	否	否
word 新值	1	0	1	1	0	1	0	1	1	1	1
num 值	1	1	2	2	2.	3	3	4	4	4	4

画出 N-S 流程图,见图 6.18。

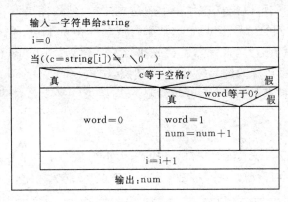

图　6.18

编写程序：

根据流程图编写程序：

```
# include <stdio.h>
int main()
  {
      char string[81];
      int i,num=0,word=0;
      char c;
      gets(string);                                      //输入一个字符串给字符数组 string
      for (i=0;(c=string[i])!='\0';i++)                  //只要字符不是'\0'就继续执行循环
        if(c==' ') word=0;                               //如果是空格字符,使 word 置 0
        else if(word==0)                                 //如果不是空格字符且 word 原值为 0
          {word=1;                                       //使 word 置 1
           num++;                                        //num 累加 1,表示增加一个单词
          }
      printf("There are %d words in this line. \n",num); //输出单词数
      return 0;
  }
```

运行结果：

```
I am a boy.
There are 4 words in this line.
```

🔍 **程序分析**：循环的条件表达式为"(c=string[i])!='\0'",先执行括号内的赋值表达式"c=string[i]",将字符数组 string[i](是一个字符)赋给字符变量 c。此时赋值表达式的值就是该字符。然后再判定它是否为结束符('\0')。如果该条件表达式为真(字符不是'\0'),则继续执行循环体,检查此字符是否空格字符,如果是,表示新单词没有开始,word置 0。如果不是空格字符而且 word 原值为 0,表示新单词开始了,word 置 1,num 加 1。请分析当下一个字符仍是非空格字符的情况,此时是否开始新单词?

循环条件"(c=string[i])!='\0'"是一个表达式,包含了一个赋值操作和一个关系运算,在此表达式中又包括了一个赋值表达式和关系表达式。通过此例可以看到：C语言把赋值运算作为表达式,它可以出现在另一个表达式之中,使程序灵活、精练。注意：赋值表达式"c=string[i]"两侧的括号不可缺少,如果写成"c=string[i]!='\0'",由于关系运算符"!="的优先级高于赋值运算符"=",就会先执行关系运算："string[i]!='\0'",这样字符变量c得到的值是关系运算的结果（"真"(1)或"假"(0)）,而不是字符。

请分析for循环的范围,即for语句到哪一行结束？答案是：for语句的范围是8～13行。

【例6.9】 有3个字符串,要求找出其中"最大"者。

解题思路：可以设一个二维的字符数组str,大小为3×20,即有3行20列（每一行可以容纳20个字符）。每一行存放一个字符串。此二维数组的存储情况见图6.19。

str[0]:	H	o	l	l	a	n	d	\0	\0	\0	\0	\0	\0	\0	\0	\0	\0	\0	\0	\0
str[1]:	C	h	i	n	a	\0	\0	\0	\0	\0	\0	\0	\0	\0	\0	\0	\0	\0	\0	\0
str[2]:	A	m	e	r	i	c	a	\0	\0	\0	\0	\0	\0	\0	\0	\0	\0	\0	\0	\0

图 6.19

如前所述,可以把str[0],str[1],str[2]看作3个一维字符数组（它们各有20个元素）,可以把它们如同一维数组那样进行处理。今用gets函数分别读入3个字符串,赋给3个一维字符数组。然后经过3次两两比较,就可得到值最大者,把它放在一维字符数组string中。

画出N-S流程图,见图6.20。

编写程序：

```
#include<stdio.h>
#include<string.h>
int main（）
{
    char str[3][20];              //定义二维字符数组
    char string[20];              //定义一维字符数组,作为交换字符串时的临时字符数组
    int i;
    for (i=0;i<3;i++)
        gets (str[i]);                    //读入3个字符串,分别给str[0],str[1],str[2]
    if (strcmp(str[0],str[1])>0)          //若str[0]大于str[1]
        strcpy(string,str[0]);            //把str[0]的字符串赋给字符数组string
    else                                  //若str[0]小于等于str[1]
        strcpy(string,str[1]);            //把str[1]的字符串赋给字符数组string
    if (strcmp(str[2],string)>0)          //若str[2]大于string
        strcpy(string,str[2]);            //把str[2]的字符串赋给字符数组string
    printf("\nthe largest string is:\n%s\n",string);      //输出string
    return 0;
}
```

读入3个字符串给 str[0],str[1],str[2]

	str[0]>str[1]	
Y		N
str[0] ⇒ string		str[1] ⇒ string
	str[2]>string	
Y		N
str[2] ⇒ string		
输出 string 中的字符串		

图 6.20

运行结果：

```
Holland
China
America

the largest string is:
Holland
```

程序分析：

（1）流程图和程序注释中的"大于"是指两个字符串的比较中的"大于"。经过第 1 个 if 语句的处理，string 中存放了 str[0] 和 str[1] 中的"大者"。第 2 个 if 语句把 string 和 str[2] 比较，把大者存放在 string 中。最后在 string 中的就是 str[0]，str[1]，str[2] 三者中的最大者。

（2）str[0]，str[1]，str[2] 和 string 是一维字符数组，其中可以存放一个字符串。

（3）strcpy 函数在将 str[0]，str[1] 或 str[2] 复制到 string 时，最后都有一个 '\0'。因此，最后用 %s 格式输出 string 时，遇到 string 中第一个 '\0' 即结束输出，并不是把 string 中的全部字符输出。

当然，这个题目也可以不采用二维数组，而设 3 个一维字符数组来处理。读者可自己完成。

习 题

1. 用筛选法求 100 之内的素数。

2. 用选择法对 10 个整数排序。

3. 求一个 3×3 的整型矩阵对角线元素之和。

4. 有一个已排好序的数组，要求输入一个数后，按原来排序的规律将它插入数组中。

5. 将一个数组中的值按逆序重新存放。例如，原来顺序为 8,6,5,4,1。要求改为 1,4,5,6,8。

6. 输出以下的杨辉三角形（要求输出 10 行）。

```
1
1  1
1  2  1
1  3  3  1
1  4  6  4  1
1  5  10 10 5  1
⋮  ⋮  ⋮  ⋮  ⋮  ⋮
```

7. 输出"魔方阵"。所谓魔方阵是指这样的方阵，它的每一行、每一列和对角线之和均相等。例如，三阶魔方阵为

```
8  1  6
3  5  7
4  9  2
```

要求输出 $1 \sim n^2$ 的自然数构成的魔方阵。

8. 找出一个二维数组中的鞍点，即该位置上的元素在该行上最大、在该列上最小。也可能没有鞍点。

9. 有 15 个数按由大到小顺序存放在一个数组中，输入一个数，要求用折半查找法找出该数是数组中第几个元素的值。如果该数不在数组中，则输出"无此数"。

10. 有一篇文章，共有 3 行文字，每行有 80 个字符。要求分别统计出其中英文大写字母、小写字母、数字、空格以及其他字符的个数。

11. 输出以下图案：

```
      *  *  *  *  *
       *  *  *  *  *
        *  *  *  *  *
         *  *  *  *  *
          *  *  *  *  *
```

12. 有一行电文，已按下面规律译成密码：

$$A \rightarrow Z \qquad a \rightarrow z$$
$$B \rightarrow Y \qquad b \rightarrow y$$
$$C \rightarrow X \qquad c \rightarrow x$$
$$\vdots \qquad\qquad \vdots$$

即第 1 个字母变成第 26 个字母，第 i 个字母变成第 $(26-i+1)$ 个字母，非字母字符不变。要求编程序将密码译回原文，并输出密码和原文。

13. 编一程序，将两个字符串连接起来，不要用 strcat 函数。

14. 编一个程序，将两个字符串 s1 和 s2 比较，若 s1＞s2，输出一个正数；若 s1＝s2，输出 0；若 s1＜s2，输出一个负数。不要用 strcpy 函数。两个字符串用 gets 函数读入。输出的正数或负数的绝对值应是相比较的两个字符串相应字符的 ASCII 码的差值。例如，"A"与"C"相比，由于"A"＜"C"，应输出负数，同时由于'A'与'C'的 ASCII 码差值为 2，因此应输出"−2"。同理，"And"和"Aid"比较，根据第 2 个字符比较结果，"n"比"i"大 5，因此应输出"5"。

15. 编写一个程序，将字符数组 s2 中的全部字符复制到字符数组 s1 中。不用strcpy 函数。复制时，'\0'也要复制过去。'\0'后面的字符不复制。

第7章　用函数实现模块化程序设计

7.1　为什么要用函数

通过前几章的学习,已经能够编写一些简单的 C 程序了,但是如果程序的功能比较多,规模比较大,把所有的程序代码都写在一个主函数(main 函数)中,就会使主函数变得庞杂、头绪不清,使阅读和维护程序变得困难。此外,有时程序中要多次实现某一功能(例如打印每一页的页头),就需要多次重复编写实现此功能的程序代码,这使程序冗长、不精练。

因此,人们自然会想到采用"组装"的办法来简化程序设计的过程。如同组装计算机一样,事先生产好各种部件(如电源、主板、光盘驱动器、风扇等),在最后组装计算机时,用到什么就从仓库里取出什么,直接装上就可以了。绝不会采用手工业方式,在用到电源时临时生产一个电源,用到主板时临时生产一个主板。这就是**模块化程序设计**的思路。

可以事先编好一批常用的函数来实现各种不同的功能,例如用 sin 函数实现求一个数的正弦值,用 abs 函数实现求一个数的绝对值,把它们保存在函数库中。需要用时,直接在程序中写上 sin(a)或 abs(a)就可以调用系统函数库中的函数代码,执行这些代码,就得到预期的结果。

"函数"是从英文 function 翻译过来的,其实,function 在英文中的意思既是"函数",也是"功能"。从本质意义上来说,函数就是用来完成一定的功能的。这样,对函数的概念就很好理解了,所谓函数名就是给该功能起一个名字,如果该功能是用来实现求正弦运算的,就称为正弦函数。

🔔**注意**:函数就是功能。每一个函数用来实现一个特定的功能。函数的名字应反映其代表的功能。

在设计一个较大的程序时,往往把它分为若干个程序模块,每一个模块包括一个或多个函数,每个函数实现一个特定的功能。一个 C 程序可由一个主函数和若干个其他函数构成。由主函数调用其他函数,其他函数也可以互相调用。同一个函数可以被一个或多个函数调用任意多次。图 7.1 是一个程序中函数调用的示意图。

除了可以使用库函数外,有的部门还编写一批本领域或本单位常用到的专用函数,供本领域或本单位的人员使用。在程序设计中要善于利用函数,以减少重复编写程序段的工作量,也更便于实现模块化的程序设计。

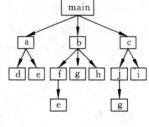

图　7.1

【例 7.1】　想输出以下的结果,用函数调用实现。

```
******************
How do you do!
******************
```

解题思路：在输出的文字上下分别有一行"＊"号，显然不必重复写这段代码，用一个函数 print_star 来实现输出一行"＊"号的功能。再写一个 print_message 函数来输出中间一行文字信息，用主函数分别调用这两个函数即可。

编写程序：

```
#include <stdio.h>
int main()
  { void print_star();                        //声明 print_star 函数
    void print_message();                     //声明 print_message 函数
    print_star();                             //调用 print_star 函数
    print_message();                          //print_message 函数
    print_star();                             //调用 print_star 函数
    return 0;
  }

void print_star()                             //定义 print_star 函数
  {
    printf("******************\n");            //输出一行＊号
  }

void print_message()                          //定义 print_message 函数
  {printf("How do you do!\n");                //输出一行文字信息
  }
```

运行结果：

```
******************
 How do you do!
******************
```

🔍 **程序分析**：print_star 和 print_message 都是用户定义的函数名，分别用来输出一排"＊"号和一行文字信息。在定义这两个函数时指定函数的类型为 void，意为函数无类型，即无函数值，也就是说，执行这两个函数后不会把任何值带回 main 函数。

在程序中，定义 print_star 函数和 print_message 函数的位置是在 main 函数的后面，在这种情况下，应当在 main 函数之前或 main 函数中的开头部分，对以上两个函数进行"声明"。函数声明的作用是把有关函数的信息（函数名、函数类型、函数参数的个数与类型）通知编译系统，以便在编译系统对程序进行编译时，在进行到 main 函数调用 print_star() 和 print_message() 时知道它们是函数而不是变量或其他对象。此外，还对调用函数的正确性进行检查（如类型、函数名、参数个数、参数类型等是否正确）。有关函数的声明，详见本章 7.4.3 节。

💡 **说明**：

（1）一个 C 程序由一个或多个程序模块组成，每一个程序模块作为一个源程序文件。对较大的程序，一般不希望把所有内容全放在一个文件中，而是将它们分别放在若干个源文件中，由若干个源程序文件组成一个 C 程序。这样便于分别编写和编译，提高调试效率。一个源程序文件可以为多个 C 程序共用。

(2) 一个源程序文件由一个或多个函数以及其他有关内容(如指令、数据声明与定义等)组成。一个源程序文件是一个编译单位,在程序编译时是以源程序文件为单位进行编译的,而不是以函数为单位进行编译的。

(3) C 程序的执行是从 main 函数开始的,如果在 main 函数中调用其他函数,在调用后流程返回到 main 函数,在 main 函数中结束整个程序的运行。

(4) 所有函数都是平行的,即在定义函数时是分别进行的,是互相独立的。一个函数并不从属于另一个函数,即函数不能嵌套定义。函数间可以互相调用,但不能调用 main 函数。main 函数是被操作系统调用的。

(5) 从用户使用的角度看,函数有两种。

① 库函数,它是由系统提供的,用户不必自己定义,可直接使用它们。应该说明,不同的 C 语言编译系统提供的库函数的数量和功能会有一些不同,当然许多基本的函数是共同的。

② 用户自己定义的函数。它是用以解决用户专门需要的函数。

(6) 从函数的形式看,函数分两类。

① 无参函数。如例 7.1 中的 print_star 和 print_message 就是无参函数。在调用无参函数时,主调函数不向被调用函数传递数据。无参函数一般用来执行指定的一组操作。例如,例 7.1 程序中的 print_star 函数的作用是输出 18 个星号。无参函数可以带回或不带回函数值,但一般以不带回函数值的居多。

② 有参函数。在调用函数时,主调函数在调用被调用函数时,通过参数向被调用函数传递数据,一般情况下,执行被调用函数时会得到一个函数值,供主调函数使用。第 1 章例 1.3 的 max 函数就是有参函数,从主函数把 a 和 b 的值传递给 max 函数中的参数 x 和 y,经过 max 的运算,将变量 z 的值带回主函数。此时有参函数应定义为与返回值相同的类型(例 1.3 的 max 函数定义为 int 型)。

7.2　怎样定义函数

7.2.1　为什么要定义函数

C 语言要求,在程序中用到的所有函数,必须"先定义,后使用"。例如想用 max 函数去求两个数中的大者,必须事先按规范对它进行定义,指定它的名字、函数返回值类型、函数实现的功能以及参数的个数与类型,将这些信息通知编译系统。这样,在程序执行 max 时,编译系统就会按照定义时所指定的功能执行。如果事先不定义,编译系统怎么能知道 max 是什么、要实现什么功能呢!

定义函数应包括以下几个内容:

(1) 指定函数的名字,以便以后按名调用。

(2) 指定函数的类型,即函数返回值的类型。

(3) 指定函数的参数的名字和类型,以便在调用函数时向它们传递数据。对无参函数不需要这项。

(4) 指定函数应当完成什么操作,也就是函数是做什么的,即函数的功能。这是最重要的，是在函数体中解决的。

对于 C 编译系统提供的库函数，是由编译系统事先定义好的，库文件中包括了对各函数的定义。程序设计者不必自己定义，只须用♯include 指令把有关的头文件包含到本文件模块中即可。在有关的头文件中包括了对函数的声明。例如，在程序中若用到数学函数（如 sqrt，fabs，sin，cos 等），就必须在本文件模块的开头写上：

　　♯include ＜math. h＞

库函数只提供了最基本、最通用的一些函数，而不可能包括人们在实际应用中所用到的所有函数。程序设计者需要在程序中自己定义想用的而库函数并没有提供的函数。

7.2.2　定义函数的方法

1. 定义无参函数

例 7.1 中的 print_star 和 print_message 函数都是无参函数，读者可以看到：函数名后面的括号中是空的，没有任何参数。定义无参函数的一般形式为

类型名　函数名（）
{
　　函数体
}
或
类型名　函数名（void）
{
　　函数体
}

函数名后面括号内的 void 表示"空"，即函数没有参数。

函数体包括**声明部分**和**语句部分**。

在定义函数时要用"类型标识符"（即类型名）指定函数值的类型，即指定函数带回来的值的类型。例 7.1 中的 print_star 和 print_message 函数为 void 类型，表示没有函数值。

2. 定义有参函数

以下定义的 max 函数是有参函数：

```
int max(int x,int y)
  { int z;                          //声明部分
    z＝x＞y ? x : y;                 //执行语句部分
    return(z);
  }
```

这是一个求 x 和 y 二者中大者的函数，第 1 行第 1 个关键字 int 表示函数值是整型的。max 为函数名。括号中有两个形式参数 x 和 y，它们都是整型的。在调用此函数时，主调函数把实际参数的值传递给被调用函数中的形式参数 x 和 y。花括号内是函数体，它可以包括声明部分和语句部分。声明部分包括对函数中用到的变量进行定义以及对要调用的函数进行

声明(见 7.4.3 小节)等内容。利用"z＝x＞y？x：y；"语句求出 z 的值(z 为 x 与 y 中大者),return(z)的作用是指定将 z 的值作为函数值(称函数返回值)带回到主调函数。在函数定义时已指定 max 函数为整型,即指定函数的值是整型的,今在函数体中定义 z 为整型,并将 z 的值作为函数值返回,这是一致的。此时,函数 max 的值等于 z。

定义有参函数的一般形式为

类型名 函数名 （形式参数表列）
　｛
　　　函数体
　｝

函数体包括声明部分和语句部分。

3. 定义空函数

在程序设计中有时会用到空函数,它的形式为

类型名 函数名（）
　　｛ ｝
例如：

void dummy()
　　｛ ｝

函数体是空的。调用此函数时,什么工作也不做,没有任何实际作用。在主调函数中如果有调用此函数的语句：

dummy();

表明"要调用 dummy 函数",而现在这个函数没有起作用。那么为什么要定义一个空函数呢？在程序设计中往往根据需要确定若干个模块,分别由一些函数来实现。而在第 1 阶段只设计最基本的模块,其他一些次要功能或锦上添花的功能则在以后需要时陆续补上。在编写程序的开始阶段,可以在将来准备扩充功能的地方写上一个空函数(函数名取将来采用的实际函数名(如用 merge(),matproduct(),concatenate() 和 shell() 等,分别代表合并、矩阵相乘、字符串连接和希尔法排序等),只是这些函数暂时还未编写好,先用空函数占一个位置,等以后扩充程序功能时用一个编好的函数代替它。这样做,程序的结构清楚,可读性好,以后扩充新功能方便,对程序结构影响不大。空函数在程序设计中常常是有用的。

7.3　调 用 函 数

定义函数的目的是为了调用此函数,以得到预期的结果。因此,应当熟练掌握调用函数的方法和有关概念。

7.3.1　函数调用的形式

调用一个函数的方法很简单,如前面已见过的：

```
print_star();                              //调用无参函数
c＝max(a,b);                                //调用有参函数
```

函数调用的一般形式为

函数名（实参表列）

如果是调用无参函数，则"实参表列"可以没有，但括号不能省略，见例 7.1。如果实参表列包含多个实参，则各参数间用逗号隔开。

按函数调用在程序中出现的形式和位置来分，可以有以下 3 种函数调用方式。

1. 函数调用语句

把函数调用单独作为一个语句。如例 7.1 中的"printf_star();"，这时不要求函数带回值，只要求函数完成一定的操作。

2. 函数表达式

函数调用出现在另一个表达式中，如"c＝max(a,b);"，max(a,b)是一次函数调用，它是赋值表达式中的一部分。这时要求函数带回一个确定的值以参加表达式的运算。例如：

```
c＝2 * max(a,b);
```

3. 函数参数

函数调用作为另一个函数调用时的实参。例如：

```
m＝max(a,max(b,c));
```

其中，max(b,c)是一次函数调用，它的值是 b 和 c 二者中的"大者"，把它作为 max 另一次调用的实参。经过赋值后，m 的值是 a,b,c 三者中的最大者。又如：

```
printf ("%d", max (a,b));
```

也是把 max(a,b)作为 printf 函数的一个参数。

👉 **说明**：调用函数并不一定要求包括分号（如 print_star( );），只有作为函数调用语句才需要有分号。如果作为函数表达式或函数参数，函数调用本身是不必有分号的。不能写成

```
printf ("%d", max (a,b););                              //max (a,b)后面多了一个分号
```

7.3.2　函数调用时的数据传递

1. 形式参数和实际参数

在调用**有参**函数时，主调函数和被调用函数之间有数据传递关系。从前面已知：在定义函数时函数名后面括号中的变量名称为"**形式参数**"（简称"形参"）或"**虚拟参数**"。在主调函数中调用一个函数时，函数名后面括号中的参数称为"**实际参数**"（简称"实参"）。实际参数可以是常量、变量或表达式。

2. 实参和形参间的数据传递

在调用函数过程中,系统会把实参的值传递给被调用函数的形参。或者说,形参从实参得到一个值。该值在函数调用期间有效,可以参加该函数中的运算。

在调用函数过程中发生的实参与形参间的数据传递称为"**虚实结合**"。

【**例 7.2**】 输入两个整数,要求输出其中值较大者。要求用函数来找到大数。

解题思路:从两个数中找出其中的大者,算法是再简单不过的了,不必再讨论了。现在的关键是要用一个函数来实现它。在定义函数时,要确定几个问题:

(1) 函数名。应是见名知义,反映函数的功能,今定名为 max。

(2) 函数的类型。由于给定的两个数是整数,显然其中大者也是整数,也就是说 max 函数的值(即返回主调函数的值)应该是整型。

(3) max 函数的参数个数和类型。max 函数应当有两个参数,以便从主函数接收两个整数,显然,参数的类型应当是整型。

在调用 max 函数时,应当给出两个整数作为实参,传给 max 函数中的两个形参。

编写程序:

(1) 先编写 max 函数:

```
int max(int x,int y)                      //定义 max 函数,有两个参数
   {
      int z;                              //定义临时变量 z
      z=x>y? x:y;                         //把 x 和 y 中的大者赋给 z
      return(z);                          //把 z 作为 max 函数的值带回 main 函数
   }
```

(2) 再编写主函数

```
#include <stdio.h>
int main()
   { int max(int x,int y);                //对 max 函数的声明
     int a,b,c;
     printf("please enter two integer numbers:");  //提示输入数据
     scanf("%d,%d",&a,&b);                //输入两个整数
     c=max(a,b);                          //调用 max 函数,有两个实参。大数赋给变量 c
     printf("max is %d\n",c);             //输出大数 c
     return 0;
   }
```

把二者组合为一个程序文件,主函数在前面,max 函数在下面。

运行结果:

```
please enter two integer numbers:12,-34
max is 12
```

🔍 **程序分析**:先定义 max 函数(注意第 1 行的末尾没有分号)。第 1 行定义了一个函数,名为 max,函数类型为 int。指定两个形参 x 和 y,形参的类型为 int。

主函数中包含了一个函数调用 max(a,b)。max 后面括号内的 a 和 b 是实参。a 和 b

是在 main 函数中定义的变量，x 和 y 是函数 max 的形式参数。通过函数调用，在两个函数之间发生数据传递，实参 a 和 b 的值传递给形参 x 和 y，在 max 函数中把 x 和 y 中的大者赋给变量 z，z 的值作为函数值返回 main 函数，赋给变量 c。见图 7.2。

💡 **说明：**

（1）实参可以是常量、变量或表达式，例如：max(3,a＋b)，但要求它们有确定的值。在调用时将实参的值赋给形参。

（2）实参与形参的类型应相同或赋值兼容。例 7.2 中实参和形参的类型相同，都是 int 型，这是合法的、正确的。如果实参为 int 型而形参 x 为 float 型，或者相反，则按不同类型数值的赋值规则进行转换。例如实参 a 为 float 型变量，其值为 3.5，而形参 x 为 int 型，则在传递时先将实数 3.5 转换成整数 3，然后送到形参 x。字符型与 int 型可以互相通用。

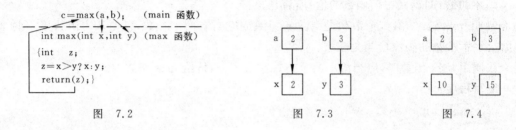

图 7.2　　　　　　　图 7.3　　　　　　　图 7.4

7.3.3　函数调用的过程

（1）在定义函数中指定的形参，在未出现函数调用时，它们并不占内存中的存储单元。在发生函数调用时，函数 max 的形参才被临时分配内存单元。

（2）将实参的值传递给对应形参。如图 7.3 所示，实参的值为 2，把 2 传递给相应的形参 x，这时形参 x 就得到值 2，同理，形参 y 得到值 3。

（3）在执行 max 函数期间，由于形参已经有值，就可以利用形参进行有关的运算（例如把 x 和 y 比较，把 x 或 y 的值赋给 z 等）。

（4）通过 return 语句将函数值带回到主调函数。例 7.2 中在 return 语句中指定的返回值是 z，这个 z 就是函数 max 的值（又称返回值）。执行 return 语句就把这个函数返回值带回主调函数 main。应当注意返回值的类型与函数类型一致。现在，max 函数为 int 型，返回值是变量 z，也是 int 型。二者一致。

如果函数不需要返回值，则不需要 return 语句。这时函数的类型应定义为 void 类型。

（5）调用结束，形参单元被释放。注意：实参单元仍保留并维持原值，没有改变。如果在执行一个被调用函数时，形参的值发生改变，不会改变主调函数的实参的值。例如，若在执行 max 函数过程中 x 和 y 的值变为 10 和 15，但 a 和 b 仍为 2 和 3，见图 7.4。这是因为实参与形参是两个不同的存储单元。

🔔 **注意**：实参向形参的数据传递是"值传递"，单向传递，只能由实参传给形参，而不能由形参传给实参。实参和形参在内存中占有不同的存储单元，实参无法得到形参的值。

7.3.4　函数的返回值

通常，希望通过函数调用使主调函数能得到一个确定的值，这就是函数值（函数的返回

值)。例如,在例 7.2 的主函数中有

　　c=max(a,b);

从 max 函数的定义中可以知道:函数调用 max(2,3)的值是 3,max(5,3)的值是 5,3 和 5 就
是这两个函数的返回值,赋值语句把函数的返回值赋给变量 c。

　　下面对函数值作一些说明。

　　(1) **函数的返回值是通过函数中的 return 语句获得的**。return 语句将被调用函数中的
一个确定值带回到主调函数中去(见图 7.2 中从 return 语句返回的箭头)。如果需要从被
调用函数带回一个函数值(供主调函数使用),被调用函数中必须包含 return 语句。如果不
需要从被调用函数带回函数值可以不要 return 语句。

　　一个函数中可以有一个以上的 return 语句,执行到哪一个 return 语句,哪一个 return
语句就起作用。return 语句后面的括号可以不要,如"return z;"与"return(z);"等价。
return 后面的值可以是一个表达式。例如,例 7.2 中的函数 max 可以改写如下:

```
max(int x,int y)
{
    return(x>y? x:y);
}
```

这样的函数体更为简短,只用一个 return 语句就把求值和返回都解决了。

　　(2) **函数值的类型**。既然函数有返回值,这个值当然应属于某一个确定的类型,应当在
定义函数时指定函数值的类型。例如下面是 3 个函数的首行:

```
int max (float x,float y)              //函数值为整型
char letter (char c1,char c2)          //函数值为字符型
double min (int x,int y)               //函数值为双精度型
```

　　📢 **注意**:在定义函数时要指定函数的类型[①]。

　　(3) **在定义函数时指定的函数类型一般应该和 return 语句中的表达式类型一致**。例
如,例 7.2 中指定 max 函数值为整型,而变量 z 也被指定为整型,通过 return 语句把 z 的值作
为 max 的函数值,由 max 带回主调函数。z 的类型与 max 函数的类型是一致的,是正确的。

　　如果函数值的类型和 return 语句中表达式的值不一致,则以函数类型为准。对数值型
数据,可以自动进行类型转换。即**函数类型决定返回值的类型**。

　　【**例 7.3**】　将例 7.2 稍作改动,将在 max 函数中定义的变量 z 改为 float 型。函数返回
值的类型与指定的函数类型不同,分析其处理方法。

　　解题思路:如果函数返回值的类型与指定的函数类型不同,按照赋值规则处理。

　　编写程序:

```
#include <stdio.h>
int main()
```

---

　　① 过去的 C 标准允许在定义函数时不指定函数类型,此时,编译系统默认它为 int 型。现在有的编译系统(包括
Visual C++ 6.0)仍然按此处理。但是不应提倡这样写程序,应当养成在定义函数时一律指定函数类型的习惯。这样的
程序规范、易读、易于检查维护。

```
    { int max(float x,float y);
       float a,b;
       int c;
       scanf("%f,%f,",&a,&b);
       c=max(a,b);
       printf("max is %d\n",c);
       return 0;
    }
    int max(float x,float y)
    { float z;                                        //z为实型变量
       z=x>y? x:y;
       return(z);
    }
```

运行结果：

```
1.5,2.6
max is 2
```

🔍 **程序分析**：max 函数的形参是 float 型，今实参也是 float 型，在 main 函数中输入给 a 和 b 的值是 1.5 和 2.6。在调用 max(a,b)时，把 a 和 b 的值 1.5 和 2.6 传递给形参 x 和 y。执行函数 max 中的条件表达式"z=x>y? x:y"，使得变量 z 得到的值为 2.6。现在出现了矛盾：函数定义为 int 型，而 return 语句中的 z 为 float 型，要把 z 的值作为函数的返回值，二者不一致。怎样处理呢？按赋值规则处理，先将 z 的值转换为 int 型，得到 2，它就是函数得到的返回值。最后 max(x,y)带回一个整型值 2 返回主调函数 main。

如果将 main 函数中的 c 改为 float 型，用%f 格式符输出，输出 2.000000。因为调用 max 函数得到的是 int 型，函数值为整数 2。

有时，可以利用这一特点进行类型转换，如在函数中进行实型运算，希望返回的是整型量，可让系统自动完成类型转换。但这种做法往往使程序不清晰，可读性降低，容易弄错，而且并不是所有的类型都能互相转换的。因此建议初学者不要采用这种方法，而应做到使函数类型与 return 返回值的类型一致。

（4）对于不带回值的函数，应当用定义函数为"**void 类型**"（或称"空类型"）。这样，系统就保证不使函数带回任何值，即禁止在调用函数中使用被调用函数的返回值。此时在函数体中不得出现 return 语句。

7.4　对被调用函数的声明和函数原型

在一个函数中调用另一个函数（即被调用函数）需要具备如下条件：

（1）首先被调用的函数必须是已经定义的函数（是库函数或用户自己定义的函数）。但仅有这一条件还不够。

（2）如果使用库函数，应该在本文件开头用 #include 指令将调用有关库函数时所需用到的信息"包含"到本文件中来。例如，前几章中已经用过的指令：

include <stdio. h>

其中,"stdio. h"是一个"头文件"。在 stdio. h 文件中包含了输入输出库函数的声明。如果不包含"stdio. h"文件,就无法使用输入输出库中的函数。同样,使用数学库中的函数,应该用 ♯ include ＜math. h＞。h 是头文件所用的后缀,表示是头文件(header file)。

(3) 如果使用用户自己定义的函数,而该函数的位置在调用它的函数(即主调函数)的后面(在同一个文件中),应该在主调函数中对被调用的函数作**声明**(**declaration**)。声明的作用是把函数名、函数参数的个数和参数类型等信息通知编译系统,以便在遇到函数调用时,编译系统能正确识别函数并检查调用是否合法。在前面的例子中已出现过对被调用函数的声明,下面再作进一步的说明。

【例 7.4】 输入两个实数,用一个函数求出它们之和。

解题思路:两个数相加的算法很简单。现在用 add 函数实现它。首先要定义 add 函数,它为 float 型,它应有两个参数,也应为 float 型。特别要注意的是:要对 add 函数进行声明。

编写程序:分别编写 add 函数和 main 函数,它们组成一个源程序文件,main 函数的位置在 add 函数之前。在 main 函数中对 add 函数进行声明。

```
♯ include ＜stdio. h＞
int main()
  { float add(float x, float y);              //对 add 函数作声明
    float a,b,c;
    printf("Please enter a and b:");          //提示输入
    scanf("%f,%f",&a,&b);                      //输入两个实数
    c=add(a,b);                                //调用 add 函数
    printf("sum is %f\n",c);                   //输出两数之和
    return 0;
  }

float add(float x,float y)                     //定义 add 函数
  { float z;
    z=x+y;
    return(z);                                 //把变量 z 的值作为函数值返回
  }
```

运行结果:

```
Please enter a and b:3.6,6.5
sum is 10.100000
```

这是一个很简单的函数调用,函数 add 的作用是求两个实数之和,得到的函数值也是实型。程序第 3 行是对被调用的 add 函数作声明:

```
float add(float x, float y);
```

从程序可以看到:main 函数的位置在 add 函数的前面,而程序进行编译时是从上到下逐行进行的,如果没有对函数 add 的声明,当编译到程序第 7 行时,编译系统无法确定 add 是不是函数名,也无法判断实参(a 和 b)的类型和个数是否正确,因而无法进行正确性的检查。

如果不作检查,在运行时才发现实参与形参的类型或个数不一致,出现运行错误。但是在运行阶段发现错误并重新调试程序,是比较麻烦的,工作量也较大。应当在编译阶段尽可能多地发现错误,随之纠正错误。

现在,在函数调用之前对 add 作了函数声明。因此编译系统记下了 add 函数的有关信息,在对"c＝add(a,b);"进行编译时就"有章可循"了。编译系统根据 add 函数的声明对调用 add 函数的合法性进行全面的检查。如果发现函数调用与函数声明不匹配,就会发出出错信息,它属于语法错误。用户根据屏幕显示的出错信息很容易发现和纠正错误。

读者可以发现,函数的声明和函数定义中的第 1 行(函数首部)基本上是相同的,只差一个分号(函数声明比函数定义中的首行多一个分号)。因此写函数声明时,可以简单地照写已**定义**的函数的首行,再加一个分号,就成了函数的"**声明**"。函数的首行(即函数首部)称为**函数原型**(function prototype)。为什么要用函数的首部来作为函数声明呢? 这是为了便于对函数调用的合法性进行检查。因为在函数的首部包含了检查调用函数是否合法的基本信息(它包括了函数名、函数值类型、参数个数、参数类型和参数顺序),在检查函数调用时要求函数名、函数类型、参数个数和参数顺序必须与函数声明一致,实参类型必须与函数声明中的形参类型相同(或赋值兼容,如实型数据可以传递给整型形参,按赋值规则进行类型转换)。否则就按出错处理。这样就能保证函数的正确调用。

 说明: 使用函数原型作声明是 C 的一个重要特点。用函数原型来声明函数,能减少编写程序时可能出现的错误。由于函数声明的位置与函数调用语句的位置比较近,因此在写程序时便于就近参照函数原型来书写函数调用,不易出错。

实际上,在函数声明中的形参名可以省写,而只写形参的类型,如上面的声明可以写为

    float add(float,float);   //不写参数名,只写参数类型

编译系统只关心和检查参数个数和参数类型,而不检查参数名,因为在调用函数时只要求保证实参类型与形参类型一致,而不必考虑形参名是什么。因此在函数声明中,形参名可写可不写,形参名是什么都无所谓,如:

    float add(float a, float b);   //参数名不用 x,y,而用 a,b。合法

根据以上的介绍,函数声明的一般形式有两种,分别为

(1) **函数类型 函数名(参数类型 1   参数名 1,参数类型 2   参数名 2,…,**

                  参数类型 n   参数名 n);

(2) **函数类型 函数名(参数类型 1,参数类型 2,…,参数类型 n);**

有些专业人员喜欢用不写参数名的第(2)种形式,显得精练。有些人则愿意用第(1)种形式,只须照抄函数首部就可以了,不易出错,而且用了有意义的参数名有利于理解程序,如:

    void print(int num,char sex,float score);

大体上可猜出这是一个输出学号、性别和成绩的函数,而若写成

    void print(int ,float ,char);

则无从知道形参的含义。

注意：对函数的"定义"和"声明"不是同一回事。函数的定义是指对函数功能的确立，包括指定函数名、函数值类型、形参及其类型以及函数体等，它是一个完整的、独立的函数单位。而函数的声明的作用则是把函数的名字、函数类型以及形参的类型、个数和顺序通知编译系统，以便在调用该函数时系统按此进行对照检查（例如，函数名是否正确，实参与形参的类型和个数是否一致），它不包含函数体。

　　如果已在文件的开头（在所有函数之前），已对本文件中所调用的函数进行了声明，则在各函数中不必对其所调用的函数再作声明。例如：

```
char letter(char, char);          //以下 3 行在所有函数之前,且在函数外部
float f(float, float);
int i(float, float);
int main()                        //在 main 函数中要调用 letter,f 和 i 函数
    {                             //不必再对所调用的这 3 个函数进行声明
       ⋮
    }
//下面定义被 main 函数调用的 3 个函数
char letter(char c1, char c2)     //定义 letter 函数
    {
       ⋮
    }
float f(float x, float y)         //定义 f 函数
    {
       ⋮
    }
int i(float j, float k)           //定义 i 函数
    {
       ⋮
    }
```

　　由于在文件的开头（在函数的外部）已对要调用的函数进行了声明（这些称为"外部的声明"），因此在程序编时，编译系统已从外部声明中知道了函数的有关信息，所以不必在主调函数中再重复进行声明。写在所有函数前面的外部声明在整个文件范围中有效。

7.5　函数的嵌套调用

　　C 语言的函数定义是互相平行、独立的，也就是说，在定义函数时，一个函数内不能再定义另一个函数，即不能嵌套定义，但可以嵌套调用函数，即在调用一个函数的过程中，又调用另一个函数，见图 7.5。

　　图 7.5 表示的是两层嵌套（连 main 函数共 3 层函数），其执行过程是：

　　① 执行 main 函数的开头部分；

　　② 遇函数调用语句，调用函数 a，流程转去 a 函数；

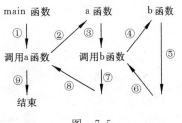

图　7.5

③ 执行 a 函数的开头部分；

④ 遇函数调用语句，调用函数 b，流程转去函数 b；

⑤ 执行 b 函数，如果再无其他嵌套的函数，则完成 b 函数的全部操作；

⑥ 返回到 a 函数中调用 b 函数的位置；

⑦ 继续执行 a 函数中尚未执行的部分，直到 a 函数结束；

⑧ 返回 main 函数中调用 a 函数的位置；

⑨ 继续执行 main 函数的剩余部分直到结束。

【例 7.5】 输入 4 个整数，找出其中最大的数。用函数的嵌套调用来处理。

解题思路： 这个问题并不复杂，完全可以只用一个主函数就可以得到结果。现在根据题目的要求，用函数的嵌套调用来处理。在 main 函数中调用 max4 函数，max4 函数的作用是找出 4 个数中的最大者。在 max4 函数中再调用另一个函数 max2。max2 函数用来找出两个数中的大者。在 max4 中通过多次调用 max2 函数，可以找出 4 个数中的大者，然后把它作为函数值返回 main 函数，在 main 函数中输出结果。以此例来说明函数的嵌套调用的用法。

编写程序： 根据此思路写出程序。

```
#include <stdio.h>
int main()
  { int max4(int a,int b,int c,int d);            //对 max4 的函数声明
    int a,b,c,d,max;
    printf("Please enter 4 interger numbers:");   //提示输入 4 个数
    scanf("%d %d %d %d",&a,&b,&c,&d);             //输入 4 个数
    max=max4(a,b,c,d);                            //调用 max4 函数,得到 4 个数中的最大者
    printf("max=%d \n",max);                      //输出 4 个数中的最大者
    return 0;
  }


int max4(int a,int b,int c,int d)                 //定义 max4 函数
  { int max2(int a,int b);                        //对 max2 的函数声明
    int m;
    m=max2(a,b);                                  //调用 max2 函数,得到 a 和 b 两个数中的大者,放在 m 中
    m=max2(m,c);                                  //调用 max2 函数,得到 a,b,c 3 个数中的大者,放在 m 中
    m=max2(m,d);                                  //调用 max2 函数,得到 a,b,c,d 4 个数中的大者,放在 m 中
    return(m);                                    //把 m 作为函数值带回 main 函数
  }


int max2(int a,int b)                             //定义 max2 函数
  { if(a>=b)
      return a;                                   //若 a≥b,将 a 作为函数返回值
    else
      return b;                                   //若 a<b,将 b 作为函数返回值
  }
```

运行结果：

```
Please enter 4 interger numbers:12 45 -6 89
max=89
```

🔍 **程序分析**：可以清楚地看到，在主函数中要调用 max4 函数，因此在主函数的开头要对 max4 函数作声明。在 max4 函数中 3 次调用 max2 函数，因此在 max4 函数的开头要对 max2 函数作声明。由于在主函数中没有直接调用 max2 函数，因此在主函数中不必对max2 函数作声明，只须在 max4 函数中作声明即可。

max4 函数执行过程是这样的：第 1 次调用 max2 函数得到的函数值是 a 和 b 中的大者，把它赋给变量 m，第 2 次调用 max2 得到 m 和 c 中的大者，也就是 a,b,c 中的最大者，再把它赋给变量 m。第 3 次调用 max2 得到 m 和 d 中的大者，也就是 a,b,c,d 中的最大者，再把它赋给变量 m。这是一种**递推**方法，先求出 2 个数的大者；再以此为基础求出 3 个数的大者；再以此为基础求出 4 个数的大者。m 的值一次一次地变化，直到实现最终要求。

程序改进：

（1）可以将 max2 函数的函数体改为只用一个 return 语句，返回一个条件表达式的值：

```
int max2(int a,int b)                    //定义 max2 函数
  {return(a>=b?a:b);}                     //返回条件表达式的值，即 a 和 b 中的大者
```

（2）在 max4 函数中，3 个调用 max2 的语句（如 m=max2(a,b);）可以用以下一行代替：

```
m=max2(max2(max2(a,b),c),d);             //把函数调用作为函数参数
```

甚至可以取消变量 m，max4 函数可写成

```
int max4(int a,int b,int c,int d)
  {int max2(int a,int b);                //对 max2 的函数声明
   return max2(max2(max2(a,b),c),d);
  }
```

先调用"max2(a,b)"，得到 a 和 b 中的大者。再调用"max2(max2(a,b),c)"（其中 max2(a,b) 为已知），得到 a,b,c 三者中的大者。最后由"max2(max2(max2(a,b),c),d)"求得 a,b,c,d 四者中的大者。

请读者上机显示完整的程序，并运行之。通过此例，可以知道，不仅要写出正确的程序，还要学习怎样使程序更加精练、专业和易读。

7.6　函数的递归调用

在调用一个函数的过程中又出现**直接**或**间接地调用该函数本身**，称为函数的递归调用。C 语言的特点之一就在于允许函数的递归调用。例如：

```
int f(int x)
  {
    int y,z;
    z=f(y);                              //在执行 f 函数的过程中又要调用 f 函数
```

```
      return（2 * z）；
   }
```

在调用函数 f 的过程中，又要调用 f 函数（本函数），这是直接调用本函数，见图 7.6。

如果在调用 f1 函数过程中要调用 f2 函数，而在调用 f2 函数过程中又要调用 f1 函数，就是间接调用本函数，见图 7.7。

图 7.6   图 7.7

可以看到，图 7.6 和图 7.7 这两种递归调用都是无终止的自身调用。显然，程序中不应出现这种无终止的递归调用，而只应出现有限次数的、有终止的递归调用，这可以用 if 语句来控制，只有在某一条件成立时才继续执行递归调用；否则就不再继续。

关于递归的概念，有些初学者感到不好理解，下面用一个通俗的例子来说明。

【例 7.6】 有 5 个学生坐在一起，问第 5 个学生多少岁，他说比第 4 个学生大 2 岁。问第 4 个学生岁数，他说比第 3 个学生大 2 岁。问第 3 个学生，又说比第 2 个学生大 2 岁。问第 2 个学生，说比第 1 个学生大 2 岁。最后问第 1 个学生，他说是 10 岁。请问第 5 个学生多大。

解题思路：要求第 5 个学生的年龄，就必须先知道第 4 个学生的年龄，而第 4 个学生的年龄也不知道，要求第 4 个学生的年龄必须先知道第 3 个学生的年龄，而第 3 个学生的年龄又取决于第 2 个学生的年龄，第 2 个学生的年龄取决于第 1 个学生的年龄。而且每一个学生的年龄都比其前 1 个学生的年龄大 2。即：

$$age(5) = age(4) + 2$$
$$age(4) = age(3) + 2$$
$$age(3) = age(2) + 2$$
$$age(2) = age(1) + 2$$
$$age(1) = 10$$

可以用数学公式表述如下：

$$age(n) = 10 \qquad (n = 1)$$
$$age(n) = age(n-1) + 2 \qquad (n > 1)$$

可以看到，当 $n > 1$ 时，求每位学生的年龄的公式是相同的。因此可以用一个函数表示上述关系。图 7.8 表示求第 5 个学生年龄的过程。

显然，这是一个递归问题。由图 7.8 可知，求解可分成两个阶段：第 1 阶段是"回溯"，即将第 5 个学生的年龄表示为第 4 个学生年龄的函数，表示为 $age(5) = age(4) + 2$。而第 4 个学生的年龄仍然不知道，还要"回溯"到第 3 个学生的年龄，表示为 $age(4) = age(3) + 2$……直到第 1 个学生的年龄。此时 $age(1)$ 已知等于 10，不必再向前回溯了。然后开始第 2 阶段，采用递推方法，从第 1 个学生的已知年龄推算出第 2 个学生的年龄（12 岁），从第 2 个学生的年龄推算出第 3 个学生的年龄（14 岁）……一直推算出第 5 个学生的年龄（18 岁）为止。也就是说,一个递归的问题可以分为"回溯"和"递推"两个阶段。要经历若干步才能求出最后的值。显而易见,如果要求递归过程不是无限制进行下去,必须具有一个结束递归过程的条件。例如,age(1)=10,就是使递归结束的条件。

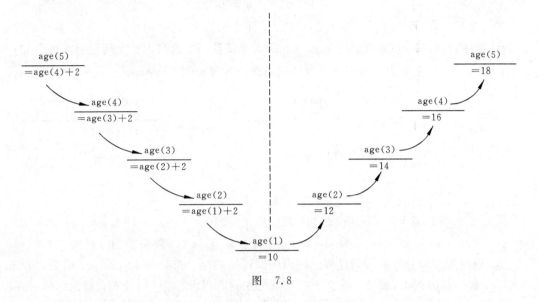

图 7.8

编写程序: 可以用一个函数来描述上述递归过程:

```
int age(int n)                          //求年龄的递归函数
  {
    int c;                              //c用作存放函数的返回值的变量 */
    if(n==1)
      c=10;
    else
      c=age(n-1)+2;
    return(c);
  }
```

用一个主函数调用 age 函数,求得第 5 个学生的年龄。整个程序如下:

```
#include <stdio.h>
int main()
  { int age(int n);                     //对 age 函数的声明
    printf("NO.5,age:%d\n",age(5));     //输出第 5 个学生的年龄
    return 0;
  }
int age(int n)                          //定义递归函数
  { int c;
    if(n==1)                            //如果 n 等于 1
      c=10;                             //年龄为 10
    else                                //如果 n 不等于 1
      c=age(n-1)+2;
                //年龄是前一个学生的年龄加 2(如第 4 个学生年龄是第 3 个学生年龄加 2)
```

```
        return(c);                              //返回年龄
    }
```

运行结果：

```
NO.5,age:18
```

🔍 **程序分析**：main 函数中除了 return 语句外只有一个语句。整个问题的求解全靠一个 age(5)函数调用来解决。对 age 函数的递归调用过程如图 7.9 所示。

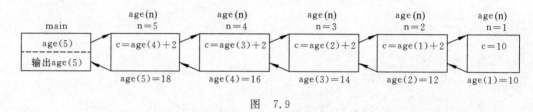

图 7.9

从图 7.9 可以看到：age 函数共被调用 5 次，即 age(5)、age(4)、age(3)、age(2)、age(1)。其中 age(5)是 main 函数调用的，其余 4 次是在 age 函数中调用自己的，即递归调用 4 次。请读者仔细分析调用的过程。应当强调说明的是：在某一次调用 age 函数时并不是立即得到 age(n)的值，而是一次又一次地进行递归调用，到 age(1)时才有确定的值，然后再递推出 age(2)、age(3)、age(4)、age(5)。请读者将程序和图 7.8 和图 7.9 结合起来认真分析。

注意分析递归的终止条件。当 n 等于 2 时，应执行"c=age(n−1)+2;"，由于 n=2，它相当于"c=age(1)+2;"。注意 age(1)的值是什么？此时 n=1，应执行"c=10"，即不再递归调用 age 函数了，递归调用结束。将 10 作为 age(1)的值返回 age 函数中的"c=age(n−1)+2;"处（此时 n=2），得到 c=10+2，即 12。再把 12 作为 age(2)的值返回 age 函数中的"c=age(n−1)+2;"处（此时 n=3），得到 c=12+2，即 14。依此类推，可以得到 age(5)的值为 18。

【例 7.7】 用递归方法求 $n!$。

解题思路：求 $n!$ 可以用**递推方法**，即从 1 开始，乘 2，再乘 3……一直乘到 n。这种方法容易理解，也容易实现。递推法的特点是从一个已知的事实（如 1!=1）出发，按一定规律推出下一个事实（如 2!=1!＊2），再从这个新的已知的事实出发，再向下推出一个新的事实（3!=3＊2!）。$n!=n*(n-1)!$。

求 $n!$ 也可以用递归方法，即 5!等于 4!×5，而 4!=3!×4，…，1!=1。可用下面的递归公式表示：

$$n! = \begin{cases} n! = 1 & (n = 0,1) \\ n \times (n-1)! & (n > 1) \end{cases}$$

有了例 7.6 的基础，可以很容易写出本题的程序。

编写程序：

```
#include <stdio.h>
int main()
{ int fac(int n);                               //fac 函数声明
```

```
    int n;
    int y;
    printf("input an integer number:");
    scanf("%d",&n);                        //输入要求阶乘的数
    y=fac(n);
    printf("%d!=%d\n",n,y);
    return 0;
}

int fac(int n)                             //定义fac函数
{
    int f;
    if(n<0)                                //n不能小于0
        printf("n<0,data error!");
    else if(n==0||n==1)                    //n=0或,1时n!=1
        f=1;
    else   f=fac(n-1)*n;                   //n>1时,n!=n*(n-1)
    return(f);
}
```

运行结果:

```
input an integer number:10
10!=3628800
```

🔍 **程序分析**:调用递归函数 fac(5)的过程见图 7.10。请注意每次调用 fac 函数后,其返回值 f 应返回到调用 fac 函数处,例如,当 n=2 时,从函数体中可以看到"f=fac(1)*2",再调用 fac(1),返回值为 1。这个 1 就取代了"f=fac(1)*2"中的 fac(1),从而 f=1*2=2。其余类似。递归终止条件为 n=0 或 n=1。

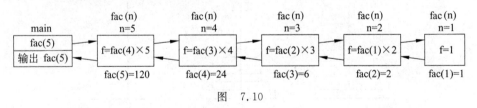

图 7.10

⚠️ **注意**:程序中的变量是 int 型,如果用 Visual C++、GCC 以及多数 C 编译系统为 int 型数据分配 4 个字节,能表示的最大数为 2 147 483 647,当 n=12 时,运行正常,输出为

```
input an integer number:31
12!=479001600
```

如果输入 13,企图求 13!,是得不到预期结果的,因为求出的结果超过了 int 型数据的最大值。可将 f,y 和 fac 函数定义为 float 或 double 型。

【**例 7.8**】 Hanoi(汉诺)塔问题。这是一个古典的数学问题,是一个用递归方法解题的典型例子。问题是这样的:古代有一个梵塔,塔内有 3 个座 A,B,C。开始时 A 座上有 64 个盘子,盘子大小不等,大的在下,小的在上(见图 7.11)。有一个老和尚想把这 64 个盘子从 A 座移到 C 座,但规定每次只允许移动一个盘,且在移动过程中在 3 个座上都始

终保持大盘在下，小盘在上。在移动过程中可以利用B座。要求编程序输出移动盘子的步骤。

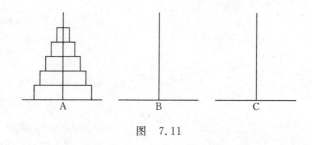

图　7.11

解题思路：要把64个盘子从A座移动到C座，需要移动大约2^{64}次盘子。一般人是不可能直接确定怎样移动盘子的每一个具体步骤的。读者可以试验一下，按上面的规定将5个盘子从A座移到C座，能否直接写出每一步骤？

需要找到一个解决问题的思路，把看似复杂的问题简单化，使问题得以迎刃而解。老和尚会这样想：假如有另外一个和尚能有办法将上面63个盘子从一个座移到另一座。那么，问题就解决了。此时老和尚只须这样做：

（1）命令第2个和尚将63个盘子从A座移到B座；

（2）自己将1个盘子（最底下的、最大的盘子）从A座移到C座；

（3）再命令第2个和尚将63个盘子从B座移到C座。

见图7.12。

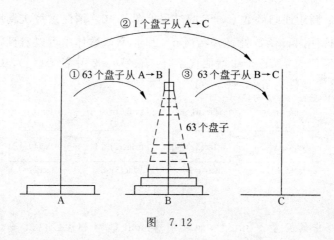

图　7.12

至此，全部任务完成了。这就是递归方法，把移动64个盘子简化为移动63个盘子，难度减小了一些。但是，有一个问题实际上未解决：第2个和尚怎样才能将63个盘子从A座移到B座？

为了解决将63个盘子从A座移到B座，第2个和尚又想：如果有人能将62个盘子从一个座移到另一座，我就能将63个盘子从A座移到B座，他是这样做的：

（1）命令第3个和尚将62个盘子从A座移到C座；

（2）自己将1个盘子从A座移到B座；

（3）再命令第3个和尚将62个盘子从C座移到B座。

再进行一次递归。如此"层层下放",直到后来找到第 63 个和尚,让他完成将 2 个盘子从一个座移到另一座,进行到此,问题就接近解决了。最后找到第 64 个和尚,让他完成将 1 个盘子从一个座移到另一座,至此,全部工作都已落实,是可以执行的。

可以看出,递归的结束条件是最后一个和尚只须移一个盘子;否则递归还要继续进行下去。

应当说明,只有第 64 个和尚的任务完成后,第 63 个和尚的任务才能完成。只有第 2～64 个和尚任务都完成后,第 1 个和尚的任务才能完成。这是一个典型的递归的问题。

为便于理解,先分析将 A 座上 3 个盘子移到 C 座上的过程,移动前的情况见图 7.13(a)。

(1) 将 A 座上 2 个盘子移到 B 座上(借助 C 座),见图 7.13(b)。

(2) 将 A 座上 1 个盘子移到 C 座上,见图 7.13(c)。

(3) 将 B 座上 2 个盘子移到 C 座上(借助 A 座),见图 7.13(d)。

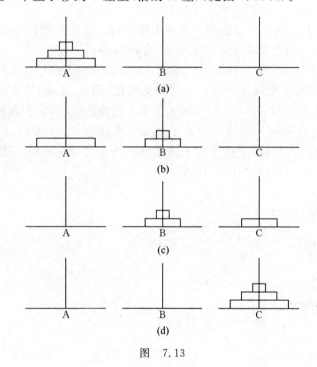

图　7.13

其中第(2)步可以直接实现。第(1)步又可用递归方法分解为

• 将 A 座上 1 个盘子从 A 座移到 C 座;

• 将 A 座上 1 个盘子从 A 座移到 B 座;

• 将 C 座上 1 个盘子从 C 座移到 B 座。

第(3)步可以分解为

• 将 B 座上 1 个盘子从 B 座移到 A 座上;

• 将 B 座上 1 个盘子从 B 座移到 C 座上;

• 将 A 座上 1 个盘子从 A 座移到 C 座上。

将以上综合起来,可得到移动 3 个盘子的步骤为

$$A \to C, A \to B, C \to B, A \to C, B \to A, B \to C, A \to C$$

共经历 7 步。由此可推出：移动 n 个盘子要经历 (2^n-1) 步。如移 4 个盘子经历 15 步，移 5 个盘子经历 31 步，移 64 个盘子经历 $(2^{64}-1)$ 步。

由上面的分析可知：将 n 个盘子从 A 座移到 C 座可以分解为以下 3 个步骤：

(1) 将 A 座上 $n-1$ 个盘借助 C 座先移到 B 座上；

(2) 把 A 座上剩下的一个盘移到 C 座上；

(3) 将 $n-1$ 个盘从 B 座借助于 A 座移到 C 座上。

上面第(1)步和第(3)步，都是把 $n-1$ 个盘从一个座移到另一个座上，采取的办法是一样的，只是座的名字不同而已。为使之一般化，可以将第(1)步和第(3)步表示为：

将 one 座上 $n-1$ 个盘移到 two 座（借助 three 座）。只是在第(1)步和第(3)步中，one，two，three 和 A，B，C 的对应关系不同。对第(1)步，对应关系是 one 对应 A，two 对应 B，three 对应 C。对第(3)步，是：one 对应 B，two 对应 C，three 对应 A。

因此，可以把上面 3 个步骤分成两类操作：

(1) 将 $n-1$ 个盘从一个座移到另一个座上 $(n>1)$。这就是大和尚让小和尚做的工作，它是一个递归的过程，即和尚将任务层层下放，直到第 64 个和尚为止。

(2) 将 1 个盘子从一个座上移到另一座上。这是大和尚自己做的工作。

编写程序：分别用两个函数实现以上的两类操作，用 hanoi 函数实现上面第 1 类操作（即模拟小和尚的任务），用 move 函数实现上面第 2 类操作（模拟大和尚自己移盘），函数调用 hanoi(n,one,two,three) 表示将 n 个盘子从 one 座移到 three 座的过程（借助 two 座）。函数调用 move(x,y) 表示将 1 个盘子从 x 座移到 y 座的过程。x 和 y 是代表 A，B，C 座之一，根据每次不同情况分别取 A，B，C 代入。

```c
#include <stdio.h>
int main()
  {
    void hanoi(int n,char one,char two,char three);          //对 hanoi 函数的声明
    int m;
    printf("input the number of disks:");
    scanf("%d",&m);
    printf("The step to move %d disks:\n",m);
    hanoi(m,'A','B','C');
    return 0;
  }

void hanoi(int n,char one,char two,char three)               //定义 hanoi 函数
  //将 n 个盘从 one 座借助 two 座，移到 three 座
  {
    void move(char x,char y);                                //对 move 函数的声明
    if(n==1)
      move(one,three);
    else
      {
        hanoi(n-1,one,three,two);
        move(one,three);
        hanoi(n-1,two,one,three);
```

```
        }
    }

void move(char x,char y)                              //定义 move 函数
    {
        printf("%c-->%c\n",x,y);
    }
```

运行结果：

```
input the number of diskes:3
The step to move 3 disks:
A-->C
A-->B
C-->B
A-->C
B-->A
B-->C
A-->C
```

🔍 **程序分析**：在本程序中，调用递归函数 hanoi，其终止条件为 hanoi 函数的参数 n 的值等于 1。显然，此时不必再调用 hanoi 函数了，直接执行 move 函数即可。

在本程序中 move 函数并未真正移动盘子，而只是输出移盘的方案（表示从哪一个座移到哪一个座）。

前已说明，将 64 个盘子从 A 座移到 C 座需要移 $(2^{64}-1)$ 次，假设和尚每次移动一个盘子用一秒钟，则移动 $(2^{64}-1)$ 次需要 $(2^{64}-1)$ 秒。

以上对递归函数作了比较详细和通俗易懂的说明，希望读者弄清楚递归的概念，区分嵌套与递归，比较递推与递归，能编写简单的递归程序。

7.7 数组作为函数参数

调用有参函数时，需要提供实参。例如 sin(x)，sqrt(2.0)，max(a,b)等。实参可以是常量、变量或表达式。数组元素的作用与变量相当，一般来说，凡是变量可以出现的地方，都可以用数组元素代替。因此，数组元素也可以用作函数实参，其用法与变量相同，向形参传递数组元素的值。此外，数组名也可以作实参和形参，传递的是数组第一个元素的地址。

7.7.1 数组元素作函数实参

数组元素可以用作函数实参，但是不能用作形参。因为形参是在函数被调用时临时分配存储单元的，不可能为一个数组元素单独分配存储单元（数组是一个整体，在内存中占连续的一段存储单元）。在用数组元素作函数实参时，把实参的值传给形参，是"值传递"方式。数据传递的方向是**从实参传到形参，单向传递**。

【例 7.9】 输入 10 个数，要求输出其中值最大的元素和该数是第几个数。

解题思路：可以定义一个数组 a，长度为 10，用来存放 10 个数。设计一个函数 max，用来求两个数中的大者。在主函数中定义一个变量 m，m 的初值为 a[0]，每次调用 max 函数

后的返回值存放在 m 中。用"打擂台"算法,依次将数组元素 a[1]~a[9]与 m 比较,最后得到的 m 值就是 10 个数中的最大者。

编写程序:

```
#include <stdio.h>
int main()
  {int max(int x,int y);                      //函数声明
   int a[10],m,n,i;
   printf("enter 10 integer numbers:");
   for(i=0;i<10;i++)                          //输入 10 个数给 a[0]~a[9]
     scanf("%d",&a[i]);
   printf("\n");
   for(i=1,m=a[0],n=0;i<10;i++)
     {
     if (max(m,a[i])>m)                       //若 max 函数返回的值大于 m
       {m=max(m,a[i]);                        //max 函数返回的值取代 m 原值
        n=i;                                  //把此数组元素的序号记下来,放在 n 中
       }
     }
   printf("The largest number is %d\nit is the %dth number. \n",m,n+1);
   return 0;
  }


int max(int x,int y)                          //定义 max 函数
  {
   return(x>y? x:y);                          //返回 x 和 y 中的大者
  }
```

运行结果:

```
enter 10 integer numbers:4 7 0 -3 4 34 67 -42 31 -76

The largest number is 67
it is the 7th number.
```

程序分析:从键盘输入 10 个数给 a[0]~a[9]。变量 m 用来存放当前已比较过的各数中的最大者。开始时设 m 的值为 a[0],然后将 m 与 a[1]比,如果 a[1]大于 m,就以 a[1]的值(此时也就是 max(m,a[1])的值)取代 m 的原值。下一次以 m 的新值与 a[2]比较,max(m,a[2])的值是 a[0],a[1],a[2]中最大者,其余类推。经过 9 轮循环的比较,m 最后的值就是 10 个数的最大数。

请注意分析怎样得到最大数是 10 个数中第几个数。当每次出现以 max(m,a[i])的值取代 m 的原值时,就把 i 的值保存在变量 n 中。n 最后的值就是最大数的序号(注意序号从 0 开始),如果要输出"最大数是 10 个数中第几个数",应为 n+1。例如 n=6 时表示数组元素 a[6]是最大数,由于序号从 0 开始,因此它是 10 数中第 7 个数,故应输出的是 n+1。

当然,本题可以不用 max 函数求两个数中的大数,而在主函数中直接用 if(m>a[i])来判断和处理。本题的目的是介绍如何用数组元素作为函数实参。

7.7.2　一维数组名作函数参数

除了可以用数组元素作为函数参数外,还可以用数组名作函数参数(包括实参和形参)。

注意:用数组元素作实参时,向形参变量传递的是数组元素的值,而用数组名作函数实参时,向形参(数组名或指针变量)传递的是数组首元素的地址。

【例 7.10】　有一个一维数组 score,内放 10 个学生成绩,求平均成绩。

解题思路:用一个函数 average 来求平均成绩,不用数组元素作为函数实参,而是用数组名作为函数实参,形参也用数组名,在 average 函数中引用各数组元素,求平均成绩并返回 main 函数。

编写程序:

```
#include <stdio.h>
int main()
  { float average(float array[10]);              //函数声明
    float score[10],aver;
    int i;
    printf("input 10 scores:\n");
    for(i=0;i<10;i++)
        scanf("%f",&score[i]);
    printf("\n");
    aver=average(score);                         //调用 average 函数
    printf("average score is %5.2f\n",aver);
    return 0;
  }

float average(float array[10])                   //定义 average 函数
  {int i;
   float aver,sum=array[0];
   for(i=1;i<10;i++)
        sum=sum+array[i];                         //累加学生成绩
   aver=sum/10;
   return(aver);
  }
```

运行结果:

```
input 10 scores:
100 56 78 98 67.5 99 54 88.5 76 58

average score is 77.50
```

程序分析:

(1) 用数组名作函数参数,应该在主调函数和被调用函数分别定义数组,例中 array 是形参数组名,score 是实参数组名,分别在其所在函数中定义,不能只在一方定义。

(2) 实参数组与形参数组类型应一致(今都为 float 型),如不一致,结果将出错。

(3) 在定义 average 函数时,声明形参数组的大小为 10,但在实际上,指定其大小是不起任何作用的,因为 C 语言编译系统并不检查形参数组大小,只是将实参数组的首元素的地址传给形参数组名。形参数组名获得了实参数组的首元素的地址,前已说明,数组名代表数组的首元素的地址,因此,可以认为,形参数组首元素(array[0])和实参数组首元素(score[0])具有同一地址,它们共占同一存储单元,score[n]和 array[n]指的是同一单元。score[n]和 array[n]具有相同的值。

（4）形参数组可以不指定大小,在定义数组时在数组名后面跟一个空的方括号,如:

```
float average(float array[])                    //定义 average 函数,形参数组不指定大小
```

效果是相同的。

💡 **说明**：在学习了第 8 章(指针)以后,可以知道在对源程序编译时,编译系统把形参数组处理为指针变量(例如把例 7.10 中的 float array[]转换为 float * array),该指针变量用来接收从实参数组传过来的地址。C 语言允许用指针变量(如 float * array)或数组(如 float array[])作为形参,二者是等价的。对数组元素的访问,用下标法和指针法也是完全等价的。用形参数组是为了便于理解,形参数组与实参数组各元素一一对应,比较形象好懂,即使未学过指针,也能方便地使用。在学习了指针后会对形参数组的本质有更深入的理解。

【例 7.11】 有两个班级,分别有 35 名和 30 名学生,调用一个 average 函数,分别求这两个班的学生的平均成绩。

解题思路：例 7.10 已解决了求一个有确定长度的数组的平均值的问题。现在需要解决的是怎样用同一个函数求两个不同长度的数组的平均值的问题。在定义 average 函数时不必指定数组的长度,在形参表中增加一个整型变量 i,从主函数把数组的实际长度分别从实参传递给形参 i。这个 i 用来在 average 函数中控制循环的次数。这就解决了用同一个函数求两个不同长度的数组的平均值问题。

为简化,设两个班的学生数分别为 5 和 10。

编写程序：

```
#include <stdio.h>
int main()
  { float average(float array[ ],int n);
    float score1[5]={98.5,97,91.5,60,55};                        //定义长度为 5 的数组
    float score2[10]={67.5,89.5,99,69.5,77,89.5,76.5,54,60,99.5};  //定义长度为 10 的数组
    printf("The average of class A is %6.2f\n",average(score1,5));
                                         //用数组名 score1 和 5 作实参
    printf("The average of class B is %6.2f\n",average(score2,10));
                                         //用数组名 score2 和 10 作实参
    return 0;
  }

float average(float array[ ],int n)               //定义 average 函数,未指定形参数组长度
  {int i;
   float aver,sum=array[0];
   for(i=1;i<n;i++)
     sum=sum+array[i];                           //累加 n 个学生成绩
```

```
    aver=sum/n;
    return(aver);
}
```

运行结果：

```
The average of class A is  80.40
The average of class B is  78.20
```

程序分析：程序的作用是分别求出数组 score1(有 5 个元素)和数组 score2(有 10 个元素)各元素的平均值。两次调用 average 函数时需要处理的数组元素个数是不同的,在第一次调用时将实参(值为 5)传递给形参 n,表示求 5 个学生的平均分。第 2 次调用时,求 10 个学生的平均分。

注意：用数组名作函数实参时,不是把数组元素的值传递给形参,而是把实参数组的首元素的地址传递给形参数组,这样两个数组就共占同一段内存单元。如果实参数组为 a,形参数组为 b(见图 7.14),若 a 的首元素的地址为 1000,则 b 数组首元素的地址也是 1000,显然,a[0]与 b[0]同占一个单元……假如改变了 b[0]的值,也就意味着 a[0]的值也改变了。也就是说,形参数组中各元素的值如发生变化会使实参数组元素的值同时发生变化,从图 7.14 看是很容易理解的。这一点是与变量作函数参数的情况不同的,务请注意。在程序中常有意识地利用这一特点改变实参数组元素的值(如排序)。

	a[0]	a[1]	a[2]	a[3]	a[4]	a[5]	a[6]	a[7]	a[8]	a[9]
起始地址1000	2	4	6	8	10	12	14	16	18	20
	b[0]	b[1]	b[2]	b[3]	b[4]	b[5]	b[6]	b[7]	b[8]	b[9]

图　7.14

【例 7.12】 用选择法对数组中 10 个整数按由小到大排序。

解题思路：所谓选择法就是先将 10 个数中最小的数与 a[0]对换；再将 a[1]~a[9]中最小的数与 a[1]对换……每比较一轮,找出一个未经排序的数中最小的一个。共比较 9 轮。

下面以 5 个数为例说明选择法的步骤。

```
a[0]   a[1]   a[2]   a[3]   a[4]
 3      6      1      9      4      未排序时的情况
 1      6      3      9      4      将 5 个数中最小的数 1 与 a[0]对换
 1      3      6      9      4      将余下的后面 4 个数最小的数 3 与 a[1]对换
 1      3      4      9      6      将余下的 3 个数中最小的数 4 与 a[2]对换
 1      3      4      6      9      将余下的 2 个数最小的数 6 与 a[3]对换,至此完成排序
```

编写程序：根据此思路编写程序如下：

```c
#include <stdio.h>
int main()
{ void sort(int array[],int n);
  int a[10],i;
  printf("enter array:\n");
```

```
      for(i=0;i<10;i++)
        scanf("%d",&a[i]);
      sort(a,10);                              //调用 sort 函数,a 为数组名,大小为 10
      printf("The sorted array:\n");
      for(i=0;i<10;i++)
        printf("%d ",a[i]);
      printf("\n");
      return 0;
   }

   void sort(int array[],int n)
   { int i,j,k,t;
     for(i=0;i<n-1;i++)
     {k=i;
       for(j=i+1;j<n;j++)
         if(array[j]<array[k])
            k=j;
       t=array[k];array[k]=array[i];array[i]=t;
     }
   }
```

运行结果：

```
enter array:
45 2 9 0 -3 54 12 5 66 33
The sorted array:
-3 0 2 5 9 12 33 45 54 66
```

程序分析：可以看到在执行函数调用语句"sort(a,10);"之前和之后,a 数组中各元素的值是不同的。原来是无序的,执行"sort(a,10);"后,a 数组已经排好序了,这是由于形参数组 array 已用选择法进行排序了,形参数组改变也使实参数组随之改变。

请读者自己画出调用 sort 函数前后实参数组中各元素的值。

7.7.3　多维数组名作函数参数

多维数组元素可以作函数参数,这点与前述的情况类似。

可以用多维数组名作为函数的实参和形参,在被调用函数中对形参数组定义时可以指定每一维的大小,也可以省略第一维的大小说明。例如：

```
int array[3][10];
```

或

```
int array[][10];
```

二者都合法而且等价。但是不能把第 2 维以及其他高维的大小说明省略。如下面的定义是不合法的：

```
int array[][];
```

这是为什么呢？前已说明，二维数组是由若干个一维数组组成的，在内存中，数组是按行存放的，因此，在定义二维数组时，必须指定列数（即一行中包含几个元素），由于形参数组与实参数组类型相同，所以它们是由具有相同长度的一维数组所组成的。不能只指定第 1 维（行数）而省略第 2 维（列数），下面的写法是错误的：

    int array[3][ ];

在第 2 维大小相同的前提下，形参数组的第 1 维可以与实参数组不同。例如，实参数组定义为

    int score[5][10];

而形参数组定义为

    int array[ ][10];

或

    int array[8][10];

均可以。这时形参数组和实参数组都是由相同类型和大小的一维数组组成的。C 语言编译系统不检查第一维的大小。在学习指针以后，对此会有更深入的认识。

【例 7.13】　有一个 3×4 的矩阵，求所有元素中的最大值。

解题思路：先使变量 max 的初值等于矩阵中第 1 个元素的值，然后将矩阵中各个元素的值与 max 相比，每次比较后都把"大者"存放在 max 中，全部元素比较完后，max 的值就是所有元素的最大值。

编写程序：

```
#include <stdio.h>
int main()
  { int max_value(int array[][4]);                  //函数声明
    int a[3][4]={{1,3,5,7},{2,4,6,8},{15,17,34,12}};  //对数组元素赋初值
    printf("Max value is %d\n",max_value(a));       //max_value(a)为函数调用
    return 0;
  }

int max_value(int array[][4])                        //函数定义
  { int i,j,max;
    max=array[0][0];
    for(i=0;i<3;i++)
      for(j=0;j<4;j++)
        if(array[i][j]>max) max=array[i][j];         //把大者放在 max 中
    return(max);
  }
```

运行结果：

```
Max value is 34
```

🔍 **程序分析**：形参数组 array 第 1 维的大小省略，第 2 维大小不能省略，而且要和实

参数组 a 的第 2 维的大小相同。在主函数调用 max_value 函数时，把实参二维数组 a 的第 1 行的起始地址传递给形参数组 array，因此 array 数组第 1 行的起始地址与 a 数组的第 1 行的起始地址相同。由于两个数组的列数相同，因此 array 数组第 2 行的起始地址与 a 数组的第 2 行的起始地址相同。a[i][j] 与 array[i][j] 同占一个存储单元，它们具有同一个值。实际上，array[i][j] 就是 a[i][j]，在函数中对 array[i][j] 的操作就是对 a[i][j] 的操作。

7.8　局部变量和全局变量

在本章以前所见到的程序大多数是一个程序只包含一个 main 函数，变量是在函数的开头处定义的。这些变量在本函数范围内有效，即在本函数开头定义的变量，在本函数中可以被引用。在本章中见到的一些程序，包含两个或多个函数，分别在各函数中定义变量。有的读者自然会提出一个问题：在一个函数中定义的变量，在其他函数中能否被引用？在不同位置定义的变量，在什么范围内有效？

这就是变量的**作用域**问题。每一个变量都有一个作用域问题，即它们在什么范围内有效。本节专门讨论这个重要问题。

7.8.1　局部变量

定义变量可能有 3 种情况：

(1) 在函数的开头定义；

(2) 在函数内的复合语句内定义；

(3) 在函数的外部定义。

在一个函数内部定义的变量只在本函数范围内有效，也就是说只有在本函数内才能引用它们，在此函数以外是不能使用这些变量的。在复合语句内定义的变量只在本复合语句范围内有效，只有在本复合语句内才能引用它们。在该复合语句以外是不能使用这些变量的，以上这些称为“**局部变量**”。

例如，在 fun1 函数中定义了变量 a，b，在 fun2 函数中定义了变量 a，c。fun1 函数中的变量 a 和 fun2 函数中的变量 a 不是同一个对象。它们分别有自己的有效范围。正如高一甲班有一学生叫王建国，高一乙班也有一学生叫王建国，二者不是同一个人。不同的班允许有同名的学生，互不干扰。高一甲班点名时，只有该班的王建国喊“到”，乙班的王建国不在甲班活动，不会同时喊“到”的。他们的活动范围局限在本班，或者说这些名字的有效范围是局部的（只在本班有效）。

分析下面的变量的作用范围。

```
float f1(int a)              //定义函数 f1
  {int b,c;                  //在函数 f1 中定义 b,c
   ⋮           } a,b,c 有效
  }
char f2(int x,int y)         //定义函数 f2
```

```
    {int i,j;
     ⋮              ⎫
    }               ⎬   x,y,i,j 有效
                    ⎭
int main()                          //主函数
    {int m,n;        ⎫
     ⋮               ⎬
     return 0;        ⎬   m,n 有效
    }                ⎭
```

💡 **说明**：

(1) 主函数中定义的变量(如 m,n)也只在主函数中有效,并不因为在主函数中定义而在整个文件或程序中有效。主函数也不能使用其他函数中定义的变量。

(2) 不同函数中可以使用同名的变量,它们代表不同的对象,互不干扰。例如,上面在 f1 函数中定义了变量 b 和 c,倘若在 f2 函数中也定义变量 b 和 c,它们在内存中占不同的单元,不会混淆。

(3) 形式参数也是局部变量。例如上面 f1 函数中的形参 a,也只在 f1 函数中有效。其他函数可以调用 f1 函数,但不能直接引用 f1 函数的形参 a(例如想在其他函数中输出 a 的值是不行的)。

(4) 在一个函数内部,可以在复合语句中定义变量,这些变量只在本复合语句中有效,这种复合语句也称为"**分程序**"或"**程序块**"。

```
int main ()
    { int a,b;
      ⋮
      { int c;        ⎫
        c＝a+b;        ⎬   c 在此复合语句内有效       ⎫
        ⋮             ⎭                          ⎬  a,b 在此范围内有效
      }                                          ⎭
      ⋮
    }
```

变量 c 只在复合语句(分程序)内有效,离开该复合语句该变量就无效,系统会把它占用的内存单元释放。

7.8.2　全局变量

前已介绍,程序的编译单位是源程序文件,一个源文件可以包含一个或若干个函数。在函数内定义的变量是局部变量,而在函数之外定义的变量称为**外部变量**,外部变量是**全局变量**(也称全程变量)。全局变量可以为本文件中其他函数所共用。它的有效范围为从定义变量的位置开始到本源文件结束。

🔔 **注意**：在函数内定义的变量是局部变量,在函数外定义的变量是全局变量。

分析下面的程序段：

```
    int p=1,q=5;                        //定义外部变量
    float f1(int a)                     //定义函数 f1
      {
         int b,c;                       //定义局部变量
         ⋮
      }
    char c1,c2;            //定义外部变量
    char f2 (int x, int y)    //定义函数 f2
      {
         int i,j;
         ⋮
      }
    int main()             //主函数
      {
         int m,n;
         ⋮
         return 0;
      }
```

全局变量 p,q 的作用范围

全局变量 c1,c2 的作用范围

p,q,c1,c2 都是全局变量,但它们的作用范围不同,在 main 函数和 f2 函数中可以使用全局变量 p,q,c1,c2,但在函数 f1 中只能使用全局变量 p,q,而不能使用 c1 和 c2。

在一个函数中既可以使用本函数中的局部变量,也可以使用有效的全局变量。打个通俗的比方:国家有统一的法律和法规,各省还可以根据需要制定地方的法律和法规。在甲省,国家统一的法律法规和甲省的法律法规都是有效的,而在乙省,则国家统一的法律法规和乙省的法律法规有效。显然,甲省的法律法规在乙省无效。

说明:设置全局变量的作用是增加了函数间数据联系的渠道。由于同一文件中的所有函数都能引用全局变量的值,因此如果在一个函数中改变了全局变量的值,就能影响到其他函数中全局变量的值。相当于各个函数间有直接的传递通道。由于函数的调用只能带回一个函数返回值,因此有时可以利用全局变量来增加函数间的联系渠道,通过函数调用能得到一个以上的值。

为了便于区别全局变量和局部变量,在 C 程序设计人员中有一个习惯(但非规定),将全局变量名的第 1 个字母用大写表示。

【例7.14】 有一个一维数组,内放 10 个学生成绩,写一个函数,当主函数调用此函数后,能求出平均分、最高分和最低分。

解题思路:调用一个函数可以得到一个函数返回值,现在希望通过函数调用能得到 3 个结果。可以利用全局变量来达到此目的。

编写程序:

```
# include <stdio. h>
float Max=0,Min=0;                              //定义全局变量 Max,Min
int main()
  { float average(float array[ ],int n);
    float ave,score[10];
```

```
    int i;
    printf("Please enter 10 scores:");
    for(i=0;i<10;i++)
      scanf("%f",&score[i]);
    ave=average(score,10);
    printf("max=%6.2f\nmin=%6.2f\naverage=%6.2f\n",Max,Min,ave);
    return 0;
  }


float average(float array[ ],int n)              //定义函数,有一形参是数组
  {int i;
    float aver,sum=array[0];
    Max=Min=array[0];
    for(i=1;i<n;i++)
      {if(array[i]>Max)Max=array[i];
       else if(array[i]<Min)Min=array[i];
       sum=sum+array[i];
      }
    aver=sum/n;
    return(aver);
  }
```

运行结果:

```
Please enter 10 scores:89 95 87.5 100 67.5 97 59 84 73 90
max=100.00
min= 59.00
average= 84.20
```

🔍 **程序分析:** 函数 average 中和外界有联系的变量与外界的联系如图 7.15 所示。可以看出:main 函数在调用 average 函数时,把实参数组 score 的首元素地址和整数 10 传递给形参数组 array 和形参变量 n,函数 average 的值是 return 语句带回的 aver 的值(在主函数中赋给了变量 ave)。这样,在 main 函数中就得到了平均分。而最高分和最低分是通过全局变量 Max 和 Min 获得的。由于 Max 和 Min 是全局变量,是公用的,各函数都可以直接引用它们,也可以向它们赋值。现在在 average 函数中,改变了它们的值,最后把最高分和最低分存放在 Max 和 Min 中。在主函数可以使用这两个变量的值。因此在 main 函数中输出的 Max 和 Min 就是希望得到的最高分和最低分。

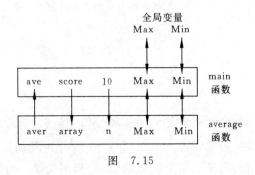

图　7.15

但是，建议不在必要时不要使用全局变量，原因如下：

① 全局变量在程序的全部执行过程中都占用存储单元，而不是仅在需要时才开辟单元。

② 它使函数的通用性降低了，因为如果在函数中引用了全局变量，那么执行情况会受到有关的外部变量的影响，如果将一个函数移到另一个文件中，还要考虑把有关的外部变量及其值一起移过去。但是若该外部变量与其他文件的变量同名时，就会出现问题。这就降低了程序的可靠性和通用性。在程序设计中，在划分模块时要求模块的"内聚性"强、与其他模块的"耦合性"弱。即模块的功能要单一（不要把许多互不相干的功能放到一个模块中），与其他模块的相互影响要尽量少，而用全局变量是不符合这个原则的。一般要求把 C 程序中的函数做成一个相对的封闭体，除了可以通过"实参—形参"的渠道与外界发生联系外，没有其他渠道。这样的程序移植性好，可读性强。

③ 使用全局变量过多，会降低程序的清晰性，人们往往难以清楚地判断出每个瞬时各个外部变量的值。由于在各个函数执行时都可能改变外部变量的值，程序容易出错。因此，要限制使用全局变量。

🔔 **注意**：如果在同一个源文件中，全局变量与局部变量同名，这时会出现什么情况呢？请考虑是按哪一种情况处理：（1）出错；（2）局部变量无效，全局变量有效；（3）在局部变量的作用范围内，局部变量有效，全局变量被"屏蔽"，即它不起作用。请先分析下面的程序。

【例 7.15】 若外部变量与局部变量同名，分析结果。

编写程序：

```
#include <stdio.h>
int a=3,b=5;                          //a,b是全局变量
int main()
  {
     int max(int a,int b);            //函数声明。a,b是形参
     int a=8;                         //a是局部变量   局部变量a的作用范围
     printf("max=%d\n",max(a,b));                    全局变量b的作用范围
     return 0;
  }

int max(int a,int b)        //a,b是函数形参
  {int c;
   c=a>b? a:b;              //把a和b中的大者存放在c中   形参a,b的作用范围
   return(c);
  }
```

运行结果：

```
max=8
```

🔍 **程序分析**：在此例中，故意重复使用 a 和 b 作变量名，请读者区别不同的 a 和 b 的含义及作用范围。程序第 2 行定义了全局变量 a 和 b，并对其初始化。第 3 行是 main 函数，在 main 函数中（第 6 行）定义了一个局部变量 a。局部变量 a 的作用范围为第 6～8 行。

在此范围内全局变量 a 被局部变量 a 屏蔽,相当于全局变量 a 在此范围内不存在(即它不起作用),而全局变量 b 在此范围内有效。因此第 6 行中 max(a,b)的实参 a 应是局部变量 a,所以 max(a,b)相当于 max(8,5)。它的值为 8。

第 10 行起定义 max 函数,形参 a 和 b 是局部变量。全局变量 a 和 b 在 max 函数范围内不起作用,所以函数 max 中的 a 和 b 不是全局变量 a 和 b,而是形参 a 和 b,它们的值是由实参传给形参的,即 8 和 5。从运行结果看,max(a,b)的返回值为 8,而不是 5。验证了以上的分析。

*7.9　变量的存储方式和生存期

7.9.1　动态存储方式与静态存储方式

从 7.8 节已知,从变量的作用域(即从空间)的角度来观察,变量可以分为**全局变量**和**局部变量**。

还可以从另一个角度,即从变量值**存在的时间**(即**生存期**)来观察。有的变量在程序运行的整个过程都是存在的,而有的变量则是在调用其所在的函数时才临时分配存储单元,而在函数调用结束后该存储单元就马上释放了,变量不存在了。也就是说,变量的存储有两种不同的方式:**静态存储方式**和**动态存储方式**。静态存储方式是指在程序运行期间由系统分配固定的存储空间的方式,而动态存储方式则是在程序运行期间根据需要进行动态的分配存储空间的方式。

先看一下内存中的供用户使用的存储空间的情况。这个存储空间可以分为 3 部分:
(1) 程序区;
(2) 静态存储区;
(3) 动态存储区。
见图 7.16。

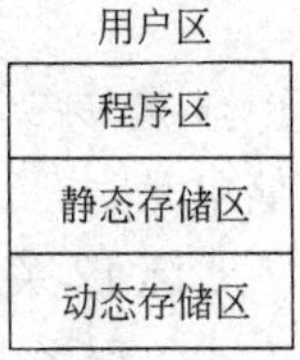

用户区
程序区
静态存储区
动态存储区

图　7.16

数据分别存放在静态存储区和动态存储区中。全局变量全部存放在静态存储区中,在程序开始执行时给全局变量分配存储区,程序执行完毕就释放。在程序执行过程中它们占据固定的存储单元,而不是动态地进行分配和释放。

在动态存储区中存放以下数据:
① 函数形式参数。在调用函数时给形参分配存储空间。
② 函数中定义的没有用关键字 static 声明的变量,即自动变量(详见后面的介绍)。
③ 函数调用时的现场保护和返回地址等。

对以上这些数据,在函数调用开始时分配动态存储空间,函数结束时释放这些空间。在程序执行过程中,这种分配和释放是动态的,如果在一个程序中两次调用同一函数,而在此函数中定义了局部变量,在两次调用时分配给这些局部变量的存储空间的地址可能是不相同的。

如果一个程序中包含若干个函数,每个函数中的局部变量的生存期并不等于整个程序的执行周期,它只是程序执行周期的一部分。在程序执行过程中,先后调用各个函数,此时会动态地分配和释放存储空间。

　　在 C 语言中，每一个变量和函数都有两个属性：**数据类型**和**数据的存储类别**。对数据类型，读者已经熟知(如整型、浮点型等)。存储类别指的是数据在内存中存储的方式(如静态存储和动态存储)。

　　在定义和声明变量和函数时，一般应同时指定其数据类型和存储类别，也可以采用默认方式指定(即如果用户不指定，系统会隐含地指定为某一种存储类别)。

　　C 的存储类别包括 4 种：**自动的(auto)、静态的(static)、寄存器的(register)、外部的(extern)**。根据变量的存储类别，可以知道变量的作用域和生存期。下面分别作介绍。

7.9.2　局部变量的存储类别

1. 自动变量(auto 变量)

　　函数中的局部变量，如果不专门声明为 static(静态)存储类别，都是动态地分配存储空间的，数据存储在动态存储区中。函数中的形参和在函数中定义的局部变量(包括在复合语句中定义的局部变量)，都属于此类。在调用该函数时，系统会给这些变量分配存储空间，在函数调用结束时就自动释放这些存储空间。因此这类局部变量称为**自动变量**。自动变量用关键字 auto 作存储类别的声明。例如：

```
int f(int a)                    //定义 f 函数,a 为形参
{
    auto int b,c=3;             //定义 b,c 为自动变量
    ⋮
}
```

其中，a 是形参，b 和 c 是自动变量，对 c 赋初值 3。执行完 f 函数后，自动释放 a,b,c 所占的存储单元。

　　实际上，关键字 auto 可以省略，**不写 auto 则隐含指定为"自动存储类别"**，它属于动态存储方式。程序中大多数变量属于自动变量。前面几章中介绍的例子，在函数中定义的变量都没有声明为 auto，其实都隐含指定为自动变量。例如，在函数体中：

```
int b,c=3;
```

与

```
auto int b,c=3;
```

等价。

2. 静态局部变量(static 局部变量)

　　有时希望函数中的局部变量的值在函数调用结束后不消失而继续保留原值，即其占用的存储单元不释放，在下一次再调用该函数时，该变量已有值(就是上一次函数调用结束时的值)。这时就应该指定该局部变量为"静态局部变量"，用关键字 static 进行声明。通过下面简单的例子可以了解它的特点。

　　【例 7.16】　考察静态局部变量的值。

编写程序：

```
#include <stdio.h>
int main()
  {int f(int);                          //函数声明
   int a=2,i;                           //自动局部变量
   for(i=0;i<3;i++)
     printf("%d\n",f(a));               //输出 f(a)的值
   return 0;
  }

int f(int a)
  {auto   int b=0;                      //自动局部变量
   static int c=3;                      //静态局部变量
   b=b+1;
   c=c+1;
   return(a+b+c);
  }
```

运行结果：

```
7
8
9
```

🔍 **程序分析**：main 函数第 1 次调用 f 函数时，实参 a 的值为 2，它传递给形参 a。f 函数中的局部变量 b 的初值为 0，c 的初值为 3，第 1 次调用结束时，b=1，c=4，a+b+c=7。由于 c 被定义为静态局部变量，在函数调用结束后，它并不释放，仍保留 c 的值为 4。在第 2 次调用 f 函数时，b 的初值为 0，而 c 的初值为 4(上次调用结束时的值)，见图 7.17。先后 3 次调用 f 函数时，b 和 c 的值如表 7.1 所示。

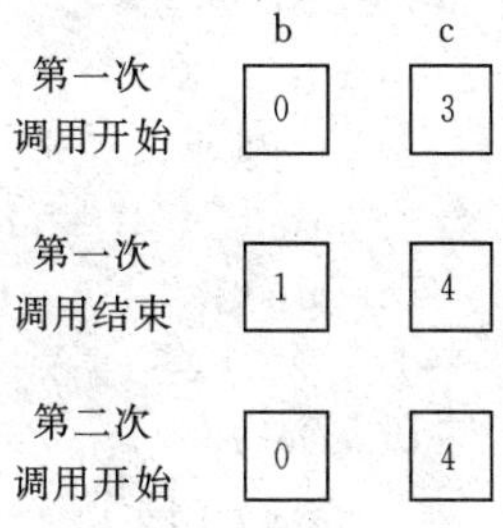

	b	c
第一次 调用开始	0	3
第一次 调用结束	1	4
第二次 调用开始	0	4

图　7.17

表 7.1　静态变量与自动变量的值的比较分析

第几次调用	调用时初值		调用结束时的值		
	b	c	b	c	a+b+c
第 1 次	0	3	1	4	7
第 2 次	0	4	1	5	8
第 3 次	0	5	1	6	9

注：c 是静态局部变量，函数调用结束后，它并不释放，保留其当前值。

🐂 **说明：**

(1) 静态局部变量属于静态存储类别，在**静态存储区**内分配存储单元。在程序整个运行期间都不释放。而自动变量(即动态局部变量)属于动态存储类别，分配在动态存储区空间而不在静态存储区空间，函数调用结束后即释放。

（2）对静态局部变量是在编译时赋初值的，即只赋初值一次，在程序运行时它已有初值。以后每次调用函数时不再重新赋初值而只是保留上次函数调用结束时的值。而对自动变量赋初值，不是在编译时进行的，而是在函数调用时进行的，每调用一次函数重新给一次初值，相当于执行一次赋值语句。

（3）如果在定义局部变量时不赋初值的话，则对静态局部变量来说，编译时自动赋初值0（对数值型变量）或空字符'\0'（对字符变量）。而对自动变量来说，它的值是一个不确定的值。这是由于每次函数调用结束后存储单元已释放，下次调用时又重新另分配存储单元，而所分配的单元中的内容是不可知的。

（4）虽然静态局部变量在函数调用结束后仍然存在，但其他函数是不能引用它的。因为它是局部变量，只能被本函数引用，而不能被其他函数引用。

什么情况下需要用局部静态变量呢？需要保留函数上一次调用结束时的值时，例如可以用下面方法求 $n!$。

【例 7.17】 输出 1 到 5 的阶乘值。

解题思路：可以编一个函数用来进行连乘，如第 1 次调用时进行 1 乘 1，第 2 次调用时再乘以 2，第 3 次调用时再乘以 3，依此规律进行下去。

编写程序：

```
#include <stdio.h>
int main()
  {int fac(int n);
   int i;
   for(i=1;i<=5;i++)                    //先后5次调用fac函数
     printf("%d!=%d\n",i,fac(i));       //每次计算并输出i!的值
   return 0;
  }
int fac(int n)
  { static int f=1;                     //f保留了上次调用结束时的值
    f=f*n;                              //在上次的f值的基础上再乘以n
    return(f);                          //返回值f是n!的值
  }
```

运行结果：

```
1!=1
2!=2
3!=6
4!=24
5!=120
```

💡 **说明：**

（1）每次调用 fac(i)，输出一个 i!，同时保留这个 i! 的值以便下次再乘(i+1)。

（2）如果函数中的变量只被引用而不改变值，则定义为静态局部变量（同时初始化）比较方便，以免每次调用时重新赋值。

但是应该看到，用静态存储要多占内存（长期占用不释放，而不能像动态存储那样一个存储单元可以先后为多个变量使用，节约内存），而且降低了程序的可读性，当调用次

数多时往往弄不清静态局部变量的当前值是什么。因此,若非必要,不要多用静态局部变量。

3. 寄存器变量(register 变量)

一般情况下,变量(包括静态存储方式和动态存储方式)的值是存放在内存中的。当程序中用到哪一个变量的值时,由控制器发出指令将内存中该变量的值送到运算器中。经过运算器进行运算,如果需要存数,再从运算器将数据送到内存存放,见图 7.18。

如果有一些变量使用频繁(例如,在一个函数中执行 10 000 次循环,每次循环中都要引用某局部变量),则为存取变量的值要花费不少时间。为提高执行效率,允许将局部变量的值放在 CPU 中的寄存器中,需要用时直接从寄存器取出参加运算,不必再到内存中去存取。由于对寄存器的存取速度远高于对内存的存取速度,因此这样做可以提高执行效率。这种变量叫做**寄存器变量**,用关键字 register 作声明。如

图　7.18

```
register int f;                    //定义 f 为寄存器变量
```

由于现在的计算机的速度愈来愈快,性能愈来愈高,优化的编译系统能够识别使用频繁的变量,从而自动地将这些变量放在寄存器中,而不需要程序设计者指定。因此,现在实际上用 register 声明变量的必要性不大。在此不详细介绍它的使用方法和有关规定,读者只需要知道有这种变量即可,以便在阅读他人写的程序时遇到 register 时不会感到困惑。

🔔**注意**:3 种局部变量的存储位置是不同的:自动变量存储在动态存储区;静态局部变量存储在静态存储区;寄存器存储在 CPU 中的寄存器中。

7.9.3　全局变量的存储类别

全局变量都是存放在静态存储区中的。因此它们的生存期是固定的,存在于程序的整个运行过程。但是,对全局变量来说,还有一个问题尚待解决,就是它的作用域究竟从什么位置起,到什么位置止。作用域是包括整个文件范围还是文件中的一部分范围?是在一个文件中有效还是在程序的所有文件中都有效?这就需要指定不同的存储类别。

一般来说,外部变量是在函数的外部定义的全局变量,它的作用域是从变量的定义处开始,到本程序文件的末尾。在此作用域内,全局变量可以为程序中各个函数所引用。但有时程序设计人员希望能扩展外部变量的作用域。有以下几种情况。

1. 在一个文件内扩展外部变量的作用域

如果外部变量不在文件的开头定义,其有效的作用范围只限于定义处到文件结束。在定义点之前的函数不能引用该外部变量。如果由于某种考虑,在定义点之前的函数需要引用该外部变量,则应该在引用之前用关键字 **extern** 对该变量作"**外部变量声明**",表示把该外部变量的作用域扩展到此位置。有了此声明,就可以从"声明"处起,合法地使用该外部变量。例如:

【**例 7.18**】　调用函数,求 3 个整数中的大者。

解题思路：用 extern 声明外部变量，扩展外部变量在程序文件中的作用域。

编写程序：

```c
#include <stdio.h>
int main()
 {int max();
  extern int A,B,C;                        //把外部变量 A,B,C 的作用域扩展到从此处开始
  printf("Please enter three integer numbers:");
  scanf("%d %d %d",&A,&B,&C);              //输入 3 个整数给 A,B,C
  printf("max is %d\n",max());
  return 0;
 }

int A ,B ,C;                               //定义外部变量 A,B,C

int max()
 {int m;
  m=A>B? A:B;                              //把 A 和 B 中的大者放在 m 中
  if(C>m) m=C;                             //将 A,B,C 三者中的大者放在 m 中
  return(m);                               //返回 m 的值
 }
```

运行结果：

```
Please enter three integer numbers:34 67 12
max is 67
```

这个例子很简单，主要用来说明使用外部变量的方法。由于定义外部变量 A,B,C 的位置在函数 main 之后，本来在 main 函数中是不能引用外部变量 A,B,C 的。现在，在 main 函数的开头用 extern 对 A,B,C 进行"外部变量声明"，把 A,B,C 的作用域扩展到该位置。这样在 main 函数中就可以合法地使用全局变量 A,B,C 了，用 scanf 函数给外部变量 A,B,C 输入数据。如果不作 extern 声明，编译 main 函数时就会出错，系统无从知道 A,B,C 是后来定义的外部变量。

由于 A,B,C 是外部变量，所以在调用 max 函数时用不到参数传递。在 max 函数中可直接使用外部变量 A,B,C 的值。

💥**注意**：提倡将外部变量的定义放在引用它的所有函数之前，这样可以避免在函数中多加一个 extern 声明。

用 extern 声明外部变量时，类型名可以写也可以省写。例如，"extern int A,B,C;"也可以写成"extern A,B,C;"。因为它不是定义变量，可以不指定类型，只须写出外部变量名即可。

2. 将外部变量的作用域扩展到其他文件

一个 C 程序可以由一个或多个源程序文件组成。如果程序只由一个源文件组成，使用外部变量的方法前面已经介绍。如果程序由多个源程序文件组成，那么在一个文件中想引用另一个文件中已定义的外部变量，有什么办法呢？

如果一个程序包含两个文件,在两个文件中都要用到同一个外部变量 Num,不能分别在两个文件中各自定义一个外部变量 Num,否则在进行程序的连接时会出现"重复定义"的错误。正确的做法是:在任一个文件中定义外部变量 Num,而在另一文件中用 extern 对 Num 作"外部变量声明",即"extern Num;"。在编译和连接时,系统会由此知道 Num 有"外部链接",可以从别处找到已定义的外部变量 Num,并将在另一文件中定义的外部变量 Num 的作用域扩展到本文件,在本文件中可以合法地引用外部变量 Num。

下面举一个简单的例子来说明这种引用。

【例 7.19】　给定 b 的值,输入 a 和 m,求 $a*b$ 和 a^m 的值。

解题思路:分别编写两个文件模块,其中文件 file1 包含主函数,另一个文件 file2 包含求 a^m 的函数。在 file1 文件中定义外部变量 A,在 file2 中用 extern 声明外部变量 A,把 A 的作用域扩展到 file2 文件。

编写程序:

文件 file1.c:

```
#include <stdio.h>
int A;                                          //定义外部变量
int main()
 {int power(int);                               //函数声明
  int b=3,c,d,m;
  printf("enter the number a and its power m:\n");
  scanf("%d,%d",&A,&m);
  c=A*b;
  printf("%d * %d=%d\n",A,b,c);
  d=power(m);
  printf("%d * * %d=%d\n",A,m,d);
  return 0;
 }
```

文件 file2.c:

```
extern   A;              //把在 file1 文件中已定义的外部变量的作用域扩展到本文件
int power(int n)
 {int i,y=1;
  for(i=1;i<=n;i++)
    y * =A;
  return(y);
 }
```

运行结果:

```
enter the number a and its power m:
13,3
13*3=39
13**3=2197
```

从键盘输入 a 的值为 13,m 的值为 3,程序输出: $13*3=39,13^3=2197$。由于计算机无法输出上角,故以"**"代表幂次,13**3 表示 13^3。这是借用 FORTRAN 语言表示乘方的方法。

关于怎样编译和运行包括多个文件的程序，可参考《C程序设计（第五版）学习辅导》（清华大学出版社出版）一书的"C语言上机指南"部分。

🔍 **程序分析**：file2.c文件的开头有一个extern声明，它声明在本文件中出现的变量A是一个"在其他文件中定义过的外部变量"。本来外部变量A的作用域是file1.c，但现在用extern声明将其作用域扩大到file2.c文件。假如某一程序包括了5个源文件模块，在一个文件中定义外部整型变量A，其他4个文件都可以引用A，但必须在每一个文件中都加上一个"extern A;"声明。在各文件经过编译后，将各目标文件连接成一个可执行的目标文件。

🐑 **说明**：用这种方法扩展全局变量的作用域应十分慎重，因为在执行一个文件中的操作时，可能会改变该全局变量的值，会影响到另一文件中全局变量的值，从而影响该文件中函数的执行结果。

有的读者可能会问：extern既可以用来扩展外部变量在本文件中的作用域，又可以使外部变量的作用域从一个文件扩展到程序中的其他文件，那么系统怎么区别处理呢？实际上，在编译时遇到extern时，先在本文件中找外部变量的定义，如果找到，就在本文件中扩展作用域；如果找不到，就在连接时从其他文件中找外部变量的定义。如果从其他文件中找到了，就将作用域扩展到本文件；如果再找不到，就按出错处理。

3. 将外部变量的作用域限制在本文件中

有时在程序设计中希望某些外部变量只限于被本文件引用，而不能被其他文件引用。这时可以在定义外部变量时加一个static声明。

例如：

```
file1.c                    file2.c
static int A;              extern   A;
int main ()                void fun (int n)
  {                          {
  ⋮                          ⋮
  }                          A=A*n;              //出错
                             ⋮
                           }
```

在file1.c中定义了一个全局变量A，但它用了static声明，把变量A的作用域限制在本文件范围内，虽然在file2中用了"extern A;"，但仍然不能使用file1.c中的全局变量A。

这种加上static声明、只能用于本文件的外部变量称为**静态外部变量**。在程序设计中，常由若干人分别完成各个模块，各人可以独立地在其设计的文件中使用相同的外部变量名而互不相干。只须在每个文件中定义外部变量时加上static即可。这就为程序的模块化、通用性提供方便。如果已确认其他文件不需要引用本文件的外部变量，就可以对本文件中的外部变量都加上static，成为静态外部变量，以免被其他文件误用。这就相当于把本文件的外部变量对外界"屏蔽"起来，从其他文件的角度看，这个静态外部变量是"看不见，不能用"的。至于在各文件中在函数内定义的局部变量，本来就不能被函数外引用，更不能被其他文件引用,因此是安全的。

💡 **说明**：不要误认为对外部变量加 static 声明后才采取静态存储方式(存放在静态存储区中),而不加 static 的是采取动态存储(存放在动态存储区)。声明局部变量的存储类型和声明全局变量的存储类型的含义是不同的。对于局部变量来说,声明存储类型的作用是指定变量存储的区域(静态存储区或动态存储区)以及由此产生的生存期的问题,而对于全局变量来说,由于都是在编译时分配内存的,都存放在静态存储区,声明存储类型的作用是变量作用域的扩展问题。

用 static 声明一个变量的作用是：

(1) 对局部变量用 static 声明,把它分配在静态存储区,该变量在整个程序执行期间不释放,其所分配的空间始终存在。

(2) 对全局变量用 static 声明,则该变量的作用域只限于本文件模块(即被声明的文件中)。

⚠️ **注意**：用 auto,register 和 static 声明变量时,是在定义变量的基础上加上这些关键字,而不能单独使用。下面的用法不对：

```
int a;                          //先定义整型变量 a
static a;                       //企图再将变量 a 声明为静态变量
```

编译时会被认为"重新定义"。

7.9.4　存储类别小结

从以上可知,对一个数据的定义,需要指定两种属性：**数据类型**和**存储类别**,分别使用两个关键字。例如：

```
static int a;                   //静态局部整型变量或静态外部整型变量
auto char c;                    //自动变量,在函数内定义
register int d;                 //寄存器变量,在函数内定义
```

此外,可以用 extern 声明已定义的外部变量,例如：

```
extern b;                       //将已定义的外部变量 b 的作用域扩展至此
```

下面从不同角度做些归纳：

(1) 从作用域角度分,有局部变量和全局变量。它们采用的存储类别如下：

按作用域角度分
- 局部变量
  - 自动变量,即动态局部变量(离开函数,值就消失)
  - 静态局部变量(离开函数,值仍保留)
  - 寄存器变量(离开函数,值就消失)
  - (形式参数可以定义为自动变量或寄存器变量)
- 全局变量
  - 静态外部变量(只限本文件引用)
  - 外部变量(即非静态的外部变量,允许其他文件引用)

(2) 从变量存在的时间(生存期)来区分,有动态存储和静态存储两种类型。静态存储是程序整个运行时间都存在,而动态存储则是在调用函数时临时分配单元。

$$按变量的生存期分\begin{cases}动态存储\begin{cases}自动变量（本函数内有效）\\寄存器变量（本函数内有效）\\形式参数（本函数内有效）\end{cases}\\静态存储\begin{cases}静态局部变量（函数内有效）\\静态外部变量（本文件内有效）\\外部变量（用\ extern\ 声明后，其他文件可引用）\end{cases}\end{cases}$$

（3）从变量值存放的位置来区分，可分为：

$$按变量值存\\放的位置分\begin{cases}内存中静态存储区\begin{cases}静态局部变量\\静态外部变量（函数外\\部静态变量）\\外部变量（可为其他文\\件引用）\end{cases}\\内存中动态存储区：自动变量和形式参数\\CPU\ 中的寄存器：寄存器变量\end{cases}$$

（4）关于作用域和生存期的概念。从前面叙述可以知道，对一个变量的属性可以从两个方面分析，一是变量的作用域，一是变量值存在时间的长短，即生存期。前者是从空间的角度，后者是从时间的角度。二者有联系但不是同一回事。图 7.19 是作用域的示意图，图 7.20 是生存期的示意图。

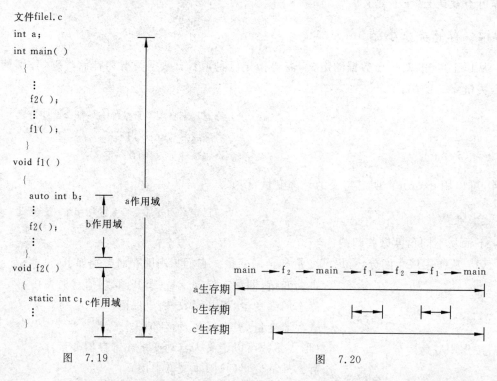

图 7.19   图 7.20

如果一个变量在某个文件或函数范围内是有效的，就称该范围为该变量的**作用域**，在此作用域内可以引用该变量，在专业书中称变量在此作用域内"可见"，这种性质称为变量的**可见性**。例如图 7.19 中变量 a 和 b 在函数 f1 中"可见"。如果一个变量值在某一时刻是存在的,则认为这一时刻属于该变量的**生存期**,或称该变量在此时刻**"存在"**。表7.2表示各种类型变量的作用域和存在性的情况。

表7.2 各种类型变量的作用域和存在性的情况

变量存储类别	函 数 内		函 数 外	
	作用域	存在性	作用域	存在性
自动变量和寄存器变量	√	√	×	×
静态局部变量	√	√	×	√
静态外部变量	√	√	√(只限本文件)	√
外部变量	√	√	√	√

表7.2中"√"表示"是","×"表示"否"。可以看到自动变量和寄存器变量在函数内外的"可见性"和"存在性"是一致的,即离开函数后,值不能被引用,值也不存在。静态外部变量和外部变量的可见性和存在性也是一致的,在离开函数后变量值仍存在,且可被引用,而静态局部变量的可见性和存在性不一致,离开函数后,变量值存在,但不能被引用。

(5) static对局部变量和全局变量的作用不同。对局部变量来说,它使变量由动态存储方式改变为静态存储方式。而对全局变量来说,它使变量局部化(局部于本文件),但仍为静态存储方式。从作用域角度看,凡有static声明的,其作用域都是局限的,或者局限于本函数内(静态局部变量),或者局限于本文件内(静态外部变量)。

7.10 关于变量的声明和定义

在第2章中介绍了如何定义一个变量。在本章中又介绍了如何对一个变量作声明。可能有些读者弄不清楚定义与声明有什么区别,它们是否是一回事。有人认为声明就是定义,有人认为只有赋了值的才是定义。在C语言的学习中,关于定义与声明这两个名词的使用上始终存在着混淆。不仅许多初学者没有搞清楚,连不少介绍C语言的教材也没有给出准确的介绍。

从第2章已经知道,一个函数一般由两部分组成:**声明部分**和**执行语句**。声明部分的作用是对有关的标识符(如变量、函数、结构体、共用体等)的属性进行声明。对于函数而言,声明和定义的区别是明显的,在本章7.4节中已说明,函数的声明是函数的原型,而函数的定义是对函数功能的定义。对被调用函数的声明是放在主调函数的声明部分中的,而函数的定义显然不在声明部分的范围内,它是一个独立的模块。

对变量而言,声明与定义的关系稍微复杂一些。在声明部分出现的变量有两种情况:一种是需要建立存储空间的(如"int a;"),另一种是不需要建立存储空间的(如"extern a;")。前者称为**定义性声明**(defining declaration),或简称**定义**(definition);后者称为**引用性声明**(referencing declaration)。广义地说,声明包括定义,但并非所有的声明都是定义。对"int a;"而言,它既是声明,又是定义;而对"extern a;"而言,它是声明而不是定义。一般为了叙述方便,把建立存储空间的声明称定义,而把不需要建立存储空间的声明称为声明。

显然这里指的声明是狭义的，即非定义性声明。例如：

```
int main()
 {
    extern A;            //是声明,不是定义。声明将已定义的外部变量 A 的作用域扩展到此
    ⋮
    return 0;
 }
int A;                   //是定义,定义 A 为整型外部变量
```

外部变量定义和外部变量声明的含义是不同的。外部变量的定义只能有一次,它的位置在所有函数之外。在同一文件中,可以有多次对同一外部变量的声明,它的位置可以在函数之内(哪个函数要用就在哪个函数中声明),也可以在函数之外。系统根据外部变量的定义(而不是根据外部变量的声明)分配存储单元。对外部变量的初始化只能在"定义"时进行,而不能在"声明"中进行。所谓"声明",其作用是声明该变量是一个已在其他地方已定义的外部变量,仅仅是为了扩展该变量的作用范围而作的"声明"。

　　注意：有一个简单的结论,在函数中出现的对变量的声明(除了用 extern 声明的以外)都是定义。在函数中对其他函数的声明不是函数的定义。

*7.11　内部函数和外部函数

变量有作用域,有局部变量和外部变量之分,那么函数有没有类似的问题呢？答案是有的。有的函数可以被本文件中的其他函数调用,也可以被其他文件中的函数调用,而有的函数只能被本文件中的其他函数调用,不能被其他文件中的函数调用。

函数本质上是全局的,因为定义一个函数的目的就是要被另外的函数调用。如果不加声明的话,一个文件中的函数既可以被本文件中其他函数调用,也可以被其他文件中的函数调用。但是,也可以指定某些函数不能被其他文件调用。根据函数能否被其他源文件调用,将函数区分为**内部函数**和**外部函数**。

7.11.1　内部函数

如果一个函数只能被本文件中其他函数所调用,它称为**内部函数**。在定义内部函数时,在函数名和函数类型的前面加 static,即：

static 类型名 函数名(形参表)；

例如,函数的首行：

static int fun(int a,int b)

表示 fun 是一个内部函数,不能被其他文件调用。

内部函数又称**静态函数**,因为它是用 static 声明的。使用内部函数,可以使函数的作用域只局限于所在文件。这样,在不同的文件中即使有同名的内部函数,也互不干扰,不必担心所用函数是否会与其他文件模块中的函数同名。

通常把只能由本文件使用的函数和外部变量放在文件的开头,前面都冠以 static 使之

局部化,其他文件不能引用。这就提高了程序的可靠性。

7.11.2　外部函数

如果在定义函数时,在函数首部的最左端加关键字 extern,则此函数是**外部函数**,可供其他文件调用。

如函数首部可以为

extern int fun（int a, int b）

这样,函数 fun 就可以为其他文件调用。C 语言规定,如果在定义函数时省略 extern,则默认为外部函数。本书前面所用的函数都是外部函数。

在需要调用此函数的其他文件中,需要对此函数作声明(不要忘记,即使在本文件中调用一个函数,也要用函数原型进行声明)。在对此函数作声明时,要加关键字 extern,表示该函数“是在其他文件中定义的外部函数”。

通过下面的例子,可以具体地了解怎样使用外部函数。

【例 7.20】　有一个字符串,内有若干个字符,现输入一个字符,要求程序将字符串中该字符删去。用外部函数实现。

解题思路:算法是这样的:用一个字符数组 str 存放一个字符串,然后对 str 数组中的字符逐个检查,如果不是指定要删除的字符就仍将它存放在数组中,见图 7.21(设删除空格)。

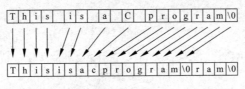

图　7.21

从 str[0]开始逐个检查数组元素值是否等于指定要删除的字符,若不是就依次留在数组中;若是就不保留。从图 7.21 中可以看到,应将 str[0]赋给 str[0],str[1]⇒str[1],str[2]⇒str[2],str[3]⇒str[3],str[4]是要删除的字符,不应存放在 str 数组中,然后 str[5]⇒str[4]……

可分别定义 3 个函数用来输入字符串、删除字符、输出字符串。按题目要求把以上 3 个函数分别放在 3 个文件中。main 函数在另一文件中,main 函数调用以上 3 个函数,实现题目的要求。

编写程序:

```
file1.c(文件 1)
# include <stdio.h>
int main()
    {
    extern void enter_string(char str[]);                    //对函数的声明
    extern void delete_string(char str[],char ch);           //对函数的声明
    extern void print_string(char str[]);                    //对函数的声明
    //以上 3 行声明了在本函数中将要调用的已在其他文件中定义的 3 个函数
    char c,str[80];
```

```
            enter_string(str);                        //调用在其他文件中定义的 enter_string 函数
            scanf("%c",&c);                           //输入要求删去的字符
            delete_string(str,c);                     //调用在其他文件中定义的 delete_string 函数
            print_string(str);                        //调用在其他文件中定义的 print_string 函数
            return 0;
        }
```

file2.c(文件 2)
```
void enter_string(char str[80])                       //定义外部函数 enter_string
    {
        gets(str);                                    //向字符数组输入字符串
    }
```

file3.c(文件 3)
```
void delete_string(char str[],char ch)                //定义外部函数 delete_string
    {int i,j;
    for(i=j=0;str[i]!='\0';i++)
        if(str[i]!=ch)
            str[j++]=str[i];
    str[j]='\0';
    }
```

file4.c(文件 4)
```
void print_string(char str[])                         //定义外部函数 print_string
    {
        printf("%s\n",str);
    }
```

运行结果:

```
This is a C program
ThisisaCprogram
```

输入字符串"This is a C program"给字符数组 str,再输入要删去的字符''(空格字符),程序输出已删去空格的字符串"ThisisaCprogram"。

🔍 **程序分析**:整个程序由 4 个文件组成。每个文件包含一个函数。主函数是主控函数,在主函数中除了声明部分外,只由 4 个函数调用语句组成。其中 scanf 是库函数,另外 3 个是用户自己定义的函数。函数 dedele_string 的作用是根据给定的字符串和要删除的字符 ch,对字符串作删除处理。

程序中 3 个函数都是外部函数。在 main 函数中用 extern 声明在 main 函数中用到的 enter_string,delete_string 和 print_string 是在其他文件中定义的外部函数。

读者注意分析如何控制循环变量 i 和 j 的变化,以便使被删除的字符,不保留在原数组中。

这个题目当然可以设两个数组,把不删除的字符一一赋给新数组。但我们只用一个数组,只把不被删除的字符保留下来。由于 i 总是大于或等于 j,因此最后保留下来的字符不

会覆盖未被检测处理的字符。注意：最后要将结束符'\0'也复制到被保留的字符后面。

通过这个简单的例子可知：使用 extern 声明就能够在本文件中调用在其他文件中定义的函数，或者说把该函数的作用域扩展到本文件。extern 声明的形式就是在函数原型基础上加关键字 extern(见本例 main 函数中的 3 个函数声明形式)。

由于函数在本质上是外部的，在程序中经常要调用其他文件中的外部函数，为方便编程，C 语言允许在声明函数时省写 extern。例 7.19 程序中 main 函数中对 power 函数的声明就没有用 extern，但作用相同。一般都省写 extern，例如例 7.20 程序中 main 函数中的第一个函数声明可写成

void enter_string(char str[]);

这就是多次用过的函数原型。

👉**说明**：由此可以进一步理解函数原型的作用。用函数原型能够把函数的作用域扩展到定义该函数的文件之外(不必使用 extern)。只要在使用该函数的每一个文件中包含该函数的函数原型即可。函数原型通知编译系统：该函数在本文件中稍后定义，或在另一文件中定义。

利用函数原型扩展函数作用域最常见的例子是 ♯include 指令的应用。在前面几章中曾多次使用过 ♯include 指令，并提到过：在 ♯include 指令所指定的"头文件"中包含调用库函数时所需的信息。例如，在程序中需要调用 sin 函数，但三角函数并不是由用户在本文件中定义的，而是存放在数学函数库中的。按以上的介绍，必须在本文件中写出 sin 函数的原型，否则无法调用 sin 函数。sin 函数的原型是

double sin(double x);

显然，要求程序设计者在调用库函数时先从手册中查出所用的库函数的原型，并在程序中一一写出来是十分麻烦而困难的。为减少程序设计者的困难，在头文件 math.h 中包括了所有数学函数的原型和其他有关信息，用户只须用以下 ♯include 指令：

♯include <math.h>

在该文件中就能合法地调用系统提供的各种数学库函数了。

👉**说明**：在本章中接触到一些重要的概念和方法，这些对于一个程序工作者来说，是必须了解和掌握的。尤其在完成一定规模和深度的程序设计任务时，会用到本章介绍的知识和方法。由于篇幅的关系，本章只介绍了最基本的内容。希望读者能认真消化这些内容，尽量多做一些习题，多上机实践，为以后的深入学习和编程打下良好的基础。

习　题

1. 写两个函数，分别求两个整数的最大公约数和最小公倍数，用主函数调用这两个函数，并输出结果。两个整数由键盘输入。

2. 求方程 $ax^2+bx+c=0$ 的根，用 3 个函数分别求当：b^2-4ac 大于 0、等于 0 和小于 0 时的根并输出结果。从主函数输入 a,b,c 的值。

3. 写一个判素数的函数，在主函数输入一个整数，输出是否为素数的信息。

4. 写一个函数，使给定的一个 3×3 的二维整型数组转置，即行列互换。

5. 写一个函数，使输入的一个字符串按反序存放，在主函数中输入和输出字符串。

6. 写一个函数，将两个字符串连接。

7. 写一个函数，将一个字符串中的元音字母复制到另一字符串，然后输出。

8. 写一个函数，输入一个 4 位数字，要求输出这 4 个数字字符，但每两个数字间空一个空格。如输入 1990，应输出 "1 9 9 0"。

9. 编写一个函数，由实参传来一个字符串，统计此字符串中字母、数字、空格和其他字符的个数，在主函数中输入字符串以及输出上述的结果。

10. 写一个函数，输入一行字符，将此字符串中最长的单词输出。

11. 写一个函数，用"起泡法"对输入的 10 个字符按由小到大顺序排列。

12. 用牛顿迭代法求根。方程为 $ax^3 + bx^2 + cx + d = 0$，系数 a, b, c, d 的值依次为 1，2，3，4，由主函数输入。求 x 在 1 附近的一个实根。求出根后由主函数输出。

13. 用递归方法求 n 阶勒让德多项式的值，递归公式为

$$P_n(x) = \begin{cases} 1 & (n = 0) \\ x & (n = 1) \\ ((2n-1) \times x - p_{n-1}(x) - (n-1) \times P_{n-2}(x))/n & (n \geqslant 1) \end{cases}$$

14. 输入 10 个学生 5 门课的成绩，分别用函数实现下列功能：

① 计算每个学生的平均分；

② 计算每门课的平均分；

③ 找出所有 50 个分数中最高的分数所对应的学生和课程；

④ 计算平均分方差：

$$\sigma = \frac{1}{n} \sum x_i^2 - \left[\frac{\sum x_i}{n} \right]^2$$

其中，x_i 为某一学生的平均分。

15. 写几个函数：

① 输入 10 个职工的姓名和职工号；

② 按职工号由小到大顺序排序，姓名顺序也随之调整；

③ 要求输入一个职工号，用折半查找法找出该职工的姓名，从主函数输入要查找的职工号，输出该职工姓名。

16. 写一个函数，输入一个十六进制数，输出相应的十进制数。

17. 用递归法将一个整数 n 转换成字符串。例如，输入 483，应输出字符串"483"。n 的位数不确定，可以是任意位数的整数。

18. 给出年、月、日，计算该日是该年的第几天。

第8章 善于利用指针

指针是 C 语言中的一个重要概念,也是 C 语言的一个重要特色。正确而灵活地运用它,可以使程序简洁、紧凑、高效。每一个学习和使用 C 语言的人,都应当深入地学习和掌握指针。可以说,不掌握指针就是没有掌握 C 的精华。

指针的概念比较复杂,使用也比较灵活,因此初学时常会出错,务请在学习本章内容时十分小心,多思考、多比较、多上机,在实践中掌握它。本书在叙述时也力图用通俗易懂的方法使读者易于理解。

8.1 指针是什么

为了说清楚什么是指针,必须先弄清楚数据在内存中是如何存储的,又是如何读取的。

如果在程序中定义了一个变量,在对程序进行编译时,系统就会给这个变量分配内存单元。编译系统根据程序中定义的变量类型,分配一定长度的空间。例如,Visual C++ 为整型变量分配 4 个字节,为单精度浮点型变量分配 4 个字节,为字符型变量分配 1 个字节。内存区的每一个字节有一个编号,这就是"地址",它相当于旅馆中的房间号。在地址所标志的内存单元中存放的数据则相当于旅馆房间中居住的旅客。

由于通过地址能找到所需的变量单元,可以说,**地址指向该变量单元**。打个比方,一个房间的门口挂了一个房间号 2008,这个 2008 就是房间的地址,或者说,2008"指向"该房间。因此,将**地址形象化地称为"指针"**。意思是通过它能找到以它为地址的内存单元。

🐏 **说明**:对计算机存储单元的访问比旅馆要复杂一些,在 C 语言中,数据是分类型的,对不同类型的数据,在内存中分配的存储单元大小(字节数)和存储方式是不同的(如整数以补码形式存放,实数以指数形式存放)。如果只是指定了地址 1010,希望从该单元中调出数据,这是做不到的,虽然能找到所指定的存储单元,但是,无法确定是从 1 个字节中取信息(字符数据),还是从 2 个字节取信息(短整型),抑或是从 4 个字节取信息(整型)。也没有说明按何种存储方式存取数据(整数和单精度实数都是 4 个字节,但存储方式是不同的)。因此,为了有效地存取一个数据,除了需要位置信息外,还需要有该数据的类型信息(如果没有该数据的类型信息,只有位置信息是无法对该数据进行存取的)。C 语言中的地址包括位置信息(内存编号,或称纯地址)和它所指向的数据的类型信息,或者说它是"带类型的地址"。如 &a,一般称它为"变量 a 的地址",确切地说,它是"整型变量 a 的地址"。后面提到的"地址",都是这个意思。

请思考:若有 int 型变量 a 和 float 型变量 b,如果先后把它们分配在 2000 开始的存储单元中,&a 和 &b 的信息完全相同吗?答案是不相同的,虽然存储单元的编号相同,但它们的数据类型不同。

请务必弄清楚存储单元的**地址**和存储单元的**内容**这两个概念的区别，假设程序已定义了3个整型变量i,j,k，在程序编译时，系统可能分配地址为2000～2003的4个字节给变量i，2004～2007的4个字节给j，2008～2011的4个字节给k（不同的编译系统在不同次的编译中，分配给变量的存储单元的地址是不相同的）见图8.1。在程序中一般是通过变量名来引用变量的值，例如：

printf("%d\n",i);

由于在编译时，系统已为变量i分配了按整型存储方式的4个字节，并建立了变量名和地址的对应表，因此在执行上面语句时，首先通过变量名找到相应的地址，从该4个字节中按照整型数据的存储方式读出整型变量i的值，然后按十进制整数格式输出。

注意：对变量的访问都是通过地址进行的。

假如有输入语句

scanf("%d",&i);

在执行时，把键盘输入的值送到地址为2000开始的整型存储单元中。如果有语句

k=i+j;

则从2000～2003字节取出i的值(3)，再从2004～2007字节取出j的值(6)，将它们相加后再将其和(9)送到k所占用的2008～2011字节单元中。

这种直接按变量名进行的访问，称为"**直接访问**"方式。

还可以采用另一种称为"**间接访问**"的方式，即将变量i的地址存放在另一变量中，然后通过该变量来找到变量i的地址，从而访问i变量。

在C语言程序中，可以定义整型变量、浮点型（实型）变量、字符变量等，也可以定义一种特殊的变量，用它存放地址。假设定义了一个变量i_pointer（变量名可任意取），用来存放整型变量的地址。可以通过下面语句将i的地址(2000)存放到i_pointer中。

i_pointer=&i;   //将i的地址存放到i_pointer中

这时，i_pointer的值就是2000（即变量i所占用单元的起始地址）。

要存取变量i的值，既可以用直接访问的方式，也可以采用间接访问的方式：先找到存放"变量i的地址"的变量i_pointer，从中取出i的地址(2000)，然后到2000字节开始的存储单元中取出i的值(3)，见图8.1。

打个比方，为了开一个A抽屉，有两种办法，一种是将A钥匙带在身上，需要时直接找出该钥匙打开抽屉，取出所需的东西。另一种办法是：为安全起见，将该A钥匙放到另一抽屉B中锁起来。如果需要打开A抽屉，就需要先找出B钥匙，打开B抽屉，取出A钥匙，再打开A抽屉，取出A抽屉中之物，这就是"间接访问"。

图8.2(a)表示直接访问，根据变量名直接向变量i赋值，由于变量名与变量的地址有一一对应的关系，因此就按此地址直接对变量i的存储单元进行访问（如把数值3存放到变量i的存储单元中）。

图8.2(b)表示间接访问，先找到存放变量i地址的变量i_pointer，从其中得到变量i的地址(2000)，从而找到变量i的存储单元，然后对它进行存取访问。

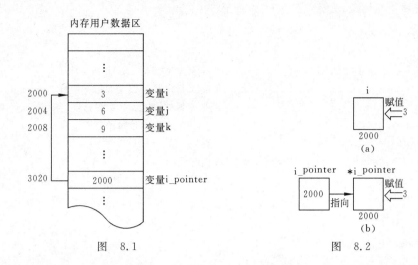

图　8.1　　　　　　　　　　　　　图　8.2

为了表示将数值 3 送到变量中,可以有两种表达方法:

(1) 将 3 直接送到变量 i 所标识的单元中,例如"i=3;"。

(2) 将 3 送到变量 i_pointer 所指向的单元(即变量 i 的存储单元),例如" * i_pointer = 3;",其中 * i_pointer 表示 i_pointer 指向的对象。

指向就是通过**地址**来体现的。假设 i_pointer 中的值是变量 i 的地址(2000),这样就在 i_pointer 和变量 i 之间建立起一种联系,即通过 i_pointer 能知道 i 的地址,从而找到变量 i 的内存单元。图 8.2 中以单箭头表示这种"指向"关系。

由于通过地址能找到所需的变量单元,因此说,地址**指向**该变量单元(如同说,一个房间号"指向"某一房间一样)。将地址形象化地称为"**指针**"。意思是通过它能找到以它为地址的内存单元(如同根据地址 2000 就能找到变量 i 的存储单元一样)。

如果有一个变量专门用来存放另一变量的地址(即指针),则它称为"**指针变量**"。上述的 i_pointer 就是一个指针变量。指针变量就是地址变量,用来存放地址,**指针变量的值是地址**(即指针)。

📢 **注意**:区分"指针"和"指针变量"这两个概念。例如,可以说变量 i 的指针是 2000,而不能说 i 的指针变量是 2000。指针是一个地址,而指针变量是存放地址的变量。

8.2　指针变量

从上节已知:存放地址的变量是指针变量,它用来指向另一个对象(如变量、数组、函数等)。那么,怎样定义和使用指针变量呢?

8.2.1　使用指针变量的例子

先分析一个例子。

【**例 8.1**】　通过指针变量访问整型变量。

解题思路:先定义 2 个整型变量,再定义 2 个指针变量,分别指向这两个整型变量,通过访问指针变量,可以找到它们所指向的变量,从而得到这些变量的值。

C程序设计(第五版)

编写程序:

```
#include <stdio.h>
int main()
  { int a=100,b=10;                    //定义整型变量a,b,并初始化
    int * pointer_1, * pointer_2;      //定义指向整型数据的指针变量 pointer_1, pointer_2
    pointer_1=&a;                      //把变量a的地址赋给指针变量 pointer_1
    pointer_2=&b;                      //把变量b的地址赋给指针变量 pointer_2
    printf("a=%d,b=%d\n",a,b);         //输出变量a和b的值
    printf(" * pointer_1=%d, * pointer_2=%d\n", * pointer_1, * pointer_2);
                                       //输出变量a和b的值
    return 0;
  }
```

运行结果:

```
a=100,b=10
*pointer_1=100,*pointer_2=10
```

程序分析:

(1) 在开头处定义了两个指针变量 pointer_1 和 pointer_2。但此时它们并未指向任何一个变量,只是提供两个指针变量,规定它们可以指向整型变量,至于指向哪一个整型变量,要在程序语句中指定。程序第5,6两行的作用就是使 pointer_1 指向 a,pointer_2 指向 b,此时 pointer_1 的值为 &a(即 a 的地址),pointer_2 的值为 &b,见图 8.3。

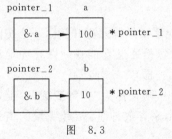

图 8.3

(2) 第7行输出变量a和b的值100和10。第8行输出 * pointer_1 和 * pointer_2 的值。其中的“ * ”表示“指向”。 * pointer_1 表示“指针变量 pointer_1 所指向的变量”,也就是变量a。 * pointer_2 表示“指针变量 pointer_2 所指向的变量”,也就是变量b。从运行结果看到,它们的值也是 100 和 10。

(3) 程序中有两处出现 * pointer_1 和 * pointer_2,二者的含义不同。程序第4行的 * pointer_1 和 * pointer_2 表示定义两个指针变量 pointer_1 和 pointer_2。它们前面的“ * ”只是表示该变量是指针变量。程序最后一行 printf 函数中的 * pointer_1 和 * pointer_2 则代表指针变量 pointer_1 和 pointer_2 所指向的变量。

注意:定义指针变量时,左侧应有类型名,否则就不是定义指针变量。例如:

```
* pointer_1;                     //企图定义 pointer_1 为指针变量。出错
int * pointer_1;                 //正确,必须指定指针变量的基类型
```

8.2.2 怎样定义指针变量

在例 8.1 中已看到怎样定义指针变量,定义指针变量的一般形式为

类型名 * 指针变量名;

如:

```
int * pointer_1, * pointer_2;
```

左端的 int 是在定义指针变量时必须指定的"**基类型**"。指针变量的基类型用来指定此指针变量可以指向的变量的类型。例如,上面定义的、基类型为 int 的指针变量 pointer_1 和 pointer_2,可以用来指向整型的变量 i 和 j,但不能指向浮点型变量 a 和 b。

　　说明：前面介绍过基本的数据类型(如 int,char,float 等),既然有这些类型的变量,就可以有指向这些类型变量的指针,因此,指针变量是基本数据类型派生出来的类型,它不能离开基本类型而独立存在。

　　下面都是合法的定义：

```
float * pointer_3;            //pointer_3 是指向 float 型变量的指针变量,简称 float 指针
char * pointer_4;             //pointer_4 是指向字符型变量的指针变量,简称 char 指针
```

可以在定义指针变量时,同时对它初始化,如：

```
int * pointer_1=&a, * pointer_2=&b;        //定义指针变量 pointer_1,pointer_2,并分别指向 a,b
```

　　说明：在定义指针变量时要注意：

　　(1) 指针变量前面的" * "表示该变量为指针型变量。指针变量名是 pointer_1 和 pointer_2,而不是 * pointer_1 和 * pointer_2。这是与定义整型或实型变量的形式不同的。上面程序第 5,6 行不应写成" * pointer_1=&a;"和" * pointer_2=&b;"。因为 a 的地址是赋给指针变量 pointer_1,而不是赋给 * pointer_1(即变量 a)。

　　(2) 在定义指针变量时必须**指定基类型**。有的读者认为既然指针变量是存放地址的,那么只须指定其为"指针型变量"即可,为什么还要指定基类型呢? 要知道不同类型的数据在内存中所占的字节数和存放方式是不同的。

　　指向一个整型变量和指向一个实型变量,其物理上的含义是不同的。

　　从另一角度分析,指针变量是用来存放地址的,前已介绍,C 的地址信息包括存储单元的位置(内存编号)和类型信息。指针变量的属性应与之匹配。例如：

```
int a, * p;
p=&a;
```

&a 不仅包含变量 a 的位置(如编号为 2000 的存储单元),还包括"存储的数据是整型"的信息。现在定义指针变量 p 的基类型为 int,即它所指向的只能是整型数据。这时 p 能接受 &a 的信息。如果改为

```
float * p;
p=&a;
```

&a 是"整型变量 a 的地址"。在用 Visual C++ 6.0 编译时就会出现一个警告(warning)："把一个 int * 型数据转换为 float * 数据"。在赋值时,系统会把 &a 的基类型自动改换为 float 型,然后赋给 p。但是 p 不能用这个地址指向整型变量。

　　从以上可以知道指针或地址是包含有类型信息的。应该使赋值号两侧的类型一致,以避免出现意外结果。

　　在本章的稍后将要介绍指针的移动和指针的运算(加、减),例如"使指针移动 1 个位置"

或"使指针值加1"，这个1代表什么呢？如果指针是指向一个整型变量的，那么"使指针移动1个位置"意味着移动4个字节，"使指针加1"意味着使地址值加4个字节。如果指针是指向一个字符变量的，则增加的不是4而是1。因此必须指定指针变量所指向的变量的类型，即基类型。一个指针变量只能指向同一个类型的变量，不能忽而指向一个整型变量，忽而指向一个实型变量。在前面定义的 pointer_1 和 pointer_2 只能指向整型数据。

一个变量的指针的含义包括两个方面，一是以存储单元编号表示的纯地址（如编号为 2000 的字节），一是它指向的存储单元的数据类型（如 **int，char，float** 等）。

在说明变量类型时不能一般地说"a是一个指针变量"，而应完整地说："a是指向整型数据的指针变量，b是指向单精度型数据的指针变量，c是指向字符型数据的指针变量"。

（3）如何表示指针类型。**指向整型数据的指针类型表示为"int ∗"，读作"指向 int 的指针"或简称"int 指针"**。可以有 int ∗，char ∗，float ∗ 等指针类型，如上面定义的指针变量 pointer_3 的类型是"float ∗"，pointer_4 的类型是"char ∗"。int ∗，float ∗，char ∗ 是3种不同的类型，不能混淆。

（4）指针变量中只能存放地址（指针），不要将一个整数赋给一个指针变量。如：

    ∗ pointer_1＝100;   //pointer_1 是指针变量，100 是整数，不合法

原意是想将地址 100 赋给指针变量 pointer_1，但是系统无法辨别它是地址，从形式上看 100 是整常数，而整常数只能赋给整型变量，而不能赋给指针变量，判为非法。在程序中是不能用一个数值代表地址的，地址只能用地址符"&"得到并赋给一个指针变量，如"p＝&a;"。

8.2.3　怎样引用指针变量

在引用指针变量时，可能有 3 种情况：

（1）给指针变量赋值。如：

    p＝&a;   //把 a 的地址赋给指针变量 p

指针变量 p 的值是变量 a 的地址，p 指向 a。

（2）引用指针变量指向的变量。

如果已执行"p＝&a;"，即指针变量 p 指向了整型变量 a.，则

    printf("%d", ∗ p);

其作用是以整数形式输出指针变量 p 所指向的变量的值，即变量 a 的值。

如果有以下赋值语句：

    ∗ p＝1;

表示将整数 1 赋给 p 当前所指向的变量，如果 p 指向变量 a，则相当于把 1 赋给 a，即"a＝1;"。

（3）引用指针变量的值。如：

    printf("%o",p);

作用是以八进制数形式输出指针变量 p 的值，如果 p 指向了 a，就是输出了 a 的地址，即 &a。

📢 **注意**：要熟练掌握两个有关的运算符。

(1) &　取地址运算符。&a 是变量 a 的地址。

(2) *　指针运算符(或称"间接访问"运算符)，*p 代表指针变量 p 指向的对象。

下面是一个指针变量应用的例子。

【例 8.2】　输入 a 和 b 两个整数，按先大后小的顺序输出 a 和 b。

解题思路：用指针方法来处理这个问题。不交换整型变量的值，而是交换两个指针变量的值。

编写程序：

```
#include <stdio.h>
int main()
  { int * p1, * p2, * p,a,b;               //p1,p2 的类型是 int * 类型
    printf("please enter two integer numbers:");
    scanf("%d,%d",&a,&b);                   //输入两个整数
    p1=&a;                                  //使 p1 指向变量 a
    p2=&b;                                  //使 p2 指向变量 b
    if(a<b)                                 //如果 a<b
      {p=p1;p1=p2;p2=p;}                    //使 p1 与 p2 的值互换
    printf("a=%d,b=%d\n",a,b);              //输出 a,b
    printf("max=%d,min=%d\n", * p1, * p2);  //输出 p1 和 p2 所指向的变量的值
    return 0;
  }
```

运行结果：

```
please enter two integer numbers:5,9
a=5,b=9
max=9,min=5
```

程序分析：输入 a=5,b=9,由于 a<b,将 p1 和 p2 交换。交换前的情况见图 8.4(a)，交换后的情况见图 8.4(b)。

注意：a 和 b 的值并未交换，它们仍保持原值，但 p1 和 p2 的值改变了。p1 的值原为 &a,后来变成 &b,p2 原值为 &b,后来变成 &a。这样在输出 * p1 和 * p2 时，实际上是输出变量 b 和 a 的值，所以先输出 9,然后输出 5。

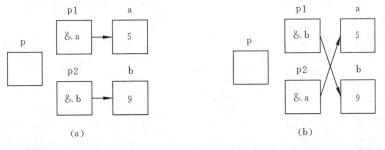

图　8.4

程序第 9 行采用的是以前介绍过的方法：两个变量的值交换要利用第 3 个变量。实际上，第 9 行可以改为

```
{p1=&b; p2=&a;}
```

即直接对 p1 和 p2 赋以新值,这样可以不必定义中间变量 p,使程序更加简练。

这个问题的算法是不交换整型变量的值,而是交换两个指针变量的值(即 a 和 b 的地址)。

8.2.4 指针变量作为函数参数

函数的参数不仅可以是整型、浮点型、字符型等数据,还可以是指针类型。它的作用是将一个变量的地址传送到另一个函数中。

下面通过一个例子来说明。

【例 8.3】 题目要求同例 8.2,即对输入的两个整数按大小顺序输出。现用函数处理,而且用指针类型的数据作函数参数。

解题思路：例 8.2 直接在主函数内交换指针变量的值,本题是定义一个函数 swap,将指向两个整型变量的指针变量(内放两个变量的地址)作为实参传递给 swap 函数的形参指针变量,在函数中通过指针实现交换两个变量的值。

编写程序：

```
#include <stdio.h>
int main()
 {void swap(int * p1,int * p2);            //对 swap 函数的声明
  int a,b;
  int * pointer_1, * pointer_2;            //定义两个 int * 型的指针变量
  printf("please enter a and b:");
  scanf("%d,%d",&a,&b);                     //输入两个整数
  pointer_1=&a;                            //使 pointer_1 指向 a
  pointer_2=&b;                            //使 pointer_2 指向 b
  if (a<b)  swap(pointer_1,pointer_2);     //如果 a<b,调用 swap 函数
  printf("max=%d,min=%d\n",a,b);           //输出结果
  return 0;
 }

void swap(int * p1,int * p2)               //定义 swap 函数
 {int temp;
   temp= * p1;                             //使 * p1 和 * p2 互换
   * p1= * p2;
   * p2=temp;
 }
```

运行结果：

```
please enter a and b:5,9
max=9,min=5
```

🔍 **程序分析**：swap 是用户自定义函数,它的作用是交换两个变量(a 和 b)的值。swap 函数的两个形参 p1 和 p2 是指针变量。程序运行时,先执行 main 函数,输入 a 和 b 的值(现

输入 5 和 9）。然后将 a 和 b 的地址分别赋给 int * 变量 pointer_1 和 pointer_2，使 pointer_1
指向 a，pointer_2 指向 b，见图 8.5(a)。接着执行 if 语句，由于 a＜b，因此执行 swap 函数。
注意实参 pointer_1 和 pointer_2 是指针变量，在函数调用时，将实参变量的值传送给形参变
量，采取的依然是"值传递"方式。因此虚实结合后形参 p1 的值为 &a，p2 的值为 &b，见
图 8.5(b)。这时 p1 和 pointer_1 都指向变量 a，p2 和 pointer_2 都指向 b。接着执行 swap
函数的函数体，使 * p1 和 * p2 的值互换，也就是使 a 和 b 的值互换。互换后的情况见
图 8.5(c)。函数调用结束后，形参 p1 和 p2 不复存在（已释放），情况如图 8.5(d) 所示。最
后在 main 函数中输出的 a 和 b 的值已是经过交换的值（a＝9，b＝5）。

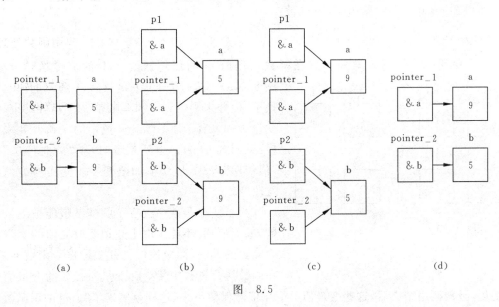

图　8.5

请注意交换 * p1 和 * p2 的值是如何实现的。如果写成以下这样就有问题了：

```
void swap(int * p1,int * p2)
  {int * temp;
  * temp= * p1;                                    //此语句有问题
  * p1= * p2;
  * p2= * temp;
  }
```

* p1 就是 a，是整型变量。而 * temp 是指针变量 temp 所指向的变量。但由于未给
temp 赋值，因此 temp 中并无确定的值（它的值是不可预见的），所以 temp 所指向的单元也
是不可预见的。所以，对 * temp 赋值就是向一个未知的存储单元赋值，而这个未知的存储
单元中可能存储着一个有用的数据，这样就有可能破坏系统的正常工作状况。应该将 * p1
的值赋给与 * p1 相同类型的变量，在本例中用整型变量 temp 作为临时辅助变量实现 * p1
和 * p2 的交换。

注意：本例采取的方法是交换 a 和 b 的值，而 p1 和 p2 的值不变。这恰和例 8.2
相反。

可以看到，在执行 swap 函数后，变量 a 和 b 的值改变了。请仔细分析，这个改变是怎么

实现的。这个改变不是通过将形参值传回实参来实现的。请读者考虑一下能否通过下面的
函数实现 a 和 b 互换。

```
void swap(int x,int y)
   { int temp;
     temp=x;
     x=y;
     y=temp;
   }
```

如果在 main 函数中调用 swap 函数：

swap(a,b);

会有什么结果呢？如图 8.6 所示。在函数调用时，a 的值传送给 x，b 的值传送给 y，见
图 8.6(a)。执行完 swap 函数后，x 和 y 的值是互换了，但并未影响到 a 和 b 的值。在函数结束时，变量 x 和 y 释放了，main 函数中的 a 和 b 并未互换，见图 8.6(b)。也就是说，由于"单向传送"的"值传递"方式，形参值的改变不能使实参的值随之改变。

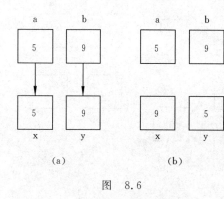

图 8.6

为了使在函数中改变了的变量值能被主调函数 main 所用，不能采取上述把要改变值的变量作为参数的办法，而应该用指针变量作为函数参数，在函数执行过程中使指针变量所指向的变量值发生变化，函数调用结束后，这些变量值的变化依然保留下来，这样就实现了"通过调用函数使变量的值发生变化，在主调函数（如 main 函数）中可以使用这些改变了的值"的目的。

如果想通过函数调用得到 n 个要改变的值，可以这样做：

① 在主调函数中设 n 个变量，用 n 个指针变量指向它们；

② 设计一个函数，有 n 个指针形参。在这个函数中改变这 n 个形参的值；

③ 在主调函数中调用这个函数，在调用时将这 n 个指针变量作实参，将它们的值，也就是相关变量的地址传给该函数的形参；

④ 在执行该函数的过程中，通过形参指针变量，改变它们所指向的 n 个变量的值；

⑤ 主调函数中就可以使用这些改变了值的变量。

请读者按此思路仔细理解例 8.3 程序。

🐾 注意：不能企图通过改变指针形参的值而使指针实参的值改变。请看下面的程序。

【例 8.4】 对输入的两个整数按大小顺序输出。

解题思路：尝试调用 swap 函数来实现题目要求。在函数中改变形参（指针变量）的值，希望能由此改变实参（指针变量）的值。

编写程序：

```
#include <stdio.h>
int main()
```

```
{void swap(int * p1,int * p2);
   int a,b;
   int * pointer_1, * pointer_2;                    //pointer_1,pointer_2 是 int * 型变量
   printf("please enter two integer numbers:");
   scanf("%d,%d",&a,&b);
   pointer_1=&a;
   pointer_2=&b;
   if (a<b)  swap(pointer_1,pointer_2);             //调用 swap 函数,用指针变量作实参
   printf("max=%d,min=%d\n", * pointer_1, * pointer_2);
   return 0;
}

void swap(int * p1,int * p2)                         //形参是指针变量
   {int * p;
   p=p1;                                             //下面 3 行交换 p1 和 p2 的指向
   p1=p2;
   p2=p;
}
```

运行结果:

```
please enter two integer numbers:5,9
max=5,min=9
```

🔍 **程序分析**:从运行结果看,显然与原意不符。程序编写者的意图是:交换指针变量 pointer_1 和 pointer_2 的值,使 pointer_1 指向值大的变量。其设想是:

① 先使 pointer_1 指向 a,pointer_2 指向 b,见图 8.7(a)。

② 调用 swap 函数,将 pointer_1 的值传给 p1,pointer_2 的值传给 p2,见图 8.7(b)。

③ 在 swap 函数中使 p1 与 p2 的值交换,见图 8.7(c)。

④ 形参 p1 与 p2 将它们的值(是地址)传回实参 pointer_1 和 pointer_2,使 pointer_1 指向 b,pointer_2 指向 a,见图 8.7(d)。然后输出 * pointer_1 和 * pointer_2,想得到输出 "max=9,min=5"。

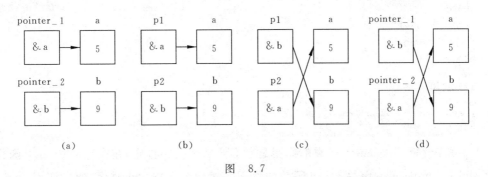

图　8.7

但是,这是办不到的,在输入"5,9"之后程序实际输出为"max=5,min=9"。问题出在第④步。C 语言中实参变量和形参变量之间的数据传递是单向的"值传递"方式。用指针变量作函数参数时同样要遵循这一规则。不可能通过执行调用函数来改变实参指针变量的

值,但是可以改变实参指针变量所指变量的值。

注意:函数的调用可以(而且只可以)得到一个返回值(即函数值),而使用指针变量作参数,可以得到多个变化了的值。如果不用指针变量是难以做到这一点的。要善于利用指针法。

【例8.5】 输入3个整数a,b,c,要求按由大到小的顺序将它们输出。用函数实现。

解题思路:采用例8.3的方法在函数中改变这3个变量的值。用swap函数交换两个变量的值,用exchange函数改变这3个变量的值。

编写程序:

```
#include <stdio.h>
int main()
  { void exchange(int * q1, int * q2, int * q3);          //函数声明
    int a,b,c, * p1, * p2, * p3;
    printf("please enter three numbers:");
    scanf("%d,%d,%d",&a,&b,&c);
    p1=&a;p2=&b;p3=&c;
    exchange(p1,p2,p3);
    printf("The order is:%d,%d,%d\n",a,b,c);
    return 0;
  }

void exchange(int * q1, int * q2, int * q3)               //定义将3个变量的值交换的函数
  {void swap(int * pt1, int * pt2);                        //函数声明
   if( * q1< * q2) swap(q1,q2);                            //如果a<b,交换a和b的值
   if( * q1< * q3) swap(q1,q3);                            //如果a<c,交换a和c的值
   if( * q2< * q3) swap(q2,q3);                            //如果b<c,交换b和c的值
  }

void swap(int * pt1, int * pt2)                            //定义交换2个变量的值的函数
  {int temp;
   temp= * pt1;                                            //交换 * pt1 和 * pt2 变量的值
   * pt1= * pt2;
   * pt2=temp;
  }
```

运行结果:

```
please enter three numbers:20,-54,67
The order is:67,20,-54
```

程序分析:exchange函数的作用是对3个数按大小排序,在执行exchange函数过程中,要嵌套调用swap函数,swap函数的作用是对两个数按大小排序,通过调用swap函数(最多调用3次)实现3个数的排序。

请读者自己画出如图8.6那样的图,仔细分析变量的值变化的过程。

请思考:main函数中的3个指针变量的值(也就是它们的指向)改变了没有。

8.3　通过指针引用数组

8.3.1　数组元素的指针

一个变量有地址,一个数组包含若干元素,每个数组元素都在内存中占用存储单元,它们都有相应的地址。指针变量既然可以指向变量,当然也可以指向数组元素(把某一元素的地址放到一个指针变量中)。**所谓数组元素的指针就是数组元素的地址。**

可以用一个指针变量指向一个数组元素。例如:

```
int a[10]={1,3,5,7,9,11,13,15,17,19};    //定义 a 为包含 10 个整型数据的数组
int * p;                                  //定义 p 为指向整型变量的指针变量
p=&a[0];                                  //把 a[0]元素的地址赋给指针变量 p
```

以上是使指针变量 p 指向 a 数组的第 0 号元素,见图 8.8。

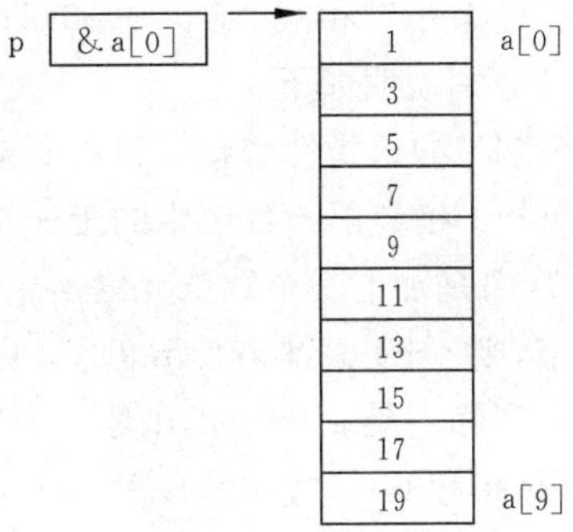

引用数组元素可以用**下标法**(如 a[3]),也可以用**指针法**,即通过指向数组元素的指针找到所需的元素。使用指针法能使目标程序质量高(占内存少,运行速度快)。

在 C 语言中,数组名(不包括形参数组名)代表数组中首元素(即序号为 0 的元素)的地址。因此,下面两个语句等价:

```
p=&a[0];        //p 的值是 a[0]的地址
p=a;            //p 的值是数组 a 首元素(即 a[0])的地址
```

p	&a[0]	→		
			1	a[0]
			3	
			5	
			7	
			9	
			11	
			13	
			15	
			17	
			19	a[9]

图　8.8

🔔**注意**:程序中的数组名不代表整个数组,只代表数组首元素的地址。上述"p=a;"的作用是"把 a 数组的首元素的地址赋给指针变量 p",而不是"把数组 a 各元素的值赋给 p"。

在定义指针变量时可以对它初始化,如:

```
int * p=&a[0];
```

它等效于下面两行:

```
int * p;
p=&a[0];        //不应写成 * p=&a[0];
```

当然定义时也可以写成

```
int * p=a;
```

它的作用是将 a 数组首元素(即 a[0])的地址赋给指针变量 p(而不是赋给 * p)。

8.3.2　在引用数组元素时指针的运算

在引用数组元素时常常会遇到指针的算术运算。有人会提出问题:对数值型数据进行算术运算(加、减、乘、除等)的目的和含义是清楚的,而在什么情况下需要用到对指针型数据的算术运算呢? 其含义是什么?

前已反复说明指针就是地址。对地址进行赋值运算是没有问题的,但是对地址进行算术运算是什么意思呢? 显然对地址进行乘和除的运算是没有意义的,实际上也无此必要。那么,能否进行加和减的运算? 答案是:在一定条件下允许对指针进行加和减的运算。

那么,在什么情况下需要而且可以对指针进行加和减的运算呢? 回答是:当指针指向数组元素的时候。譬如,指针变量 p 指向数组元素 a[0],我们希望用 p+1 表示指向下一个元素 a[1]。如果能实现这样的运算,就会对引用数组元素提供很大的方便。

在指针已指向一个数组元素时, 可以对指针进行以下运算:

加一个整数(用+或+=),如 p+1;

减一个整数(用-或-=),如 p-1;

自加运算,如 p++,++p;

自减运算,如 p--,--p。

两个指针相减,如 p1-p2(只有 p1 和 p2 都指向同一数组中的元素时才有意义)。

分别说明如下:

(1) 如果指针变量 p 已指向数组中的一个元素,则 **p+1 指向同一数组中的下一个元素,p-1 指向同一数组中的上一个元素**。注意:执行 p+1 时并不是将 p 的值(地址)简单地加 1,而是加上一个数组元素所占用的字节数。例如,数组元素是 float 型,每个元素占 4 个字节,则 p+1 意味着使 p 的值(是地址)加 4 个字节,以使它指向下一元素。p+1 所代表的地址实际上是 p+1×d,d 是一个数组元素所占的字节数(在 Visual C++ 中,对 int 型,d=4;对 float 和 long 型,d=4;对 char 型,d=1)。若 p 的值为 2000,则 p+1 的值不是 2001,而是 2004。

有的读者问:系统怎么知道要把这个 1 转换为 4,然后与 p 的值相加呢? 不要忘记,在定义指针变量时必须要指定基类型,如:

```
float * p;                          //指针变量 p 的基类型为 float
```

现在 p 指向 float 型的数组元素,在执行++p 时,系统会根据 p 的基类型为 float 型而将其值加 4,这样,p 就指向 float 型数组的下一个元素。

如果 p 原来指向 a[0],执行++p 后 p 的值改变了,在 p 的原值基础上加 d,这样 p 就指向数组的下一个元素 a[1]。

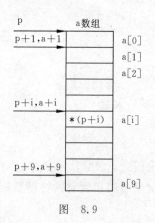

图   8.9

(2) 如果 p 的初值为 &a[0],则 p+i 和 a+i 就是数组元素 a[i] 的地址,或者说,它们指向 a 数组序号为 i 的元素,见图 8.9。这里需要注意的是 a 代表数组首元素的地址,a+1 也是地址,它的计算方法同 p+1,即它的实际地址为 a+1×d。例如,p+9 和 a+9 的值是 &a[9],它指向 a[9],如图 8.9 所示。

(3) *(p+i)或 *(a+i)是 p+i 或 a+i 所指向的数组元素,即 a[i]。例如,*(p+5)或 *(a+5)就是 a[5]。即:*(p+5),*(a+5)和 a[5]三者等价。实际上,在编译时,对数组元素 a[i]就是按 *(a+i)处理的,即按数组首元素的地址加上相对位移量得到要找的元素的地址,然后找出该单元中的内容。若数组 a 的首元素的地址为 1000,设数组为 float 型,则 a[3] 的地址是这样计算的:1000+3×4=1012,然后从 1012 地址所指向的 float 型单元取出元素的值,即 a[3] 的值。

💡 **说明**:[] 实际上是**变址**运算符,即将 a[i] 按 a+i 计算地址,然后找出此地址单元中的值。

(4) 如果指针变量 p1 和 p2 都指向同一数组中的元素,如执行 p2−p1,结果是 p2−p1 的值(两个地址之差)除以数组元素的长度。假设,p2 指向实型数组元素 a[5],p2 的值为 2020;p1 指向 a[3],其值为 2012,则 p2−p1 的结果是(2020−2012)/4=2。这个结果是有意义的,表示 p2 所指的元素与 p1 所指的元素之间差 2 个元素。这样,人们就不需要具体地知道 p1 和 p2 的值,然后去计算它们的相对位置,而是直接用 p2−p1 就可知道它们所指元素的相对距离。

🔔 **注意**:两个地址不能相加,如 p1+p2 是无实际意义的。

8.3.3　通过指针引用数组元素

根据以上叙述,引用一个数组元素,可以用下面两种方法:

(1) **下标法**,如 a[i] 形式;

(2) **指针法**,如 *(a+i) 或 *(p+i)。其中 a 是数组名,p 是指向数组元素的指针变量,其初值 p=a。

【例 8.6】 有一个整型数组 a,有 10 个元素,要求输出数组中的全部元素。

解题思路:引用数组中各元素的值有 3 种方法:(1)下标法,如 a[3];(2)通过数组名计算数组元素地址,找出元素的值;(3)用指针变量指向数组元素。分别写出程序并比较分析。

编写程序:

(1) 下标法。

```
#include <stdio.h>
int main()
 {int a[10];
  int i;
  printf("please enter 10 integer numbers:");
  for(i=0;i<10;i++)
    scanf("%d",&a[i]);
  for(i=0;i<10;i++)
    printf("%d ",a[i]);              //数组元素用数组名和下标表示
  printf("%\n");
  return 0;
 }
```

运行结果:

```
please enter 10 integer numbers:0 1 2 3 4 5 6 7 8 9
0 1 2 3 4 5 6 7 8 9
```

(2) 通过数组名计算数组元素地址,找出元素的值。

```
#include <stdio.h>
```

```
int main()
 {int a[10];
  int i;
  printf("please enter 10 integer numbers:");
  for(i=0;i<10;i++)
    scanf("%d",&a[i]);
  for(i=0;i<10;i++)
    printf("%d",*(a+i));                    //通过数组名和元素序号计算元素地址,再找到该元素
  printf("\n");
  return 0;
 }
```

运行结果：与(1)相同。

程序分析：第9行中(a+i)是 a 数组中序号为 i 的元素的地址,*(a+i)是该元素的值。第7行中用 &a[i]表示 a[i]元素的地址,也可以改用(a+i)表示,即:

scanf("%d",a+i);

读者可以上机试一下。

(3) 用指针变量指向数组元素。

```
#include <stdio.h>
int main()
 {int a[10];
  int * p,i;
  printf("please enter 10 integer numbers:");
  for(i=0;i<10;i++)
    scanf("%d",&a[i]);
  for(p=a;p<(a+10);p++)
    printf("%d",*p);                        //用指针指向当前的数组元素
  printf("\n");
  return 0;
 }
```

运行结果：与(1)相同。

程序分析：第8行先使指针变量 p 指向 a 数组的首元素(序号为 0 的元素,即 a[0]),接着在第9行输出 *p,*p 就是 p 当前指向的元素(即 a[0])的值。然后执行 p++,使 p 指向下一个元素 a[1],再输出 *p,此时 *p 是 a[1]的值,依此类推,直到 p=a+10,此时停止执行循环体。

第6,7行可以改为

for(p=a;p<(a+10);p++)
  scanf("%d",p);

用指针变量表示当前元素的地址。

3 种方法的比较:

• 例8.6的第(1)和第(2)种方法执行效率是相同的。C 编译系统是将 a[i]转换为

＊(a＋i)处理的,即先计算元素地址。因此用第(1)和第(2)种方法找数组元素费时较多。

- 第(3)种方法比第(1)、第(2)种方法快,用指针变量直接指向元素,不必每次都重新计算地址,像 p＋＋这样的自加操作是比较快的。这种有规律地改变地址值(p＋＋)能大大提高执行效率。
- 用下标法比较直观,能直接知道是第几个元素。例如,a[5]是数组中序号为 5 的元素(注意序号从 0 算起)。用地址法或指针变量的方法不直观,难以很快地判断出当前处理的是哪一个元素。例如,例 8.6 第(3)种方法所用的程序,要仔细分析指针变量 p 的当前指向,才能判断当前输出的是第几个元素。有经验的专业人员往往喜欢用第(3)种形式,用 p＋＋进行控制,程序简洁、高效。初学者在开始时可用第(1)种形式,直观、不易出错。

注意：在使用指针变量指向数组元素时,有以下几个问题要注意:

(1) 可以通过改变指针变量的值指向不同的元素。例如,上述第(3)种方法是用指针变量 p 来指向元素,用 p＋＋使 p 的值不断改变从而指向不同的元素。

如果不用 p 变化的方法而用数组名 a 变化的方法(例如,用 a＋＋)行不行呢? 假如将上述第(3)种方法中的程序的第 8、9 两行改为

```
for(p=a;a<(p+10);a++)
    printf("%d",*a);
```

是不行的。因为数组名 a 代表数组首元素的地址,它是一个指针型常量,它的值在程序运行期间是固定不变的。既然 a 是常量,所以 a＋＋是无法实现的。

(2) 要注意指针变量的当前值。请看下面的例子。

【例 8.7】 通过指针变量输出整型数组 a 的 10 个元素。

解题思路：用指针变量 p 指向数组元素,通过改变指针变量的值,使 p 先后指向 a[0]～a[9]各元素。

编写程序：

```
#include <stdio.h>
int main()
  { int *p,i,a[10];
    p=a;                                //p指向a[0]
    printf("please enter 10 integer numbers:");
    for(i=0;i<10;i++)
      scanf("%d",p++);                  //输入10个整数给a[0]～a[9]
    for(i=0;i<10;i++,p++)
      printf("%d ",*p);                 //想输出a[0]～a[9]
    printf("\n");
    return 0;
  }
```

运行结果：

```
please enter 10 numbers:0 1 2 3 4 5 6 7 8 9
0 1245052 1245120 4199177 1 4394640 4394432 2367460 1243068 2147340288
```

（在不同的环境中运行时显示的数据可能与上面的有所不同）。

程序分析：显然输出的数值并不是 a 数组中各元素的值。需要检查和分析程序。

有的人觉得上面的程序没有什么问题，即使已被告知此程序有问题，还是找不出问题出在哪里。问题出在指针变量 p 的指向。请仔细分析 p 的值的变化过程。指针变量 p 的初始值为 a 数组首元素（即 a[0]）的地址，见图8.10中的①，经过第1个 for 循环读入数据后，p 已指向 a 数组的末尾（见图8.10中②）。因此，在执行第2个 for 循环时，p 的起始值不是 &a[0] 了，而是 a+10。由于执行第2个 for 循环时，每次要执行 p++，因此 p 指向的是 a 数组下面的 10 个存储单元（图8.10中以虚线表示），而这些存储单元中的值是不可预料的。

解决这个问题的办法是，只要在第2个 for 循环之前加一个赋值语句：

p＝a；

使 p 的初始值重新等于 &a[0]，这样结果就对了。程序为

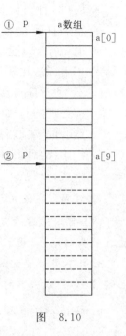

图 8.10

```c
#include <stdio.h>
int main()
{ int i,a[10], * p=a;                //p 的初值是 a,p 指向 a[0]
   printf("please enter 10 integer numbers：");
   for(i=0;i<10;i++)
     scanf("%d",p++);
   p=a;                              //重新使 p 指向 a[0]
   for(i=0;i<10;i++,p++)
     printf("%d ", * p);
   printf("\n");
   return 0;
}
```

运行结果：

```
please enter 10 integer numbers:0 1 2 3 4 5 6 7 8 9
0 1 2 3 4 5 6 7 8 9
```

显然结果正确。

（1）从例8.7可以看到，虽然定义数组时指定它包含 10 个元素，并用指针变量 p 指向某一数组元素，但是实际上指针变量 p 可以指向数组以后的存储单元。如果在程序中引用数组元素 a[10]，虽然并不存在这个元素（最后一个元素是 a[9]），但 C 编译程序并不认为它非法。系统把它按 *(a+10) 处理，即先找出（a+10）的值（是一个地址），然后找出它指向的单元（*(a+10)）的内容。这样做虽然在编译时不出错，但运行结果不是预期的，应避免出现这样的情况。这是程序逻辑上的错误，这种错误比较隐蔽，初学者往往难以发现。在使用指针变量指向数组元素时，应切实保证指向数组中有效的元素。

（2）指向数组元素的指针变量也可以带下标，如 p[i]。有些读者可能想不通，因为只有

数组才能带下标,表示数组某一元素。带下标的指针变量是什么含义呢？当指针变量指向数组元素时,指针变量可以带下标。因为在程序编译时,对下标的处理方法是转换为地址的,对 p[i]处理成 *(p+i),如果 p 是指向一个整型数组元素 a[0],则 p[i]代表 a[i]。但是必须弄清楚 p 的当前值是什么？ 如果当前 p 指向 a[3],则 p[2]并不代表 a[2],而是 a[3+2],即 a[5]。建议少用这种容易出错的用法。

(3) 利用指针引用数组元素,比较方便灵活,有不少技巧。在专业人员中常喜欢用一些技巧,以使程序简洁。读者在看别人写的程序时可能会遇到一些容易使人混淆的情况,要仔细分析。请分析下面几种情况(设 p 开始时指向数组 a 的首元素(即 p＝a)):

① 分析:

```
p++;
*p;
```

p++使 p 指向下一元素 a[1]。然后若再执行 *p,则得到下一个元素 a[1]的值。

② *p++;

由于++和 * 同优先级,结合方向为自右而左,因此它等价于 *(p++)。先引用 p 的值,实现 *p 的运算,然后再使 p 自增 1。

例 8.7 的第 2 个程序中最后一个 for 语句

```
for(i=0;i<10;i++,p++)
    printf("%d",*p);
```

可以改写为

```
for(i=0;i<10;i++)
    printf("%d",*p++);
```

作用完全一样。它们的作用都是先输出 *p 的值,然后使 p 值加 1。这样下一次循环时, *p 就是下一个元素的值。

③ *(p++)与 *(++p)作用是否相同? 不相同。前者是先取 *p 值,然后使 p 加 1。后者是先使 p 加 1,再取 *p。若 p 初值为 a(即 &a[0]),若输出 *(p++),得到 a[0]的值,而输出 *(++p),得到 a[1]的值。

④ ++(*p)。表示 p 所指向的元素值加 1,如果 p＝a, 则++(*p)相当于++a[0],若 a[0]的值为 3,则在执行++(*p)(即++a[0])后 a[0]的值为 4。注意:是元素 a[0]的值加 1,而不是指针 p 的值加 1。

⑤ 如果 p 当前指向 a 数组中第 i 个元素 a[i],则:

(p－－)相当于 a[i－－],先对 p 进行""运算(求 p 所指向的元素的值),再使 p 自减。

(++p)相当于 a[++i],先使 p 自加,再进行""运算。

(－－p)相当于 a[－－i],先使 p 自减,再进行""运算。

将++和－－运算符用于指针变量十分有效,可以使指针变量自动向前或向后移动,指向下一个或上一个数组元素。例如,想输出 a 数组的 100 个元素,可以用下面的方法:

```
p=a;
```

```
while(p<a+100)
printf("%d", * p++);
```

或

```
p=a;
while(p<a+100)
  {printf("%d", * p); p++;}
```

但如果不小心，很容易弄错。因此在用 * p++ 形式的运算时，一定要十分小心，弄清楚先取 p 值还是先使 p 加 1。对初学者不建议多用，但应当知道有关的知识，以上这段内容初学者可以选学。

8.3.4　用数组名作函数参数

在第 7 章中介绍过可以用数组名作函数的参数。例如：

```
int main()
  {void fun(int arr[], int n);              //对 fun 函数的声明
   int array[10];                           //定义 array 数组
      ⋮
   fun(array,10);                           //用数组名作函数的参数
   return 0;
  }
void fun(int arr[ ], int n)                 //定义 fun 函数
  {
      ⋮
  }
```

array 是实参数组名，arr 为形参数组名。由 7.7 节已知，当用数组名作参数时，如果形参数组中各元素的值发生变化，实参数组元素的值随之变化。这究竟是什么原因呢？在学习指针以后，对此问题就容易理解了。

先看数组元素作实参时的情况。如果已定义一个函数，其原型为

```
void swap(int x,int y);
```

假设函数的作用是将两个形参(x,y)的值交换，今有以下的函数调用：

```
swap (a[1],a[2]);
```

用数组元素 a[1]和 a[2]作实参的情况，与用变量作实参时一样，是"值传递"方式，将 a[1]和 a[2]的值单向传递给 x 和 y。当 x 和 y 的值改变时 a[1]和 a[2]的值并不改变。

再看用数组名作函数参数的情况。前已介绍，实参数组名代表该数组首元素的地址，而形参是用来接收从实参传递过来的数组首元素地址的。因此，形参应该是一个指针变量(只有指针变量才能存放地址)。实际上，C 编译都是将形参数组名作为指针变量来处理的。例如，本小节开头给出的函数 fun 的形参是写成数组形式的：

```
fun(int arr[], int n)
```

但在程序编译时是将 arr 按指针变量处理的，相当于将函数 fun 的首部写成

fun(int * arr, int n)

以上两种写法是等价的。在该函数被调用时,系统会在 fun 函数中建立一个指针变量 arr,用来存放从主调函数传递过来的实参数组首元素的地址。如果在 fun 函数中用运算符 sizeof 测定 arr 所占的字节数,可以发现 sizeof(arr) 的值为 4(用 Visual C++ 时)。这就证明了系统是把 arr 作为指针变量来处理的(指针变量在 Visual C++ 中占 4 个字节)。

当 arr 接收了实参数组的首元素地址后,arr 就指向实参数组首元素,也就是指向 array[0]。因此,* arr 就是 array[0]。arr+1 指向 array[1],arr+2 指向 array[2],arr+3 指向 array[3]。也就是说,*(arr+1),*(arr+2),*(arr+3)分别是 array[1],array[2],array[3]。根据前面介绍过的知识,*(arr+i)和 arr[i] 是无条件等价的。因此,在调用函数期间,arr[0] 和 * arr 以及 array[0] 都代表数组 array 序号为 0 的元素,依此类推,arr[3],*(arr+3),array[3] 都代表 array 数组序号为 3 的元素,见图 8.11。这个道理与 8.2.3 小节中的叙述是类似的。

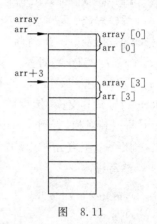

图　8.11

常用这种方法通过调用一个函数来改变实参数组的值。

下面把用变量名作为函数参数和用数组名作为函数参数做一比较,见表 8.1。

表 8.1　以变量名和数组名作为函数参数的比较

实参类型	变量名	数组名
要求形参的类型	变量名	数组名或指针变量
传递的信息	变量的值	实参数组首元素的地址
通过函数调用能否改变实参的值	不能改变实参变量的值	能改变实参数组的值

💡 说明:C 语言调用函数时虚实结合的方法都是采用"值传递"方式,当用变量名作为函数参数时传递的是变量的值,当用数组名作为函数参数时,由于数组名代表的是数组首元素地址,因此传递的值是地址,所以要求形参为指针变量。

在用数组名作为函数实参时,既然实际上相应的形参是指针变量,为什么还允许使用形参数组的形式呢?这是因为在 C 语言中用下标法和指针法都可以访问一个数组(如果有一个数组 a,则 a[i] 和 *(a+i)无条件等价),用下标法表示比较直观,便于理解。因此许多人愿意用数组名作形参,以便与实参数组对应。从应用的角度看,用户可以认为有一个形参数组,它从实参数组那里得到起始地址,因此形参数组与实参数组共占同一段内存单元,在调用函数期间,如果改变了形参数组的值,也就是改变了实参数组的值。在主调函数中就可以利用这些已改变的值。对 C 语言比较熟练的专业人员往往喜欢用指针变量作形参。

🔔 注意:实参数组名代表一个固定的地址,或者说是指针常量,但形参数组名并不是一个固定的地址,而是按指针变量处理。

在函数调用进行虚实结合后,形参的值就是实参数组首元素的地址。在函数执行期间,它可以再被赋值。例如:

```
void fun (arr[ ],int n)
{ printf("%d\n", * arr);                    //输出 array[0]的值
  arr=arr+3;                                //形参数组名可以被赋值
  printf("%d\n", * arr);                    //输出 array[3]的值
}
```

【例 8.8】 将数组 a 中 n 个整数按相反顺序存放,见图 8.12 示意。

解题思路：将 a[0]与 a[n-1]对换,再将 a[1]与
a[n-2]对换……直到将 a[int(n-1)/2]与 a[n-
int((n-1)/2)-1]对换。今用循环处理此问题,设两个
"位置指示变量"i 和 j,i 的初值为 0,j 的初值为 n-1。
将 a[i]与 a[j]交换,然后使 i 的值加 1,j 的值减 1,再将
a[i]与 a[j]对换,直到 i=(n-1)/2 为止。

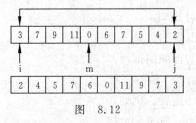

图   8.12

用一个函数 inv 来实现交换。实参用**数组名 a**,形参可用数组名,也可用指针变量名。

编写程序：

```
#include <stdio.h>
int main()
  {void inv(int x[],int n);                 //inv 函数声明
  int i, a[10]={3,7,9,11,0,6,7,5,4,2};
  printf("The original array:\n");
  for(i=0;i<10;i++)
    printf("%d ",a[i]);                     //输出未交换时数组各元素的值
  printf("\n");
  inv(a,10);                                //调用 inv 函数,进行交换
  printf("The array has been inverted:\n");
  for(i=0;i<10;i++)
    printf("%d ",a[i]);                     //输出交换后数组各元素的值
  printf("\n");
  return 0;
  }

void inv(int x[ ],int n)                    //形参 x 是数组名
  { int temp,i,j,m=(n-1)/2;
    for(i=0;i<=m;i++)
      {j=n-1-i;
       temp=x[i];x[i]=x[j];x[j]=temp;       //把 x[i]和 x[j]交换
      }
    return;
  }
```

运行结果：

```
The original array:
3 7 9 11 0 6 7 5 4 2
The array has been inverted:
2 4 5 7 6 0 11 9 7 3
```

程序分析：在 main 函数中定义整型数组 a，并赋予初值。函数 inv 的形参数组名为 x。在定义 inv 函数时，可以不指定形参数组 x 的大小（元素的个数）。因为形参数组名实际上是一个指针变量，并不是真正地开辟一个数组空间（定义实参数组时必须指定数组大小，因为要开辟相应的存储空间）。inv 函数的形参 n 用来接收需要处理的元素的个数。在 main 函数中有函数调用语句"inv(a,10);"，表示要求对 a 数组的 10 个元素实行题目要求的颠倒排列。如果改为"inv(a,5);"，则表示要求将 a 数组的前 5 个元素实行颠倒排列，此时，函数 inv 只处理 5 个数组元素。函数 inv 中的 m 是 i 值的上限，当 $i \leqslant m$ 时，循环继续执行；当 $i > m$ 时，则结束循环过程。例如，若 $n=10$，则 $m=4$，最后一次 a[i] 与 a[j] 的交换是 a[4] 与 a[5] 交换。

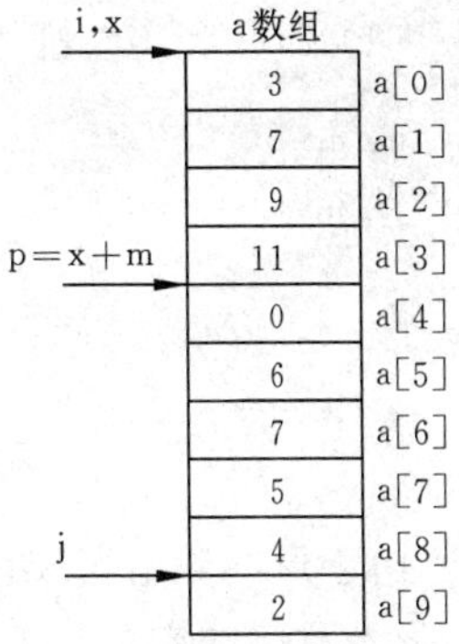

图 8.13

运行结果表明程序是正确的。

对这个程序可以作一些改动。将函数 inv 中的形参 x 改成指针变量。相应的实参仍为数组名 a，即数组 a 首元素的地址，将它传给形参指针变量 x，这时 x 就指向 a[0]。$x+m$ 是 a[m] 元素的地址。设 i 和 j 以及 p 都是指针变量，用它们指向有关元素。i 的初值为 x，j 的初值为 $x+n-1$，见图 8.13。使 *i 与 *j 交换就是使 a[i] 与 a[j] 交换。

修改程序：

```
#include <stdio.h>
int main()
  {void inv(int *x,int n);
   int i,a[10]={3,7,9,11,0,6,7,5,4,2};
   printf("The original array:\n");
   for(i=0;i<10;i++)
     printf("%d ",a[i]);
   printf("\n");
   inv(a,10);
   printf("The array has been inverted:\n");
   for(i=0;i<10;i++)
     printf("%d ",a[i]);
   printf("\n");
   return 0;
  }

void inv(int *x,int n)                          //形参 x 是指针变量
  {int *p,temp,*i,*j,m=(n-1)/2;
   i=x;j=x+n-1;p=x+m;
   for(;i<=p;i++,j--)
   {temp=*i;*i=*j;*j=temp;}                      // *i 与 *j 交换
   return;
  }
```

240

运行结果与前一程序相同。

归纳分析：如果有一个实参数组，要想在函数中改变此数组中的元素的值，实参与形参的对应关系有以下 4 种情况。

（1）形参和实参都用数组名，例如：

```
int main()                int f(int x[], int n)
 {int a[10];              {
    ⋮                         ⋮
  f(a,10);                  }
    ⋮
 }
```

由于形参数组名 x 接收了实参数组首元素 a[0] 的地址，因此可以认为在函数调用期间，形参数组与实参数组共用一段内存单元，这种形式比较好理解，见图 8.14。例 8.8 第 1 个程序即属此情况。

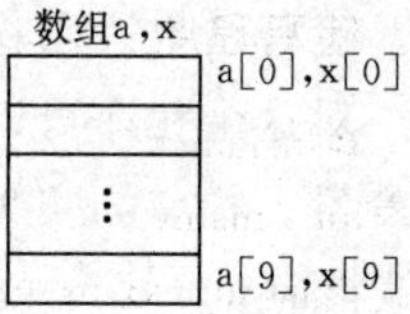

（2）实参用数组名，形参用指针变量。例如：

```
int main()                void f(int * x,int n)
 {int a[10];              {
    ⋮                         ⋮
  f(a,10);                  }
    ⋮
 }
```

图 8.14

实参 a 为数组名，形参 x 为 int * 型的指针变量，调用函数开始后，形参 x 指向 a[0]，即 x=&a[0]，见图 8.15。通过 x 值的改变，可以指向 a 数组的任一元素。例 8.8 的第 2 个程序就属于此类。

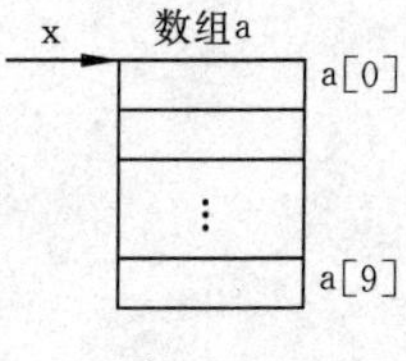

图 8.15

（3）实参形参都用指针变量。例如：

```
int main()                void f (int * x, int n)
 {int a[10], * p=a;       {
    ⋮                         ⋮
  f(p,10);                  }
    ⋮
 }
```

实参 p 和形参 x 都是 int * 型的指针变量。先使实参指针变量 p 指向数组 a[0]，p 的值是 &a[0]。然后将 p 的值传给形参指针变量 x，x 的初始值也是 &a[0]，见图 8.16。通过 x 值的改变可以使 x 指向数组 a 的任一元素。

（4）实参为指针变量，形参为数组名。例如：

```
int main()                void f(int x[ ],int n)
 {int a[10], * p=a;       {
    ⋮                         ⋮
  f(p,10);                  }
    ⋮
 }
```

实参 p 为指针变量,它指向 a[0]。形参为数组名 x,编译系统把 x 作为指针变量处理,今将 a[0]的地址传给形参 x,使 x 也指向 a[0]。也可以理解为形参数组 x 和 a 数组共用同一段内存单元,见图 8.17。在函数执行过程中可以使 x[i]的值发生变化,而 x[i]就是 a[i]。这样,main 函数可以使用变化了的数组元素值。例 8.8 的程序可以改写为例 8.9。

图 8.16 图 8.17

【例 8.9】 改写例 8.8,用指针变量作实参。

编写程序:

```
# include <stdio. h>
int   main()
  {void inv(int * x,int n);              //inv 函数声明
   int i,arr[10], * p=arr;               //指针变量 p 指向 arr[0]
   printf("The original array:\n");
   for(i=0;i<10;i++,p++)
     scanf("%d",p);                      //输入 arr 数组的元素
   printf("\n");
   p=arr;                                //指针变量 p 重新指向 arr[0]
   inv(p,10);                            //调用 inv 函数,实参 p 是指针变量
   printf("The array has been inverted:\n");
   for(p=arr;p<arr+10;p++)
     printf("%d ", * p);
   printf("\n");
   return 0;
  }

void inv(int * x,int n)                  //定义 inv 函数,形参 x 是指针变量
  {int * p,m,temp, * i, * j;
   m=(n-1)/2;
   i=x;j=x+n-1;p=x+m;
   for(;i<=p;i++,j--)
     {temp= * i; * i= * j; * j=temp;}
   return;
  }
```

注意:上面的 main 函数中的指针变量 p 是有确定值的。如果在 main 函数中不设数组,只设指针变量,就会出错,假如把主函数修改如下:

```
# include <stdio. h>
int   main()
```

```
{void inv(int * x,int n);                         //inv 函数声明
int i, * arr;                                     //指针变量 arr 未指向数组元素
printf("The original array:\n");
for(i=0;i<10;i++)
  scanf("%d",arr+i);
printf("\n");
inv(arr,10);                                      //调用 inv 函数,实参 arr 是指针变量,但无指向
printf("The array has been inverted:\n");
for(i=0;i<10;i++)
  printf("%d ", * (arr+i));
printf("\n");
return 0;
}
```

编译时出错,原因是指针变量 arr 没有确定值,谈不上指向哪个变量。

下面的使用是不正确的:

```
int main()                          f(x[],int n)
  { int * p;                          {
    ⋮                                   ⋮
    f(p,10);                          }
    ⋮
  }
```

💡注意：如果用指针变量作实参,必须先使指针变量有确定值,指向一个已定义的对象。

以上 4 种方法,实质上都是地址的传递。其中(3)和(4)两种只是形式上不同,实际上形参都是使用指针变量。

【例 8.10】 用指针方法对 10 个整数按由大到小顺序排序。

解题思路：在主函数中定义数组 a 存放 10 个整数,定义 int * 型指针变量 p 并指向 a[0]。定义函数 sort 使数组 a 中的元素按由大到小的顺序排列。在主函数中调用 sort 函数,用指针变量 p 作实参。sort 函数的形参用数组名。用选择法进行排序,选择排序法的算法前已介绍。

编写程序：

```
#include <stdio.h>
int main()
  {void sort(int x[],int n);                      //sort 函数声明
   int i, * p,a[10];
   p=a;                                           //指针变量 p 指向 a[0]
   printf("please enter 10 integer numbers:");
   for(i=0;i<10;i++)
     scanf("%d",p++);                             //输入 10 个整数
   p=a;                                           //指针变量 p 重新指向 a[0]
   sort(p,10);                                    //调用 sort 函数
```

```
    for(p=a,i=0;i<10;i++)
      {printf("%d",*p);                          //输出排序后的 10 个数组元素
       p++;
      }
    printf("\n");
    return 0;
  }

  void sort(int x[],int n)                       //定义 sort 函数,x 是形参数组名
    {int i,j,k,t;
      for(i=0;i<n-1;i++)
        {k=i;
          for(j=i+1;j<n;j++)
            if(x[j]>x[k]) k=j;
              if(k!=i)
                  {t=x[i];x[i]=x[k];x[k]=t;}
        }
    }
```

运行结果:

```
please enter 10 integer numberes:12 34 5 689 -43 56 -21 0 24 65
689 65 56 34 24 12 5 0 -21 -43
```

🔍 **程序分析**:为了便于理解,函数 sort 中用数组名作为形参,用下标法引用形参数组元素,这样的程序很容易看懂。当然也可以改用指针变量,这时 sort 函数的首部可以改为

sort(int *x,int n)

其他不改,程序运行结果不变。

可以看到,即使在函数 sort 中将 x 定义为指针变量,在函数中仍可用 x[i] 和 x[j] 这样的形式表示数组元素,它就是 x+i 和 x+j 所指的数组元素。

上面的 sort 函数等价于:

```
  void sort(int *x,int n)                        //形参 x 是指针变量
    {int i,j,k,t;
     for(i=0;i<n-1;i++)
       {k=i;
        for(j=i+1;j<n;j++)
          if (*(x+j)>*(x+k)) k=j;                // *(x+j)就是 x[j],其他亦然
            if (k!=i)
                {t= *(x+i);*(x+i)= *(x+k);*(x+k)=t;}
       }
    }
```

请读者自己理解消化程序。

*8.3.5　通过指针引用多维数组

指针变量可以指向一维数组中的元素,也可以指向多维数组中的元素。但在概念上和

使用方法上，多维数组的指针比一维数组的指针要复杂一些。

1. 多维数组元素的地址

为了说清楚指向多维数组元素的指针，先回顾一下多维数组的性质，以二维数组为例。设有一个二维数组a，它有3行4列。

它的定义为

```
int a[3][4]={{1,3,5,7},{9,11,13,15},{17,19,21,23}};
```

a是二维数组名。a数组包含3行，即3个行元素：a[0],a[1],a[2]。而每一个行元素又是一个一维数组，它包含4个元素（即4个列元素）。例如，a[0]所代表的一维数组又包含4个元素：a[0][0]，a[0][1],a[0][2],a[0][3]，见图8.18。可以认为二维数组是"数组的数组"，即二维数组a是由3个一维数组所组成的。

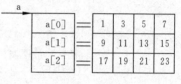

图 8.18

从二维数组的角度来看，a代表二维数组首元素的地址，现在的首元素不是一个简单的整型元素，而是由4个整型元素所组成的一维数组，因此a代表的是首行（即序号为0的行）的起始地址。a+1代表序号为1的行的起始地址。如果二维数组的首行的起始地址为2000，一个整型数据占4个字节，则a+1的值应该是2000+4×4=2016（因为第0行有4个整型数据）。a+1指向a[1]，或者说，a+1的值是a[1]的起始地址。a+2代表a[2]的起始地址，它的值是2032，见图8.19。

a[0],a[1],a[2]既然是一维数组名，从前面已知，数组名代表数组首元素地址，因此a[0]代表一维数组a[0]中第0列元素的地址，即&a[0][0]。同理，a[1]的值是&a[1][0]，a[2]的值是&a[2][0]。

请考虑a数组0行1列元素的地址怎么表示？a[0]是一维数组名，该一维数组中序号为1的元素的地址显然应该用a[0]+1来表示，见图8.20。此时"a[0]+1"中的1代表1个列元素的字节数，即4个字节。a[0]的值是2000，a[0]+1的值是2004（而不是2016）。这是因为现在是在一维数组范围内讨论问题的，正如有一个一维数组x，x+1是其第1个元素x[1]的地址一样。a[0]+0,a[0]+1,a[0]+2,a[0]+3分别是a[0][0],a[0][1],a[0][2],a[0][3]元素的地址（即&a[0][0],&[0][1],&[0][2],&[0][3]）。

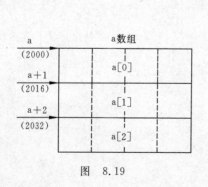

图 8.19

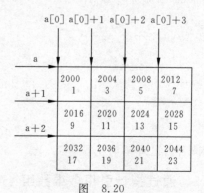

图 8.20

前已述及,a[0]和 * (a＋0)等价,a[1]和 * (a＋1)等价,a[i]和 * (a＋i)等价。因此,a[0]＋1 和 * (a＋0)＋1 都是＆a[0][1](即图 8.20 中的 2004)。a[1]＋2 和 * (a＋1)＋2 的值都是＆a[1][2](即图中的 2024)。请注意不要将 * (a＋1)＋2 错写成 * (a＋1＋2),后者变成 * (a＋3)了,相当于 a[3]。

进一步分析,欲得到 a[0][1]的值,用地址法怎么表示呢?既然 a[0]＋1 和 * (a＋0)＋1 是 a[0][1]的地址,那么, * (a[0]＋1)就是 a[0][1]的值。同理, * (* (a＋0)＋1)或 * (* a＋1)也是 a[0][1]的值。 * (a[i]＋j)或 * (* (a＋i)＋j)是 a[i][j]的值。务请记住 * (a＋i)和 a[i]是等价的。

有必要对 a[i]的性质作进一步说明。a[i]从形式上看是 a 数组中序号为 i 的元素。如果 a 是一维数组名,则 a[i]代表 a 数组序号为 i 的元素的存储单元。a[i]是一个有确定地址的存储单元。但如果 a 是二维数组,则 a[i]是一维数组名,它只是一个地址,并不代表一个存储单元,也不代表存储单元中的值(如同一维数组名只是一个指针常量一样)。a,a＋i,a[i], * (a＋i), * (a＋i)＋j,a[i]＋j 都是地址。而 * (a[i]＋j)和 * (* (a＋i)＋j)是二维数组元素 a[i][j]的值,见表 8.2。

有些读者可能不理解,为什么 a＋1 和 * (a＋1)的值都是 2016 呢?他们认为:a＋1 是地址, * (a＋1)是该地址指向的存储单元中的内容,怎么会是同一个值呢?的确,二维数组中有些概念比较复杂难懂,要仔细消化,反复思考。

表 8.2 二维数组 a 的有关指针

表 示 形 式	含 义	值
a	二维数组名,指向一维数组 a[0],即 0 行起始地址	2000
a[0], * (a＋0), * a	0 行 0 列元素地址	2000
a＋1,＆a[1]	1 行起始地址	2016
a[1], * (a＋1)	1 行 0 列元素 a[1][0]的地址	2016
a[1]＋2, * (a＋1)＋2,＆a[1][2]	1 行 2 列元素 a[1][2]的地址	2024
* (a[1]＋2), * (* (a＋1)＋2),a[1][2]	1 行 2 列元素 a[1][2]的值	是元素值,为 13

首先说明,a＋1 是二维数组 a 中序号为 1 的行的起始地址(序号从 0 起算),而 * (a＋1)并不是 a＋1 单元的内容(值),因为 a＋1 并不是一个数组元素的地址,也就谈不上存储单元的内容了。 * (a＋1)就是 a[1],而 a[1]是一维数组名,所以也是地址,它指向 a[1][0]。a[1]和 * (a＋1)都是二维数组元素 a[1][0]的地址的不同的表示形式。

为了说明这个容易搞混的问题,可以举一个日常生活中的例子来说明。在军训中,一个排分 3 个班,每个班站成一行,3 个班为 3 行,相当于一个二维数组。为方便比较,班和战士的序号也从 0 开始。请思考:班长点名和排长点名的方法有什么不同。班长从第 0 个战士开始逐个检查本班战士是否在队列中,班长每移动一步,走过一个战士。而排长点名则是以班为单位,排长先站在第 0 班的起始位置,检查该班是否到齐,然后走到第 1 班的起始位置,检查该班是否到齐。班长移动的方向是横向的,而排长移动的方向是纵向的。排长看起来只走了一步,但实际上他跳过了一个班的 10 个战士。这相当于从 a 移到 a＋1(见图 8.21)。

班长"指向"的是战士,排长"指向"的是班,班长相当于列指针,排长相当于行指针。

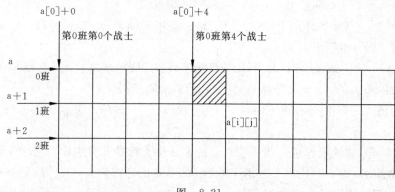

图　8.21

为了找到某一班内某一个战士,必须给两个参数,即第 i 班第 j 个战士,先找到第 i 班,然后由该班班长在本班范围内找第 j 个战士。这个战士的位置就是 a[i]+j(这是一个地址)。开始时班长面对第 0 个战士。注意,排长和班长的初始位置是相同的(如图 8.21 中的 a 和 a[0]都是 2000),但他们面对的对象是不同的,班长面向的对象是战士,排长面向的对象是班。排长"指向"班,在图上是"纵向管理",他纵向走一步就跳过一个班,而班长"指向"战士,在图上是"横向管理",横向走一步只是指向下一个战士。

二维数组 a 相当于排长,而每一行(即一维数组 a[0],a[1],a[2])相当于班长,每一行中的元素(如 a[1][2])相当于战士。

💡 说明:前面已介绍过,C 语言的地址信息中既包含位置信息(如内存编号 2000),还包含它所指向的数据的类型信息。现在 a[0]是一维数组名,它是一维数组中起始元素的地址,a 是二维数组名,它是二维数组的首行起始地址,二者的纯地址是相同的;即 2000,但它们的基类型不同,即它们指向的数据的类型不同,前者是整型数据,后者是一维数组。如果用一个指针变量 pt 来指向此一维数组,应当这样定义:

int (* pt)[4];

表示 pt 指向由 4 个整型元素组成的一维数组,此时指针变量 pt 的基类型是由 4 个整型元素组成的一维数组。详见下一小节。

a+1 与 a[0]+1 是不同的,a+1 是序号为 1 的行的起始地址,a+1 指向序号为 1 的行(相当于排长走到第 1 班的开头),而 * (a+1)或 a[1]或 a[1]+0 都指向 1 行 0 列元素(相当于第 1 班第 0 个战士),二者地址虽相同,但指向的数据类型不同。a 和 a[0]的值虽然相同(等于 2000),但是由于指针的基类型不同(相当于排长和班长面对的对象不同),a 指向一维数组 a[0],而 a[0]指向列元素 a[0][0]。因此,对不同的指针进行加 1 的运算,得到的结果是不同的[①]。

再次强调:二维数组名(如 a)是指向行(一维数组)的。因此 a+1 中的"1"代表一行中全部元素所占的字节数(图 8.20 表示为 16 个字节)。一维数组名(如 a[0],a[1])是指向列

---

① a[0],a[1],a[2]的类型为 int * 型(指向整型变量),而 a 的类型为 int(*)[4],指向含 4 个元素的一维数组,关于指向一维数组的指针,详见下一小节。

元素的。a[0]+1 中的 1 代表一个 a 元素所占的字节数(图 8.20 表示为 4 个字节)。在指向行的指针前面加一个 *,就转换为指向列的指针。例如,a 和 a+1 是指向行的指针,在它们前面加一个 * 就是 *a 和 *(a+1),它们就成为指向列的指针,分别指向 a 数组 0 行 0 列的元素和 1 行 0 列的元素。反之,在指向列的指针前面加 &,就成为指向行的指针。例如 a[0]是指向 0 行 0 列元素的指针,在它前面加一个 &,得 &a[0],由于 a[0] 与 *(a+0) 等价,因此 &a[0] 与 &*a 等价,也就是与 a 等价,它指向二维数组的 0 行。

注意:不要把 &a[i]简单地理解为 a[i]元素的存储单元的地址,因为并不存在 a[i]这样一个实际的数据存储单元。它只是一种地址的计算方法,能得到第 i 行的起始地址,&a[i]和 a[i]的值是一样的,但它们的基类型是不同的。&a[i]或 a+i 指向行,而 a[i]或 *(a+i)指向列。当列下标 j 为 0 时,&a[i]和 a[i](即 a[i]+j)值相等,即它们的纯地址相同,但应注意它们所指向的对象的类型是不同的,即指针的基类型是不同的。*(a+i)只是 a[i]的另一种表示形式,不要简单地认为 *(a+i)是"a+i 所指单元中的内容"。在一维数组中 a+i 所指的是一个数组元素的存储单元,在该单元中有具体值,上述说法是正确的。而对二维数组,a+i 不是指向具体存储单元而是指向行(即指向一维数组)。在二维数组中,a+i、a[i]、*(a+i)、&a[i]、&a[i][0]的值相等,即它们都代表同一地址,但基类型不同。请读者仔细琢磨其概念。

为了加深印象,更好地理解以上的概念,请分析和消化下面的例子。

【例 8.11】 输出二维数组的有关数据(地址和元素的值)。

```
#include <stdio.h>
int main()
  {int a[3][4]={1,3,5,7,9,11,13,15,17,19,21,23};
   printf("%d,%d\n",a,*a);                      //0 行起始地址和 0 行 0 列元素地址
   printf("%d,%d\n",a[0],*(a+0));               //0 行 0 列元素地址
   printf("%d,%d\n",&a[0],&a[0][0]);            //0 行起始地址和 0 行 0 列元素地址
   printf("%d,%d\n",a[1],a+1);                  //1 行 0 列元素地址和 1 行起始地址
   printf("%d,%d\n",&a[1][0],*(a+1)+0);         //1 行 0 列元素地址
   printf("%d,%d\n",a[2],*(a+2));               //2 行 0 列元素地址
   printf("%d,%d\n",&a[2],a+2);                 //2 行起始地址
   printf("%d,%d\n",a[1][0],*(*(a+1)+0));       //1 行 0 列元素的值
   printf("%d,%d\n",*a[2],*(*(a+2)+0));         //2 行 0 列元素的值
   return 0;
  }
```

运行结果:

```
1245008,1245008
1245008,1245008
1245008,1245008
1245024,1245024
1245024,1245024
1245040,1245040
1245040,1245040
9,9
17,17
```

程序分析:二维数组 a 的结构与图 8.20 所示相同,只是 a 数组的起始地址是

1245008。上面是在 Visual C++ 6.0 环境下的一次运行记录。在不同的计算机、不同的编译环境、不同的时间运行以上程序时，**由于分配内存情况不同，所显示的地址可能是不同的。但是上面显示的地址是有共同规律的**，如上面显示 0 行起始地址和 0 行 0 列元素地址为1245008，前 3 行显示的地址是相同的。第 4,5 行是 1 行 0 列元素地址和 1 行起始地址，它的值应当比上面显示的 0 行起始地址和 0 行 0 列元素地址大 16 个字节（一行有 4 个元素，每个元素 4 字节），1245024 和 1245008 之差是 16。同样，第 6,7 行是 2 行 0 列元素地址和 2 行起始地址，它的值应当比 1 行起始地址和 1 行 0 列元素地址大 16 个字节，1245040 和1245024 之差是 16。最后两行显示的是 a[1][0] 和 a[2][0] 的值。

2. 指向多维数组元素的指针变量

在了解了以上的概念后，可以用指针变量指向多维数组的元素。

（1）指向数组元素的指针变量

【例 8.12】 有一个 3×4 的二维数组，要求用指向元素的指针变量输出二维数组各元素的值。

解题思路： 二维数组中的所有元素都是整型的，它相当于整型变量，可以用 int * 型指针变量指向它。二维数组中的各元素在内存中是按行顺序存放的，即存放完序号为 0 的行中的全部元素后，接着存放序号为 1 的行中的全部元素，依此类推。因此可以用一个指向整型元素的指针变量，依次指向各个元素。

编写程序：

```
# include <stdio. h>
int main()
 {int a[3][4]={1,3,5,7,9,11,13,15,17,19,21,23};
  int * p;                              //p 是 int * 型指针变量
  for(p=a[0];p<a[0]+12;p++)             //使 p 依次指向下一个元素
    {if((p−a[0])%4==0) printf("\n");    //p 移动 4 次后换行
      printf("%4d", * p);               //输出 p 指向的元素的值
    }
  printf("\n");
  return 0;
}
```

运行结果：

```
 1   3   5   7
 9  11  13  15
17  19  21  23
```

程序分析： p 是一个 int * 型（指向整型数据）的指针变量，它可以指向一般的整型变量，也可以指向整型的数组元素。每次使 p 值加 1，使 p 指向下一元素。第 6 行 if 语句的作用是使输出 4 个数据后换行。

本例是顺序输出数组中各元素之值，比较简单。如果要输出某个指定的数值元素（例如a[1][2]），则应事先计算该元素在数组中的相对位置（即相对于数组起始位置的相对位移量）。计算 a[i][j] 在数组中的相对位置的计算公式为

　　i＊m＋j

其中,m 为二维数组的列数(二维数组大小为 n×m)。例如,对上述 3×4 的二维数组,它的
2 行 3 列元素 a[2][3]对 a[0][0]的相对位移量为 2×4＋3＝11 元素。如果一个元素占
4 个字节,则 a[2][3]对 a[0][0]的地址差为 11×4＝44 字节。若开始时指针变量 p 指向
a[0][0],a[i][j]的地址为"&a[0][0]＋(i＊m＋j)"或"p＋(i＊m＋j)"。a[2][3]的地址是
(p＋2＊4＋3),即(p＋11)。a[2][3]的值为
＊(p＋11)。

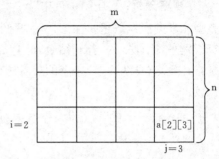

图　8.22

　　下面来说明上述"&a[0][0]＋(i＊m＋j)"中
的 i＊m＋j 的含义。从图 8.22 可以看到在
a[i][j]元素之前有 i 行元素(每行有 m 个元素),
在 a[i][j]所在行,a[i][j]的前面还有 j 个元素,因
此 a[i][j]之前共有 i×m＋j 个元素。例如,a[2][3]
的前面有两行,共 2×4＝8 个元素,在它本行内还
有 3 个元素在它前面,故共有 8＋3＝11 个元素在
它之前。可用 p＋11 表示其相对位置。

　　可以看到,C 语言规定数组下标从 0 开始,对计算上述相对位置比较方便,只要知道 i
和 j 的值,就可以直接用 i×m＋j 公式计算出 a[i][j]相对于数组开头的相对位置。如果规
定下标从 1 开始(如 FORTRAN 语言),则为计算 a[i][j]的相对位置所用的公式就要改为

　　(i－1)×m＋(j－1)

这就使表达式复杂,而且不直观。

　　(2) 指向由 m 个元素组成的一维数组的指针变量

　　上例的指针变量 p 是用"int ＊p;"定义的,它是指向整型数据的,p＋1 所指向的元素是
p 所指向的列元素的下一元素(按在内存中存储的下一个整型元素)。

　　可以改用另一方法,使 p 不是指向整型变量,而是指向一个包含 m 个元素的一维数组。
这时,如果 p 先指向 a[0](即 p＝&a[0]),则 p＋1 不是指向 a[0][1],而是指向 a[1],p 的增
值以一维数组的长度为单位,见图 8.23。

```
p,a
      ┌──────┐
p+1   │ a[0] │
p+2   │ a[1] │
      │ a[2] │
      └──────┘
```

图　8.23

　　【例 8.13】 输出二维数组任一行任一列元素的值。

　　解题思路:假设仍然用例 8.12 程序中的二维数组,例 8.12 中定义
的指针变量是指向变量(或数组元素)的,现在改用指向一维数组的指针
变量。

编写程序:

```c
#include <stdio.h>
int main()
 {int a[3][4]={1,3,5,7,9,11,13,15,17,19,21,23};   //定义二维数组 a 并初始化
  int (*p)[4],i,j;                                 //指针变量 p 指向包含 4 个整型元素的一维数组
  p=a;                                             //p 指向二维数组的 0 行
  printf("please enter row and colum:");
  scanf("%d,%d",&i,&j);                            //输入要求输出的元素的行列号
  printf("a[%d,%d]=%d\n",i,j,*(*(p+i)+j));         //输出 a[i][j]的值
```

```
        return 0;
    }
```

运行结果：

please enter row and colum:1,2
a[1,2]=13
```

🔍 **程序分析**：程序第4行中"int（ * p）[4]"表示定义p为一个指针变量，它指向包含4个整型元素的一维数组。注意，* p两侧的括号不可缺少，如果写成 * p[4]，由于方括号[ ]运算级别高，因此p先与[4]结合，p[4]是定义数组的形式，然后再与前面的 * 结合，* p[4]就是指针数组（见8.7节）。有的读者感到"（ * p）[4]"这种形式不好理解。可以对下面二者做比较：

① int a[4];　　　　　　（a有4个元素，每个元素为整型）
② int（ * p）[4];

第②种形式表示（ * p）有4个元素，每个元素为整型。也就是p所指的对象是有4个整型元素的数组，即p是指向一维数组的指针，见图8.24。应该记住，此时p只能指向一个包含4个元素的一维数组，不能指向一维数组中的某一元素。p的值是该一维数组的起始地址。虽然这个地址（指纯地址）与该一维数组首元素的地址相同，但它们的基类型是不同的。不要混淆。

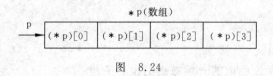

图　8.24

请分析以下小程序：

```
#include <stdio.h>
int main()
  { int a[4]={1,3,5,7};          //定义一维数组a,包含4个元素
    int（ * p）[4];               //定义指向包含4个元素的一维数组的指针变量中
    p=&a;                        //使p指向一维数组
    printf("%d\n",（ * p）[3]);    //输出a[3],输出整数7
    return 0;
  }
```

注意第5行不应写成"p=a;"，因为这样写表示p的值是 & a[0]，指向首元素 a[0]。"p=& a;"表示p指向一维数组（行），（ * p）[3]是p所指向的行中序号为3的元素。

由于例8.13中的指针变量p指向二维数组的0行，因此p+i是二维数组a的i行的起始地址（由于p是指向一维数组的指针变量，因此p加1，就指向下一行），见图8.25。请分析 * （p+2）+3是什么？由于p=a，因此 * （p+2）就是a[2]，* （p+2）+3就是a[2]+3，而a[2]的值是a数组中2行0列元素a[2][0]的地址（即 & a[2][0]），因此 * （p+2）+3就是a数组2行3列元素的地

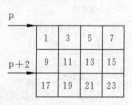

图　8.25
```

址,这是指向列元素的指针,由此不难理解: * (* (p+2)+3)是 a[2][3]的值。

有的读者可能会想,* (p+2)是 a 数组 2 行 0 列元素的地址,而 p+2 是 a 数组 2 行起始地址,二者的值相同,* (p+2)+3 能否写成(p+2)+3 呢? 显然不行。不能作简单的数值替换。(p+2)+3 就成了(p+5)了,是 a 数组 5 行的起始地址了。

 说明:要注意指针变量的类型,从"int (* p)[4];"可以看到,p 的类型不是 int * 型,而是 int(*)[4]型,p 被定义为指向一维**整型数组的指针变量,一维数组有 4 个元素**,因此 p 的基类型是一维数组,其长度是 **16 个字节**。" * (p+2)+3"括号中的 2 是以 p 的基类型(一维整型数组)的长度为单位的,即 p 每加 1,地址就增加 16 个字节(4 个元素,每个元素 4 个字节),而" * (p+2)+3"括号外的数字 3,不是以 p 的基类型的长度为单位的。由于经过 * (p+2)的运算,得到 a[2],即 &a[2][0],它已经转化为指向列元素的指针了,因此加 3 是以元素的长度为单位的,加 3 就是加(3×4)个字节。虽然 p+2 和 * (p+2)具有相同的值,但由于它们所指向的对象的长度不同,因此(p+2)+3 和 * (p+2)+3 的值就不相同了。这和上一节所叙述的概念是一致的。

3. 用指向数组的指针作函数参数

一维数组名可以作为函数参数,多维数组名也可作函数参数。用指针变量作形参,以接受实参数组名传递来的地址。可以有两种方法:①用指向变量的指针变量;②用指向一维数组的指针变量。

【例 8.14】 有一个班,3 个学生,各学 4 门课,计算总平均分数以及第 n 个学生的成绩。

解题思路: 这个题目是很简单的。本例用指向数组的指针作函数参数。用函数 average 求总平均成绩,用函数 search 找出并输出第 i 个学生的成绩。

编写程序:

```
#include <stdio.h>
int main()
  {void average(float * p,int n);
   void search(float ( * p)[4],int n);
   float score[3][4]={{65,67,70,60},{80,87,90,81},{90,99,100,98}};
   average( * score,12);                    //求 12 个分数的平均分
   search(score,2);                         //求序号为 2 的学生的成绩
   return 0;
  }

void average(float * p,int n)              //定义求平均成绩的函数
  {float * p_end;
   float sum=0,aver;
   p_end=p+n-1;                            //n 的值为 12 时,p_end 的值是 p+11,指向最后一个元素
   for(;p<=p_end;p++)
     sum=sum+( * p);
   aver=sum/n;
   printf("average=%5.2f\n",aver);
  }
```

```
    void search(float ( * p)[4],int n)          //p是指向具有 4 个元素的一维数组的指针
      {int i;
       printf("The score of No. %d are:\n",n);
       for(i=0;i<4;i++)
         printf("%5.2f", * ( *(p+n)+i));
       printf("\n");
      }
```

运行结果：

```
average=82.25
The score of No.2 are:
90.00 99.00 100.00 98.00
```

🔍 **程序分析**：在 main 函数中，先调用 average 函数以求总平均值。在函数 average 中形参 p 被声明为 float * 类型（指向 float 型变量）的指针变量。它的基类型为 float 型，实参用 * score，即 score[0]，也就是 &score[0][0]，即 score[0][0] 的地址。把 score[0][0] 的地址传给 p，使 p 指向 score[0][0]。然后在 average 函数中使 p 先后指向二维数组的各个元素，p 每加 1 就改为指向 score 数组的下一个元素，见图 8.26。形参 n 代表需要求平均值的元素的个数，实参 12 表示要求 12 个元素值的平均值。p_end 是最后一个元素的地址。sum 是累计总分，aver 是平均值。在函数中输出 aver 的值，函数无需返回值。

函数 search 的形参 p 的类型是 float(*)[4]，它不是指向整型变量的指针变量，而是指向包含 4 个元素的一维数组的指针变量。函数调用开始时，将实参 score 的值（代表该数组 0 行起始地址）传给 p，使 p 也指向 score[0]。p+n 是 score[n] 的起始地址，*(p+n)+i 是 score[n][i] 的地址，*(*(p+n)+i) 是 score[n][i] 的值。现在实参传给形参 n 的值是 2，即想找序号为 2 的学生的成绩（3 个学生的序号分别为 0,1,2）。

p	
p+1	65
	67
	70
	60
	80
	87
	90
	81
	90
	99
	100
	98

图 8.26

调用 search 函数时，实参是 score(二维数组名，代表该数组中 0 行起始地址)传给 p，使 p 也指向 score[0]。p+n 是 score[n] 的起始地址，*(p+n)+i 是 score[n][i] 的地址，*(*(p+n)+i) 是 score[n][i] 的值。现在 n=2，i 由 0 变到 3，for 循环输出 score[2][0] 到 score[2][3] 的值。

📌 **注意**：实参与形参如果是指针类型，应当注意它们的基类型必须一致。不应把 int * 型的指针（即数组元素的地址）传给 int(*)[4] 型（指向一维数组）的指针变量，反之亦然。正如不应把"班长"传给"排长"一样，应当是"门当户对"。

例如在 main 函数中调用 search 函数时，实参是 score，形参 p 指向包含 4 个整型元素的一维数组，二者类型是一致的，程序中调用 search 函数的形式是正确的，即：

```
    search(score,2);                          //用 score(即 score[0]的起始地址)作为实参
```

如果写成下面这样就不对了：

```
    search( * score,2);                       //用 * score(即 core[0][0]的地址作为实参
```

虽然 score 和 * score 都是地址,但后者的类型与形参 p 的类型不匹配。

【例 8.15】 在例 8.14 的基础上,查找有一门以上课程不及格的学生,输出他们的全部课程的成绩。

解题思路:在主函数中定义二维数组 score,定义 search 函数实现输出有一门以上课程不及格的学生的全部课程的成绩,形参 p 的类型是 float(*)[4],p 是指向包含 4 个元素的一维数组的指针变量。在调用 search 函数时,用 score 作为实参,它指向 score[0],把 score[0] 的地址传给形参 p。

编写程序:

```c
#include <stdio.h>
int main()
  {void search(float ( * p)[4],int n);                        //函数声明
     float score[3][4]={{65,57,70,60},{58,87,90,81},{90,99,100,98}};
                                                              //定义二维数组函数 score
     search(score,3);                                         //调用 search 函数
     return 0;
  }

void search(float ( * p)[4],int n)     //形参 p 是指向包含 4 个 float 型元素的一维数组的指针变量
  {int i,j,flag;
     for(j=0;j<n;j++)
       {flag=0;
        for(i=0;i<4;i++)
          if( * ( * (p+j)+i)<60) flag=1;            // * ( * (p+j)+i)就是 score[j][i]
        if(flag==1)
           { printf("No. %d fails,his scores are:\n",j+1);
             for(i=0;i<4;i++)
                printf("%5.1f ", * ( * (p+j)+i));
                                          //输出 * ( * (p+j)+i)就是输出 score[j][i]的值
             printf("\n");
           }
       }
  }
```

运行结果:

```
No.1 fails,his scores are:
 65.0  57.0  70.0  60.0
No.2 fails,his scores are:
 58.0  87.0  90.0  81.0
```

程序分析:实参 score 和形参 p 的类型是相同的。在调用 search 函数时,p 得到实参 score 的值,即 score[0] 的起始地址,也就是说 p 也指向 score 数组的第 1 行。然后 p 先后指向各行(每行包括该学生几门课的成绩)。p+j 是 core 数组第 j 行的起始地址, * (p+j)是 score[j][0]元素的地址,即 &score[j][0], * (p+j)+i 是 score[j][i]的地址,即 &score[j][i],search 函数中的 * (* (p+j)+i)就是 score[j][i]。先后检查各学生每门课

的成绩,如有不及格的就记录下来。

在函数 search 中,变量 flag 用来表示有无不及格的课程。若 flag 的值为 1 表示有不及格的课程,若 flag 的值为 0 表示没有不及格的课程。开始时先使 flag＝0,若发现某一学生有一门不及格,就使 flag 变为 1。最后用 if 语句检查 flag,如为 1,则表示该学生有不及格的记录,输出该学生全部课程成绩。变量 j 代表学生号,i 代表课程号。score[j][i]是序号为 j 的学生第 i 门课的成绩。

请读者仔细阅读和分析本程序,通过本例可以深入理解指针与数组的联系,正确使用指针方法引用数组元素,其中有不少概念和技巧。关于多维数组的指针,有一些概念是必须弄清楚的,不能一知半解。在学习和使用时,头脑要清楚,使用要小心。其实其基本的道理并不复杂,只要掌握住要领,就可迎刃而解。

通过指针变量存取数组元素速度快,程序简明。用指针变量作形参,所处理的数组大小可以改变。因此数组与指针常常是紧密联系的,使用熟练的话可以使程序质量提高,编写程序方便灵活。

8.4 通过指针引用字符串

在前面几章中已大量地使用了字符串,如在 printf 函数中输出一个字符串。这些字符串都是以直接形式(字面形式)给出的,在一对双撇号中包含若干个合法的字符。在本节中将介绍**使用字符串的更加灵活方便的方法**——通过指针引用字符串。

8.4.1 字符串的引用方式

在 C 程序中,字符串是存放在字符数组中的。想引用一个字符串,可以用以下两种方法。

(1) 用字符数组存放一个字符串,可以通过数组名和下标引用字符串中一个字符,也可以通过数组名和格式声明"%s"输出该字符串。

【例 8.16】 定义一个字符数组,在其中存放字符串"I love China!",输出该字符串和第 8 个字符。

解题思路:定义字符数组 string,对它初始化,由于在初始化时字符的个数是确定的,因此可不必指定数组的长度。用数组名 string 和输出格式%s 可以输出**整个字符串**。用数组名和下标可以引用任一数组元素。

编写程序:

```
# include <stdio. h>
int main()
 {char string[]="I love China!";      //定义字符数组 sting
  printf("%s\n",string);               //用%s 格式声明输出 string,可以输出整个字符串
  printf("%c\n",string[7]);            //用%c 格式输出一个字符数组元素
  return 0;
 }
```

运行结果：

```
I love China!
C
```

程序分析：在定义字符数组 string 时未指定长度，由于对它初始化，因此它的长度是确定的，长度应为 14，其中 13 个字节存放"I love China!"13 个字符，最后一个字节存放字符串结束符'\0'。数组名 string 代表字符数组首元素的地址（见图 8.27）。题目要求输出该字符串第 8 个字符，由于数组元素的序号从 0 起算，所以应当输出 string[7]，它代表数组中序号 7 的元素的值（它的值是字母 C）。实际上 string[7] 就是 *(string+7)，string+7 是一个地址，它指向字符"C"。

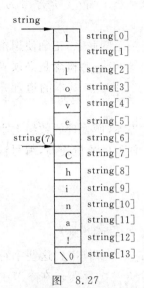

图 8.27

（2）用字符指针变量指向一个字符串常量，通过字符指针变量引用字符串常量。

【例 8.17】 通过字符指针变量输出一个字符串。

解题思路：可以不定义字符数组，只定义一个字符指针变量，用它指向字符串常量中的字符。通过字符指针变量输出该字符串。

编写程序：

```
#include <stdio.h>
int main()
 {char * string="I love China!";      //定义字符指针变量 string 并初始化
  printf("%s\n",string);              //输出字符串
  return 0;
 }
```

运行结果：

```
I love China!
```

程序分析：在程序中没有定义字符数组，只定义了一个 char * 型的指针变量（字符指针变量）string，用字符串常量"I love China!"对它初始化。C 语言对字符串常量是按字符数组处理的，在内存中开辟了一个字符数组用来存放该字符串常量，但是这个字符数组是没有名字的，因此不能通过数组名来引用，只能通过指针变量来引用。

对字符指针变量 string 初始化，实际上是把字符串第 1 个元素的地址（即存放字符串的字符数组的首元素地址）赋给指针变量 string，使 string 指向字符串的第 1 个字符，由于字符串常量"I love China!"已由系统分配在内存中连续的 14 个字节中，因此，string 就指向了该字符串的第一个字符（见图 8.28）。在不致引起误解的情况下，为了简便，有时也可说 string 指向字符串"I love China!"，但应当理解为"指向字符串的第 1 个字符"。

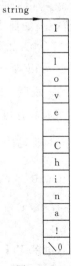

图 8.28

说明：有人误认为 string 是一个字符串变量，以为在定义时把"I love China!"这几个字符赋给该字符串变量，这是不对的。在 C 语言中只有字符变量，没有字符串变量。

分析定义 string 的行：

char ∗ string＝"I love China!";

等价于下面两行：

```
char ∗ string;                    //定义一个 char∗ 型变量
string＝"I love China!";           //把字符串第1个元素的地址赋给字符指针变量 string
```

注意：string 被定义为一个指针变量，基类型为字符型。请注意它只能指向一个字符类型数据，而不能同时指向多个字符数据，更不是把"I love China!"这些字符存放到 string 中（指针变量只能存放地址），也不是把字符串赋给 ∗ string。只是把"I love China!"的第 1 个字符的地址赋给指针变量 string。

不要认为上述定义行等价于

```
char ∗ string;;
∗ string＝"I love China!";            //多了一个 ∗ 号, string 才是指针变量名
```

可以对指针变量进行再赋值，如：

```
string＝"I am a student.";            //对指针变量 string 重新赋值
```

把字符串"I am a student."的第一个字符的地址赋给指针变量 string。此后 string 就指向"I am a student."的第一个字符，不再指向"I love China!"的第一个字符了，因此不能再通过 string 引用字符串"I love China!"。

可以通过字符指针变量输出它所指向的字符串，如：

```
printf("%s\n",string);
```

%s 是输出字符串时所用的格式符，在输出项中给出字符指针变量名 string，则系统会输出 string 所指向的字符串第 1 个字符，然后自动使 string 加 1，使之指向下一个字符，再输出该字符……如此直到遇到字符串结束标志'\0'为止。注意，在内存中，字符串的最后被自动加了一个'\0'（如图 8.27 所示），因此在输出时能确定输出的字符到何时结束。可以看到，用%s 可以对一个字符串进行整体的输入输出。

说明：通过字符数组名或字符指针变量可以输出一个字符串，而对一个数值型数组，是不能企图用数组名输出它的全部元素的。例如：

```
int a[10];
    ⋮
printf("%d\n",a);
```

是不行的，它输出的是数组首元素的地址。对于数值型数组的元素值只能逐个输出。

对字符串中字符的存取，可以用下标方法，也可以用指针方法。

【例 8.18】 将字符串 a 复制为字符串 b，然后输出字符串 b。

解题思路：定义两个字符数组 a 和 b，用"I am a student."对 a 数组初始化。将 a 数组中

的字符逐个复制到 b 数组中。可以用不同的方法引用并输出字符数组元素,今用地址法算出各元素的值。

编写程序:

```
# include <stdio.h>
int main()
 {char a[ ]="I am a student.",b[20];        //定义字符数组
  int i;
  for(i=0;*(a+i)!='\0';i++)
     *(b+i)=*(a+i);                          //将 a[i]的值赋给 b[i]
  *(b+i)='\0';                               //在 b 数组的有效字符之后加'\0'
  printf("string a is:%s\n",a);             //输出 a 数组中全部有效字符
  printf("string b is:");
  for(i=0;b[i]!='\0';i++)
     printf("%c",b[i]);                      //逐个输出 b 数组中全部有效字符
  printf("\n");
  return 0;
 }
```

运行结果:

```
string a is:I am a student.
string b is:I am a student.
```

程序分析:程序中 a 和 b 都定义为字符数组,今通过地址访问其数组元素。在 for 语句中,先检查 a[i]是否为'\0'(a[i]是以 *(a+i)形式表示的)。如果不等于'\0',表示字符串尚未处理完,就将 a[i]的值赋给 b[i],即复制一个字符。在 for 循环中将 a 串中的有效字符全部复制给了 b 数组。最后还应将'\0'复制过去,作为字符串结束标志。故有

*(b+i)='\0';

在第 2 个 for 循环中输出 b 数组中的元素,在 printf 函数中用下标法表示一个数组元素(即一个字符)。也可以用输出 a 数组的方法输出 b 数组。用以下一行代替程序的 9~12 行。

printf("string b is:%s\n",b);

程序中用逐个字符输出的方法只是为了表示可以用不同的方法输出字符串。

也可以用另一种方法——用指针变量访问字符串。通过改变指针变量的值使它指向字符串中的不同字符,见例 8.19。

【例 8.19】 用指针变量来处理例 8.18 问题。

解题思路:定义两个指针变量 p1 和 p2,分别指向字符数组 a 和 b。改变指针变量 p1 和 p2 的值,使它们顺序指向数组中的各元素,进行对应元素的复制。

编写程序:

```
# include <stdio.h>
int main()
  {char a[]="I am a boy.",b[20],*p1,*p2;
     p1=a;p2=b;                      //p1,p2 分别指向 a 数组和 b 数组中的第一个元素
```

```
        for(; * p1!='\0';p1++,p2++)          //p1,p2 每次自加 1
            * p2= * p1;                       //将 p1 所指向的元素的值赋给 p2 所指向的元素
        * p2='\0';                            //在复制完全部有效字符后加'\0'
        printf("string a is:%s\n",a);         //输出 a 组中的字符
        printf("string b is:%s\n",b);         //输出 b 数组中的字符
        return 0;
    }
```

运行结果：

```
string a is:I am a  boy .
string b is:I am a  boy .
```

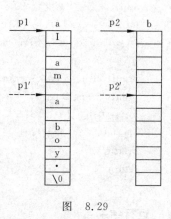

图 8.29

程序分析：p1 和 p2 是指向字符型数据的指针变量。先使 p1 和 p2 分别指向字符串 a 和 b 的第 1 个字符。* p1 最初的值是字母'I'。赋值语句"* p2= * p1;"的作用是将字符'I'（a 串中第 1 个字符）赋给 p2 所指向的元素，即 b[0]。然后 p1 和 p2 分别加 1，分别指向其下面的一个元素，直到 * p1 的值为'\0'止。注意，p1 和 p2 的值是不断在改变的，见图 8.29 的虚线和 p1'，p2'。在 for 语句中的 p1++ 和 p2++ 使 p1 和 p2 同步移动。

8.4.2 字符指针作函数参数

如果想把一个字符串从一个函数"传递"到另一个函数，可以用地址传递的办法，即用字符数组名作参数，也可以用字符指针变量作参数。在被调用的函数中可以改变字符串的内容，在主调函数中可以引用改变后的字符串。

【例 8.20】 用函数调用实现字符串的复制。

解题思路：定义一个函数 copy_string 用来实现字符串复制的功能，在主函数中调用此函数，函数的形参和实参可以分别用字符数组名或字符指针变量。分别编程，以供分析比较。

编写程序：

（1）用字符数组名作为函数参数

```
# include <stdio. h>
int main()
    {void copy_string(char from[], char to[]);
    char a[]="I am a teacher.";
    char b[]="You are a student.";
    printf("string a=%s\nstring b=%s\n",a,b);
    printf("\ncopy string a to string b:\n");
    copy_string(a,b);                               //用字符数组名作为函数实参
    printf("string a=%s\nstring b=%s\n",a,b);
    return 0;
    }

void copy_string(char from[], char to[])           //形参为字符数组
```

```
{ int i=0;
    while(from[i]!='\0')
    {to[i]=from[i];i++;}
    to[i]='\0';
}
```

运行结果：

```
string a=I am a teacher.
string b=You are a student.

copy string a to string b:
string a=I am a teacher.
string b=I am a teacher.
```

🔍 **程序分析**：a 和 b 是字符数组。初值如图 8.30(a)所示。copy_string 函数的作用是将 from[i] 赋给 to[i]，直到 from[i] 的值等于 '\0' 为止。在调用 copy_string 函数时，将 a 和 b 第 1 个字符的地址分别传递给形参数组名 from 和 to。因此 from[i] 和 a[i] 是同一个单元，to[i] 和 b[i] 是同一个单元。程序执行完以后，b 数组的内容如图 8.30(b)所示。可以看到，由于 b 数组原来的长度大于 a 数组，因此在将 a 数组复制到 b 数组后，未能全部覆盖 b 数组原有内容。b 数组最后 3 个元素仍保留原状。在输出 b 时由于按%s(字符串)输出，遇 '\0' 即告结束，因此第一个 '\0' 后的字符不输出。如果不采取%s 格式输出而用%c 逐个字符输出是可以输出后面这些字符的。

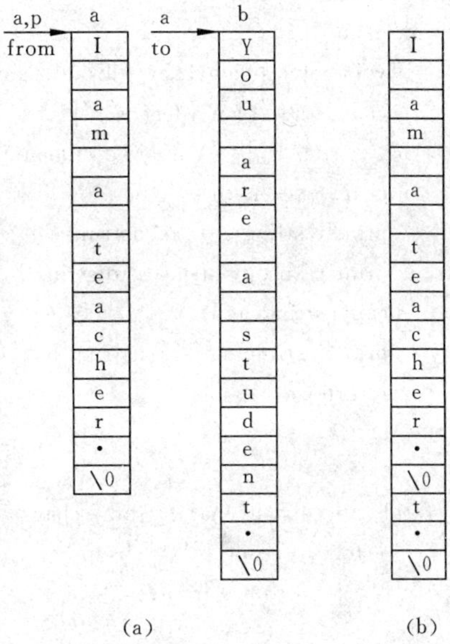

(2) 用字符型指针变量作实参

copy_string 函数不变，在 main 函数中定义字符指针变量 from 和 to，分别指向两个字符数组 a,b。

(a)　　　　(b)

图 8.30

程序改写如下：

```
# include <stdio.h>
int main()
{ void copy_string(char from[], char to[]);          //函数声明
    char a[]="I am a teacher.";                       //定义字符数组 a 并初始化
    char b[]="You are a student.";                    //定义字符数组 b 并初始化
    char * from=a, * to=b;          //from 指向 a 数组首元素,to 指向 b 数组首元素
    printf("string a=%s\nstring b=%s\n",a,b);
    printf("\ncopy string a to string b:\n");
    copy_string(from,to);                             //实参为字符指针变量
    printf("string a=%s\nstring b=%s\n",a,b);
    return 0;
}
```

```
void copy_string(char from[], char to[])                    //形参为字符数组
    { int i=0;
      while(from[i]!='\0')
        {to[i]=from[i];i++;}
      to[i]='\0';
    }
```

运行结果与程序(1)相同。

🔍 **程序分析**：指针变量 from 的值是 a 数组首元素的地址，指针变量 to 的值是 b 数组首元素的地址。它们作为实参，把 a 数组首元素的地址和 b 数组首元素的地址传递给形参数组名 from 和 to(它们实质上也是指针变量)。其他与程序(1)相同。

(3) 用字符指针变量作形参和实参

```
# include <stdio. h>
int main()
    {void copy_string(char * from, char * to);
     char * a="I am a teacher.";                        //a 是 char * 型指针变量
         char b[]="You are a student.";                 //b 是字符数组
     char * p=b;                                         //使指针变量 p 指向 b 数组首元素
     printf("string a=%s\nstring b=%s\n",a,b);          //输出 a 串和 b 串
     printf("\ncopy string a to string b:\n");
     copy_string(a,p);                                   //调用 copy_string 函数,实参为指针变量
     printf("string a=%s\nstring b=%s\n",a,b);          //输出改变后的 a 串和 b 串
     return 0;
    }

void copy_string(char * from, char * to)                //定义函数,形参为字符指针变量
    {   for(; * from!='\0';from++,to++)
            { * to= * from;}
        * to='\0';
    }
```

运行结果同上。

🔍 **程序分析**：形参改用 char * 型变量(即字符指针变量)。在程序(1)和(2)中 copy_string 函数的形参用字符数组名，其实编译系统是把字符数组名按指针变量处理的，只是表示形式不同。copy_string 函数中不是用下标法引用数组元素，而是通过移动指针变量的指向，找到并引用数组元素。

main 函数中的 a 是字符指针变量，指向字符串"I am a teacher."的首字符。b 是字符数组，在其中存放了字符串"You are a student."。p 是字符指针变量，它的值是 b 数组第一个元素的地址，因此也指向字符串"You are a student."的首字符。copy_string 函数的形参 from 和 to 是字符指针变量。在调用 copy_string 时，将数组 a 首元素的地址传给 from，把指针变量 p 的值(即数组 b 首元素的地址)传给 to。因此 from 指向 a 串的第一个字符 a[0]，to 指向 b[0]。在 for 循环中，先检查 from 当前所指向的字符是否为'\0'，如果不是，表示需要复制此字符，就执行" * to= * from"，每次将 * from 的值赋给 * to，第 1 次就是将

a 串中第 1 个字符赋给 b 数组的第 1 个字符。每次循环中都执行"from＋＋"和"to＋＋"，使 from 和 to 分别指向 a 串和 b 数组的下一个元素。下次再执行"＊to＝＊from"时，就将 a 串中第 2 个字符赋给 b[1]……最后将′\0′赋给＊to，注意此时 to 指向哪个单元。

程序改进：

对 copy_string 函数还可以改写得更精练一些，可以作以下一些改动：

（1）将 copy_string 函数改写为

```
void copy_string(char ＊ from,char ＊ to)
  {while ((＊to＝＊from)!＝′\0′)
     {to＋＋;from＋＋;}
  }
```

请与上面程序对比。在本程序中将"＊to＝＊from"的操作放在 while 语句括号内的表达式中，而且把赋值运算和判断是否为′\0′的运算放在一个表达式中，先赋值后判断。在循环体中使 to 和 form 增值，指向下一个元素……直到＊from 的值为′\0′为止。

（2）copy_string 函数的函数体还可改为

```
{while ((＊to＋＋＝＊from＋＋)!＝′\0′);}
```

把上面程序的 to＋＋和 from＋＋运算与＊to＝＊from 合并，它的执行过程是，先将＊from 赋给＊to，然后使 to 和 from 增值。显然这又简化了。

（3）copy_string 函数的函数体还可写成

```
{ while (＊from!＝′\0′)
    ＊to＋＋＝＊from＋＋;
  ＊to＝′\0′;
}
```

当＊from 不等于′\0′时，将＊from 赋给＊to，然后使 to 和 from 增值。

（4）由于字符可以用其 ASCII 码来代替（例如，"ch＝′a′"可用"ch＝97"代替，"while(ch!＝′a′)"可以用"while(ch!＝97)"代替）。因此，"while(＊from!＝′\0′)"可以用"while(＊from!＝0)"代替(′\0′的 ASCII 代码为 0)。而关系表达式"＊from!＝0"又可简化为"＊from"，这是因为若＊from 的值不等于 0，则表达式"＊from"为真，同时"＊from!＝0"也为真。因此"while(＊from!＝0)"和"while(＊from)"是等价的。所以函数体可简化为

```
{while (＊from)
    ＊to＋＋＝＊from＋＋;
  ＊to＝′\0′;
}
```

（5）上面的 while 语句还可以进一步简化为下面的 while 语句：

```
while (＊to＋＋＝＊from＋＋);
```

它与下面语句等价：

```
while((＊to＋＋＝＊ from＋＋)!＝′\0′);
```

将＊from 赋给＊to，如果赋值后的＊to 值等于′\0′，则循环终止(′\0′已赋给＊to)。

（6）函数体中也可以改为只用一个 for 语句：

```
for(;( * to++= * from++)!=0;););
```

或

```
for(; * to++= * from++;);
```

（7）也可以用字符数组名作函数形参，在函数中另定义两个指针变量 p1,p2。函数 copy_string 可写为

```
void copy_string(char from[],char to[])
{ char * p1,* p2;
  p1=from;p2=to;
  while(( * p2++= * p1++)!='\0');
}
```

以上各种用法，变化多端，使用十分灵活，程序精练，比较专业，初学者看起来不太习惯，觉得含义不直观。初学者要很快地写出它们可能会有些困难，也容易出错。但应能看懂以上的用法。在对 C 熟练后，以上形式的使用是比较多的，读者应逐渐熟悉和掌握。

归纳起来，用字符指针作为函数参数时，实参与形参的类型有以下几种对应关系，见表 8.3。

表 8.3   调用函数时实参与形参的对应关系

实　　参	形　　参	实　　参	形　　参
字符数组名	字符数组名	字符指针变量	字符指针变量
字符数组名	字符指针变量	字符指针变量	字符数组名

8.4.3　使用字符指针变量和字符数组的比较

用字符数组和字符指针变量都能实现字符串的存储和运算，但它们二者之间是有区别的，不应混为一谈，主要有以下几点。

（1）**字符数组由若干个元素组成**，每个元素中放一个字符，而字符指针变量中存放的是**地址**（字符串第 1 个字符的地址），绝不是将字符串放到字符指针变量中。

（2）赋值方式。**可以对字符指针变量赋值，但不能对数组名赋值。**

可以采用下面方法对字符指针变量赋值：

```
char * a;               //a 为字符指针变量
a="I love China!";      //将字符串首元素地址赋给指针变量,合法。但赋给 a 的不是
                        //字符串,而是字符串第一个元素的地址。
```

不能用以下办法对字符数组名赋值：

```
char str[14];
str[0]='I';             //对字符数组元素赋值,合法
str="I love China!";    //数组名是地址,是常量,不能被赋值,非法
```

（3）初始化的含义。对字符指针变量赋初值：

```
char * a="I love China!";      //定义字符指针变量 a,并把字符串第一个元素的地址赋给 a
```

等价于

```
char * a;                    //定义字符指针变量 a
a="I love China!";           //把字符串第一个元素的地址赋给 a
```

而对数组的初始化：

```
char str[14]="I love China!";   //定义字符数组 str,并把字符串赋给数组中各元素
```

不等价于

```
char str[14];                //定义字符数组 str
str[]="I love China!";       //企图把字符串赋给数组中各元素,错误
```

数组可以在定义时对各元素赋初值,但不能用赋值语句对字符数组中全部元素整体赋值。

(4) **存储单元的内容。编译时为字符数组分配若干存储单元,以存放各元素的值,而对字符指针变量,只分配一个存储单元**(Visual C++ 为指针变量分配 4 个字节)。

如果定义了字符数组,但未对它赋值,这时数组中的元素的值是不可预料的。可以引用(如输出)这些值,结果显然是无意义的,但不会造成严重的后果,容易发现和改正。

如果定义了字符指针变量,应当及时把一个字符变量(或字符数组元素)的地址赋给它,使它指向一个字符型数据,如果未对它赋予一个地址值,它并未具体指向一个确定的对象。此时如果向该指针变量所指向的对象输入数据,可能会出现严重的后果。常有人用下面的方法：

```
char * a;                    //定义字符指针变量 a
scanf("%s",a);               //企图从键盘输入一个字符串,使 a 指向该字符串,错误
```

在 Visual C++ 中编译时会发出"警告"信息,提醒未给指针变量指定初始值(未指定其指向),虽然也能勉强运行,但这种方法是危险的。因为编译时给指针变量 a 分配了存储单元,变量 a 的地址(即 &a)是已指定了,但 a 并未被赋值,在 a 的存储单元中是一个不可预料的值。在执行 scanf 函数时,要求将一个字符串输入到 a 所指向的一段存储单元(即以 a 的值(是一个地址)开始的一段内存单元)中。而 a 的值如今却是不可预料的,它可能指向内存中空白的(未用的)用户存储区中(这是好的情况),也有可能指向已存放指令或数据的有用内存段,这就会破坏了程序或有用数据,甚至破坏了系统,会造成严重的后果。应当绝对防止这种情况的出现。应当在定义指针变量后,及时指定其指向。如：

```
char * a,str[10];            //定义了字符指针变量 a 和字符数组 str
a=str;                       //使 a 指向 str 数组的首元素
scanf("%s",a);               //从键盘输入一个字符串存放到 a 所指向的一段存储单元中,正确
```

先使 a 有确定值,使 a 指向一个数组元素,然后输入一个字符串,把它存放在以该地址开始的若干单元中。

(5) **指针变量的值是可以改变的,而字符数组名代表一个固定的值(数组首元素的地址),不能改变。**

【例 8.21】 改变指针变量的值。

```
#include <stdio.h>
int main()
```

```
{char * a="I love China!";
    a=a+7;                                  //改变指针变量的值,即改变指针变量的指向
    printf("%s\n",a);                       //输出从 a 指向的字符开始的字符串
    return 0;
}
```

运行结果：

```
China!
```

🔍 **程序分析**：指针变量 a 的值是可以变化的。printf 函数输出字符串时,从指针变量 a 当时所指向的元素开始,逐个输出各个字符,遇到'\0'为止。而数组名虽然代表地址,但它是常量,它的值是不能改变的。下面作法是错误的：

```
char str[]={"I love China!"};
str=str+7;
printf("%s",str);
```

（6）字符数组中各元素的值是可以改变的（可以对它们再赋值）,但字符指针变量指向的字符串常量中的内容是不可以被取代的（不能对它们再赋值）。如：

```
char a[]="House";                           //字符数组 a 初始化
char * b="House";                           //字符指针变量 b 指向字符串常量的第一个字符
a[2]='r';                                   //合法,r 取代 a 数组元素 a[2]的原值 u
b[2]='r';                                   //非法,字符串常量不能改变
```

（7）引用数组元素。对字符数组可以用下标法（用数组名和下标）引用一个数组元素（如 a[5]）,也可以用地址法（如 *(a+5)）引用数组元素 a[5]。如果定义了字符指针变量 p,并使它指向数组 a 的首元素,则可以用指针变量带下标的形式引用数组元素（如 p[5]）,同样,可以用地址法（如 *(p+5)）引用数组元素 a[5]。

但是,如果指针变量没有指向数组,则无法用 p[5]或 *(p+5)这样的形式引用数组中的元素。这时若输出 p[5]或 *(p+5),系统将输出指针变量 p 所指的字符后面 5 个字节的内容。显然这是没有意义的,应当避免出现这种情况。

若字符指针变量 p 指向字符串常量,就可以用指针变量带下标的形式引用所指的字符串中的字符。如有：

```
char * a="I love China!";                   //定义指针变量 a,指向字符串常量
```

则 a[5]的值是 a 所指向的字符串"I love China!"中第 6 个字符（序号为 5）,即字母'e'。

虽然并未定义数组 a,但字符串在内存中是以字符数组形式存放的。a[5]按 *(a+5)处理,即从 a 当前所指向的元素下移 5 个元素位置,取出其单元中的值。

（8）用指针变量指向一个格式字符串,可以用它代替 printf 函数中的格式字符串。例如：

```
char * format;
format="a=%d,b=%f\n";                        //使 format 指向一个字符串
printf(format,a,b);
```

它相当于

  printf("a=%d,b=%f\n",a,b);

因此只要改变指针变量 format 所指向的字符串,就可以改变输入输出的格式。这种 printf 函数称为**可变格式输出函数**。

  也可以用字符数组实现。例如:

  char format[ ]="a=%d,b=%f\n";
  printf(format,a,b);

但使用字符数组时,只能采用在定义数组时初始化或**逐个对元素赋值**的方法,而不能用赋值语句对数组整体赋值,例如:

  char format[];
  format="a=%d,b=%d\n";   //非法

因此,用指针变量指向字符串的方式更为方便。

*8.5 指向函数的指针

8.5.1 什么是函数的指针

  如果在程序中定义了一个函数,在编译时会把函数的源代码转换为可执行代码并分配一段存储空间。这段内存空间有一个起始地址,也称为函数的入口地址。每次调用函数时都从该地址入口开始执行此段函数代码。**函数名代表函数的起始地址**。调用函数时,从函数名得到函数的起始地址,并执行函数代码。

  函数名就是函数的指针,它代表函数的起始地址。

  可以定义一个指向函数的指针变量,用来存放某一函数的起始地址,这就意味着此指针变量指向该函数。例如:

  int (* p)(int,int);

定义 p 是一个指向函数的指针变量,它可以指向函数类型为整型且有两个整型参数的函数。此时,指针变量 p 的类型用 int(*)(int,int)表示。

8.5.2 用函数指针变量调用函数

  如果想调用一个函数,除了可以通过函数名调用以外,还可以通过指向函数的指针变量来调用该函数。

  先通过一个简单的例子来回顾一下函数的调用情况。

  【例 8.22】 用函数求整数 a 和 b 中的大者。

  解题思路:定义一个函数 max,实现求两个整数中的大者。这是以前已做过的,比较简单。在主函数调用 max 函数,除了可以通过函数名调用外,还可以通过指向函数的指针变量来实现。分别编程并作比较。

（1）通过函数名调用函数

```
#include <stdio.h>
int main()
  {int max(int,int);                                    //函数声明
    int a,b,c;
    printf("please enter a and b:");
    scanf("%d,%d",&a,&b);
    c=max(a,b);                                         //通过函数名调用max函数
    printf("a=%d\nb=%d\nmax=%d\n",a,b,c);
    return 0;
  }

int max(int x,int y)                                    //定义max函数
  {int z;
    if(x>y)   z=x;
    else      z=y;
    return(z);
  }
```

运行结果：

```
please enter a and b:45,87
a=45
b=87
max=87
```

这个程序是很容易理解的。

（2）通过指针变量调用它所指向的函数

将程序改写为

```
#include <stdio.h>
int main()
  {int max(int,int);                                    //函数声明
    int (*p)(int,int);                                  //定义指向函数的指针变量p
    int a,b,c;
    p=max;                                              //使p指向max函数
    printf("please enter a and b:");
    scanf("%d,%d",&a,&b);
    c=(*p)(a,b);                                        //通过指针变量调用max函数
    printf("a=%d\nb=%d\nmax=%d\n",a,b,c);
    return 0;
  }

int max(int x,int y)                                    //定义max函数
  {int z;
    if(x>y)   z=x;
    else      z=y;
    return(z);
  }
```

运行结果同程序(1)。

🔍 **程序分析**：可以看到,程序(1)和(2)的 max 函数是相同的。不同的只是在 main 函数中调用 max 函数的方法。

程序(2)的第 4 行"int(∗ p)(int,int);"用来定义 p 是一个指向函数的指针变量,最前面的 int 表示这个函数值(即函数返回的值)是整型的。最后面的括号中有两个 int,表示这个函数有两个 int 型参数。注意 ∗ p 两侧的括号不可省略,表示 p 先与 ∗ 结合,是指针变量,然后再与后面的()结合,()表示是函数,即该指针变量不是指向一般的变量,而是指向函数。如果写成"int ∗ p(int,int);",由于()优先级高于 ∗ ,它相当于"int ∗(p(int,int))",就成了声明一个 p 函数了(这个函数的返回值是指向整型变量的指针)。

图　8.31

赋值语句"p＝max"的作用是将函数 max 的入口地址赋给指针变量 p。和数组名代表数组首元素地址类似,函数名代表该函数的入口地址。这样,p 就是指向函数 max 的指针变量,此时 p 和 max 都指向函数的开头,见图 8.31。调用 ∗ p 就是调用 max 函数。请注意 p 是指向函数的指针变量,它只能指向函数的入口处而不可能指向函数中间的某一条指令处,因此不能用 ∗ (p+1)来表示函数的下一条指令。

在 main 函数中有一个赋值语句：

c＝(∗ p)(a,b);

它和

c＝max(a,b);

等价。这就是用指针实现函数的调用。

以上用两种方法实现函数的调用,结果是一样的。

∗ 8.5.3　怎样定义和使用指向函数的指针变量

从例 8.22 已看到定义指向函数的指针变量的例子。定义指向函数的指针变量的一般形式为

类型名 (∗ 指针变量名)(函数参数表列);

如"int(∗ p)(int, int);",这里的"类型名"是指函数返回值的类型。

请读者熟悉指向函数的指针变量的定义形式,怎样判定指针变量是指向函数的指针变量呢？首先看变量名的前面有无" ∗ "号,如 ∗ p。如果有,肯定是指针变量而不是普通变量。其次,看变量名的后面有无圆括号,内有形参的类型。如果有,就是指向函数的指针变量,这对圆括号是函数的特征。要注意的是：由于优先级的关系," ∗ 指针变量名"要用圆括号括起来。

💡 **说明**：

(1) 定义指向函数的指针变量,并不意味着这个指针变量可以指向任何函数,它只能指向在定义时指定的类型的函数。如"int (∗ p)(int,int);"表示指针变量 p 可以指向函数返回值为整型且有两个整型参数的函数。在程序中把哪一个函数(该函数的值是整型的且有

两个整型参数)的地址赋给它,它就指向哪一个函数。在一个程序中,一个指针变量可以先后指向同类型的不同函数。

（2）如果要用指针调用函数,必须先使指针变量指向该函数。如:

p=max;

这就把 max 函数的入口地址赋给了指针变量 p。

（3）在给函数指针变量赋值时,只须给出函数名而不必给出参数,例如:

p=max;   //将函数入口地址赋给 p

因为是将函数入口地址赋给 p,而不牵涉实参与形参的结合问题。如果写成

p=max(a,b);

就错了。p=max(a,b)的作用是将调用 max 函数所得到的函数值赋给 p,而不是将函数入口地址赋给 p。

（4）用函数指针变量调用函数时,只须将(＊p)代替函数名即可(p 为指针变量名),在(＊p)之后的括号中根据需要写上实参。例如:

c=(＊p)(a,b);

表示"调用由 p 指向的函数,实参为 a,b。得到的函数值赋给 c"。

请注意函数返回值的类型。从指针变量 p 的定义中可以知道,函数的返回值应是整型的,因此将其值赋给整型变量 c 是合法的。

（5）对指向函数的指针变量不能进行算术运算,如 p＋n,p＋＋,p－－等运算是无意义的。

（6）用函数名调用函数,只能调用所指定的一个函数,而通过指针变量调用函数比较灵活,可以根据不同情况先后调用不同的函数。见例 8.23。

【例 8.23】 输入两个整数,然后让用户选择 1 或 2,选 1 时调用 max 函数,输出二者中的大数,选 2 时调用 min 函数,输出二者中的小数。

解题思路:这是一个示意性的简单例子,说明怎样使用指向函数的指针变量。定义两个函数 max 和 min,分别用来求大数和小数。在主函数中根据用户输入的数字是 1 或 2,使指针变量指向 max 函数或 min 函数。

编写程序:

```
#include <stdio.h>
int main()
  {int max(int,int);                        //函数声明
   int min(int x,int y);                    //函数声明
   int (＊p)(int,int);                      //定义指向函数的指针变量
   int a,b,c,n;
   printf("please enter a and b:");
   scanf("%d,%d",&a,&b);
   printf("please choose 1 or 2:");
   scanf("%d",&n);                          //输入 1 或 2
   if (n==1) p=max;                         //如输入 1,使 p 指向 max 函数
```

```
    else if (n==2) p=min;              //如输入 2,使 p 指向 min 函数
    c=(*p)(a,b);                       //调用 p 指向的函数
    printf("a=%d,b=%d\n",a,b);
    if (n==1) printf("max=%d\n",c);
    else    printf("min=%d\n",c);
    return 0;
  }

int max(int x,int y)
  {int z;
   if(x>y)   z=x;
   else      z=y;
   return(z);
  }

int min(int x,int y)
  {int z;
   if(x<y)   z=x;
   else      z=y;
   return(z);
  }
```

运行结果:

(1) 输入 a,b 的值 34 和 89,选择模式 1

```
please enter a and b:34,89
please choose 1 or 2:1
a=34,b=89
max=89
```

(2) 输入 a,b 的值 34 和 89,选择模式 2

```
please enter a and b:34,89
please choose 1 or 2:2
a=34,b=89
min=34
```

程序分析:在程序中,调用函数的语句是"c=(*p)(a,b);"。从这个语句本身看不出是调用哪一个函数,在程序执行过程中由用户进行选择,输入一个数字,程序根据输入的数字决定指针变量 p 指向哪一个函数,然后调用相应的函数。

这个例子是比较简单的,只是示意性的,但它很有实用价值。在许多应用程序中常用菜单提示输入一个数字,然后根据输入的不同值调用不同的函数,实现不同的功能,就可以用此方法。当然,也可以不用指针变量,而用 if 语句或 switch 语句进行判断,调用不同的函数。但是显然用指针变量使程序更简洁和专业。

*8.5.4　用指向函数的指针作函数参数

指向函数的指针变量的一个重要用途是把函数的入口地址作为参数传递到其他函数。

指向函数的指针可以作为函数参数,把函数的入口地址传递给形参,这样就能够在被调

用的函数中使用实参函数。它的原理可以简述如下：有一个函数（假设函数名为 fun），它有两个形参（x1 和 x2），定义 x1 和 x2 为指向函数的指针变量。在调用函数 fun 时，实参为两个函数名 f1 和 f2，给形参传递的是函数 f1 和 f2 的入口地址。这样在函数 fun 中就可以调用 f1 和 f2 函数了。例如：

```
实参函数名      f1              f2
               ↓               ↓
void fun (int ( * x1) (int), int ( * x2) (int,int))    //定义 fun 函数,形参是指向函数的指针变量
    {int a,b,i=3,j=5;
     a=( * x1)(i);                                      //调用 f1 函数,i 是实参
     b=( * x2)(i,j);                                    //调用 f2 函数,i,j 是实参
    }
```

在 fun 函数中声明形参 x1 和 x2 为指向函数的指针变量，x1 指向的函数有一个整型形参，x2 指向的函数有两个整型形参。i 和 j 是调用 f1 f2 函数时所要求的实参。函数 fun 的形参 x1 和 x2（指针变量）在函数 fun 未被调用时并不占内存单元，也不指向任何函数。

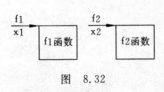

图 8.32

在主函数调用 fun 函数时，把实参函数 f1 和 f2 的入口地址传给形参指针变量 x1 和 x2，使 x1 和 x2 指向函数 f1 和 f2，见图 8.32。这时，在函数 fun 中，用 * x1 和 * x2 就可以调用函数 f1 和 f2。(* x1)(i) 就相当于 f1(i)，(* x2)(i,j) 就相当于 f2(i,j)。

有人可能会问，既然在 fun 函数中要调用 f1 和 f2 函数，为什么不直接调用 f1 和 f2 而要用函数指针变量呢？何必绕这样一个圈子呢？的确，如果只是用到 f1 和 f2 函数，完全可以在 fun 函数中直接调用 f1 和 f2，而不必设指针变量 x1 和 x2。但是，如果在每次调用 fun 函数时，要调用的函数不是固定的，这次调用 f1 和 f2，而下次要调用 f3 和 f4，第 3 次要调用的是 f5 和 f6。这时，用指针变量就比较方便了。只要在每次调用 fun 函数时给出不同的函数名作为实参即可，fun 函数不必做任何修改。这种方法是符合结构化程序设计方法原则的，是程序设计中常使用的。

下面通过一个简单的例子来说明这种方法的应用。

【例 8.24】 有两个整数 a 和 b，由用户输入 1,2 或 3。如输入 1，程序就给出 a 和 b 中的大者，输入 2，就给出 a 和 b 中的小者，输入 3，则求 a 与 b 之和。

解题思路：与例 8.23 相似，但现在用一个函数 fun 来实现以上功能。

编写程序：

```
#include <stdio.h>
int main()
  {int fun(int x,int y, int ( * p)(int,int));        //fun 函数声明
   int max(int,int);                                 //max 函数声明
   int min(int,int);                                 //min 函数声明
   int add(int,int);                                 //add 函数声明
   int a=34,b=-21,n;
   printf("please choose 1,2 or 3:");
   scanf("%d",&n);                                   //输入 1,2 或 3 之一
```

```
    if (n==1)      fun(a,b,max);                    //输入1时调用 max 函数
    else if (n==2) fun(a,b,min);                    //输入2时调用 min 函数
    else if (n==3) fun(a,b,add);                    //输入3时调用 add 函数
    return 0;
}

int fun(int x,int y,int ( * p)(int,int))            //定义 fun 函数
  {int result;
    result=( * p)(x,y);
    printf("%d\n",result);                          //输出结果
  }

int max(int x,int y)                                //定义 max 函数
  {int z;
  if(x>y)z=x;
  else z=y;
    printf("max=");
    return(z);                                      //返回值是两数中的大者
  }

int min(int x,int y)                                //定义 min 函数
  {int z;
  if(x<y)z=x;
  else z=y;
    printf("min=");
    return(z);                                      //返回值是两数中的小者
  }

int add(int x,int y)                                //定义 add 函数
  {int z;
    z=x+y;
    printf("sum=");
    return(z);                                      //返回值是两数之和
  }
```

运行结果：

(1) 选择 1,调用 max 函数

```
please choose 1,2 or 3:1
max=34
```

(2) 选择 2,调用 min 函数

```
please choose 1,2 or 3:2
min=-21
```

(3) 选择 3,调用 add 函数

```
please choose 1,2 or 3:3
sum=13
```

🔍 **程序分析**：在定义 fun 函数时，在函数首部用"int(* p)(int,int)"声明形参 p 是指向函数的指针，该函数是整型函数，有两个整型形参。max,min 和 add 是已定义的 3 个函数，分别用来实现求大数、求小数和求和的功能。

当输入 1 时(n＝1)，调用 fun 函数，除了将 a 和 b 作为实参，将两个整数传给 fun 函数的形参 x 和 y 外，还将函数名 max 作为实参将其入口地址传送给 fun 函数中的形参 p(p 是指向函数的指针变量)，见图 8.33(a)。这时，fun 函数中的(* p)(x,y)相当于 max(x,y)，调用 max(x,y)就输出 a 和 b 中的大者。

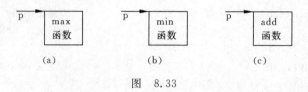

图   8.33

若输入 2(n＝2)，调用 fun 函数时，以函数名 min 作实参，此时 fun 函数的形参 p 指向函数 min，见图 8.33(b)，在 fun 函数中的函数调用(* p)(x,y)相当于 min(x,y)。调用 min(x,y)就输出 a 和 b 中的小者。同理，若 n＝3，调用 fun 函数时，以函数名 add 作实参，fun 函数中的(* p)(x,y)相当于 add(x,y)，调用 add(x,y)，就输出 a 和 b 之和。情况见图 8.33(c)。

本例的思路与例 8.23 相似，但具体做法不同。在例 8.23 中定义了一个指向函数的指针变量 p，根据不同情况，使 p 指向不同的函数，然后通过该指针变量调用不同的函数。本例程序没有定义指针变量，而是根据不同情况，将不同的函数名作为调用 fun 函数的实参，把函数入口地址传送给传给函数 fun 中的形参(该形参是指向函数的指针变量)，调用 fun 函数就分别执行不同的函数。

从本例可以清楚地看到，不论调用 max,min 或 add，函数 fun 都没有改变，只是改变实参函数名而已。在 fun 函数中输出 result，由于在不同的情况下调用了不同的函数，因此 result 的值是不同的。这就增加了函数使用的灵活性。

可以编写一个通用的函数来实现各种专用的功能。需要注意的是，对作为实参的函数(如 max,min,add)，应在主调函数中用函数原型作函数声明。例如，main 函数中第 3 行到第 6 行的函数声明是不可少的。

有了以上基础，就可以编写出较为复杂的程序。例如，编写一个求定积分的通用函数，用它分别求以下 5 个函数的定积分：

$$\int_a^b (1+x)\mathrm{d}x, \quad \int_a^b (2x+3)\mathrm{d}x, \quad \int_a^b (e^x+1)\mathrm{d}x, \quad \int_a^b (1+x)^2\mathrm{d}x, \quad \int_a^b x^3\mathrm{d}x,$$

可以看出，每次需要求定积分的函数是不一样的。可以编写一个求定积分的通用函数 integral，它有 3 个形参：下限 a，上限 b 以及指向函数的指针变量 fun。integral 函数原型可写为

float integral (float a, float b, float (* fun)(float));

分别定义 5 个函数 f1,f2,f3,f4,f5，代表上面 5 个函数($1+x, 2x+3, e^x+1, (1+x)^2, x^3$)。然后先后调用 integral 函数 5 次，每次调用时把 a,b 以及一个函数名(f1,f2,f3,f4,f5 之一)

作为实参,即把上限、下限以及有关函数的入口地址传送给形参 fun。分别执行 integral 函数,可以求出不同函数的定积分。请读者根据以上思路,编写出完整的程序。

指向函数的指针作为函数参数,是 C 语言实际应用中的一个比较深入的部分,本节只作很初步的介绍,使读者对此有一定的了解,为以后进一步的学习和应用打下初步的基础。

*8.6　返回指针值的函数

一个函数可以返回一个整型值、字符值、实型值等,也可以返回指针型的数据,即地址。其概念与以前类似,只是返回的值的类型是指针类型而已。

例如"int * a(int x,int y);",a 是函数名,调用它以后能得到一个 int * 型(指向整型数据)的指针,即整型数据的地址。x 和 y 是函数 a 的形参,为整型。

请注意在"* a"两侧没有括号,在 a 的两侧分别为 * 运算符和()运算符。而()优先级高于 *,因此 a 先与()结合,显然这是函数形式。这个函数前面有一个 *,表示此函数是指针型函数(函数值是指针)。最前面的 int 表示返回的指针指向整型变量。

定义返回指针值的函数的原型的一般形式为:

类型名 * 函数名(参数表列);

对初学 C 语言的人来说,这种定义形式可能不大习惯,容易弄错,使用时要十分小心。通过下面的例子可以初步了解怎样使用返回指针的函数。

【例 8.25】　有 a 个学生,每个学生有 b 门课程的成绩。要求在用户输入学生序号以后,能输出该学生的全部成绩。用指针函数来实现。

解题思路:定义一个二维数组 score,用来存放学生成绩(为简便,设学生数 a 为 3,课程数 b 为 4)。定义一个查询学生成绩的函数 search,它是一个返回指针的函数,形参是指向一维数组的指针变量和整型变量 n,从主函数将数组名 score 和要找的学生号 k 传递给形参。函数的返回值是 &score[k][0](即存放序号为 k 的学生的序号为 0 的课程的数组元素的地址)。然后在主函数中输出该生的全部成绩。

编写程序:

```
#include <stdio.h>
int main()
  {float score[ ][4]={{60,70,80,90},{56,89,67,88},{34,78,90,66}};    //定义数组,存放成绩
   float * search(float ( * pointer)[4],int n);                       //函数声明
   float * p;
   int i,k;
   printf("enter the number of student:");
   scanf("%d",&k);                        //输入要找的学生的序号
   printf("The scores of No. %d are:\n",k);
   p=search(score,k);                     //调用 search 函数,返回 score[k][0]的地址
   for(i=0;i<4;i++)
     printf("%5.2f\t", * (p+i));          //输出 score[k][0]～score[k][3]的值
   printf("\n");
```

```
        return 0;
    }
```

```
float * search(float ( * pointer)[4],int n)        //形参 pointer 是指向一维数组的指针变量
    {float * pt;
    pt= * (pointer+n);                             //pt 的值是 &score[k][0]
    return(pt);
    }
```

运行结果：

```
enter the number of student:1
The scores of No.1 are:
56.00    89.00    67.00    88.00
```

程序分析：函数 search 定义为指针型函数，它的形参 pointer 是指向包含 4 个元素的一维数组的指针变量。pointer+1 指向 score 数组序号为 1 的行(学生序号是从 0 号算起的)，见图 8.34。* (pointer+1)指向 1 行 0 列元素(对 pointer+1 加了"*"号后，指针从行控制转化为列控制了)。search 函数中的 pt 是指针变量，它指向 float 型变量(而不是指向一维数组)。main 函数调用 search 函数，将 score 数组首行地址传给形参 pointer(注意 score 也是指向行的指针，而不是指向列元素的指针)。k 是要查找的学生序号。调用 search 函数后，main 函数得到一个地址 &score[k][0](指向第 k 个学生第 0 门课程,)，赋给 p。然后将此学生的 4 门课程的成绩输出。注意 p 是指向 float 型数据的指针变量，* (p+i)表示该学生第 i 门课程的成绩。

pointer　　　　score数组
pointer+1

60	70	80	90
56	89	67	88
34	78	90	66

图　8.34

请注意指针变量 p,pt 和 pointer 的区别。如果将 search 函数中的语句

```
pt= * (pointer+n);
```

改为

```
pt=( * pointer+n);
```

运行结果：

```
enter the number of student:1
The scores of No.1 are:
70.00    80.00    90.00    56.00
```

得到的不是第 1 个学生的成绩，而是二维数组中 score[0][1]开始的 4 个元素的值。为什么？请读者分析。

【例 8.26】 对例 8.25 中的学生，找出其中有不及格的课程的学生及其学生号。

解题思路：在例 8.25 程序基础上修改。main 函数不是只调用一次 search 函数，而是先后调用 3 次 search 函数，在 search 函数中检查 3 个学生有无不及格的课程，如果有，就返回该学生的 0 号课程的地址 &score[i][0]，否则返回 NULL。在 main 函数中检查返回值，输出有不及格学生 4 门课的成绩。

编写程序：

```
#include <stdio.h>
int main()
  {float score[ ][4]={{60,70,80,90},{56,89,67,88},{34,78,90,66}};      //定义数组,存放成绩
  float * search(float ( * pointer)[4]);                                //函数声明
  float * p;
  int i,j;
  for(i=0;i<3;i++)                                                      //循环 3 次
    {p=search(score+i);
                      //调用 search 函数,如有不及格返回 score[i][0]的地址,否则返回 NULL
    if(p== * (score+i))        //如果返回的是 score[i][0]的地址,表示 p 的值不是 NULL
      {printf("No. %d score:",i);
      for(j=0;j<4;j++)
          printf("%5.2f  ", * (p+j));              //输出 score[i][0]~score[i][3]的值
      printf("\n");
      }
    }
  return 0;
  }

float * search(float ( * pointer)[4])          //定义函数,形参 pointer 是指向一维数组的指针变量
  {int i=0;
  float * pt;
  pt=NULL;                                      //先使 pt 的值为 NULL
  for(;i<4;i++)
    if( * ( * pointer+i)<60) pt= * pointer;      //如果有不及格课程,使 pt 指向 score[i][0]
  return(pt);
  }
```

运行结果：

```
No.1 score:56.00   89.00   67.00   88.00
No.2 score:34.00   78.00   90.00   66.00
```

程序分析：函数 search 的作用是检查一个学生有无不及格的课程。在 search 函数中的 pointer 是指向一维数组(有 4 个元素)的指针变量。pt 为指向 float 型变量的指针变量。从实参传给形参 pointer 的是 score+i,它是 score 第 i 行的首地址,见图 8.35(a)。

在 search 函数中,先使 pt=NULL(即 pt=0)。用 pt 作为区分有无不及格课程的标志。若经检查 4 门课中有不及格的,就使 pt 指向本行 0 列元素,即 pt=&score[i][0];若无不及格则保持 pt 的值为 NULL,见图 8.35(b)。将 pt 返回 main 函数。在 main 函数中,把调用 search 得到的函数值(指针变量 pt 的值)赋给 p。用 if 语句判断 p 是否等于 * (score+i),若相等,表示所查的序号为 i 的学生有不及格课程(p 的值为 * (score+i),即 p 指向 i 行 0 列元素),就输出该学生(有不及格课程的学生)4 门课成绩。若无不及格,p 的值是 NULL,不输出。

请读者仔细消化本例中指针变量的含义和用法。

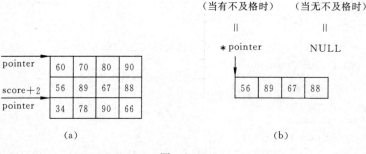

图 8.35

*8.7 指针数组和多重指针

8.7.1 什么是指针数组

一个数组,若其元素均为指针类型数据,称为**指针数组**,也就是说,指针数组中的每一个元素都存放一个地址,相当于一个指针变量。下面定义一个指针数组:

int * p[4];

由于[]比 * 优先级高,因此 p 先与[4]结合,形成 p[4]形式,这显然是数组形式,表示 p 数组有 4 个元素。然后再与 p 前面的" * "结合," * "表示此数组是指针类型的,每个数组元素(相当于一个指针变量)都可指向一个整型变量。

注意不要写成

int (* p)[4];   //这是指向一维数组的指针变量

定义一维指针数组的一般形式为

类型名 * 数组名[数组长度];

类型名中应包括符号" * ",如"int *"表示是指向整型数据的指针类型。

什么情况下要用到指针数组呢? 指针数组比较适合用来指向若干个字符串,使字符串处理更加方便灵活。例如,图书馆有若干本书,想把书名放在一个数组中(见图 8.36(a)),然后要对这些书目进行排序和查询。按一般方法,字符串本身就是一个字符数组。因此要设计一个二维的字符数组才能存放多个字符串。但在定义二维数组时,需要指定列数,也就是说二维数组中每一行中包含的元素个数(即列数)相等。而实际上各字符串(书名)长度一般是不相等的。如按最长的字符串来定义列数,则会浪费许多内存单元,见图 8.36(b)。

可以分别定义一些字符串,然后用指针数组中的元素分别指向各字符串,如图 8.36(c)中所示:在 name[0]中存放字符串"Follow me"的首字符的地址。name[1]中存放字符串"BASIC"的首字符的地址……如果想对字符串排序,不必改动字符串的位置,只须改动指针数组中各元素的指向(即改变各元素的值,这些值是各字符串的首地址)。这样,各字符串的长度可以不同,而且移动指针变量的值(地址)要比移动字符串所花的时间少得多。

【例 8.27】 将若干字符串按字母顺序(由小到大)输出。

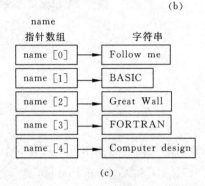

图　8.36

解题思路：定义一个指针数组 name，用各字符串对它进行初始化，即把各字符串中第 1 个字符的地址赋给指针数组的各元素。然后用选择法排序，但不是移动字符串，而是改变指针数组的各元素的指向。

编写程序：

```
#include <stdio.h>
#include <string.h>
int main()
 {void sort(char * name[ ],int n);          //函数声明
   void print(char * name[ ],int n);         //函数声明
   char * name[ ]={"Follow me","BASIC","Great Wall","FORTRAN","Computer design"};
                                             //定义指针数组,它的元素分别指向5个字符串
   int n=5;
   sort(name,n);                             //调用 sort 函数,对字符串排序
   print(name,n);                            //调用 print 函数,输出字符串
   return 0;
 }

void sort(char * name[ ],int n)              //定义 sort 函数
  {char * temp;
   int i,j,k;
   for (i=0;i<n-1;i++)                       //用选择法排序
     {k=i;
      for (j=i+1;j<n;j++)
          if (strcmp(name[k],name[j])>0) k=j;
      if (k!=i)
```

```
                    {temp=name[i]; name[i]=name[k]; name[k]=temp;}
            }
        }

    void print(char * name[ ],int n)              //定义 print 函数
        {int i;
            for(i=0;i<n;i++)
                printf("%s\n",name[i]);           //按指针数组元素的顺序输出它们所指向的字符串
        }
```

运行结果：

```
BASIC
Computer design
FORTRAN
Follow me
Great Wall
```

程序分析：在 main 函数中定义指针数组 name，它有 5 个元素，其初值分别是"Follow
me"、"BASIC"、"Great Wall"、"FORTRAN"和"Computer design"这 5 个字符串的首字符的地址，见
图 8.36(c)。这些字符串是不等长的。

sort 函数的作用是对字符串排序。sort 函数的形参 name 也是指针数组名，接受实参
传过来的 name 数组首元素（即 name[0]）的地址，因此形参 name 数组和实参 name 数组指
的是同一数组。用选择法对字符串排序。strcmp 是系统提供的字符串比较函数，name[k]
和 name[j]是第 k 个和第 j 个字符串首字符的地址。strcmp(name[k],name[j])的值为：如
果 name[k]所指的字符串大于 name[j]所指的字符串，则此函数值为正值；若相等，则函数
值为 0；若小于，则函数值为负值。if 语句的作用是将两个串中"小"的那个串的序号（k 或 j
之一）保留在变量 k 中。当执行完内循环 for 语句后，从第 i 串到第 n 串这些字符串中，第 k
串最"小"。若 k≠i 就表示最小的串不是第 i 串。故将 name[i]和 name[k]对换，也就是将

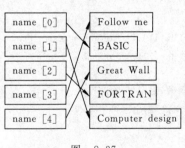

图　8.37

指向第 i 个字符串的数组元素（是指针型元素）的值与
指向第 k 个字符串的数组元素的值对换，也就是把它们
的**指向互换**。执行完 sort 函数后指针数组的情况如
图 8.37 所示。

print 函数的作用是输出各字符串。name[0]～
name[4]分别是各字符串（按从小到大顺序排好序的各
字符串）的首字符的地址（按字符串从小到大顺序，
name[0]指向最小的串），用"%s"格式符输出，就得到

这些字符串。

注意：sort 函数中的第一个 if 语句中的逻辑表达式的正确用法。不能写成以下
形式：

if (* name[k]> * name[j]) k=j;

这样只比较 name[k]和 name[j]所指向的字符串中的第 1 个字符。字符串比较应当用
strcmp 函数。

程序改进：

print 函数也可改写为以下形式：

```
void print(char * name[ ],int n)
  {int i=0;
    char * p;
    p=name[0];
    while(i<n)
      {p= *(name+i++);
        printf("%s\n",p);
      }
  }
```

其中，"*(name+i++)"表示先求 *(name+i)的值，即 name[i]（它是一个地址），然后使 i
加 1。在输出时，按字符串形式输出从 p 地址开始的字符串。

8.7.2　指向指针数据的指针变量

在了解了指针数组的基础上，需要了解**指向指针数据**的指针变量，简称为**指向指针的指
针**。从图 8.38 可以看到，name 是一个指针数组，
它的每一个元素是一个指针型的**变量**，其值为地
址。name 既然是一个数组，它的每一元素都应有
相应的地址。数组名 name 代表该指针数组首元
素的地址。name+i 是 name[i]的地址。name+i
就是指向指针型数据的指针。还可以设置一个指
针变量 p，它指向指针数组的元素（见图 8.38）。p
就是指向指针型数据的指针变量。

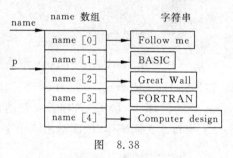

图　8.38

怎样定义一个指向指针数据的指针变量呢？下面定义一个指向指针数据的指针变量：

```
char **p;
```

p 的前面有两个 * 号。从附录 C 可以知道，* 运算符的结合性是从右到左，因此**p 相当于
*(*p)，显然 *p 是指针变量的定义形式。如果没有最前面的 *，那就是定义了一个指向
字符数据的指针变量。现在它前面又有一个 * 号，即 char **p。可以把它分为两部分看，
即：char * 和(*p)，后面的(*p)表示 p 是指针变量，前面的 char * 表示 p 指向的是 char *
型的数据。也就是说，p 指向一个字符指针变量（这个字符指针变量指向一个字符型数据）。
如果引用 *p，就得到 p 所指向的字符指针变量的值，如果有：

```
p=name+2;
printf("%d\n", * p);
printf("%s\n", * p);
```

第 1 个 printf 函数语句输出 name[2]的值（它是一个地址），第 2 个 printf 函数语句以字符
串形式(%s)输出字符串"Great Wall"。

【**例 8.28**】　使用指向指针数据的指针变量。

解题思路：定义一个指针数组 name，并对它初始化，使 name 数组中每一个元素分别指

C程序设计（第五版）

向5个字符串。定义一个指向指针型数据的指针变量p，使p先后指向name数组中各元素，输出这些元素所指向的字符串。

编写程序：

```
#include <stdio.h>
int main()
  {char * name[]={"Follow me","BASIC","Great Wall","FORTRAN","Computer design"};
   char **p;
   int i;
   for(i=0;i<5;i++)
     {p=name+i;
      printf("%s\n", * p);
     }
   return 0;
  }
```

运行结果：

```
Follow me
BASIC
Great Wall
FORTRAN
Computer design
```

程序分析：p是指向 char * 型数据的指针变量，即指向指针的指针。在第1次执行for循环体时，赋值语句"p=name+i;"使p指向name数组的0号元素name[0]，* p是name[0]的值，即第1个字符串首字符的地址，用printf函数输出第1个字符串（格式符为%s）。执行5次循环体，依次输出5个字符串。

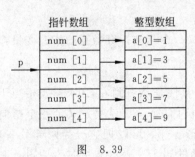

图 8.39

说明：指针数组的元素也可以不指向字符串，而指向整型数据或实型数据等，例如：

```
int a[5]={1,3,5,7,9};
int * num[5],i;
int **p;              //p是指向int * 型数据的指针变量
for (i=0; i<5; i++)
    num[i]=&a[i];
```

为了得到a[2]中的数据5，可以先使 p=num+2，然后输出**p。注意 * p是num[2]的值，而num[2]的值是a[2]的地址，因此**p是a[2]的值5，见图8.39。

【例8.29】 有一个指针数组，其元素分别指向一个**整型数组**的元素，用指向指针数据的指针变量，输出整型数组各元素的值。这是一个简单例子，目的是为了说明它的用法。

```
#include <stdio.h>
int main()
  {int a[5]={1,3,5,7,9};
   int * num[5]={&a[0],&a[1],&a[2],&a[3],&a[4]};
   int **p,i;                              //p是指向指针型数据的指针变量
```

```
    p=num;                        //使 p 指向 num[0]
    for(i=0;i<5;i++)
      {printf("%d ",**p);
       p++;
      }
    printf("\n");
    return 0;
  }
```

运行结果：

`1 3 5 7 9`

🔍 **程序分析：** 程序中定义 p 是指向指针型数据的指针变量，开始时指向指针数组 num 的首元素 num[0]，而 num[0]是一个指针型的元素，它指向整型数组 a 的首元素 a[0]。开始时 p 的值是 &num[0]，* p 是 num[0]的值，即 &a[0]，*（* p）是 a[0]的值。因此第 1 个输出的是 a[0]的值 1。然后执行 p++，p 就指向 num[1]，再输出**p，就是 a[2]的值 3 了。

请不要把第 3 和第 4 行错写为

int * num[5]={1,3,5,7,9};

指针数组的元素只能存放地址，不能存放整数。

读者可在此例基础上实现对各数排序。

在本章开头已经提到了"间接访问"变量的方式。利用指针变量访问另一个变量就是"间接访问"。如果在一个指针变量中存放一个目标变量的地址，这就是"单级间址"，见图 8.40(a)。指向指针数据的指针用的是"二级间址"方法，见图 8.40(b)。从理论上说，间址方法可以延伸到更多的级，即多重指针，见图 8.40(c)。但实际上在程序中很少有超过二级间址的。级数愈多，愈难理解，容易产生混乱，出错机会也多。

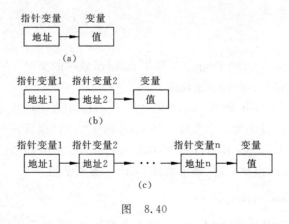

图   8.40

8.7.3　指针数组作 main 函数的形参

指针数组的一个重要应用是作为 main 函数的形参。在以往的程序中，main 函数的第 1

行一般写成以下形式：

```
int main()
```

或

```
int main(void)
```

括号中是空的或有"void"，表示 main 函数没有**参数**，调用 **main 函数时不必给出实参**。这是一般程序常采用的形式。实际上，在某些情况下，main 函数可以有参数，即：

int main(int argc, char * argv[])

其中，argc 和 argv 就是 main 函数的形参，它们是程序的"命令行参数"。argc（argument count 的缩写，意思是参数个数），argv（argument vector 缩写，意思是参数向量），它是一个 * char 指针数组，数组中每一个元素（其值为指针）指向命令行中的一个字符串的首字符。

🔔**注意**：如果用带参数的 main 函数，其第一个形参必须是 int 型，用来接收形参个数，第二个形参必须是字符指针数组，用来接收从操作系统命令行传来的字符串中首字符的地址。

通常 main 函数和其他函数组成一个文件模块，有一个文件名。对这个文件进行编译和连接，得到可执行文件（后缀为.exe）。用户执行这个可执行文件，操作系统就调用 main 函数，然后由 main 函数调用其他函数，从而完成程序的功能。

什么情况下 main 函数需要参数？main 函数的形参是从哪里传递给它们的呢？显然形参的值不可能在程序中得到。main 函数是操作系统调用的，实参只能由操作系统给出。在操作命令状态下，实参是和执行文件的命令一起给出的。例如在 DOS，UNIX 或 Linux 等系统的操作命令状态下，在命令行中包括了命令名和需要传给 main 函数的参数。

命令行的一般形式为

命令名 参数 1 参数 2 … 参数 n

命令名和各参数之间用空格分隔。命令名是可执行文件名（此文件包含 main 函数），假设可执行文件名为 file1. exe，今想将两个字符串"China"，"Beijing"作为传送给 main 函数的参数。命令行可以写成以下形式：

```
file1 China Beijing
```

file1 为可执行文件名，China 和 Beijing 是调用 main 函数时的实参。实际上，文件名应包括盘符、路径，今为简化起见，用 file1 来代表。

请注意以上参数与 main 函数中形参的关系。main 函数中形参 argc 是指命令行中参数的个数（注意，文件名也作为一个参数。例如，本例中"file1"也算一个参数），现在，argc 的值等于 3（有 3 个命令行参数：file1，China，Beijing）。main 函数的第 2 个形参 argv 是一个指向字符串的指针数组，也就是说，带参数的 main 函数原型是：

```
int main(int argc, char * argv[ ]);
```

命令行参数必须都是字符串（例如，上面命令行中的"file1"，"China"，"Beijing"都是字符串），这些字符串的首地址构成一个指针数组，见图 8.41。

指针数组 argv 中的元素 argv[0]指向字符串"file1"的首字符（或者说 argv[0]的值是字符串"file1"的首地址），argv[1]指向字符串"China"的首字符，argv[2]指向字符串"Beijing"的

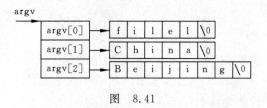

图　8.41

首字符。

如果有一个名为 file1 的文件,它包含以下的 main 函数:

```
int main(int argc,char ＊argv[])
  {  while(argc＞1)
    {＋＋argv；
     printf("％s\n", ＊argv)；
     －－argc；
     }
    return 0；
  }
```

在 Visual C++ 环境下对程序编译和连接后,选择"工程"→"设置"→"调试"→"程序变量"命令,输入"China Beijing",再运行程序,将会输出以下信息:

```
China
Beijing
```

上面 main 函数可以改写为

```
int main(int argc,char ＊argv[ ])
  {while(argc－－＞1)
    printf("％s\n", ＋＋argv)；
  }
```

其中,"＊＋＋argv"是先进行＋＋argv 的运算,使 argv 指向下一个元素,然后进行 ＊ 的运算,找到 argv 当前指向的字符串,输出该字符串。在开始时,argv 指向字符串"file1",＋＋argv 使之指向"China",所以第 1 次输出的是"China",第 2 次输出"Beijing"。

许多操作系统提供了 echo 命令,它的作用是实现"参数回送",即将 echo 后面的各参数(各字符串)在同一行上输出。实现"参数回送"的 C 程序(文件名为 echo.c)如下:

```
# include <stdio.h>
int main(int argc,char ＊argv[ ])
  {while(－－argc＞0)                             //当命令行的参数多于 1
   printf("％s％c", ＊＋＋argv,(argc＞1)?' ':'\n')；  //从第 2 个参数开始输出各字参数(字符串)
   return 0；
  }
```

如果用 UNIX 系统的命令行输入:

```
$ ./echo Computer and C Language ↙          //echo 是可执行的文件名
```

会在显示屏上输出：

Computer and C Language

这个程序与前面的差别在于：①将 while 语句中的(argc－－＞1)改为(－－argc＞0)，作用显然是一样的。②当 argc＞1 时，在输出的两个字符串间输出一个空格，当 argc＝1 时输出一个换行。程序不输出命令名"echo"。

为便于理解，echo 程序也可写成以下形式：

```
#include <stdio.h>
int main(int argc,char * argv[ ])
  {int i;
  for(i=1;i<argc;i++)
  printf("%s%c",argv[i],(i<argc-1)?' ':'\n');
  return 0;
  }
```

其实，main 函数中的形参不一定命名为 argc 和 argv，可以是任意的名字，只是人们习惯用 argc 和 argv 而已。

利用指针数组作 main 函数的形参，可以向程序传送命令行参数（这些参数是字符串），这些字符串的长度事先并不知道，而且各参数字符串的长度一般并不相同，命令行参数的数目也是可以任意的。用指针数组能够较好地满足上述要求。

关于指向指针的指针是 C 语言中比较深入的概念，在此只作简单的介绍，以便为读者提供今后进一步学习的基础。

*8.8 动态内存分配与指向它的指针变量

8.8.1 什么是内存的动态分配

第 7 章介绍过全局变量和局部变量，全局变量是分配在内存中的静态存储区的，非静态的局部变量（包括形参）是分配在内存中的动态存储区的，这个存储区是一个称为**栈**(stack)的区域。除此以外，C 语言还允许建立内存动态分配区域，以存放一些临时用的数据，这些数据不必在程序的声明部分定义，也不必等到函数结束时才释放，而是需要时随时开辟，不需要时随时释放。这些数据是临时存放在一个特别的自由存储区，称为**堆**(heap)区。可以根据需要，向系统申请所需大小的空间。由于未在声明部分定义它们为变量或数组，因此不能通过变量名或数组名去引用这些数据，只能通过指针来引用。

8.8.2 怎样建立内存的动态分配

对内存的动态分配是通过系统提供的库函数来实现的，主要有 malloc,calloc,free,realloc 这 4 个函数。

1. 用 malloc 函数开辟动态存储区

其函数原型为

void ＊ malloc（unsigned int size）；

其作用是在内存的动态存储区中分配一个长度为 size 的连续空间。形参 size 的类型定为无符号整型（不允许为负数）。此函数的值（即"返回值"）是所分配区域的第一个字节的地址，或者说，此函数是一个指针型函数，返回的指针指向该分配域的第一个字节。如：

    malloc(100)；   //开辟 100 字节的临时分配域,函数值为其第 1 个字节的地址

注意指针的基类型为 void，即不指向任何类型的数据，只提供一个纯地址。如果此函数未能成功地执行（例如内存空间不足），则返回空指针（NULL）。

2．用 calloc 函数开辟动态存储区

其函数原型为

void ＊ calloc（unsigned n，unsigned size）；

其作用是在内存的动态存储区中分配 n 个长度为 size 的连续空间，这个空间一般比较大，足以保存一个数组。

用 calloc 函数可以为一维数组开辟动态存储空间，n 为数组元素个数，每个元素长度为 size。这就是动态数组。函数返回指向所分配域的第一个字节的指针；如果分配不成功，返回 NULL。如：

    p＝calloc(50,4)；   //开辟 50×4 个字节的临时分配域,把首地址赋给指针变量 p

3．用 realloc 函数重新分配动态存储区

其函数原型为

void ＊ realloc（void ＊ p，unsigned int size）；

如果已经通过 malloc 函数或 calloc 函数获得了动态空间，想改变其大小，可以用 realloc 函数重新分配。

用 realloc 函数将 p 所指向的动态空间的大小改变为 size。p 的值不变。如果重分配不成功，返回 NULL。如

    realloc(p,50)；   //将 p 所指向的已分配的动态空间改为 50 字节

4．用 free 函数释放动态存储区

其函数原型为

void free（void ＊ p）；

其作用是释放指针变量 p 所指向的动态空间，使这部分空间能重新被其他变量使用。p 应是最近一次调用 calloc 或 malloc 函数时得到的函数返回值。如：

    free(p)；   //释放指针变量 p 所指向的已分配的动态空间

free 函数无返回值。

以上 4 个函数的声明在 stdlib. h 头文件中，在用到这些函数时应当用"＃include ＜stdlib. h＞"指令把 stdlib. h 头文件包含到程序文件中。

8.8.3　void 指针类型

C 99 允许使用基类型为 void 的指针类型。可以定义一个基类型为 void 的指针变量（即 void * 型变量），它不指向任何类型的数据。请注意：不要把"指向 void 类型"理解为能指向"**任何的类型**"的数据，而应理解为"指向**空类型**"或"**不指向确定的类型**"的数据。在将它的值赋给另一指针变量时由系统对它进行类型转换，使之适合于被赋值的变量的类型。例如：

int a＝3;	//定义 a 为整型变量
int * p1＝&a;	//p1 指向 int 型变量
char * p2;	//p2 指向 char 型变量
void * p3;	//p3 为无类型指针变量（基类型为 void 型）
p3＝(void *)p1;	//将 p1 的值转换为 void * 类型，然后赋值给 p3
p2＝(char *)p3;	//将 p3 的值转换为 char * 类型，然后赋值给 p2
printf("%d", * p1);	//合法，输出整型变量 a 的值
p3＝&a; printf("%d", * p3);	//错误，p3 是无指向的，不能指向 a

💡 **说明**：前已说明，地址应包含基类型的信息，即存放在以此地址标志的存储单元中的数据的类型，否则无法实现对数据的存取。现在为什么又允许用 void * 类型的指针呢？这种指针没有指向。显然，在这种无指向的地址所标志的存储单元中是不能存储任何数据的，也就是说，无法通过这种地址对内存存取数据。

那么，什么情况下会用到这种地址呢？在本节可以看到，这种情况是在调用动态存储分配函数（如 malloc,caloc,realoc 函数）时出现的。用户用这些函数开辟动态存储区，显然希望获得此动态存储区的起始地址，以便利用该动态存储区。在以前的 C 版本（包括 C 89）中，函数返回的地址一律指向字符型数据，即得到 char * 型指针。例如 malloc 函数的原型为：

char * malloc(unsigned int size);

但是，人们开辟的动态存储区并不是一定用来存放字符型数据的，例如想用来存放一批整型型据。为此，在向该存储区存放整型数据前就需要进行地址的类型转换，如：

pt＝(int *)malloc(100);　　　　　　　//假设已定义：int * pt;

系统会将指向字符数据的指针转换为指向整型数据的指针，然后赋给 pt。这样 pt 就指向存储区的首字节，可以通过 pt 对该动态存储区进行存取操作。要说明的是：上面的类型转换只是产生一个临时的中间值赋给了 pt,但没有改变 malloc 函数本身的类型。

可以看到：在上面的处理中，程序只利用了该函数带回来的纯地址，并没有用到指向字符型数据这一属性。既然用不到，又何必作此规定呢？C 99 对此作了修改，这些函数不是返回 char * 指针，而是使其"无指向"，函数返回 void * 指针。这种指针称为"空类型指针（typeless pointer）"，它不指向任一种具体的类型数据，只提供一个纯地址。这是 C 有关地址应用的一种特殊情况。

要注意的是：这种空类型指针在形式上和其他指针一样，遵循 C 语言对指针的有关规定，它也有基类型，只是它的基类型是 void。可以这样定义：

void * p;　　　　　　　　　　　//定义 p 是 void * 型的指针变量

void＊型指针代表"无指向的地址"，这种指针不指向任何类型的数据。不能企图通过它存取数据，在程序中它只是过渡性的，只有转换为有指向的地址，才能存取数据。

C 99 这样处理，更加规范，更容易理解，概念也更清晰。

现在所用的一些编译系统在进行地址赋值时，会自动进行类型转换。例如：

```
int ＊pt;
pt＝(int＊)mcaloc(100);          //mcaloc(100)是 void＊型,把它转换为 int＊型
```

可以简化为

```
pt＝mcaloc(100);               //自动进行类型转换
```

赋值时，系统会先把 mcaloc(100) 转换为的 pt 的类型，即(int＊)型，然后赋给 pt，这样 pt 就指向存储区的首字节，在其指向的存储单元中可以存放整型数据。

通过下面这个简单的程序可以初步了解怎样建立内存动态分配区和使用 void 指针。

【例 8.30】 建立动态数组，输入 5 个学生的成绩，另外用一个函数检查其中有无低于 60 分的，输出不合格的成绩。

解题思路： 用 malloc 函数开辟一个动态自由区域，用来存 5 个学生的成绩，会得到这个动态域第 1 个字节的地址，它的基类型是 void 型。用一个基类型为 int 的指针变量 p 来指向动态数组的各元素，并输出它们的值。但必须先把 malloc 函数返回的 void 指针转换为整型指针，然后赋给 p1。

编写程序：

```
#include <stdio.h>
#include <stdlib.h>                   //程序中用了 malloc 函数,应包含 stdlib.h
int main()
  { void check(int＊);                 //函数声明
    int＊p1,i;                         //p1 是 int 型指针
    p1＝(int＊)malloc(5＊sizeof(int)); //开辟动态内存区,将地址转换成 int＊型,然后放在 p1 中
    for(i=0;i<5;i++)
      scanf("%d",p1+i);               //输入 5 个学生的成绩
    check(p1);                        //调用 check 函数
    return 0;
  }

void check(int＊p)                     //定义 check 函数,形参是 int＊指针
  { int i;
    printf("They are fail:");
    for(i=0;i<5;i++)
      if (p[i]<60) printf("%d ",p[i]); //输出不合格的成绩
    printf("\n");
  }
```

运行结果：

```
67 98 59 78 57
They are fail:59 57
```

程序分析：在程序中没有定义数组，而是开辟一段动态自由分配区，作为动态数组使用。在调用 malloc 函数时没有给出具体的数值，而是用 5 * sizeof(int)，因为有 5 个学生的成绩，每个成绩是一个整数，但在不同的系统中存放一个整数的字节数是不同的，为了使程序具有通用性，故用 sizeof 运算符测定在本系统中整数的字节数。调用 malloc 函数的返回值是 void * 型的，要把它赋给 p1，应先进行类型转换，把该指针转换成 int * 型。用 for 循环输入 5 个学生的成绩，注意不是用数组名，而是按地址法计算出相应的存储单元的地址，然后分别赋值给动态数组的 5 个元素。开始时 p1 指向第 1 个整型数据，p1＋1 指向第 2 个整型数据……调用 check 函数时把 p1 的值传给形参 p，因此形参 p 也指向动态区的第 1 个数据，可以认为形参数组与实参数组共享同一段动态分配区。都在 check 函数中，用下标形式使用指针变量 p，逐个检查 5 个数据，输出不合格的成绩。最后用 free 函数释放动态分配区。

实际上，第 6 行可以直接写成

```
p1＝malloc(5 * sizeof(int));                    //p1 为整型指针，自动转换
```

因为在进行编译时，系统可以自动进行隐式的转换，而不必人为地进行显式的强制类型转换。但是有的程序员仍然习惯于进行显式的强制转换（他们认为这样规范、清晰）。因此，读者应当知道转换的方法，能看懂别人的程序。

内存的动态分配主要应用于建立程序中的动态数据结构（如链表）中，在第 10 章中将会看到对其的实际应用。

8.9　有关指针的小结

由于指针一章介绍的内容较多，指针的概念和应用比较复杂，初学者不易掌握，为了帮助读者建立清晰的概念，本节对有关指针的知识和应用作简单的归纳小结。

(1) 首先要准确理解指针的含义。"指针"是 C 语言中一个形象化的名词，形象地表示"指向"的关系，其在物理上的实现是通过地址来完成的。正如高级语言中的"变量"，在物理上是"命名的存储单元"。Windows 中的"文件夹"实际上是"目录"。离开地址就不可能弄清楚什么是指针。明确了"指针就是地址"，就比较容易理解了，许多问题也迎刃而解了。例如：

- &a 是变量 a 的地址，也可称为变量 a 的指针。
- 指针变量是存放地址的变量，也可以说，指针变量是存放指针的变量。
- 指针变量的值是一个地址，也可以说，指针变量的值是一个指针。
- 指针变量也可称为地址变量，它的值是地址。
- & 是取地址运算符，&a 是 a 的地址，也可以说，& 是取指针运算符。&a 是变量 a 的指针（即指向变量 a 的指针）。
- 数组名是一个地址，是数组首元素的地址，也可以说，数组名是一个指针，是数组首元素的指针。
- 函数名是一个指针（指向函数代码区的首字节），也可以说函数名是一个地址（函数代码区首字节的地址）。
- 函数的实参如果是数组名，传递给形参的是一个地址，也可以说，传递给形参的是一个指针。

（2）在 C 语言中，所有的数据都是有类型的，例如常量 123 并不是数学中的常数 123，数学中的 123 是没有类型的，123 和 123.0 是一样的，而在 C 语言中，所有数据都要存储在内存的存储单元中，若写成 123，则认为是整数，按整型的存储形式存放，如果写成 123.0，则认为是单精度实数，按单精度实型的存储形式存放。此外，不同类型数据有不同的运算规则。可以说，C 语言中的数据都是"有类型的数据"，或称"带类型的数据"。

对地址而言，也是同样的，它也有类型，首先，它不是一个数值型数据，不是按整型或浮点型方式存储，它是按指针型数据的存储方式存储的（虽然在 Visual C++ 中也为指针变量分配 4 个字节，但不同于整型数据的存储形式）。指针型存储单元是专门用来存放地址的，指针型数据的存储形式就是地址的存储形式。

其次，它不是一个简单的纯地址，还有一个指向的问题，也就是说它指向的是哪种类型的数据。如果没有这个信息，是无法通过地址存取存储单元中的数据的。所以，一个地址型的数据实际上包含 3 个信息：

① 表示内存编号的纯地址。

② 它本身的类型，即指针类型。

③ 以它为标识的存储单元中存放的是什么类型的数据，即基类型。

例如：已知变量为 a 为 int 型，&a 为 a 的地址，它就包括以上 3 个信息，它代表的是一个整型数据的地址，int 是 &a 的基类型（即它指向的是 int 型的存储单元）。可以把②和③两项合成一项，如"指向整型数据的指针类型"或"基类型为整型的指针类型"，其类型可以表示为"int * "型。这样，对地址数据来说，也可以说包含两个要素：内存编号（纯地址）和类型（指针类型和基类型）。这样的地址是"带类型的地址"而不是纯地址。

（3）**要区别指针和指针变量**。指针就是地址，而指针变量是用来存放地址的变量。有人认为指针是类型名，指针的值是地址。这是不对的。类型是没有值的，只有变量才有值，正确的说法是**指针变量的值**是一个地址。不要杜撰出"地址的值"这样莫须有的名词。地址本身就是一个值。

（4）**什么叫"指向"**？地址就意味着指向，因为通过地址能找到具有该地址的对象。对于指针变量来说，把谁的地址存放在指针变量中，就说此指针变量指向谁。但应注意：并不是任何类型数据的地址都可以存放在同一个指针变量中的，只有与指针变量的基类型相同的数据的地址才能存放在相应的指针变量中。例如：

```
int a, * p;                          //p 是 int * 型的指针变量,基类型是 int 型
float b;
p=&a;                                //a 是 int 型,合法
p=&b;                                //b 是 float 型,类型不匹配
```

既然许多数据对象（如变量、数组、字符串和函数等）都在内存中被分配存储空间，就有了地址，也就有了指针。可以定义一些指针变量，分别存放这些数据对象的地址，即指向这些对象。

void * 指针是一种特殊的指针，不指向任何类型的数据。如果需要用此地址指向某类型的数据，应先对地址进行类型转换。可以在程序中进行显式的类型转换，也可以由编译系统自动进行隐式转换。无论用哪种转换，读者必须了解要进行类型转换。

（5）**要深入掌握在对数组的操作中正确地使用指针**，搞清楚指针的指向。一维数组名代表数组首元素的地址，如：

```
int * p,a[10];
p=a;
```

p是指向 int 型类型的指针变量,显然,p 只能指向数组中的元素(int 型变量),而不是指向整个数组。在进行赋值时一定要先确定赋值号两侧的类型是否相同,是否允许赋值。

对"p＝a;",准确地说应该是:p 指向 a 数组的首元素,在不引起误解的情况下,有时也简称为:p 指向 a 数组,但读者对此应有准确的理解。同理,p 指向字符串,也应理解为 p 指向字符串中的首字符。

（6）**有关指针变量的归纳比较**,见表 8.4。

表 8.4　指针变量的类型及含义

变量定义	类型表示	含　义
int i;	int	定义整型变量 i
int * p;	int *	定义 p 为指向整型数据的指针变量
int a[5]	int [5]	定义整型数组 a,它有 5 个元素
int * p[4];	int * [4]	定义指针数组 p,它由 4 个指向整型数据的指针元素组成
int (* p)[4];	int(*)[4]	p 为指向包含 4 个元素的一维数组的指针变量
int f();	int ()	f 为返回整型函数值的函数
int * p();	int * ()	p 为返回一个指针的函数,该指针指向整型数据
int (* p)();	int (*)()	p 为指向函数的指针,该函数返回一个整型值
int **p;	int **	p 是一个指针变量,它指向一个指向整型数据的指针变量
void * p;	void *	p 是一个指针变量,基类型为 void(空类型),不指向具体的对象

为便于比较,在表中包括了其他一些类型的定义。

（7）**指针运算**。

① 指针变量加(减)一个整数。

例如:p++,p――,p+i,p―i,p+＝i,p―＝i 等均是指针变量加(减)一个整数。

将该指针变量的原值(是一个地址)和它指向的变量所占用的存储单元的字节数相加(减)。

② 指针变量赋值。

将一个变量地址赋给一个指针变量。例如:

p＝&a;	(将变量 a 的地址赋给 p)
p＝array;	(将数组 array 首元素地址赋给 p)
p＝&array[i];	(将数组 array 第 i 个元素的地址赋给 p)
p＝max;	(max 为已定义的函数,将 max 的入口地址赋给 p)
p1＝p2;	(p1 和 p2 是基类型相同指针变量,将 p2 的值赋给 p1)

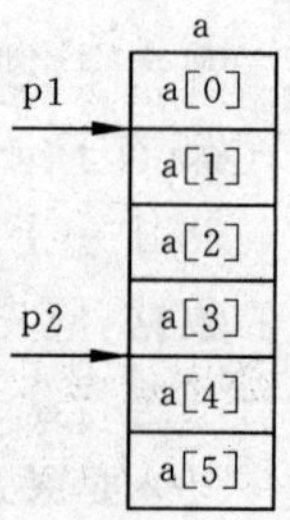

注意:不应把一个整数赋给指针变量。

③ 两个指针变量可以相减。

如果两个指针变量都指向同一个数组中的元素,则两个指针变量值之

图　8.42

差是两个指针之间的元素个数,见图 8.42。

④ 两个指针变量比较。

若两个指针指向同一个数组的元素,则可以进行比较。指向前面的元素的指针变量"小于"指向后面元素的指针变量。如果 p1 和 p2 不指向同一数组则比较无意义。

(8) **指针变量可以有空值**,即该指针变量不指向任何变量,可以这样表示:

p=NULL;

其中,NULL 是一个符号常量,代表整数 0。在 stdio.h 头文件中对 NULL 进行了定义:

♯define NULL 0

它使 p 指向地址为 0 的单元。系统保证使该单元不作它用(不存放有效数据)。

应注意,p 的值为 NULL 与未对 p 赋值是两个不同的概念。前者是有值的(值为 0),不指向任何变量,后者虽未对 p 赋值但并不等于 p 无值,只是它的值是一个无法预料的值,也就是 p 可能指向一个事先未指定的单元。这种情况是很危险的。因此,在引用指针变量之前应对它赋值。

任何指针变量或地址都可以与 NULL 作相等或不相等的比较,例如:

if(p==NULL)…

本章介绍了指针的基本概念和初步应用。指针是 C 语言中很重要的概念,是 C 的一个重要特色。使用指针的优点:①提高程序效率;②在调用函数时当指针指向的变量的值改变时,这些值能够为主调函数使用,即可以从函数调用得到多个可改变的值;③可以实现动态存储分配。

同时应该看到,指针使用实在太灵活,对熟练的程序人员来说,可以利用它编写出颇有特色、质量优良的程序,实现许多用其他高级语言难以实现的功能,但也十分容易出错,而且这种错误往往比较隐蔽。指针运用的错误可能会使整个程序遭受破坏,比如由于未对指针变量 p 赋值就向 *p 赋值,就可能破坏了有用的单元的内容。如果使用指针不当,会出现隐蔽的、难以发现和排除的故障。因此,使用指针要十分小心谨慎,要多上机调试程序,以弄清一些细节,并积累经验。

习　题

本章习题均要求用指针方法处理。

1. 输入 3 个整数,按由小到大的顺序输出。

2. 输入 3 个字符串,按由小到大的顺序输出。

3. 输入 10 个整数,将其中最小的数与第一个数对换,把最大的数与最后一个数对换。写 3 个函数:①输入 10 个数;②进行处理;③输出 10 个数。

4. 有 n 个整数,使前面各数顺序向后移 m 个位置,最后 m 个数变成最前面 m 个数,见图 8.43。写一函数实现以上功能,在主函数中输入 n 个整数和输出调整后的 n 个数。

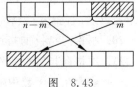

图 8.43

5. 有 n 个人围成一圈,顺序排号。从第 1 个人开始报数

（从 1 到 3 报数），凡报到 3 的人退出圈子，问最后留下的是原来第几号的那位。

6. 写一函数，求一个字符串的长度。在 main 函数中输入字符串，并输出其长度。

7. 有一字符串，包含 n 个字符。写一函数，将此字符串中从第 m 个字符开始的全部字符复制成为另一个字符串。

8. 输入一行文字，找出其中大写字母、小写字母、空格、数字以及其他字符各有多少。

9. 写一函数，将一个 3×3 的整型矩阵转置。

10. 将一个 5×5 的矩阵中最大的元素放在中心，4 个角分别放 4 个最小的元素（顺序为从左到右，从上到下依次从小到大存放），写一函数实现之。用 main 函数调用。

11. 在主函数中输入 10 个等长的字符串。用另一函数对它们排序。然后在主函数输出这 10 个已排好序的字符串。

12. 用指针数组处理上一题目，字符串不等长。

13. 写一个用矩形法求定积分的通用函数，分别求

$$\int_0^1 \sin x\, dx, \quad \int_0^1 \cos x\, dx, \quad \int_0^1 e^x\, dx$$

💡 **说明**：sin，cos，exp 函数已在系统的数学函数库中，程序开头要用 ♯ include <math.h>。

14. 将 n 个数按输入时顺序的逆序排列，用函数实现。

15. 有一个班 4 个学生，5 门课程。①求第 1 门课程的平均分；②找出有两门以上课程不及格的学生，输出他们的学号和全部课程成绩及平均成绩；③找出平均成绩在 90 分以上或全部课程成绩在 85 分以上的学生。分别编 3 个函数实现以上 3 个要求。

16. 输入一个字符串，内有数字和非数字字符，例如：

A123x456 17960? 302tab5876

将其中连续的数字作为一个整数，依次存放到一数组 a 中。例如，123 放在 a[0]，456 放在 a[1]……统计共有多少个整数，并输出这些数。

17. 写一函数，实现两个字符串的比较。即自己写一个 strcmp 函数，函数原型为

int strcmp(char * p1, char * p2);

设 p1 指向字符串 s1，p2 指向字符串 s2。要求当 s1＝s2 时，返回值为 0；若 s1≠s2，返回它们二者第 1 个不同字符的 ASCII 码差值（如″BOY″与″BAD″，第 2 个字母不同，O 与 A 之差为 79－65＝14）。如果 s1＞s2，则输出正值；如果 s1＜s2，则输出负值。

18. 编一程序，输入月份号，输出该月的英文月名。例如，输入 3，则输出″March″，要求用指针数组处理。

19. （1）编写一个函数 new，对 n 个字符开辟连续的存储空间，此函数应返回一个指针（地址），指向字符串开始的空间。new(n) 表示分配 n 个字节的内存空间。

（2）写一函数 free，将前面用 new 函数占用的空间释放。free(p) 表示将 p（地址）指向的单元以后的内存段释放。

20. 用指向指针的指针的方法对 5 个字符串排序并输出。

21. 用指向指针的指针的方法对 n 个整数排序并输出。要求将排序单独写成一个函数。n 个整数在主函数中输入，最后在主函数中输出。

第 9 章　用户自己建立数据类型

C 语言提供了一些由系统已定义好的数据类型,如：int,float,char 等,用户可以在程序中用它们定义变量,解决一般的问题,但是人们要处理的问题往往比较复杂,只有系统提供的类型还不能满足应用的要求,C 语言允许用户根据需要自己建立一些数据类型,并用它来定义变量。

9.1　定义和使用结构体变量

9.1.1　自己建立结构体类型

在前面所见到的程序中,所用的变量大多数是互相独立、无内在联系的。例如定义了整型变量 a,b,c,它们都是单独存在的变量,在内存中的地址也是互不相干的,但在实际生活和工作中,有些数据是有内在联系的,成组出现的。例如,一个学生的学号、姓名、性别、年龄、成绩、家庭地址等项,是属于同一个学生的,见图 9.1。可以看到性别(sex)、年龄(age)、成绩(score)、地址(addr)是属于学号为 10010 和名为 Li Fang 的学生的。如果将 num,name,sex,age,score 和 addr 分别定义为互相独立的简单变量,难以反映它们之间的内在联系。人们希望把这些数据组成一个组合数据,例如定义一个名为 student_1 的变量,在这个变量中包括学生 1 的学号、姓名、性别、年龄、成绩、家庭地址等项。这样,使用起来就方便多了。

num	name	sex	age	score	addr
10010	Li Fang	M	18	87.5	Beijing

图　9.1

有人可能想到数组,能否用一个数组来存放这些数据呢？显然不行,因为一个数组中只能存放同一类型的数据。例如整型数组可以存放学号或成绩,但不能存放姓名、性别、地址等字符型的数据。C 语言允许用户自己建立由不同类型数据组成的组合型的数据结构,它称为**结构体**(structre)。在其他一些高级语言中称为“记录”(record)。

如果程序中要用到图 9.1 所表示的数据结构,可以在程序中自己建立一个**结构体类型**。例如：

```
struct Student
    { int num;                    //学号为整型
      char name[20];              //姓名为字符串
      char sex;                   //性别为字符型
      int age;                    //年龄为整型
      float score;                //成绩为实型
```

```
    char addr[30];                      //地址为字符串
  };                                    //注意最后有一个分号
```

上面由程序设计者指定了一个**结构体类型 struct Student**（struct 是声明结构体类型时必须使用的关键字，不能省略）①，经过上面的指定，struct Student 就是一个在本程序中可以使用的合法类型名，它向编译系统声明：这是一个"结构体类型"，它包括 num，name，sex，age，score，addr 等不同类型的成员。它和系统提供的标准类型（如 int，char，float，double 等）具有相似的作用，都可以用来定义变量，只不过 int 等类型是系统已声明的，而结构体类型是由用户根据需要在程序中指定的。

声明一个结构体类型的一般形式为

struct 结构体名

　〔**成员表列**〕；

注意：结构体类型的名字是由一个关键字 struct 和结构体名组合而成的（例如 struct Student）。结构体名是由用户指定的，又称"结构体标记"（structure tag），以区别于其他结构体类型。上面的结构体声明中 Student 就是结构体名（结构体标记）。

花括号内是该结构体所包括的子项，称为结构体的成员（member）。上例中的 num，name，sex 等都是成员。对各成员都应进行类型声明，即

　类型名 成员名；

"成员表列"（member list）也称为"域表"（field list），每一个成员是结构体中的一个域。成员名命名规则与变量名相同。

说明：

（1）结构体类型并非只有一种，而是可以设计出许多种结构体类型，例如除了可以建立上面的 struct Student 结构体类型外，还可以根据需要建立名为 struct Teacher，struct Worker 和 struct Date 等结构体类型，各自包含不同的成员。

（2）成员可以属于另一个结构体类型。例如：

```
struct Date                     //声明一个结构体类型 struct Date
  { int month;                  //月
    int day;                    //日
    int year;                   //年
  };
struct Student                  //声明一个结构体类型 struct Student
  { int num;
    char name[20];
    char sex;
    int age;
    struct Date birthday;       //成员 birthday 属于 struct Date 类型
    char addr[30];
  };
```

---

①　在本书中将结构体名、共用体名和枚举名的第1个字母用大写表示，以表示和系统提供的类型相区别。这不是规定，只是常用的习惯。

先声明一个 struct Date 类型,它代表"日期",包括 3 个成员:month(月)、day(日)、year(年)。然后在声明 struct Student 类型时,将成员 birthday 指定为 struct Date 类型。struct Student 的结构如图 9.2 所示。已声明的类型 struct Date 与其他类型(如 int,char)一样可以用来声明成员的类型。

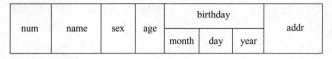

num	name	sex	age	birthday			addr
				month	day	year	

图 9.2

9.1.2 定义结构体类型变量

前面只是建立了一个结构体类型,它相当于一个模型,并没有定义变量,其中并无具体数据,系统对之也不分配存储单元。相当于设计好了图纸,但并未建成具体的房屋。为了能在程序中使用结构体类型的数据,应当定义结构体类型的变量,并在其中存放具体的数据。可以采取以下 3 种方法定义结构体类型变量。

1. 先声明结构体类型,再定义该类型的变量

在 9.1.1 节的开头已声明了一个结构体类型 struct Student,可以用它来定义变量。例如:

struct Student   student1,student2;
　　|　　　　　|　　|
结构体类型名   结构体变量名

这种形式和定义其他类型的变量形式(如 int a,b;)是相似的。上面定义了 student1 和 student2 为 struct Student 类型的变量,这样 student1 和 student2 就具有 struct Student 类型的结构,如图 9.3 所示。

student1:	10001	Zhang Xin	M	19	90.5	Shanghai
student2:	10002	Wang Li	F	20	98	Beijing

图 9.3

在定义了结构体变量后,系统会为之分配内存单元。根据结构体类型中包含的成员情况,在 Visual C++ 中占 63 个字节(4+20+1+4+4+30=63)①。

这种方式是声明类型和定义变量分离,在声明类型后可以随时定义变量,比较灵活。

---

① 计算机对内存的管理是以"字"为单位的(许多计算机系统以 4 个字节为一个"字")。如果在一个"字"中只存放了一个字符,虽然只占一个字节,但该"字"中的其他 3 个字节不会接着存放下一个数据,而会从下一个"字"开始存放其他数据。因此在用 sizeof 运算符测量 student1 的长度时,得到的不是理论值 63,而是 64,是 4 的倍数。不同的编译系统对结构体变量在内存中分配空间有不同的规定。

2. 在声明类型的同时定义变量

例如：

```
struct Student
    { int num;
      char name[20];
      char sex;
      int age;
      float score;
      char addr[30];
    } student1,student2;
```

它的作用与第一种方法相同，但是在定义 struct Student 类型的同时定义两个 struct
Student 类型的变量 student1 和 student2。这种定义方法的一般形式为

    struct 结构体名
       { 成员表列
       } 变量名表列;

声明类型和定义变量放在一起进行，能直接看到结构体的结构，比较直观，在写小程序时用
此方式比较方便，但写大程序时，往往要求对类型的声明和对变量的定义分别放在不同的地
方，以使程序结构清晰，便于维护，所以一般不多用这种方式。

3. 不指定类型名而直接定义结构体类型变量

其一般形式为

struct
    { 成员表列
    } 变量名表列;

指定了一个无名的结构体类型，它没有名字（不出现结构体名）。显然不能再以此结构体类
型去定义其他变量。这种方式用得不多。

💡 **说明：**

（1）结构体类型与结构体变量是不同的概念，不要混淆。只能对变量赋值、存取或运
算，而不能对一个类型赋值、存取或运算。在编译时，对类型是不分配空间的，只对变量分配
空间。

（2）结构体类型中的成员名可以与程序中的变量名相同，但二者不代表同一对象。
例如，程序中可以另定义一个变量 num，它与 struct Student 中的 num 是两回事，互不
干扰。

（3）对结构体变量中的成员（即"域"），可以单独使用，它的作用与地位相当于普通变
量。关于对成员的引用方法见下节。

9.1.3　结构体变量的初始化和引用

在定义结构体变量时，可以对它初始化，即赋予初始值。然后可以引用这个变量，例如

输出它的成员的值。

【例9.1】 把一个学生的信息(包括学号、姓名、性别、住址)放在一个结构体变量中,然后输出这个学生的信息。

解题思路:先在程序中自己建立一个结构体类型,包括有关学生信息的各成员。然后用它来定义结构体变量,同时赋予初值(学生的信息)。最后输出该结构体变量的各成员(即该学生的信息)。

编写程序:

```
# include <stdio. h>
int main()
    {struct Student                                    //声明结构体类型 struct Student
        {long int num;                                 //以下4行为结构体的成员
          char name[20];
          char sex;
          char addr[20];
        }a={10101,"Li Lin",'M',"123 Beijing Road"};     //定义结构体变量a并初始化
        printf("NO. :%ld\nname:%s\nsex:%c\naddress:%s\n",a. num,a. name,a. sex,a. addr);
        return 0;
    }
```

运行结果:

```
NO.:10101
name:Li Lin
sex:M
address:123 Beijing Road
```

🔍 **程序分析**:程序中声明了一个结构体名为 Student 的结构体类型,有4个成员。在声明类型的同时定义了结构体变量a,这个变量具有 struct Student 类型所规定的结构。在定义变量的同时,进行初始化。在变量名a后面的花括号中提供了各成员的值,将10101、"Li Lin"、'M'、"123 Beijing Road"按顺序分别赋给a变量中的成员 num,name 数组,sex,addr 数组。最后用 printf 函数输出变量中各成员的值。a. num 表示变量a中的 num 成员,同理,a. name 代表变量a中的 name 成员。

(1) 在定义结构体变量时可以对它的成员初始化。初始化列表是用花括号括起来的一些常量,这些常量依次赋给结构体变量中的各成员。注意:是对结构体变量初始化,而不是对结构体类型初始化。

C 99 标准允许对某一成员初始化,如:

```
struct Student b={. name="Zhang Fang"};              //在成员名前有成员运算符"."
```

". name"隐含代表结构体变量b中的成员 b. name。其他未被指定初始化的数值型成员被系统初始化为0,字符型成员被系统初始化为'\0',指针型成员被系统初始化为 NULL。

(2) 可以引用结构体变量中成员的值,引用方式为

结构体变量名. 成员名

例如,已定义了 student1 为 student 类型的结构体变量,则 student1. num 表示 student1 变

量中的 num 成员，即 student1 的 num（学号）成员。

在程序中可以对变量的成员赋值，例如：

　　student1. num＝10010;

"."是成员运算符，它在所有的运算符中优先级最高，因此可以把 student1. num 作为一个整体来看待，相当于一个变量。上面赋值语句的作用是将整数 10010 赋给 student1 变量中的成员 num。

　　注意：不能企图通过输出结构体变量名来达到输出结构体变量所有成员的值。

下面用法不正确：

　　printf("%s\n",student1);　　　//企图用结构体变量名输出所有成员的值

只能对结构体变量中的各个成员分别进行输入和输出。

（3）如果成员本身又属一个结构体类型，则要用若干个成员运算符，一级一级地找到最低的一级的成员。只能对最低级的成员进行赋值或存取以及运算。如果在结构体 struct Student 类型的成员中包含另一个结构体 struct date 类型的成员 birthday（见 9.1.1 节最后介绍的结构体），则引用成员的方式为

　　student1. num　　　　　　　　（结构体变量 student1 中的成员 num）
　　student1. birthday. month　　（结构体变量 student1 中的成员 birthday 中的成员 month）

不能用 student1. birthday 来访问 student1 变量中的成员 birthday，因为 birthday 本身是一个结构体成员。

（4）对结构体变量的成员可以像普通变量一样进行各种运算（根据其类型决定可以进行的运算）。例如：

　　student2. score＝student1. score;　　　（赋值运算）
　　sum＝student1. score＋student2. score;　　（加法运算）
　　student1. age＋＋;　　　　　　　　　（自加运算）

由于"."运算符的优先级最高，因此 student1. age＋＋是对（student1. age）进行自加运算，而不是先对 age 进行自加运算。

（5）同类的结构体变量可以互相赋值，如：

　　student1＝student2;　　　　　//假设 student1 和 student2 已定义为同类型的结构体变量

（6）可以引用结构体变量成员的地址，也可以引用结构体变量的地址。例如：

　　scanf("%d",&student1. num);　　　（输入 student1. num 的值）
　　printf("%o",&student1);　　　　　（输出结构体变量 student1 的起始地址）

但不能用以下语句整体读入结构体变量，例如：

　　scanf("%d,%s,%c,%d,%f,%s\n",&student1);

　　说明：结构体变量的地址主要用作函数参数，传递结构体变量的地址。

【例 9.2】　输入两个学生的学号、姓名和成绩，输出成绩较高的学生的学号、姓名和成绩。

解题思路：

（1）定义两个结构相同的结构体变量 student1 和 student2；

（2）分别输入两个学生的学号、姓名和成绩；

（3）比较两个学生的成绩，如果学生 1 的成绩高于学生 2 的成绩，就输出学生 1 的全部信息，如果学生 2 的成绩高于学生 1 的成绩，就输出学生 2 的全部信息。如果二者相等，输出两个学生的全部信息。

编写程序：

```
# include <stdio.h>
int main()
  {struct Student                              //声明结构体类型 struct Student
    { int num;
      char name[20];
      float score;
    }student1,student2;                        //定义两个结构体变量 student1,student2
    scanf("%d%s%f",&student1.num,student1.name,&student1.score);    //输入学生 1 的数据
    scanf("%d%s%f",&student2.num,student2.name,&student2.score);    //输入学生 2 的数据
    printf("The higher score is:\n");
    if (student1.score>student2.score)
      printf("%d   %s   %6.2f\n",student1.num,student1.name,student1.score);
    else if (student1.score<student2.score)
      printf("%d   %s   %6.2f\n",student2.num,student2.name,student2.score);
    else
      { printf("%d   %s   %6.2f\n",student1.num,student1.name,student1.score);
        printf("%d   %s   %6.2f\n",student2.num,student2.name,student2.score);
      }
    return 0;
  }
```

运行结果：

```
10101 Wang 89
10103 Ling 90
The higher score is:
10103  Ling   90.00
```

程序分析：

（1）student1 和 student2 是 struct Student 类型的变量。在 3 个成员中分别存放学号、姓名和成绩。

（2）用 scanf 函数输入结构体变量时，必须分别输入它们的成员的值，不能在 scanf 函数中使用结构体变量名一揽子输入全部成员的值。注意在 scanf 函数中在成员 student1.num 和 student1.score 的前面都有地址符 &，而在 student1.name 前面没有 &，这是因为 name 是数组名，本身就代表地址，故不能画蛇添足地再加一个 &。

（3）根据 student1.score 和 student2.score 的比较结果，输出不同学生的信息。从这里可以看到利用结构体变量的好处：由于 student1 是一个"组合项"，内放有关联的一组数据，student1.score 是属于 student1 变量的一部分，因此如果确定了 student1.score 是成绩较

高的,则输出 student1 的全部信息是轻而易举的,因为它们本来是互相关联,捆绑在一起的。如果用普通变量则难以方便地实现这一目的。

9.2 使用结构体数组

一个结构体变量中可以存放一组有关联的数据(如一个学生的学号、姓名、成绩等数据)。如果有 10 个学生的数据需要参加运算,显然应该用数组,这就是**结构体数组**。结构体数组与以前介绍过的数值型数组的不同之处在于每个数组元素都是一个结构体类型的数据,它们都分别包括各个成员项。

9.2.1 定义结构体数组

下面举一个简单的例子来说明怎样定义和引用结构体数组。

【例 9.3】 有 3 个候选人,每个选民只能投票选一人,要求编一个统计选票的程序,先后输入被选人的名字,最后输出各人得票结果。

解题思路:显然,需要设一个结构体数组,数组中包含 3 个元素,每个元素中的信息应包括候选人的姓名(字符型)和得票数(整型)。输入被选人的姓名,然后与数组元素中的"姓名"成员比较,如果相同,就给这个元素中的"得票数"成员的值加 1。最后输出所有元素的信息。

编写程序:

```c
#include <string.h>
#include <stdio.h>
struct Person                          //声明结构体类型 struct Person
  {char name[20];                      //候选人姓名
   int count;                          //候选人得票数
   }leader[3]={"Li",0,"Zhang",0,"Sun",0};   //定义结构体数组并初始化

int main()
  {int i,j;
   char leader_name[20];               //定义字符数组
   for (i=1;i<=10;i++)
     {scanf("%s",leader_name);         //输入所选的候选人姓名
      for(j=0;j<3;j++)
        if(strcmp(leader_name,leader[j].name)==0) leader[j].count++;
     }
   printf("\nResult:\n");
   for(i=0;i<3;i++)
     printf("%5s:%d\n",leader[i].name,leader[i].count);
   return 0;
  }
```

运行结果：

```
Li
Li
Sun
Zhang
Zhang
Sun
Li
Sun
Zhang
Li

Result:
   Li:4
Zhang:3
   Sun:3
```

（先输入 10 张选票上所写的被选人的名字，然后系统输出各人得票数）

程序分析：定义一个全局的结构体数组 leader，它有 3 个元素，每一个元素包含两个成员 name（姓名）和 count（票数）。在定义数组时使之初始化，将"Li"赋给 leader[0]. name，0 赋给 leader[0]. count，"Zhang"赋给 leader[1]. name，0 赋给 leader[1]. count，"Sun"赋给 leader[2]. name，0 赋给 leader[2]. count。这样，3 位候选人的票数全部先置零，见图 9.4。

name	count
Li	0
Zhang	0
Sun	0

图 9.4

在主函数中定义字符数组 leader_name，用它存放被选人的姓名。在每次循环中输入一个被选人姓名，然后把它与结构体数组中 3 个候选人姓名相比，看它和哪一个候选人的名字相同。注意 leader_name 是和 leader 数组第 j 个元素的 name 成员相比。若 j 为某一值时，输入的姓名与 leader[j]. name 相等，就执行"leader[j]. count++"，由于成员运算符"."优先于自增运算符"++"，因此它相当于(leader[j]. count)++，使 leader[j]成员 count 的值加 1。在输入和统计结束之后，将 3 人的名字和得票数输出。

说明：

（1）定义结构体数组一般形式是

① **struct 结构体名**

〔**成员表列**〕**数组名**[**数组长度**]；

② 先声明一个结构体类型（如 struct Person），然后再用此类型定义结构体数组：

结构体类型 数组名[**数组长度**]；

如：

struct Person   leader[3];   //leader 是结构体数组名

（2）对结构体数组初始化的形式是在定义数组的后面加上：

＝〔**初值表列**〕；

如：

struct Person   leader[3]＝{"Li",0,"Zhang",0,"Sun",0};

9.2.2 结构体数组的应用举例

【例 9.4】 有 n 个学生的信息（包括学号、姓名、成绩），要求按照成绩的高低顺序输出各学生的信息。

解题思路：用结构体数组存放 n 个学生信息，采用选择法对各元素进行排序（进行比较的是各元素中的成绩）。选择排序法已在第 7 章介绍。

编写程序：

```
#include <stdio.h>
struct Student                                              //声明结构体类型 struct Student
  {int num;
    char name[20];
    float score;
  };
int main()
  {struct Student stu[5]={{10101,"Zhang",78},{10103,"Wang",98.5},{10106,"Li",86},
          {10108,"Ling",73.5},{10110,"Sun",100}};        //定义结构体数组并初始化
    struct Student temp;                           //定义结构体变量 temp,用作交换时的临时变量
    const int n=5;                                 //定义常变量 n
    int i,j,k;
    printf("The order is:\n");
    for(i=0;i<n-1;i++)
        {k=i;
          for(j=i+1;j<n;j++)
            if(stu[j].score>stu[k].score)          //进行成绩的比较
                  k=j;
          temp=stu[k];stu[k]=stu[i];stu[i]=temp;       //stu[k]和 stu[i]元素互换
        }
    for(i=0;i<n;i++)
        printf("%6d %8s %6.2f\n",stu[i].num,stu[i].name,stu[i].score);
    printf("\n");
    return 0;
  }
```

运行结果：

```
The order is:
 10110     Sun 100.00
 10103    Wang  98.50
 10106      Li  86.00
 10101   Zhang  78.00
 10108    Ling  73.50
```

程序分析：

（1）程序中第 11 行定义了常变量 n，在程序运行期间它的值不能改变。如果学生数改为 30 人，只须把第 11 行改为下行即可，其余各行不必修改。

```
const int n=30;
```

也可以不用常变量，而用符号常量，可以取消第 11 行，同时在第 2 行前加一行：

```
#define N 5
```

（2）在定义结构体数组时进行初始化，为清晰起见，将每个学生的信息用一对花括号包起来，这样做，阅读和检查比较方便，尤其当数据量多时，这样是有好处的。

（3）在执行第 1 次外循环时 i 的值为 0，经过比较找出 5 个成绩中最高成绩所在的元素的序号为 k，然后将 stu[k] 与 stu[i] 对换（对换时借助临时变量 temp）。执行第 2 次外循环时 i 的值为 1，参加比较的只有 4 个成绩了，然后将这 4 个成绩中最高的所在的元素与 stu[1] 对换。其余类推。注意临时变量 temp 也应定义为 struct Student 类型，只有同类型的结构体变量才能互相赋值。程序 19 行是将 stu[k] 元素中所有成员和 stu[i] 元素中所有成员整体互换（而不必人为地指定一个一个成员地互换）。从这点也可以看到使用结构体类型的好处。

9.3　结构体指针

所谓结构体指针就是指向结构体变量的指针，一个结构体变量的起始地址就是这个结构体变量的指针。如果把一个结构体变量的起始地址存放在一个指针变量中，那么，这个指针变量就指向该结构体变量。

9.3.1　指向结构体变量的指针

指向结构体对象的指针变量既可指向结构体变量，也可指向结构体数组中的元素。指针变量的基类型必须与结构体变量的类型相同。例如：

```
struct Student * pt;          //pt 可以指向 struct Student 类型的变量或数组元素
```

先通过一个例子了解什么是指向结构体变量的指针变量以及怎样使用它。

【例 9.5】　通过指向结构体变量的指针变量输出结构体变量中成员的信息。

解题思路：在已有的基础上，本题要解决两个问题：

（1）怎样对结构体变量成员赋值；

（2）怎样通过指向结构体变量的指针访问结构体变量中成员。

编写程序：

```
# include <stdio.h>
# include <string.h>
int main()
  {struct Student               //声明结构体类型 struct Student
    {long num;
     char name[20];
     char sex;
     float score;
    };
   struct Student stu_1;         //定义 struct Student 类型的变量 stu_1
   struct Student * p;           //定义指向 struct Student 类型数据的指针变量 p
   p=&stu_1;                     //p 指向 stu_1
   stu_1.num=10101;             //对结构体变量的成员赋值
   strcpy(stu_1.name,"Li Lin");  //用字符串复制函数给 stu_1.name 赋值
   stu_1.sex='M';
```

```
    stu_1. score＝89.5；
    printf("No.：%ld\nname：%s\nsex：%c\nscore：%5.1f\n",
            stu_1. num,stu_1. name,stu_1. sex,stu_1. score);                    //输出结果
    printf("\nNo.：%ld\nname：%s\nsex：%c\nscore：%5.1f\n",
            (＊p). num,(＊p). name,(＊p). sex, (＊p). score);
    return 0；
    }
```

运行结果：

```
No.:10101
name:Li Lin
sex:M
score: 89.5

No.:10101
name:Li Lin
sex:M
score: 89.5
```

两个 printf 函数输出的结果是相同的。

程序分析：在主函数中声明了 struct Student 类型，然后定义一个 struct Student 类型的变量 stu_1。又定义一个指针变量 p，它指向一个 struct Student 类型的对象。将结构体变量 stu_1 的起始地址赋给指针变量 p，也就是使 p 指向 stu_1（见图 9.5）。然后对 stu_1 的各成员赋值。

第 1 个 printf 函数是通过结构体变量名 stu_1 访问它的成员，输出 stu_1 的各个成员的值。用 stu_1. num 表示 stu_1 中的成员 num，依此类推。第 2 个 printf 函数是通过指向结构体变量的指针变量访问它的成员，输出 stu_1 各成员的值，使用的是 (＊p). num 这样的形式。(＊p) 表示 p 指向的结构体变量，(＊p). num 是 p 所指向的结构体变量中的成员 num。注意 ＊p 两侧的括号不可省，因为成员运算符"."优先于"＊"运算符，＊p. num 就等价于 ＊(p. num) 了。

图 9.5

说明：为了使用方便和直观，C 语言允许把 (＊p). num 用 p->num 代替，"->"代表一个箭头，p->num 表示 p 所指向的结构体变量中的 num 成员。同样，(＊p). name 等价于 p->name。"->"称为指向运算符。

如果 p 指向一个结构体变量 stu，以下 3 种用法等价：

① stu. 成员名（如 stu. num）；

②（＊p）. 成员名（如（＊p）. num）；

③ p-> 成员名（如 p->num）。

9.3.2　指向结构体数组的指针

可以用指针变量指向结构体数组的元素。请分析下面的例子。

【例9.6】　有 3 个学生的信息，放在结构体数组中，要求输出全部学生的信息。

解题思路：用指向结构体变量的指针来处理：

（1）声明结构体类型 struct Student，并定义结构体数组，同时使之初始化；

(2) 定义一个指向 struct Student 类型数据的指针变量 p；

(3) 使 p 指向结构体数组的首元素，输出它指向的元素中的有关信息；

(4) 使 p 指向结构体数组的下一个元素，输出它指向的元素中的有关信息；

(5) 再使 p 指向结构体数组的下一个元素，输出它指向的元素中的有关信息。

编写程序：

```
#include <stdio.h>
struct Student                                        //声明结构体类型 struct Student
  {int num;
   char name[20];
   char sex;
   int age;
  };
struct Student stu[3]={{10101,"Li Lin",'M',18},{10102,"Zhang Fang",'M',19},
                 {10104,"Wang Min",'F',20}};        //定义结构体数组并初始化
int main()
  { struct Student * p;                              //定义指向 struct Student 结构体变量的指针变量
    printf(" No.    Name                sex age\n");
    for (p=stu;p<stu+3;p++)
       printf("%5d %-20s %2c %4d\n",p->num, p->name, p->sex, p->age);
                                                     //输出结果
    return 0;
  }
```

运行结果：

```
No.  Name            sex age
10101 Li Lin           M   18
10102 Zhang Fang       M   19
10104 Wang Min         F   20
```

  🔍 **程序分析**：p 是指向 struct Student 结构体类型数据的指针变量。在 for 语句中先使 p 的初值为 stu，也就是数组 stu 中序号为 0 的元素（即 stu[0]）的起始地址，见图 9.6 中 p 的指向。在第 1 次循环中输出 stu[0] 的各个成员值。然后执行 p++，使 p 自加 1。p 加 1 意味着 p 所增加的值为结构体数组 stu 的一个元素所占的字节数（在 Visual C++ 环境下，本例中一个元素所占的字节数理论上为 $4+20+1+4=29$ 字节，实际分配 32 字节）。执行 p++ 后 p 的值等于 stu+1，p 指向 stu[1]，见图 9.6 中 p' 的指向。在第 2 次循环中输出 stu[1] 的各成员值。在执行 p++ 后，p 的值等于 stu+2，它的指向见图 9.6 中的 p″，再输出 stu[2] 的各成员值。在执行 p++ 后，p 的值变为 stu+3，已不再小于 stu+3 了，不再执行循环。

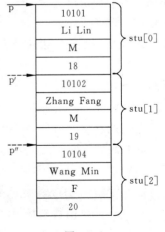

图 9.6

  🔔 **注意：**

(1) 如果 p 的初值为 stu，即指向 stu 的序号为 0 的元

素,p 加 1 后,p 就指向下一个元素。例如:

(++p)->num   先使 p 自加 1,然后得到 p 指向的元素中的 num 成员值(即 10102)

(p++)->num   先求得 p->num 的值(即 10101),然后再使 p 自加 1,指向 stu[1]

请注意以上二者的不同。

(2) 程序定义了 p 是一个指向 struct Student 类型对象的指针变量,它用来指向一个 struct Student 类型的对象(在例 9.6 中的 p 的值是 stu 数组的一个元素(如 stu[0]或 stu[1])的起始地址),不应用来指向 stu 数组元素中的某一成员。例如,下面的用法是不对的:

p=stu[1].name;   //stu[1].name 是 stu[1]元素中的成员 name 的首字符的地址

编译时将给出"警告"信息,表示地址的类型不匹配。不要认为反正 p 是存放地址的,可以将任何地址赋给它。如果一定要将某一成员的地址赋给 p,可以用强制类型转换,先将成员的地址转换成 p 的类型。例如:

p=(struct Student *)stu[0].name;

此时,p 的值是 stu[0]元素的 name 成员的起始地址。可以用"printf("%s",p);"输出 stu[0]中成员 name 的值。但是,p 仍保持原来的类型。如果执行"printf("%s",p+1);",则会输出 stu[1]中 name 的值。执行 p++时,p 的值的增量是结构体 struct Student 的长度。

9.3.3 用结构体变量和结构体变量的指针作函数参数

将一个结构体变量的值传递给另一个函数,有 3 个方法:

(1) 用结构体变量的成员作参数。例如,用 stu[1].num 或 stu[2].name 作函数实参,将实参值传给形参。用法和用普通变量作实参是一样的,属于"值传递"方式。应当注意实参与形参的类型保持一致。

(2) 用结构体变量作实参。用结构体变量作实参时,采取的也是"值传递"的方式,将结构体变量所占的内存单元的内容全部按顺序传递给形参,形参也必须是同类型的结构体变量。在函数调用期间形参也要占用内存单元。这种传递方式在空间和时间上开销较大,如果结构体的规模很大时,开销是很可观的。此外,由于采用值传递方式,如果在执行被调用函数期间改变了形参(也是结构体变量)的值,该值不能返回主调函数,这往往造成使用上的不便。因此一般较少用这种方法。

(3) 用指向结构体变量(或数组元素)的指针作实参,将结构体变量(或数组元素)的地址传给形参。

【例 9.7】 有 n 个结构体变量,内含学生学号、姓名和 3 门课程的成绩。要求输出平均成绩最高的学生的信息(包括学号、姓名、3 门课程成绩和平均成绩)。

解题思路:将 n 个学生的数据表示为结构体数组(有 n 个元素)。按照功能函数化的思想,分别用 3 个函数来实现不同的功能:

(1) 用 input 函数来输入数据和求各学生平均成绩。

(2) 用 max 函数来找平均成绩最高的学生。

(3) 用 print 函数来输出成绩最高学生的信息。

在主函数中先后调用这 3 个函数,用指向结构体变量的指针作实参。最后得到结果。

为简化操作,本程序只设 3 个学生(n＝3)。在输出时使用中文字符串,以方便阅读。

编写程序:

```c
#include <stdio.h>
#define N 3                                    //学生数为3
struct Student                                 //建立结构体类型 struct Student
  { int num;                                   //学号
    char name[20];                             //姓名
    float score[3];                            //3 门课成绩
    float aver;                                //平均成绩
  };

int main()
  { void input(struct Student stu[]);          //函数声明
    struct Student max(struct Student stu[]);  //函数声明
    void print(struct Student stu);            //函数声明
    struct Student stu[N], * p=stu;            //定义结构体数组和指针
    input(p);                                  //调用 input 函数
    print(max(p));                             //调用 print 函数,以 max 函数的返回值作为实参
    return 0;
  }

void input(struct Student stu[])               //定义 input 函数
  {int i;
   printf("请输入各学生的信息:学号、姓名、3 门课成绩:\n");
   for(i=0;i<N;i++)
   {scanf("%d %s %f %f %f",&stu[i].num,stu[i].name,&stu[i].score[0],
            &stu[i].score[1],&stu[i].score[2]);                        //输入数据
     stu[i].aver=(stu[i].score[0]+stu[i].score[1]+stu[i].score[2])/3.0;  //求平均成绩
   }
  }

struct Student max(struct Student stu[])       //定义 max 函数
  {int i,m=0;                                  //用 m 存放成绩最高的学生在数组中的序号
    for(i=0;i<N;i++)
      if (stu[i].aver>stu[m].aver) m=i;        //找出平均成绩最高的学生在数组中的序号
    return stu[m];                             //返回包含该生信息的结构体元素
  }

void print(struct Student stud)                //定义 print 函数
  { printf("\n 成绩最高的学生是:\n");
    printf("学号:%d\n 姓名:%s\n 三门课成绩:%5.1f,%5.1f,%5.1f\n 平均成绩:%6.2f\n",
       stud.num,stud.name,stud.score[0],stud.score[1],stud.score[2],stud.aver);
  }
```

运行结果：

```
请输入各学生的信息：学号、姓名、3门课成绩：
10101 Li 78 89 98
10103 Wang 98.5 87 69
10106 Sun 88 76.5 89

成绩最高的学生是：
学号:10101
姓名:Li
三门课成绩: 78.0,89.0,98.0
平均成绩: 88.33
```

 程序分析：

（1）结构体类型 struct Student 中包括 num（学号）、name（姓名）、数组 score（3 门课成绩）和 aver（平均成绩）。在输入数据时只输入学号、姓名和 3 门课成绩，未给 aver 赋值。aver 的值是在 input 函数中计算出来的。

（2）在主函数中定义了结构体 struct Student 类型的数组 stu 和指向 struct Student 类型数据的指针变量 p，使 p 指向 stu 数组的首元素 stu[0]。

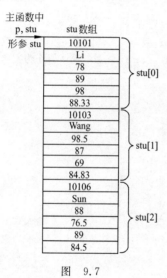

图   9.7

在调用 input 函数时，用指针变量 p 作为函数实参，input 函数的形参是 struct Student 类型的数组 stu（注意形参数组 stu 和主函数中的数组 stu 都是局部数据，虽然同名，但在调用函数进行虚实结合前二者代表不同的对象，互相间没有关系）。在调用 input 函数时，将主函数中的 stu 数组的首元素的起始地址传给形参数组 stu，使形参数组 stu 与主函数中的 stu 数组具有相同的地址，见图 9.7。因此在 input 函数中向形参数组 stu 输入数据就等于向主函数中的 stu 数组输入数据。

在用 scanf 函数输入数据后，立即计算出该学生的平均成绩，stu[i].aver 代表序号为 i 的学生的平均成绩。请注意 for 循环体的范围。

input 函数无返回值，它的作用是给 stu 数组各元素赋予确定的值。

（3）在主函数中调用 print 函数，实参是 max(p)。其调用过程是先调用 max 函数（以 p 为实参），得到 max(p) 的值（此值是一个 strct Student 类型的数据）。然后用它调用 print 函数。

现在先分析调用 max 函数的过程：与前相同，指针变量 p 将主函数中的 stu 数组的首元素的起始地址传给形参数组 stu，使形参数组 stu 与主函数中的 stu 数组具有相同的地址。在 max 函数中对形参数组的操作就是对主函数中的 stu 数组的操作。在 max 函数中，将各人平均成绩与当前的"最高平均成绩"比较，将平均成绩最高的学生在数组 stu 中的序号存放在变量 m 中，通过 return 语句将 stu[m] 的值返回主函数。请注意：stu[m] 是一个结构体数组的元素。max 函数的类型为 struct Student 类型。

（4）用 max(p) 的值（是结构体数组的元素）作为实参调用 print 函数。print 函数的形参 stud 是 struct Student 类型的变量（而不是 struct Student 类型的数组）。在调用时进行虚实结合,把 stu[m]的值(是结构体元素)传递给形参 stud,这时传递的不是地址,而是结构体变量中的信息。在 print 函数中输出结构体变量中各成员的值。

(5) 以上 3 个函数的调用,情况各不相同:

- 调用 input 函数时,实参是指针变量 p,形参是结构体数组,传递的是结构体元素的起始地址,函数无返回值。
- 调用 max 函数时,实参是指针变量 p,形参是结构体数组,传递的是结构体元素的起始地址,函数的返回值是结构体类型数据。
- 调用 print 函数时,实参是结构体变量(结构体数组元素),形参是结构体变量,传递的是结构体变量中各成员的值,函数无返回值。

请读者仔细分析,掌握各种用法。

*9.4　用指针处理链表

9.4.1　什么是链表

链表是一种常见的重要的数据结构。它是动态地进行存储分配的一种结构。由前面的介绍中已知:用数组存放数据时,必须事先定义固定的数组长度(即元素个数)。如果有的班级有 100 人,而有的班级只有 30 人,若用同一个数组先后存放不同班级的学生数据,则必须定义长度为 100 的数组。如果事先难以确定一个班的最多人数,则必须把数组定得足够大,以便能存放任何班级的学生数据,显然这将会浪费内存。链表则没有这种缺点,它根据需要开辟内存单元。图 9.8 表示最简单的一种链表(单向链表)的结构。

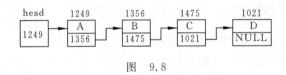

图 9.8

链表有一个“头指针”变量,图中以 head 表示,它存放一个地址,该地址指向一个元素。链表中每一个元素称为“结点”,每个结点都应包括两个部分:(1)用户需要用的实际数据;(2)下一个结点的地址。可以看出,head 指向第 1 个元素,第 1 个元素又指向第 2 个元素……直到最后一个元素,该元素不再指向其他元素,它称为“表尾”,它的地址部分放一个“NULL”(表示“空地址”),链表到此结束。

可以看到链表中各元素在内存中的地址可以是不连续的。要找某一元素,必须先找到上一个元素,根据它提供的下一元素地址才能找到下一个元素。如果不提供“头指针”(head),则整个链表都无法访问。链表如同一条铁链一样,一环扣一环,中间是不能断开的。

为了理解什么是链表,打一个通俗的比方:幼儿园的老师带领孩子出来散步,老师牵着第 1 个小孩的手,第 1 个小孩的另一只手牵着第 2 个孩子……这就是一个“链”,最后一个孩子有一只手空着,他是“链尾”。要找这个队伍,必须先找到老师,然后顺序找到每一个孩子。

显然,链表这种数据结构,必须利用指针变量才能实现,即一个结点中应包含一个指针变量,用它存放下一结点的地址。

前面介绍了结构体变量,用它去建立链表是最合适的。一个结构体变量包含若干成员,这些成员可以是数值类型、字符类型、数组类型，也可以是指针类型。用指针类型成员来存放下一个结点的地址。例如，可以设计这样一个结构体类型：

```
struct Student
  { int num;
    float score;
    struct Student * next;                    //next是指针变量，指向结构体变量
  };
```

其中，成员 num 和 score 用来存放结点中的有用数据（用户需要用到的数据），相当于图 9.8
结点中的 A,B,C,D。next 是指针类型的成员，它指向 struct Student 类型数据（就是 next
所在的结构体类型）。一个指针类型的成员既可以指向其他类型的结构体数据，也可以指向自己所在的结构体类型的数据。现在，next 是 struct Student 类型中的一个成员，它又指向 struct Student 类型的数据。用这种方法就可以建立链表，见图 9.9。

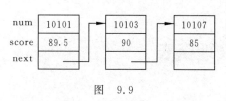

图 9.9

图 9.9 中每一个结点都属于 struct Student 类型，它的成员 next 用来存放下一结点的地址，程序设计人员可以不必知道各结点的具体地址，只要保证将下一个结点的地址放到前一结点的成员 next 中即可。

🔔 注意：上面只是定义了一个 struct Student 类型，并未实际分配存储空间，只有定义了变量才分配存储单元。

9.4.2 建立简单的静态链表

下面通过一个例子来说明怎样建立和输出一个简单链表。

【例 9.8】 建立一个如图 9.9 所示的简单链表，它由 3 个学生数据的结点组成，要求输出各结点中的数据。

解题思路：声明一个结构体类型，其成员包括 num（学号）、score（成绩）和 next（指针变量）。将第 1 个结点的起始地址赋给头指针 head，将第 2 个结点的起始地址赋给第 1 个结点的 next 成员，将第 3 个结点的起始地址赋给第 2 个结点的 next 成员。第 3 个结点的 next 成员赋予 NULL。这就形成了链表。

编写程序：

```
# include <stdio. h>
struct Student                                //声明结构体类型 struct Student
  { int num;
    float score;
    struct Student * next;
  };
int main()
  { struct Student a,b,c, * head, * p;         //定义3个结构体变量a,b,c作为链表的结点
    a. num=10101; a. score=89.5;               //对结点 a 的 num 和 score 成员赋值
    b. num=10103; b. score=90;                 //对结点 b 的 num 和 score 成员赋值
```

```
      c. num=10107;c.score=85;           //对结点 c 的 num 和 score 成员赋值
      head=&a;                            //将结点 a 的起始地址赋给头指针 head
      a.next=&b;                          //将结点 b 的起始地址赋给 a 结点的 next 成员
      b.next=&c;                          //将结点 c 的起始地址赋给 a 结点的 next 成员
      c.next=NULL;                        //c 结点的 next 成员不存放其他结点地址
      p=head;                             //使 p 指向 a 结点
      do
        {printf("%ld %5.1f\n",p->num,p->score);     //输出 p 指向的结点的数据
          p=p->next;                      //使 p 指向下一结点
        }while(p!=NULL);                  //输出完 c 结点后 p 的值为 NULL,循环终止
      return 0;
    }
```

运行结果：输出 3 个结点中的数据。

```
10101   89.5
10103   90.0
10107   85.0
```

🔍 **程序分析**：请读者分析：①各个结点是怎样构成链表的。②没有头指针 head 行不行。③p 起什么作用,没有它行不行?

为了建立链表,使 head 指向 a 结点,a. next 指向 b 结点,b. next 指向 c 结点,这就构成链表关系。"c. next=NULL"的作用是使 c. next 不指向任何有用的存储单元。

在输出链表时要借助 p,先使 p 指向 a 结点,然后输出 a 结点中的数据,"p=p->next"是为输出下一个结点作准备。p->next 的值是 b 结点的地址,因此执行"p=p->next"后 p 就指向 b 结点,所以在下一次循环时输出的是 b 结点中的数据。

本例是比较简单的,所有结点都是在程序中定义的,不是临时开辟的,也不能用完后释放,这种链表称为"静态链表"。

9.4.3 建立动态链表

所谓建立动态链表是指在程序执行过程中从无到有地建立起一个链表,即一个一个地开辟结点和输入各结点数据,并建立起前后相链的关系。

【例 9.9】 写一函数建立一个有 3 名学生数据的单向动态链表。

解题思路：先考虑实现此要求的算法(见图 9.10)。在用程序处理时要用到第 8 章介绍的动态内存分配的知识和有关函数(malloc,calloc,realloc 和 free 函数)。

定义 3 个指针变量：head,p1 和 p2,它们都是用来指向 struct Student 类型数据的。先用 malloc 函数开辟第 1 个结点,并使 p1 和 p2 指向它。然后从键盘读入一个学生的数据给 p1 所指的第 1 个结点。在此约定学号不会为零,如果输入的学号为 0,则表示建立链表的过程完成,该结点不应连接到链表中。先使 head 的值为 NULL(即等于 0),这是链表为"空"时的情况(即 head 不指向任何结点,即链表中无结点),当建立第 1 个结点就使 head 指向该结点。

如果输入的 p1->num 不等于 0,则输入的是第 1 个结点数据(n=1),令 head=p1,即把 p1 的值赋给 head,也就是使 head 也指向新开辟的结点(图 9.11)。p1 所指向的新开辟的结

点就成为链表中第 1 个结点。然后再开辟另一个结点并使 p1 指向它，接着输入该结点的数据（见图 9.12(a)）。

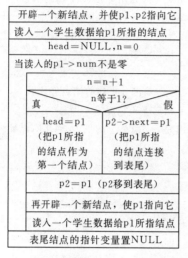

图 9.10

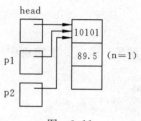

图 9.11

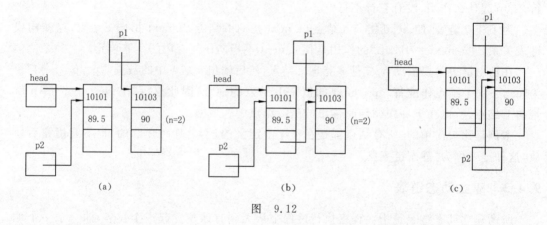

(a)　　　　　　　　　(b)　　　　　　　　　(c)

图 9.12

　　如果输入的 p1->num≠0，则应链入第 2 个结点(n=2)，由于 n≠1，则将 p1 的值赋给 p2->next，此时 p2 指向第 1 个结点，因此执行"p2->next=p1"就将新结点的地址赋给第 1 个结点的 next 成员，使第 1 个结点的 next 成员指向第 2 个结点（见图 9.12(b)）。接着使 p2=p1，也就是使 p2 指向刚才建立的结点，见图 9.12(c)。

　　接着再开辟 1 个结点并使 p1 指向它，并输入该结点的数据（见图 9.13(a)）。在第 3 次循环中，由于 n=3(n≠1)，又将 p1 的值赋给 p2->next，也就是将第 3 个结点连接到第 2 个结点之后，并使 p2=p1，使 p2 指向最后一个结点（见图 9.13(b)）。

　　再开辟一个新结点，并使 p1 指向它，输入该结点的数据（见图 9.14(a)）。由于 p1->num 的值为 0，不再执行循环，此新结点不应被连接到链表中。此时将 NULL 赋给 p2->next，见图 9.14(b)。建立链表过程至此结束，p1 最后所指的结点未链入链表中，第 3 个结点的 next 成员的值为 NULL，它不指向任何结点。虽然 p1 指向新开辟的结点，但从链表中无法找到该结点。

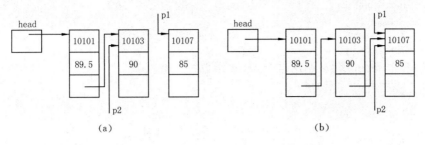

图 9.13

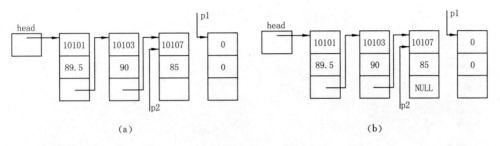

图 9.14

编写程序：先写出建立链表的函数：

```
# include <stdio. h>
# include <stdlib. h>
# define LEN sizeof(struct Student)
struct Student
  {long num;
   float score;
   struct Student * next;
  };
int n;                                    //n 为全局变量,本文件模块中各函数均可使用它
struct Student * creat(void)              //定义函数。此函数返回一个指向链表头的指针
  {struct Student * head;
   struct Student * p1, * p2;
   n=0;
   p1=p2=(struct Student * ) malloc(LEN);  //开辟一个新单元
   scanf("%ld,%f",&p1->num,&p1->score);    //输入第 1 个学生的学号和成绩
   head=NULL;
   while(p1->num!=0)
     {n=n+1;
      if(n==1)head=p1;
        else p2->next=p1;
      p2=p1;
      p1=(struct Student * )malloc(LEN);   //开辟动态存储区,把起始地址赋给 p1
      scanf("%ld,%f",&p1->num,&p1->score);  //输入其他学生的学号和成绩
     }
```

```
      p2->next＝NULL;
      return(head);
   }
```

可以写一个 main 函数，调用这个 creat 函数：

```
int main()
   { struct Student * pt;
     pt＝creat();          //函数返回链表第一个结点的地址
     printf("\nnum:%ld\nscore:%5.1f\n",pt->num,pt->score);        //输出第 1 个结点的成员值
     return 0;
   };
```

运行结果：

```
1001,67.5
1003,87
1004,99.5
0,0

num:1001
score: 67.5
```

程序分析：

（1）调用 creat 函数后，先后输入所有学生的数据，若输入"0,0"，表示结束。函数的返回值是所建立的链表的第 1 个结点的地址（请查看 return 语句），在主函数中把它赋给指针变量 pt。为了验证各结点中的数据，在 main 函数中输出了第 1 个结点中的信息。

（2）第 3 行令 LEN 代表 struct Student 类型数据的长度，sizeof 是"求字节数运算符"。

（3）第 10 行定义一个 creat 函数，它是指针类型，即此函数带回一个指针值，它指向一个 struct Student 类型数据。实际上此 creat 函数带回一个链表起始地址。

（4）第 14 行 malloc(LEN)的作用是开辟一个长度为 LEN 的内存区，LEN 已定义为 sizeof(struct Student)，即结构体 struct Student 的长度。malloc 带回的是不指向任何类型数据的指针（void * 类型）。而 p1,p2 是指向 struct Student 类型数据的指针变量，可以用强制类型转换的方法使指针的基类型改变为 struct Student 类型，在 malloc(LEN)之前加了"(struct Student *)"，它的作用是使 malloc 返回的指针转换为 struct Student 类型数据的指针。注意括号中的" * "号不可省略，否则变成转换成 struct Student 类型了，而不是指针类型了。

由于编译系统能实现隐式的类型转换，因此 14 行也可以直接写为

```
p1＝malloc(LEN);
```

（5）creat 函数最后一行 return 后面的参数是 head（head 已定义为指针变量，指向 struct Student 类型数据）。因此函数返回的是 head 的值，也就是链表中第 1 个结点的起始地址。

（6）n 是结点个数。

（7）这个算法的思路是让 p1 指向新开辟的结点，p2 指向链表中最后一个结点，把 p1 所指的结点连接在 p2 所指的结点后面，用"p2->next＝p1"来实现。

以上对建立链表过程做了比较详细的介绍，读者如果对建立链表的过程比较清楚的话，对链表的其他操作过程（如链表的输出、结点的删除和结点的插入等）也就比较容易理解了。

9.4.4　输出链表

将链表中各结点的数据依次输出。这个问题比较容易处理。

【例 9.10】　编写一个输出链表的函数 print。

解题思路：从例 9.8 已经初步了解输出链表的方法。首先要知道链表第 1 个结点的地址，也就是要知道 head 的值。然后设一个指针变量 p，先指向第 1 个结点，输出 p 所指的结点，然后使 p 后移一个结点，再输出，直到链表的尾结点。

根据上面的思路，写出算法如图 9.15 所示。

p＝head，使 p 指向第 1 个结点	
	p 指向的不是尾结点
真	假
输出p所指向的结点	
p 指向下一个结点	
当p指向的不是表尾	

图　　9.15

编写程序：根据流程图写出以下函数：

```
# include <stdio. h>
# include <stdlib. h>
# define LEN sizeof(struct Student)
struct Student                              //声明结构体类型 struct Student
  {long num;
   float score;
   struct Student * next;
  };
int n;                                      //全局变量 n
void print(struct Student * head)           //定义 print 函数
  {struct Student * p;                      //在函数中定义 struct Student 类型的变量 p
   printf("\nNow,These %d records are:\n",n);
   p＝head;                                 //使 p 指向第 1 个结点
   if(head!＝NULL)                          //若不是空表
     do
       {printf("%ld %5.1f\n",p->num,p->score);   //输出一个结点中的学号与成绩
        p＝p->next;                         //p 指向下一个结点
       }while(p!＝NULL);                    //当 p 不是"空地址"
  }
```

🔍 **程序分析**：以上只是一个函数，可以单独编译，但不能单独运行。其中的外部声明（类型声明）和定义（变量 n）是与其他函数共享的。如果把它和例 9.9 的程序组成一个文件模块，则例 9.10 中的第 1～9 行可以不要。

print 函数的操作过程可用图 9.16 表示。头指针 head 从实参接收了链表的第 1 个结点的起始地址，把它赋给 p，于是 p 指向第 1 个结点，输出 p 指向的结点（第 1 个结点）的数据，然后，执行"p＝p->next;"，p->next 是 p 指向的结点中的 next 成员，即第 1 个结点中的 next 成员，p->next 中存放了第 2 个结点的地址，执行"p＝p->next;"后，p 就指向第 2 个结点，p 移到图中 p′虚线位置（指向第 2 个结点）。"p＝p->next;"的作用是将 p 原来所指向的结点中 next 的值赋给 p，使 p 指向下一个结点。print 函数从 head 所指的第 1 个结点出发顺序输出各个

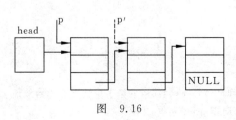

图　　9.16

结点。

可以把例 9.7 和例 9.9 合起来加上一个主函数，组成一个程序，即：

```c
#include <stdio.h>
#include <malloc.h>
#define LEN sizeof(struct Student)
struct Student
  {long num;
   float score;
   struct Student * next;
  };
int n;
struct Student * creat()                       //建立链表的函数
  {struct Student * head;
   struct Student * p1, * p2;
   n=0;
   p1=p2=( struct Student * ) malloc(LEN);
   scanf("%ld,%f",&p1->num,&p1->score);
   head=NULL;
   while(p1->num!=0)
     {n=n+1;
      if(n==1)head=p1;
      else p2->next=p1;
      p2=p1;
      p1=(struct Student * )malloc(LEN);
      scanf("%ld,%f",&p1->num,&p1->score);
     }
   p2->next=NULL;
   return(head);
  }


void print(struct Student * head)              //输出链表的函数
  {struct Student * p;
   printf("\nNow,These %d records are:\n",n);
   p=head;
   if(head!=NULL)
     do
     {printf("%ld %5.1f\n",p->num,p->score);
      p=p->next;
     }while(p!=NULL);
  }


int main()
  {struct Student * head;
   head=creat();                               //调用 creat 函数,返回第 1 个结点的起始地址
   print(head);                                //调用 print 函数
```

```
        return 0;
    }
```

运行结果:

```
1001,67.5
1003,87
1005,99
0,0

Now,These 3 records are:
1001  67.5
1003  87.0
1005  99.0
```

🐂 **说明**:链表是一个比较深入的内容,初学者有一定难度,计算机专业人员是应该掌握的,非专业的初学者对此有一定了解即可,在以后需要用到时再进一步学习。

对链表中结点的删除和结点的插入等操作,在此不作详细介绍,如读者有需要或感兴趣,可以自己完成。如果想详细了解,可参考作者所著的《C 程序设计(第五版)学习辅导》中的习题解答(第 9 章 8~10 题),其中给出了全部的程序和说明。

结构体和指针的应用领域很宽广,除了单向链表之外,还有环形链表和双向链表。此外还有队列、树、栈、图等数据结构。有关这些问题的算法可以学习"数据结构"课程,在此不作详述。

*9.5 共用体类型

9.5.1 什么是共用体类型

有时想用同一段内存单元存放不同类型的变量。例如,把一个短整型变量、一个字符型变量和一个实型变量放在同一个地址开始的内存单元中(见图 9.17)。以上 3 个变量在内存中占的字节数不同,但都从同一地址开始(图中设地址为 1000)存放,也就是使用覆盖技术,后一个数据覆盖了前面的数据。这种使几个不同的变量共享同一段内存的结构,称为"共用体"类型的结构。

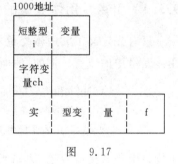

图 9.17

定义共用体类型变量的一般形式为

union 共用体名

{ **成员表列**

} **变量表列;**

例如:

```
union Data
{ int i;          //表示不同类型的变量 i,ch,f 可以存放到同一段存储单元中
    char ch;
    float f;
}a,b,c;           //在声明类型同时定义变量
```

也可以将类型声明与变量定义分开:

```
      union Data                           //声明共用体类型
        { int i;
          char ch;
          float f;
        };
      union Data a,b,c;                     //用共用体类型定义变量
```

即先声明一个 union Data 类型，再将 a,b,c 定义为 union Data 类型的变量。当然也可以直接定义共用体变量，例如：

```
      union                                 //没有定义共用体类型名
        { int i;
          char ch;
          float f;
        }a,b,c;
```

可以看到，"共用体"与"结构体"的定义形式相似。但它们的含义是不同的。

结构体变量所占内存长度是各成员占的内存长度之和。每个成员分别占有其自己的内存单元。而共用体变量所占的内存长度等于最长的成员的长度。例如，上面定义的"共用体"变量 a,b,c 各占 4 个字节（因为一个 float 型变量占 4 个字节），而不是各占 4+1+4=9 个字节。

国内有些 C 语言的书把 union 直译为"联合"。作者认为，译为"共用体"更能反映这种结构的特点，即几个变量共用一个内存区。而"联合"这一名词，在一般意义上容易被理解为"将两个或若干个变量联结在一起"，难以表达这种结构的特点。但是读者应当知道"共用体"在一些书中也被称为"联合"。在阅读其他书籍时如遇"联合"一词，应理解为"共用体"。

9.5.2 引用共用体变量的方式

只有先定义了共用体变量才能引用它，但应注意，不能引用共用体变量，而只能引用共用体变量中的成员。例如，前面定义了 a,b,c 为共用体变量，下面的引用方式是正确的：

a.i   （引用共用体变量中的整型变量 i）

a.ch   （引用共用体变量中的字符变量 ch）

a.f   （引用共用体变量中的实型变量 f）

不能只引用共用体变量，例如下面的引用是错误的：

printf("%d",a);

因为 a 的存储区可以按不同的类型存放数据，有不同的长度，仅写共用体变量名 a，系统无法知道究竟应输出哪一个成员的值。应该写成

printf("%d",a.i);

或

printf("%c",a.ch);

9.5.3 共用体类型数据的特点

在使用共用体类型数据时要注意以下一些特点:

(1) 同一个内存段可以用来存放几种不同类型的成员,但在每一瞬时只能存放其中一个成员,而不是同时存放几个。其道理是显然的,因为在每一个瞬时,存储单元只能有唯一的内容,也就是说,在共用体变量中只能存放一个值。如果有以下程序段:

```
union Date
   { int i;
       char ch;
       float f;
   }a;
a.i＝97;
```

表示将整数 97 存放在共用体变量中,可以用以下的输出语句:

```
printf("%d",a.i);                    (输出整数 97)
printf("%c",a.ch);                   (输出字符'a')
printf("%f",a.f);                    (输出实数 0.000000)
```

其执行情况是: 由于 97 是赋给 a.i 的,因此按整数形式存储在变量单元中,最后一个字节是"01100001"。如果用"%d"格式符输出 a.i,就会输出整数 97。如果想用"%c"格式符输出 a.ch,系统会把存储单元中的信息按字符输出'a'。如果想用"%f"格式符输出 a.f,系统会将存储单元中的信息按浮点数形式来处理,其数值部分为 0,故输出 0.000000。

(2) 可以对共用体变量初始化,但初始化表中只能有一个常量。下面用法不对:

```
union Data
   { int i;
       char ch;
       float f;
   }a={1,'a',1.5};          //不能初始化 3 个成员,它们占用同一段存储单元
union Data a={16};          //正确,对第 1 个成员初始化
union Data a={.ch='j'};     //C 99 允许对指定的一个成员初始化
```

(3) 共用体变量中起作用的成员是最后一次被赋值的成员,在对共用体变量中的一个成员赋值后,原有变量存储单元中的值就被取代。如果执行以下赋值语句:

```
a.ch='a';
a.f=1.5;
a.i=40;
```

在完成以上 3 个赋值运算以后,变量存储单元存放的是最后存入的 40,原来的'a'和 1.5 都被覆盖了。此时如用"printf("%d",a.i);"输出 a.i 的值是 40。而用"printf("%c",a.ch);",输出的不是字符'a',而是字符'('。因为在共用的存储单元中,按整数形式存放了 40,现在要按%c 格式输出 a.ch,系统就到共用的存储单元去读数据,将存储单元中的内容按存储字符数据的规则解释,40 是字符'('的 ASCII 码,因此输出字符'('。

因此在引用共用体变量时应十分注意当前存放在共用体变量中的究竟是哪个成员

的值。

（4）共用体变量的地址和它的各成员的地址都是同一地址。例如，&a.i，&a.c，&a.f 都是同一值，其原因是显然的。

（5）不能对共用体变量名赋值，也不能企图引用变量名来得到一个值。例如，下面这些都是不对的：

① a=1;　　　　　　　　　　　//不能对共用体变量赋值，赋给谁？
② m=a;　　　　　　　　　　　//企图引用共用体变量名以得到一个值赋给整型变量 m

C 99 允许同类型的共用体变量互相赋值。如：

b=a;　　　　　　　　　　　//a 和 b 是同类型的共用体变量，合法

（6）以前的 C 规定不能把共用体变量作为函数参数，但可以使用指向共用体变量的指针作函数参数。C 99 允许用共用体变量作为函数参数。

（7）共用体类型可以出现在结构体类型定义中，也可以定义共用体数组。反之，结构体也可以出现在共用体类型定义中，数组也可以作为共用体的成员。

在什么情况下会用到共用体类型的数据呢？往往在数据处理中，有时需要对同一段空间安排不同的用途，这时用共用体类型比较方便，能增加程序处理的灵活性。请分析下例。

【例 9.11】 有若干个人员的数据，其中有学生和教师。学生的数据中包括：姓名、号码、性别、职业、班级。教师的数据包括：姓名、号码、性别、职业、职务。要求用同一个表格来处理。

解题思路：可以看出：学生和教师的数据的项目大多数是相同的，但有一项不同。现要求把它们放在同一表格中，见图 9.18。如果 job 项为 s（学生），则第 5 项为 class（班）。即 Li 是 501 班的。如果 job 项是 t（教师），则第 5 项为 position（职务）。Wang 是 prof（教授）。显然对第 5 项可以用共用体来处理（将 class 和 position 放在同一段存储单元中）。

先输入人员的数据，然后再输出。可以写出算法（见图 9.19）。按此写出程序，为简化起见，只设两个人（一个学生、一个教师）。

num	name	sex	job	class（班）/position（职务）
101	Li	f	s	501
102	Wang	m	t	prof

图　9.18

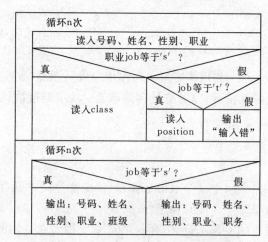

图　9.19

编写程序：

```c
# include <stdio.h>
struct                                      //声明无名结构体类型
  { int num;                                //成员 num(编号)
    char name[10];                          //成员 name(姓名)
    char sex;                               //成员 sex(性别)
    char job;                               //成员 job(职业)
    union                                   //声明无名共用体类型
      {int clas;                            //成员 clas(班级)
        char position[10];                  //成员 position(职务)
      }category;                            //成员 category 是共用体变量
  }person[2];                               //定义结构体数组 person,有两个元素

int main()
  {
    int i;
    for(i=0;i<2;i++)
      {printf("please enter the data of person:\n");
       scanf("%d %s %c %c", &person[i].num, &person[i].name,
               &person[i].sex, &person[i].job);     //输入前 4 项
       if(person[i].job=='s')
           scanf("%d", &person[i].category.clas);   //如是学生,输入班级
       else if(person[i].job=='t')
           scanf("%s", person[i].category.position); //如是教师,输入职务
       else
           printf("Input error!");                  //如 job 不是's'和't',显示"输入错误"
      }
    printf("\n");
    printf("No.   name       sex job class/position\n");
    for(i=0;i<2;i++)
    {
    if (person[i].job == 's')                        //若是学生
      printf("%-6d%-10s%-4c%-4c%-10d\n",person[i].num, person[i].name,
            person[i].sex, person[i].job, person[i].category.clas);
    else                                             //若是教师
      printf("%-6d%-10s%-4c%-4c%-10s\n",person[i].num, person[i].name,
            person[i].sex, person[i].job, person[i].category.position);
    }
    return 0;
  }
```

运行结果：

```
please enter the data of person:
101 Li f s 501
please enter the data of person:
102 Wang m t prof

No.   name       sex job class/position
101   Li         f   s   501
102   Wang       m   t   prof
```

程序分析：main 函数之前定义了外部的结构体数组 person，在结构体类型声明中包括了共用体类型 category（分类）成员，在这个共用体成员中又包括两个成员：成员 clas（由于 class 是 C++ 的关键字，用 Visual C++ 时不应该用 class 作成员名，故用 clas 代表）和成员 position，前者为整型，后者为字符数组（存放"职位"的内容——字符串）。

也可以不在结构体类型的声明中声明共用体类型，而把它放在结构体类型的声明之前，即：

```
union Categ                    //声明有名共用体类型 union Categ
  { int banji;
    char position[10];
  };
struct                         //声明无名结构体类型
  { int num;
    char name[10];
    char sex;
    char job;
    union Categ category;      //成员 category 是共用体 union Categ 类型的数据
  }person[2];
```

在程序运行过程中需要输入数据，在输入前 4 项数据（编号、姓名、性别、职业）时，对于学生和教师来说，输入的数据类型是一样的，但在输入第 5 项数据（人员类别）时二者就有区别了，对于学生应输入班级号（整数），对于教师则应输入职位（字符串），程序应作分别处理。

在程序中是这样处理的：先输入前 4 项数据，然后用 if 语句检查刚才输入的职业（job 成员），如果是 's'，表示是学生，则第 5 项应输入一个班级号（整数），用输入格式符%d 把一个整数送到共用体数组元素中的成员 category. clas 中。如果职业是 't'，表示是教师，则输入第 5 项时应该用输入格式符%s 把一个字符串（职位）送到共用体数组元素中的成员 category. position 中。请注意：这样处理后，结构体数组元素 person[0]中的共用体成员 category 的存储空间中，存放的是整数，而 person[1]中的共用体成员 category 的存储空间中，存放的是字符串。

在输出数据时的处理方法是类似的，如果是学生，第 5 项以整数形式输出班号，如果是教师，则第 5 项以字符串形式输出职位。在 printf 语句中，格式符"%-6d"表示以十进制整数形式输出，占 6 列，数据向左对齐，其他如%-10s，%-4c，%-4c，%-10s 的含义与此类似。

在数据处理中，用同一个栏目来表示不同内容的情况是不少的。这个例子是比较简单的，但通过此例可以看到，如果善于利用共用体，会使程序的功能更加丰富和灵活。

9.6　使用枚举类型

如果一个变量只有几种可能的值，则可以定义为**枚举**（enumeration）**类型**，所谓"枚举"就是指把可能的值一一列举出来，变量的值只限于列举出来的值的范围内。

声明枚举类型用 enum 开头。例如：

enum Weekday{sun,mon,tue,wed,thu,fri,sat};

以上声明了一个枚举类型 enum Weekday。然后可以用此类型来定义变量。例如：

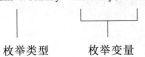

枚举类型　　枚举变量

workday 和 weekend 被定义为**枚举变量**，花括号中的 sun,mon,…,sat 称为**枚举元素**或**枚举常量**。它们是用户指定的名字。枚举变量和其他数值型量不同，它们的值只限于花括号中指定的值之一。例如枚举变量 workday 和 weekend 的值只能是 sun 到 sat 之一。

  workday＝mon;   //正确,mon 是指定的枚举常量之一

  weekend＝sun;   //正确,sunon 是指定的枚举常量之一

  weekday＝monday;   //不正确,monday 不是指定的枚举常量之一

枚举常量是由程序设计者命名的,用什么名字代表什么含义,完全由程序员根据自己的需要而定,并在程序中作相应处理。

也可以不声明有名字的枚举类型,而直接定义枚举变量,例如：

enum{sun,mon,tue,wed,thu,fri,sat} workday,weekend;

声明枚举类型的一般形式为

enum[枚举名]{枚举元素列表};

其中,枚举名应遵循**标识符**的命名规则,上面的 Weekday 就是合法的枚举名。

说明：

(1) C 编译对枚举类型的枚举元素按常量处理,故称**枚举常量**。不要因为它们是标识符(有名字)而把它们看作变量,不能对它们赋值。例如：

  sun＝0; mon＝1;   //错误,不能对枚举元素赋值

(2) 每一个枚举元素都代表一个整数,C 语言编译按定义时的顺序默认它们的值为 0,1,2,3,4,5…。在上面的定义中,sun 的值自动设为 0,mon 的值为 1,…,sat 的值为 6。如果有赋值语句：

  workday＝mon;

相当于

  workday＝1;

枚举常量是可以引用和输出的。例如：

  printf("%d",workday);

将输出整数 1。

也可以人为地指定枚举元素的数值,在定义枚举类型时显式地指定,例如：

enum Weekday｛sun＝7,mon＝1,tue,wed,thu,fri,sat｝workday,week_end；

指定枚举常量 sun 的值为 7,mon 为 1,以后顺序加 1,sat 为 6。

由于枚举型变量的值是整数,因此 C 99 把枚举类型也作为整型数据中的一种,即用户自行定义的整数类型。

（3）枚举元素可以用来作判断比较。例如：

if(workday＝＝mon)…

if(workday＞sun)…

枚举元素的比较规则是按其在初始化时指定的整数来进行比较的。如果定义时未人为指定,则按上面的默认规则处理,即第 1 个枚举元素的值为 0,故 mon＞sun,sat＞fri。

通过下面的例子可以了解怎样使用枚举型数据。

【例 9.12】 口袋中有红、黄、蓝、白、黑 5 种颜色的球若干个。每次从口袋中先后取出 3 个球,问得到 3 种不同颜色的球的可能取法,输出每种排列的情况。

解题思路：球只能是 5 种颜色之一,而且要判断各球是否同色,可以用枚举类型变量处理。

设某次取出的 3 个球的颜色分别为 i,j,k。根据题意,i,j,k 分别是 5 种色球之一,并要求 3 球颜色各不相同,即：i≠j,i≠k,j≠k。可以用穷举法,即把每一种组合都试一下,看哪一组符合条件,就输出 i,j,k。

算法可用图 9.20 表示。

用 n 累计得到 3 种不同色球的次数。外循环使第 1 个球的颜色 i 从 red 变到 black。中循环使第 2 个球的颜色 j 也从 red 变到 black。如果 i 和 j 同色则显然不符合条件。只有 i 和 j 不同色(i≠j)时才需要继续找第 3 个球,此时第 3 个球的颜色 k 也有 5 种可能(red 到 black),但要求第 3 个球不能与第 1 个球或第 2 个球同色,即 k≠i,k≠j。满足此条件就得到了 3 种不同色的球。输出这种 3 色组合的方案。然后使 n 加 1,表示又得到一次 3 球不同色的组合。外循环全部执行完后,全部方案就已输出完了。最后输出符合条件的总数 n。

下面的问题是如何实现图 9.20 中的"输出一种取法"。这里有一个问题：如何输出 red,black 等颜色的单词。不能写成"printf("%s",red);"来输出字符串"red"。可以采用图 9.21 的方法。

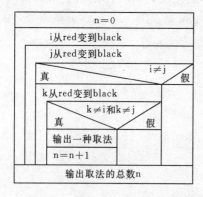

图 9.20

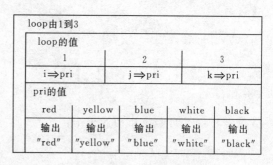

图 9.21

为了输出 3 个球的颜色,显然应经过 3 次循环,第 1 次输出 i 的颜色,第 2 次输出 j 的颜色,第 3 次输出 k 的颜色。在 3 次循环中先后将 i,j,k 赋予 pri。然后根据 pri 的值输出颜色信息。在第 1 次循环时,pri 的值为 i,如果 i 的值为 red,则输出字符串"red",其他类推。

编写程序:

```c
# include <stdio. h>
int main()
 {enum Color {red,yellow,blue,white,black};      //声明枚举类型 enum Color
  enum Color i,j,k,pri;                           //定义枚举变量 i,j,k,pri
  int n,loop;
  n=0;
  for (i=red;i<=black;i++)                        //外循环使 i 的值从 red 变到 black
     for (j=red;j<=black;j++)                     //中循环使 j 的值从 red 变到 black
       if (i!=j)                                  //如果二球不同色
         { for (k=red;k<=black;k++)               //内循环使 k 的值从 red 变到 black
           if ((k!=i) && (k!=j))                  //如果 3 球不同色
              {n=n+1;                             //符合条件的次数加 1
               printf("%-4d",n);                  //输出当前是第几个符合条件的组合
               for (loop=1;loop<=3;loop++)        //先后对 3 个球分别处理
                 {switch (loop)                   //loop 的值从 1 变到 3
                   {case 1: pri=i;break;          //loop 的值为 1 时,把第 1 球的颜色赋给 pri
                    case 2: pri=j;break;          //loop 的值为 2 时,把第 2 球的颜色赋给 pri
                    case 3: pri=k;break;          //loop 的值为 3 时,把第 3 球的颜色赋给 pri
                    default:break;
                   }
                  switch (pri)                    //根据球的颜色输出相应的文字
                  {case red:printf("%-10s","red"); break;
                                                  //pri 的值等于枚举常量 red 时输出"red"
                   case yellow: printf("%-10s","yellow"); break;
                                                  //pri 的值等于枚举常量 yellow 时输出"yellow"
                   case blue: printf("%-10s","blue"); break;
                                                  //pri 的值等于枚举常量 blue 时输出"blue"
                   case white: printf("%-10s","white"); break;
                                                  //pri 的值等于枚举常量 white 时输出"white"
                   case black: printf("%-10s","black"); break;
                                                  //pri 的值等于枚举常量 black 时输出"black"
                   default:break;
                  }
                 }
                printf("\n");
               }
             }
     printf("\ntotal:%5d\n",n);
     return 0;
    }
```

运行结果：

```
1    red       yellow     blue
2    red       yellow     white
3    red       yellow     black
4    red       blue       yellow
5    red       blue       white
6    red       blue       black
⋮    ⋮         ⋮          ⋮
54   black     yellow     white
55   black     blue       red
56   black     blue       yellow
57   black     blue       white
58   black     white      red
59   black     white      yellow
60   black     white      blue

total:  60
```

程序分析：在程序各行的注释中已说明了各语句的作用，请仔细分析。请弄清楚在输出时怎样输出"red"，"yellow"等文字。要注意：输出的字符串"red"与枚举常量 red 并无内在联系，输出"red"等字符完全是人为指定的。

枚举常量的命名完全为了使人易于理解，它们并不自动地代表什么含义。例如，不因为命名为 red，就代表"红色"，用其他名字也可以。用什么标识符代表什么含义，完全由程序设计者决定，以便于理解为原则。

有人说，不用枚举常量而用常数 0 代表"红"，1 代表"黄"……不也可以吗？是的，完全可以。但显然用枚举变量（red，yellow 等）更直观，因为枚举元素都选用了令人"见名知义"的名字。此外，枚举变量的值限制在定义时规定的几个枚举元素范围内，如果赋予它其他值，就会出现出错信息，便于检查。

*9.7 用 typedef 声明新类型名

除了可以直接使用 C 提供的标准类型名（如 int，char，float，double 和 long 等）和程序编写者自己声明的结构体、共用体、枚举类型外，还可以用 typedef 指定新的类型名来代替已有的类型名。有以下两种情况：

1. 简单地用一个新的类型名代替原有的类型名

例如：

```
typedef int Integer;              //指定用 Integer 为类型名，作用与 int 相同
typedef float   Real;             //指定用 Real 为类型名，作用与 float 相同
```

指定用 Integer 代表 int 类型，Real 代表 float。这样，以下两行等价：

① int i,j;   float a,b;
② Integer i,j;   Real a,b;

这样可以使熟悉 FORTRAN 的人能用 Integer 和 Real 定义变量，以适应他们的习惯。

又如在一个程序中，用一个整型变量来计数，则可以命名 Count 为新的类型名，代表 int 类型：

```
typedef int Count;        //指定 Count 代表 int
Count i,j;                //用 Count 定义变量 i 和 j,相当于 int i,j;
```

将变量 i,j 定义为 Count 类型,而 Count 等价于 int,因此 i,j 是整型。在程序中将 i,j 定义为 Count 类型,可以使人更一目了然地知道它们是用于计数的。

2. 命名一个简单的类型名代替复杂的类型表示方法

从前面已知,除了简单的类型(如 int,float 等)、C 程序中还会用到许多看起来比较复杂的类型,包括结构体类型、共用体类型、枚举类型、指针类型、数组类型等,如:

```
float * []                  (指针数组)
float ( * )[5]              (指向 5 个元素的一维数组的指针)
double * (double * )        (定义函数,函数的参数是 double * 型数据,即指向 double 数据的指
                            针,函数返回值也是指向 double 数据的指针)
double ( * )()              (指向函数的指针,函数返回值类型为 double)
int * ( * ( * )[10])(void)  (指向包含 10 个元素的一维数组的指针,数组元素的类型为函数指
                            针(函数的地址),函数没有参数,函数返回值是 int 指针)
```

有些类型形式复杂,难以理解,容易写错。C 允许程序设计者用一个简单的名字代替复杂的类型形式。例如:

(1) 命名一个新的类型名代表结构体类型:

```
typedef struct
   { int month;
     int day;
     int year;
   }Date;
```

以上声明了一个新类型名 Date,代表上面的一个结构体类型。然后可以用新的类型名 Date 去定义变量,如:

```
Date birthday;             //定义结构体类型变量 birthday,不要写成 struct Date birthday;
Date * p;                  //定义结构体指针变量 p,指向此结构体类型数据
```

(2) 命名一个新的类型名代表数组类型

```
typedef int Num[100];      //声明 Num 为整型数组类型名
Num a;                     //定义 a 为整型数组名,它有 100 个元素
```

(3) 命名一个新的类型名代表指针类型

```
typedef char * String;     //声明 String 为字符指针类型
String p,s[10];            //定义 p 为字符指针变量,s 为字符指针数组
```

(4) 命名一个新的类型名代表指向函数的指针类型

```
typedef int ( * Pointer)();  //声明 Pointer 为指向函数的指针类型,该函数返回整型值
Pointer p1,p2;               //p1,p2 为 Pointer 类型的指针变量
```

归纳起来,声明一个新的类型名的方法是:

① 先按定义变量的方法写出定义体（如：int i;）。

② 将变量名换成新类型名（例如：将 i 换成 Count）。

③ 在最前面加 typedef（例如：typedef int Count）。

④ 然后可以用新类型名去定义变量。

简单地说，就是**按定义变量的方式，把变量名换上新类型名，并且在最前面加 typedef，就声明了新类型名代表原来的类型**。

以定义上述的数组类型为例来说明：

① 先按定义数组变量形式书写：int a[100]。

② 将变量名 a 换成自己命名的类型名：int Num[100]。

③ 在前面加上 typedef，得到 typedef int Num[100]。

④ 用来定义变量：

Num a;

相当于定义了：

int a[100];

同样，对字符指针类型，也是：

① char * p;   //定义变量 p 的方式
② char * String;   //用新类型名 String 取代变量名 p
③ typedef char * String;   //加 typedef
④ String p;   //用新类型名 String 定义变量，相当 char * p;

习惯上，常把用 typedef 声明的类型名的第 1 个字母用大写表示，以便与系统提供的标准类型标识符相区别。

（1）以上的方法实际上是为特定的类型指定了一个同义字（synonyms）。例如：

① typedef int Num[100];

Num a;   （Num 是 int [100]的同义词，代表有 100 个元素的整型数组）

② typedef int (* Pointer)();

Pointer   p1;   （Pointer 是 int (*)()的同义词。代表指向函数的指针类型，函数值为整型）

用 typedef 声明的新类型称为原有类型的 typedef 名称。

（2）用 typedef 只是对已经存在的类型指定一个新的类型名，而没有创造新的类型。例如，前面声明的整型类型 Count，它无非是对 int 型另给一个新名字。又如：

typedef   int Num[10];

无非是把原来用"int a[10];"定义的数组类型用一个新的名字 Num 表示。无论用哪种方式定义变量，效果都是一样的。

（3）用 typedef 声明数组类型、指针类型，结构体类型、共用体类型、枚举类型等，使得编程更加方便。例如定义数组，原来是用

int a[10],b[10],c[10],d[10];

由于都是一维数组,大小也相同,可以先将此数组类型命名为一个新的名字 Arr,即:

    typedef int Arr[10];

然后用 Arr 去定义数组变量:

    Arr a,b,c,d;   //定义 5 个一维整型数组,各含 10 个元素

Arr 为数组类型,它包含 10 个元素。因此,a,b,c,d 都被定义为一维数组,各含 10 个元素。

可以看到,用 typedef 可以将数组类型和数组变量分离开来,利用数组类型可以定义多个数组变量。同样可以定义字符串类型、指针类型等。

(4) typedef 与 ♯ define 表面上有相似之处,例如:

    typedef   int Count;

和

    ♯ define Count int;

从表面看它们的作用都是用 Count 代表 int。但事实上,它们二者是不同的。♯ define 是在预编译时处理的,它只能作简单的字符串替换,而 typedef 是在编译阶段处理的。实际上它并不是作简单的字符串替换,例如:

    typedef   int Num[10];
    Num a;

并不是用"Num[10]"去代替"int",而是采用如同定义变量的方法那样先生成一个类型名(就是前面介绍过的将原来的变量名换成类型名),然后用它去定义变量。

(5) 当不同源文件中用到同一类型数据(尤其是像数组、指针、结构体、共用体等类型数据)时,常用 typedef 声明一些数据类型。可以把所有的 typedef 名称声明单独放在一个头文件中,然后在需要用到它们的文件中用 ♯ include 指令把它们包含到文件中。这样编程者就不需要在各文件中自己定义 typedef 名称了。

(6) 使用 typedef 名称有利于程序的通用与移植。有时程序会依赖于硬件特性,用 typedef 类型就便于移植。例如,有的计算机系统 int 型数据占用两个字节,数值范围为 −32 768～32 767,而另外一些机器则以 4 个字节存放一个整数,数值范围为 ±21 亿。如果把一个 C 程序从一个以 4 个字节存放整数的计算机系统移植到以 2 个字节存放整数的系统,按一般办法需要将定义变量中的每个 int 改为 long,将"int a,b,c;"改为"long a,b,c;",如果程序中有多处用 int 定义变量,则要改动多处。现可以用一个 Integer 来代替 int:

    typedef   int Integer;

在程序中所有整型变量都用 Integer 定义。在移植时只须改动 typedef 定义体即可:

    typedef long Integer;

👉 说明:本节介绍的内容,在初学时可能用不到,可以先了解一下,有个印象,以后需要时再来查阅一下。

习　　题

1. 定义一个结构体变量（包括年、月、日）。计算该日在本年中是第几天，注意闰年问题。

2. 写一个函数 days，实现第 1 题的计算。由主函数将年、月、日传递给 days 函数，计算后将日子数传回主函数输出。

3. 编写一个函数 print，打印一个学生的成绩数组，该数组中有 5 个学生的数据记录，每个记录包括 num，name，score[3]，用主函数输入这些记录，用 print 函数输出这些记录。

4. 在第 3 题的基础上，编写一个函数 input，用来输入 5 个学生的数据记录。

5. 有 10 个学生，每个学生的数据包括学号、姓名、3 门课程的成绩，从键盘输入 10 个学生数据，要求输出 3 门课程总平均成绩，以及最高分的学生的数据（包括学号、姓名、3 门课程成绩、平均分数）。

6. 13 个人围成一圈，从第 1 个人开始顺序报号 1，2，3。凡报到 3 者退出圈子。找出最后留在圈子中的人原来的序号。要求用链表实现。

7. 在第 9 章例 9.9 和例 9.10 的基础上，写一个函数 del，用来删除动态链表中指定的结点。

8. 写一个函数 insert，用来向一个动态链表插入结点

9. 综合本章例 9.9（建立链表的函数 creat）、例 9.10（输出链表的函数 print）和本章习题第 7 题（删除链表中结点的函数 del）、第 8 题（插入结点的函数 insert），再编写一个主函数，先后调用这些函数。用以上 5 个函数组成一个程序，实现链表的建立、输出、删除和插入，在主函数中指定需要删除和插入的结点的数据。

10. 已有 a，b 两个链表，每个链表中的结点包括学号、成绩。要求把两个链表合并，按学号升序排列。

11. 有两个链表 a 和 b，设结点中包含学号、姓名。从 a 链表中删去与 b 链表中有相同学号的那些结点。

12. 建立一个链表，每个结点包括：学号、姓名、性别、年龄。输入一个年龄，如果链表中的结点所包含的年龄等于此年龄，则将此结点删去。

第10章 对文件的输入输出

10.1 C文件的有关基本知识

凡是用过计算机的人都不会对"**文件**"感到陌生,大多数人都接触过或使用过文件,例如:写好一篇文章把它存放到磁盘上以文件形式保存;编写好一个程序,以文件形式保存在磁盘中;用数码相机照相,每一张照片就是一个文件;随电子邮件发送的"附件"就是以文件形式保存的信息。需要时就从文件读取信息。在程序中使用文件之前应了解有关文件的基本知识。

10.1.1 什么是文件

文件有不同的类型,在程序设计中,主要用到两种文件:

(1) **程序文件**。包括源程序文件(后缀为.c)、目标文件(后缀为.obj)、可执行文件(后缀为.exe)等。这种文件的内容是程序代码。

(2) **数据文件**。文件的内容不是程序,而是供程序运行时读写的数据,如在程序运行过程中输出到磁盘(或其他外部设备)的数据,或在程序运行过程中供读入的数据。如一批学生的成绩数据、货物交易的数据等。

本章主要讨论的是**数据文件**。

在以前各章中所处理的数据的输入和输出,都是以终端为对象的,即从终端的键盘输入数据,运行结果输出到终端显示器上。实际上,常常需要将一些数据(运行的最终结果或中间数据)输出到磁盘上保存起来,以后需要时再从磁盘中输入到计算机内存。这就要用到**磁盘文件**。

为了简化用户对输入输出设备的操作,使用户不必去区分各种输入输出设备之间的区别,**操作系统把各种设备都统一作为文件来处理**。从操作系统的角度看,每一个与主机相连的输入输出设备都看作一个文件。例如,终端键盘是输入文件,显示屏和打印机是输出文件。

文件(file)是程序设计中一个重要的概念。所谓"文件"一般指**存储在外部介质上数据的集合**。一批数据是以文件的形式存放在外部介质(如磁盘)上的。操作系统是以文件为单位对数据进行管理的,也就是说,如果想找存放在外部介质上的数据,必须先按文件名找到所指定的文件,然后再从该文件中读取数据。要向外部介质上存储数据也必须先建立一个文件(以文件名作为标志),才能向它输出数据。

输入输出是数据传送的过程,数据如流水一样从一处流向另一处,因此常将输入输出形象地称为**流**(stream),即**数据流**。流表示了信息从**源**到**目的**端的流动。在输入操作时,数据从文件流向计算机内存,在输出操作时,数据从计算机流向文件(如打印机、磁盘文件)。文件是由**操作系统**进行统一管理的,无论是用 Word 打开或保存文件,还是 C 程序中的输入输出都是通过操作系统进行的。"流"是一个传输通道,数据可以从运行环境(有关设备)流入程序中,或从程序流至运行环境。

C 语言把文件看作一个字符(或字节)的序列,即由一个一个字符(或字节)的数据顺序组成。一个输入输出流就是一个字符流或字节(内容为二进制数据)流。

C 的数据文件由一连串的字符(或字节)组成,而不考虑行的界限,两行数据间不会自动加分隔符,对文件的存取是以字符(字节)为单位的。输入输出数据流的开始和结束仅受程序控制而不受物理符号(如回车换行符)控制,这就增加了处理的灵活性。这种文件称为流式文件。

10.1.2 文件名

一个文件要有一个唯一的文件标识,以便用户识别和引用。文件标识包括 3 部分:(1)文件路径;(2)文件名主干;(3)文件后缀。

文件路径表示文件在外部存储设备中的位置。如:

D: \CC \ temp \ file1. dat

　↑　　　　↑　　↑
文件路径　文件名主干 文件后缀

表示 file1. dat 文件存放在 D 盘中的 CC 目录下的 temp 子目录下面。

为方便起见,文件标识常被称为**文件名**,但应了解此时所称的文件名,实际上包括以上 3 部分内容,而不仅是文件名主干。文件名主干的命名规则遵循标识符的命名规则。后缀用来表示文件的性质,如:doc(Word 生成的文件),txt(文本文件),dat(数据文件),c(C 语言源程序文件),cpp (C++ 源程序文件),for(FORTRAN 语言源程序文件),pas(Pascal 语言源程序文件),obj(目标文件),exe(可执行文件),ppt(电子幻灯文件),bmp(图形文件)等。

10.1.3 文件的分类

根据数据的组织形式,数据文件可分为 **ASCII 文件**和**二进制文件**。数据在内存中是以二进制形式存储的,如果不加转换地输出到外存,就是二进制文件,可以认为它就是存储在内存的数据的映像,所以也称之为**映像文件**(image file)。如果要求在外存上以 ASCII 代码形式存储,则需要在存储前进行转换。ASCII 文件又称**文本文件**(text file),每一个字节存放一个字符的 ASCII 代码。

一个数据在磁盘上怎样存储呢? 字符一律以 ASCII 形式存储,数值型数据既可以用 ASCII 形式存储,也可以用二进制形式存储。如有整数 10000,如果用 ASCII 码形式输出到磁盘,则在磁盘中占 5 个字节(每一个字符占一个字节),而用二进制形式输出,则在磁盘上只占 4 个字节(用 Visual C++ 时),见图 10.1。

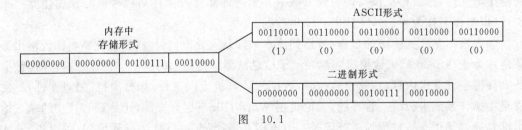

图 10.1

用 ASCII 码形式输出时字节与字符一一对应,一个字节代表一个字符,因而便于对字符进行逐个处理,也便于输出字符。但一般占存储空间较多,而且要花费转换时间(二进制形式与 ASCII 码间的转换)。用二进制形式输出数值,可以节省外存空间和转换时间,把内存中的存储单元中的内容原封不动地输出到磁盘(或其他外部介质)上,此时每一个字节并不一定代表一个字符。如果程序运行过程中有的中间数据需要保存在外部介质上,以便在需要时再输入到内存,一般用二进制文件比较方便。在事务管理中,常有大批数据存放在磁盘上,随时调入计算机进行查询或处理,然后又把修改过的信息再存回磁盘,这时也常用二进制文件。

10.1.4 文件缓冲区

ANSI C 标准采用**"缓冲文件系统"**处理数据文件,所谓缓冲文件系统是指系统自动地在内存区为程序中每一个正在使用的文件开辟一个**文件缓冲区**。从内存向磁盘输出数据必须先送到内存中的缓冲区,装满缓冲区后才一起送到磁盘去。如果从磁盘向计算机读入数据,则一次从磁盘文件将一批数据输入到内存缓冲区(充满缓冲区),然后再从缓冲区逐个地将数据送到程序数据区(给程序变量),见图 10.2。这样做是为了节省存取时间,提高效率,缓冲区的大小由各个具体的 C 编译系统确定。

💡**说明**:每一个文件在内存中只有一个缓冲区,在向文件输出数据时,它就作为输出缓冲区,在从文件输入数据时,它就作为输入缓冲区。

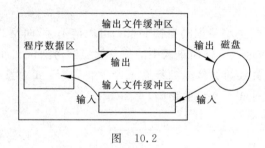

图 10.2

10.1.5 文件类型指针

缓冲文件系统中,关键的概念是**"文件类型指针"**,简称**"文件指针"**。每个被使用的文件都在内存中开辟一个相应的文件信息区,用来存放文件的有关信息(如文件的名字、文件状态及文件当前位置等)。这些信息是保存在一个结构体变量中的。该结构体类型是由系统声明的,取名为 FILE。例如有**一种 C 编译环境提供的 stdio.h 头文件中有以下的文件类型声明**:

```
typedef struct
  { short level;                    //缓冲区"满"或"空"的程度
    unsigned flags;                 //文件状态标志
    char fd;                        //文件描述符
    unsigned char hold;             //如缓冲区无内容不读取字符
    short bsize;                    //缓冲区的大小
    unsigned char * buffer;         //数据缓冲区的位置
    unsigned char * curp;           //文件位置标记指针当前的指向
    unsigned    istemp;             //临时文件指示器
```

```
        short token;                              //用于有效性检查
    }FILE;
```

　　不同的 C 编译系统的 FILE 类型包含的内容不完全相同，但大同小异。对以上结构体中的成员及其含义可不深究，只须知道其中存放文件的有关信息即可。可以看到：FILE 是以上结构体类型的自己命名的类型名称，FILE 与上面的结构体类型等价。

　　以上声明 FILE 结构体类型的信息包含在头文件"stdio.h"中。在程序中可以直接用 FILE 类型名定义变量。每一个 FILE 类型变量对应一个文件的信息区，在其中存放该文件的有关信息。例如，可以定义以下 FILE 类型的变量：

　　FILE f1；

以上定义了一个结构体变量 f1，用它来存放一个文件的有关信息。这些信息是在打开一个文件时由系统根据文件的情况自动放入的，在读写文件时需要用到这些信息，也会修改某些信息。例如在读一个字符后，文件信息区中的位置标记指针的指向就要改变。

　　一般不定义 FILE 类型的变量命名，也就是不通过变量的名字来引用这些变量，而是设置一个指向 FILE 类型变量的指针变量，然后通过它来引用这些 FILE 类型变量。这样使用起来方便。

　　下面定义一个指向文件型数据的指针变量：

　　FILE * fp；

定义 fp 是一个指向 FILE 类型数据的指针变量。可以使 fp 指向某一个文件的文件信息区（是一个结构体变量），通过该文件信息区中的信息就能够访问该文件。也就是说，**通过文件指针变量能够找到与它关联的文件**。如果有 n 个文件，应设 n 个指针变量，分别指向 n 个 FILE 类型变量，以实现对 n 个文件的访问，见图 10.3。

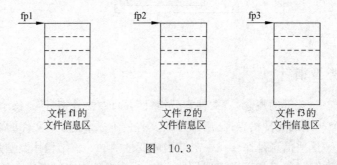

图　10.3

　　为方便起见，通常将这种指向文件信息区的指针变量简称为**指向文件的指针变量**。

　　注意：指向文件的指针变量并不是指向外部介质上的数据文件的开头，而是指向内存中的文件信息区的开头。

10.2　打开与关闭文件

　　对文件读写之前应该"打开"该文件，在使用结束之后应"关闭"该文件。"打开"和"关闭"是形象的说法，好像打开门才能进入房子，门关闭就无法进入一样。实际上，所谓"打开"

是指为文件建立相应的信息区(用来存放有关文件的信息)和文件缓冲区(用来暂时存放输入输出的数据)。

在编写程序时,在打开文件的同时,一般都指定一个指针变量指向该文件,也就是建立起指针变量与文件之间的联系,这样,就可以通过该指针变量对文件进行读写了。所谓"关闭"是指撤销文件信息区和文件缓冲区,使文件指针变量不再指向该文件,显然就无法进行对文件的读写了。

10.2.1　用 fopen 函数打开数据文件

ANSI C 规定了用标准输入输出函数 fopen 来实现打开文件。

fopen 函数的调用方式为

fopen(文件名,使用文件方式);

例如:

```
fopen("a1","r");
```

表示要打开名字为 a1 的文件,使用文件方式为"读入"(r 代表 read,即读入)。fopen 函数的返回值是指向 a1 文件的指针(即 a1 文件信息区的起始地址)。通常将 fopen 函数的返回值赋给一个指向文件的指针变量。如:

```
FILE * fp;                 //定义一个指向文件的指针变量 fp
fp=fopen("a1","r");        //将 fopen 函数的返回值赋给指针变量 fp
```

这样 fp 就和文件 a1 相联系了,或者说,fp 指向了 a1 文件。可以看出,在打开一个文件时,通知编译系统以下 3 个信息:①需要打开文件的名字,也就是准备访问的文件的名字;②使用文件的方式("读"还是"写"等);③让哪一个指针变量指向被打开的文件。

使用文件方式见表 10.1。

表 10.1　使用文件方式

文件使用方式	含　　义	如果指定的文件不存在
r(只读)	为了输入数据,打开一个已存在的文本文件	出错
w(只写)	为了输出数据,打开一个文本文件	建立新文件
a(追加)	向文本文件尾添加数据	出错
rb(只读)	为了输入数据,打开一个二进制文件	出错
wb(只写)	为了输出数据,打开一个二进制文件	建立新文件
ab(追加)	向二进制文件尾添加数据	出错
"r+"(读写)	为了读和写,打开一个文本文件	出错
"w+"(读写)	为了读和写,建立一个新的文本文件	建立新文件
"a+"(读写)	为了读和写,打开一个文本文件	出错
"rb+"(读写)	为了读和写,打开一个二进制文件	出错
"wb+"(读写)	为了读和写,建立一个新的二进制文件	建立新文件
"ab+"(读写)	为读写打开一个二进制文件	出错

（1）用 r 方式打开的文件只能用于向计算机输入而不能用作向该文件输出数据，而且该文件应该已经存在，并存有数据，这样程序才能从文件中读数据。不能用 r 方式打开一个并不存在的文件，否则出错。

（2）用 w 方式打开的文件只能用于向该文件写数据（即输出文件），而不能用来向计算机输入。如果原来不存在该文件，则在打开文件前新建立一个以指定的名字命名的文件。如果原来已存在一个以该文件名命名的文件，则在打开文件前先将该文件删去，然后重新建立一个新文件。

（3）如果希望向文件末尾添加新的数据（不希望删除原有数据），则应该用 a 方式打开。但此时应保证该文件已存在；否则将得到出错信息。打开文件时，文件读写位置标记移到文件末尾[①]。

（4）用"r+""w+""a+"方式打开的文件既可用来输入数据，也可用来输出数据。用"r+"方式时该文件应该已经存在，以便计算机从中读数据。用"w+"方式则新建立一个文件，先向此文件写数据，然后可以读此文件中的数据。用"a+"方式打开的文件，原来的文件不被删去，文件读写位置标记移到文件末尾，可以添加，也可以读。

（5）如果不能实现"打开"的任务，fopen 函数将会带回一个出错信息。出错的原因可能是：用 r 方式打开一个并不存在的文件；磁盘出故障；磁盘已满无法建立新文件等。此时 fopen 函数将带回一个空指针值 NULL（在 stdio. h 头文件中，NULL 已被定义为 0）。

常用下面的方法打开一个文件：

```
if ((fp=fopen("file1","r"))==NULL)
    {printf("cannot open this file\n");
     exit(0);
    }
```

即先检查打开文件的操作有否出错，如果有错就在终端上输出 cannot open this file。exit 函数的作用是关闭所有文件，终止正在执行的程序，待用户检查出错误，修改后重新运行。

（6）C 标准建议用表 10.1 列出的文件使用方式打开文本文件或二进制文件，但目前使用的有些 C 编译系统可能不完全提供所有这些功能（例如，有的只能用 r，w，a 方式），有的 C 版本不用"r+""w+""a+"，而用 rw，wr，ar 等，请读者注意所用系统的规定。

（7）在表 10.1 中，有 12 种文件使用方式，其中有 6 种是在第一个字母后面加了字母 b 的（如 rb，wb，ab，rb+，wb+，ab+），b 表示二进制方式。其实，带 b 和不带 b 只有一个区别，即对换行的处理。由于在 C 语言用一个'\n'即可实现换行，而在 Windows 系统中为实现换行必须要用 "回车"和"换行"两个字符，即'\r'和'\n'。因此，如果使用的是文本文件并且用 w 方式打开，在向文件输出时，遇到换行符'\n'时，系统就把它转换为'\r'和'\n'两个字符，否则在 Windows 系统中查看文件时，各行连成一片，无法阅读。同样，如果有文本文件

---

① 程序往往要向数据文件读写数据，但是究竟读哪一个数据，或者把数据写到哪个位置上呢？在每个数据文件中自动设置了一个隐式的"文件读写位置标记"，它指向的位置就是当前进行读写的位置。如果"文件读写位置标记"在文件开头，则下一次的读写就是文件开头的数据。然后"文件读写位置标记"自动移到下一个读写位置，以便读写下一个数据。

且用 r 方式打开,从文件读入时,遇到'\r'和'\n'两个连续的字符,就把它们转换为'\n'一个字符。如果使用的是二进制文件,在向文件读写时,不需要这种转换。加 b 表示使用的是二进制文件,系统就不进行转换。

(8) 如果用 wb 的文件使用方式,并不意味着在文件输出时把内存中按 ASCII 形式保存的数据自动转换成二进制形式存储。输出的数据形式是由程序中采用什么读写语句决定的。例如,用 fscanf 和 fprintf 函数是按 ASCII 方式进行输入输出,而 fread 和 fwrite 函数是按二进制进行输入输出。各种对文件的输入输出语句,详见 10.3 节。

在打开一个输出文件时,是选 w 还是 wb 方式,完全根据需要,如果需要对回车符进行转换的,就用 w,如果不需要转换的,就用 wb。带 b 只是通知编译系统:不必进行回车符的转换。如果是文本文件(例如一篇文章),显然需要转换,应该用 w 方式。如果是用二进制形式保存的一批数据,并不准备供人阅读,只是为了保存数据,就不必进行上述转换。可以用 wb 方式。一般情况下,带 b 的用于二进制文件,常称为二进制方式,不带 b 的用于文本文件,常称为文本方式,从理论上说,文本文件也可以 wb 方式打开,但无必要。

(9) 程序中可以使用 3 个标准的流文件——**标准输入流、标准输出流和标准出错输出流**。系统已对这 3 个文件指定了与终端的对应关系。标准输入流是从终端的输入,标准输出流是向终端的输出,标准出错输出流是当程序出错时将出错信息发送到终端。

程序开始运行时系统自动打开这 3 个标准流文件。因此,程序编写者不需要在程序中用 fopen 函数打开它们。所以以前我们用到的从终端输入或输出到终端都不需要打开终端文件。系统定义了 3 个文件指针变量 stdin,stdout 和 stderr,分别指向标准输入流、标准输出流和标准出错输出流,可以通过这 3 个指针变量对以上 3 种流进行操作,它们都以终端作为输入输出对象。例如程序中指定要从 stdin 所指的文件输入数据,就是指从终端键盘输入数据。

10.2.2　用 fclose 函数关闭数据文件

在使用完一个文件后应该关闭它,以防止它再被误用。"关闭"就是撤销文件信息区和文件缓冲区,使文件指针变量不再指向该文件,也就是文件指针变量与文件"脱钩",此后不能再通过该指针对原来与其相联系的文件进行读写操作,除非再次打开,使该指针变量重新指向该文件。

关闭文件用 fclose 函数。fclose 函数调用的一般形式为

fclose(文件指针);

例如:

fclose (fp);

前面曾把打开文件(用 fopen 函数)时函数返回的指针赋给了 fp,现在把 fp 指向的文件关闭,此后 fp 不再指向该文件。

如果不关闭文件就结束程序运行将会丢失数据。因为,在向文件写数据时,是先将数据输出到缓冲区,待缓冲区充满后才正式输出给文件。如果当数据未充满缓冲区时程序结束运行,就有可能使缓冲区中的数据丢失。用 fclose 函数关闭文件时,先把缓冲区中的数据输出到磁盘文件,然后才撤销文件信息区。有的编译系统在程序结束前会

自动先将缓冲区中的数据写到文件,从而避免了这个问题,但还是应当养成在程序终止之前关闭所有文件的习惯。

fclose 函数也带回一个值,当成功地执行了关闭操作,则返回值为 0;否则返回 EOF(-1)。

10.3 顺序读写数据文件

文件打开之后,就可以对它进行读写了。在顺序写时,先写入的数据存放在文件中前面的位置,后写入的数据存放在文件中后面的位置。在顺序读时,先读文件中前面的数据,后读文件中后面的数据。也就是说,对顺序读写来说,对文件读写数据的顺序和数据在文件中的物理顺序是一致的。顺序读写需要用库函数实现。

10.3.1 怎样向文件读写字符

对文本文件读入或输出一个字符的函数见表 10.2。

表 10.2 读写一个字符的函数

函数名	调用形式	功　　能	返　回　值
fgetc	fgetc(fp)	从 fp 指向的文件读入一个字符	读成功,带回所读的字符,失败则返回文件结束标志 EOF(即-1)
fputc	fputc(ch,fp)	把字符 ch 写到文件指针变量 fp 所指向的文件中	输出成功,返回值就是输出的字符;输出失败,则返回 EOF(即-1)

 说明:fgetc 的第 1 个字母 f 代表文件(file),中间的 get 表示"获取",最后一个字母 c 表示字符(character),fgetc 的含义很清楚:从文件读取一个字符。fputc 也类似。

【例 10.1】 从键盘输入一些字符,并逐个把它们送到磁盘上去,直到用户输入一个"♯"为止。

解题思路:用 fgetc 函数从键盘逐个输入字符,然后用 fputc 函数写到磁盘文件即可。
编写程序:

```
# include <stdio. h>
# include <stdlib. h>
int main( )
  {FILE * fp;                          //定义文件指针 fp
  char ch,filename[10];
  printf("请输入所用的文件名: ");
  scanf("%s",filename);                //输入文件名
  getchar( );                          //用来消化最后输入的回车符
  if((fp=fopen(filename,"w"))==NULL)   //打开输出文件并使 fp 指向此文件
    {
     printf("cannot open file\n");     //如果打开出错就输出"打不开"
     exit(0);                          //终止程序
    }
  printf("请输入一个准备存储到磁盘的字符串(以♯结束):");
```

```
    ch=getchar( );                              //接收从键盘输入的第一个字符
    while(ch! ='#')                             //当输入'#'时结束循环
      {
        fputc(ch,fp);                           //向磁盘文件输出一个字符
        putchar(ch);                            //将输出的字符显示在屏幕上
        ch=getchar();                           //再接收从键盘输入的一个字符
      }
    fclose(fp);                                 //关闭文件
    putchar(10);                                //向屏幕输出一个换行符
    return 0;
  }
```

运行结果：

```
请输入所用的文件名: file1.dat
请输入一个准备存储到磁盘的字符串（以#结束）: computer and c#
computer and c
```

程序分析：

(1) 用来存储数据的文件名可以在 fopen 函数中直接写成字符串常量形式（如指定 a1），也可以在程序运行时由用户临时指定。本程序采取的方法是由键盘输入文件名。为此设立一个字符数组 filename，用来存放文件名。运行时，从键盘输入磁盘文件名 file1.dat，操作系统就新建立一个磁盘文件 file1.dat，用来接收程序输出的数据。

(2) 用 fopen 函数打开一个"只写"的文件（w 表示只能写入不能从中读数据），如果打开文件成功，函数的返回值是该文件所建立的信息区的起始地址，把它赋给指针变量 fp（fp 已定义为指向文件的指针变量）。如果不能成功地打开文件，则在显示器的屏幕上显示"无法打开此文件"，然后用 exit 函数终止程序运行。

(3) exit 是标准 C 的库函数，作用是使程序终止，用此函数时在程序的开头应包含 stdlib.h 头文件。

(4) 用 getchar 函数接收用户从键盘输入的字符。注意每次只能接收一个字符。注意程序第 8 行的作用：用 scanf 函数输入文件名时，最后加了一个"回车"，它表示输入的字符串结束，它前面输入的字符作为文件名，但是"回车"符仍保留在缓冲区中。为了避免其后把它作为有效数据读取，用第 8 行的 getchar 函数把它读取了，但并不赋给任何变量，只是把回车符"消化"了。第 15 行"ch=getchar()"是接收从键盘输入的一个字符并赋给 ch，并在循环体中不断重复此操作。今从键盘连续输入字符串"computer and c#"，"#"是用来向程序表示"输入的字符串到此结束"。用什么字符作为结束标志是人为的，由程序指定的，也可以用别的字符（如"!"，"@"或其他字符）作为结束标志。但应注意：如果字符串中包含"#"，就不能用"#"作结束标志。

(5) 执行过程是：先从键盘读入一个字符，检查它是否为'#'，如果是，表示字符串已结束，不执行循环体。如果不是'#'，则执行一次循环体，将该字符输出到磁盘文件 file1.dat。然后在屏幕上显示出该字符，接着再从键盘读入一个字符。如此反复，直到读入'#'字符为止。这时，程序已将 computer and c 写到以 file1.dat 命名的磁盘文件中了，同时在屏幕上也显示出了这些字符，以便核对。

（6）为了检查磁盘文件 file1.dat 中是否确实存储了这些内容,可以在 Windows 的资源管理器中,按记事本的打开方式打开文件,在屏幕上会显示:

Computer and c   （显示出此文件中的信息）

这就证明了在 file1.dat 文件中已存入了 computer and c 的信息。

【例 10.2】 将一个磁盘文件中的信息复制到另一个磁盘文件中。今要求将上例建立的 file1.dat 文件中的内容复制到另一个磁盘文件 file2.dat 中。

解题思路：处理此问题的算法是:从 file1.dat 文件中逐个读入字符,然后逐个输出到file2.dat 中。

编写程序：

```
# include <stdio.h>
# include <stdlib.h>
int main()
  {FILE * in, * out;                    //定义指向 FILE 类型文件的指针变量
   char ch,infile[10],outfile[10];      //定义两个字符数组,分别存放两个数据文件名
   printf("输入读入文件的名字:");
   scanf("%s",infile);                  //输入一个输入文件的名字
   printf("输入输出文件的名字:");
   scanf("%s",outfile);                 //输入一个输出文件的名字
   if((in=fopen(infile,"r"))==NULL)     //打开输入文件
     {printf("无法打开此文件\n");
      exit(0);
     }
   if((out=fopen(outfile,"w"))==NULL)   //打开输出文件
     {printf("无法打开此文件\n");
      exit(0);
     }
   ch=fgetc(in);                        //从输入文件读入一个字符,赋给变量 ch
   while(!feof(in))                     //如果未遇到输入文件的结束标志
     { fputc(ch,out);                   //将 ch 写到输出文件
       putchar(ch);                     //将 ch 显示到屏幕上
       ch=fgetc(in);                    //再从输入文件读入一个字符,赋给变量 ch
     }
   putchar(10);                         //显示完全部字符后换行
   fclose(in);                          //关闭输入文件
   fclose(out);                         //关闭输出文件
   return 0;
  }
```

运行结果：

```
输入读入文件的名字:file1.dat
输入输出文件的名字:file2.dat
computer and c
```

程序分析：

(1) 在访问磁盘文件时,是逐个字符(字节)进行的,为了知道当前访问到第几个字节,系统用"文件读写位置标记"来表示当前所访问的位置。开始时"文件读写位置标记"指向第1个字节,每访问完一个字节后,当前读写位置就指向下一个字节,即当前读写位置自动后移。

(2) 为了知道对文件的读写是否完成,只须看文件读写位置是否移到文件的末尾。

说明：在文件的所有有效字符后有一个文件尾标志。当读完全部字符后,文件读写位置标记就指向最后一个字符的后面,即指向了文件尾标志。如果再执行读取操作,则会读出-1(不要理解为最后有一个结束字节,在其中存放了数值-1。它只是一种处理方法)。文件尾标志用标识符 EOF(end of file)表示,EOF 在 stdio.h 头文件中被定义为-1。

用 feof 函数可以检测文件尾标志是否已被读取过。如果文件尾标志已被读出,则表示文件已结束,此时 feof 函数值为真(以1表示),否则 feof 函数值为假(以0表示)。不要把 feof 函数值的真(1)和假(0)与文件尾标志的假设值(-1)相混淆。前者为函数值,后者为尾标志的假设值。

程序第19行中的 feof(in)用来判断 in 所指向的文件是否结束了。开始时显然没有读到文件尾标志,故"feof(in)"为假,"!feof(in)"为真,所以要执行 while 循环体。直到读取完最后一个字符并输出到磁盘文件和屏幕后,还再执行一次 fgetc 函数(第22行),即读取文件尾标志了。再返回 while 语句检查循环条件,此时 feof(in)为真了,因此"!feof(in)"为假,不再执行 while 循环体了。

请读者考虑：第19行的 while 语句能否改为

while(ch!=-1)   或   while(ch!=EOF)

实际上是可以的,EOF 就是-1。本例用 feof 函数,是为了使读者了解文件尾标志和 feof 函数的使用。

(3) 运行结果是将 file1.dat 文件中的内容复制到 file2.dat 中去。

也可以在 Windows 的资源管理器中,按记事本的打开方式打开这两个文件,可以看到file1.dat 和 file2.dat 的内容都是：

computer and c

(4) 以上程序是按文本文件方式处理的。也可以用此程序来复制一个二进制文件,此时,只须将两个 fopen 函数中的"r"和"w"分别改为"rb"和"wb"即可。

(5) C 系统已在头文件中把 fputc 和 fgetc 函数定义为宏名 putc 和 getc：

```
#define   putc(ch,fp)   fputc(ch,fp)
#define   getc(fp)   fgetc(fp)
```

这是在 stdio.h 中定义的。因此,在程序中用 putc 和 fputc 作用是一样的,用 getc 和 fgetc作用是一样的。在使用的形式上,可以把它们当作相同的函数对待。

10.3.2 怎样向文件读写一个字符串

前面已掌握了向磁盘文件读写一个字符的方法,有的读者很自然地提出一个问题,如果字符个数多,一个一个读和写太麻烦,能否一次读写一个字符串。

C语言允许通过函数 fgets 和 fputs 一次读写一个字符串,例如:

fgets(str,n,fp);

作用是从 fp 所指向的文件中读入一个长度为 n−1 的字符串,并在最后加一个'\0'字符,然后把这 n 个字符存放到字符数组 str 中。

读写一个字符串的函数见表 10.3。

表 10.3　读写一个字符串的函数

函数名	调用形式	功　　能	返　回　值
fgets	fgets(str,n,fp)	从 fp 指向的文件读入一个长度为(n−1)的字符串,存放到字符数组 str 中。	读成功,返回地址 str,失败则返回 NULL
fputs	fputs(str,fp)	把 str 所指向的字符串写到文件指针变量 fp 所指向的文件中	输出成功,返回 0;否则返回非 0 值

fgets 中最后一个字母 s 表示字符串(string)。见名知义,fgets 的含义是:从文件读取一个字符串。

💡 说明:

(1) fgets 函数的函数原型为

char * fgets (char * str, int n, FILE * fp);

其作用是从文件读入一个字符串。调用时可以写成下面的形式:

fgets(str,n,fp);

其中,n 是要求得到的字符个数,但实际上只从 fp 所指向的文件中读入 n−1 个字符,然后在最后加一个'\0'字符,这样得到的字符串共有 n 个字符,把它们放到字符数组 str 中。如果在读完 n−1 个字符之前遇到换行符"\n"或文件结束符 EOF,读入即结束,但将所遇到的换行符"\n"也作为一个字符读入。若执行 fgets 函数成功,则返回值为 str 数组首元素的地址,如果一开始就遇到文件尾或读数据出错,则返回 NULL。

(2) fputs 函数的函数原型为

int fputs (char * str, FILE * fp);

其作用是将 str 所指向的字符串输出到 fp 所指向的文件中。调用时可以写成

fputs("China",fp);

把字符串"China"输出到 fp 指向的文件中。fputs 函数中第一个参数可以是字符串常量、字符数组名或字符型指针。字符串末尾的'\0'不输出。若输出成功,函数值为 0;失败时,函数值为 EOF(即−1)。

fgets 和 fputs 这两个函数的功能类似于 gets 和 puts 函数,只是 gets 和 puts 以终端为读写对象,而 fgets 和 fputs 函数以指定的文件作为读写对象。

【例 10.3】　从键盘读入若干个字符串,对它们按字母大小的顺序排序,然后把排好序的字符串送到磁盘文件中保存。

解题思路:为解决问题,可分为 3 个步骤:

（1）从键盘读入 n 个字符串，存放在一个二维字符数组中，每个一维数组存放一个字符串；

（2）对字符数组中的 n 个字符串按字母顺序排序，排好序的字符串仍存放在字符数组中；

（3）将字符数组中的字符串顺序输出。

编写程序：

```
# include <stdio.h>
# include <stdlib.h>
# include <string.h>
int main()
{   FILE * fp;
    char   str[3][10],temp[10];        //str 是用来存放字符串的二维数组,temp 是临时数组
    int i,j,k,n=3;
    printf("Enter strings:\n");         //提示输入字符串
    for(i=0;i<n;i++)
      gets(str[i]);                     //输入字符串

    for(i=0;i<n-1;i++)                  //用选择法对字符串排序
      {k=i;
        for(j=i+1;j<n;j++)
          if(strcmp(str[k],str[j])>0) k=j;
        if(k!=i)
          {strcpy(temp,str[i]);
           strcpy(str[i],str[k]);
           strcpy(str[k],temp);
          }
      }
    if((fp=fopen("D:\\CC\\string.dat","w"))==NULL)      //打开磁盘文件
      {
        printf("can't open file!\n");
        exit(0);
      }
    printf("\nThe new sequence:\n");
    for(i=0;i<n;i++)
      {fputs(str[i],fp);fputs("\n",fp);      //向磁盘文件写一个字符串,然后输出一个换行符
       printf("%s\n",str[i]);                //在屏幕上显示
      }
    return 0;
}
```

运行结果：

```
Enter strings:
CHINA
CANADA
INDIA

The new sequence:
CANADA
CHINA
INDIA
```

程序分析：

（1）程序第 20 行用 fopen 函数打开文件时，指定了文件路径，假设想在 D 盘的 CC 子目录下建立一个名为 string.dat 的数据文件，用来存放已排好序的字符串。本来应该写成"D:\CC\string.dat"，但由于在 C 语言中把 `'\'` 作为转义字符的标志，因此在字符串或字符中要表示 `'\'` 时，应当在 `'\'` 之前再加一个 `'\'`，即"D:\\CC\\string.dat"。注意：只在双撇号或单撇号中的 `'\'` 才需要写成"\\"，其他情况下则不必。如果读者上机运行此程序，应改为自己选定的文件路径，而不要简单照搬以上程序。

（2）在向磁盘文件写数据时，只输出字符串中的有效字符，并不包括字符串结束标志 \0。这样前后两次输出的字符串之间无分隔，连成一片。当以后从磁盘文件读回数据时就无法区分各个字符串了。为了避免出现此情况，在输出一个字符串后，人为地输出一个 \n，作为字符串之间的分隔，见程序第 27 行中的 fputs("\n",fp)。

（3）为运行简单起见，本例只输入 3 个字符串，如果有 10 个字符串，只须把第 7 行的 n=3 改为 n=10 即可。

可以编写出以下的程序，从文件 string.dat 中读回字符串，并在屏幕上显示。

```
# include <stdio.h>
# include <stdlib.h>
int main()
  { FILE * fp;
    char   str[3][10];
    int i=0;
    if((fp=fopen("D:\\CC\\string.dat","r"))==NULL)          //注意文件路径必须与前相同
    {
       printf("can't open file!\n");
       exit(0);
    }
    while(fgets(str[i],10,fp)!=NULL)
      { printf("%s",str[i]);
        i++;}
    fclose (fp);
    return 0;
  }
```

执行此程序，得到以下输出结果：

```
CANADA
CHINA
INDIA
```

程序分析：

（1）在打开文件时要注意，指定的文件路径和文件名必须和上次写入时指定的一致，现在都是"D:\CC\string.dat"，否则找不到该文件。读写方式要改为 r。

（2）在第 11 行中用 fgets 函数读字符串时，指定一次读入 10 个字符，但按 fgets 函数的规定，如果遇到 `'\n'` 就结束字符串输入，`'\n'` 作为最后一个字符也读入到字符数组。

（3）由于读入到字符数组中的每个字符串后都有一个 `'\n'`，因此在向屏幕输出时不必再

加$'\backslash n'$,而只写"printf("%s",str[i]);"即可。

10.3.3　用格式化的方式读写文本文件

前面进行的是字符的输入输出,而实际上数据的类型是丰富的。大家已很熟悉用printf 函数和 scanf 函数向终端进行格式化的输入输出,即用各种不同的格式以终端为对象输入输出数据。其实也可以对文件进行格式化输入输出,这时就要用 **fprintf** 函数和 **fscanf**函数,从函数名可以看到,它们只是在 printf 和 scanf 的前面加了一个字母 f。它们的作用与 printf 函数和 scanf 函数相仿,都是格式化读写函数。只有一点不同:fprintf 和 fscanf 函数的读写对象不是终端而是文件。它们的一般调用方式为

　　fprintf(文件指针,格式字符串,输出表列);

　　fscanf(文件指针,格式字符串,输入表列);

例如:

　　fprintf (fp,"%d,%6.2f",i,f);

它的作用是将 int 型变量 i 和 float 型变量 f 的值按%d 和%6.2f 的格式输出到 fp 指向的文件中。若 i=3,f=4.5,则输出到磁盘文件上的是以下的字符:

　　3,　4.50

这是和输出到屏幕的情况相似的,只是它没有输出到屏幕而是输出到文件而已。

同样,用以下 fscanf 函数可以从磁盘文件上读入 ASCII 字符:

　　fscanf (fp,"%d,%f",&i,&f);

磁盘文件上如果有字符"3,4.5",则从磁盘文件中读取整数 3 送给整型变量 i,读取实数 4.5送给 float 型变量 f。

用 fprint 和 fcanf 函数对磁盘文件读写,使用方便,容易理解,但由于在输入时要将文件中的 ASCII 码转换为二进制形式再保存在内存变量中,在输出时又要将内存中的二进制形式转换成字符,要花费较多时间。因此,在内存与磁盘频繁交换数据的情况下,最好不用fprintf 和 fscanf 函数,而用下面介绍的 fread 和 fwrite 函数进行二进制的读写。

10.3.4　用二进制方式向文件读写一组数据

在程序中不仅需要一次输入输出一个数据,而且常常需要一次输入输出一组数据(如数组或结构体变量的值),C 语言允许用 fread 函数从文件中读一个数据块,用 fwrite 函数向文件写一个数据块。在读写时是以二进制形式进行的。在向磁盘写数据时,直接将内存中一组数据原封不动、不加转换地复制到磁盘文件上,在读入时也是将磁盘文件中若干字节的内容一批读入内存。

它们的一般调用形式为

　　fread(buffer,size,count,fp);

　　fwrite(buffer,size,count,fp);

其中:

buffer:是一个地址。对 fread 来说,它是用来存放从文件读入的数据的存储区的地址。

对 fwrite 来说，是要把此地址开始的存储区中的数据向文件输出（以上指的是起始地址）。

size：要读写的字节数。

count：要读写多少个数据项（每个数据项长度为 size）。

fp：FILE 类型指针。

在打开文件时指定用二进制文件，这样就可以用 fread 和 fwrite 函数读写任何类型的信息，例如：

```
fread(f,4,10,fp);
```

其中，f 是一个 float 型数组名（代表数组首元素地址）。这个函数从 fp 所指向的文件读入 10 个 4 个字节的数据，存储到数组 f 中。

如果有一个 Struct student_type 结构体类型：

```
struct Student_type
  { char name[10];
    int num;
    int age;
    char addr[30];
  }stud[40];
```

定义了一个结构体数组 stud，有 40 个元素，每一个元素用来存放一个学生的数据（包括姓名、学号、年龄、地址）。假设学生的数据已存放在磁盘文件中，可以用下面的 for 语句和 fread 函数读入 40 个学生的数据：

```
for(i=0;i<40;i++)
    fread (&stud[i],sizeof (struct Student_type),1,fp);
```

执行 40 次循环，每次从 fp 指向的文件中读入结构体数组 stu 的一个元素。

同样，以下 for 语句和 fwrite 函数可以将内存中的学生数据输出到磁盘文件中去：

```
for(i=0;i<40;i++)
    fwrite (&stud[i],sizeof (struct Student_type),1,fp);
```

fread 或 fwrite 函数的类型为 int 型，如果 fread 或 fwrite 函数执行成功，则函数返回值为形参 count 的值（一个整数），即输入或输出数据项的个数（今为 1）。

【例 10.4】 从键盘输入 10 个学生的有关数据，然后把它们转存到磁盘文件上去。

解题思路：定义一个有 10 个元素的结构体数组，用来存放 10 个学生的数据。从 main 函数输入 10 个学生的数据。用 save 函数实现向磁盘输出学生数据。用 fwrite 函数一次输出一个学生的数据。

编写程序：

```
#include <stdio. h>
#define SIZE 10
struct Student_type
  {char name[10];
    int num;
    int age;
```

```
      char addr[15];
  }stud[SIZE];                        //定义全局结构体数组 stud,包含 10 个学生数据


void save()                          //定义函数 save,向文件输出 SIZE 个学生的数据
  {FILE * fp;
  int i;
  if((fp=fopen ("stu. dat","wb"))==NULL)      //打开输出文件 stu. dat
      {printf("cannot open file\n");
       return;
      }
  for(i=0;i<SIZE;i++)
      if(fwrite (&stud[i],sizeof (struct Student_type),1,fp)!=1)
          printf ("file write error\n");
  fclose(fp);
  }


int main()
  {int i;
  printf("Please enter data of students:\n");
  for(i=0;i<SIZE;i++)                          //输入 SIZE 个学生的数据,存放在数组 stud 中
      scanf("%s%d%d%s",stud[i]. name,&stud[i]. num,&stud[i]. age,stud[i]. addr);
  save();
  return 0;
  }
```

运行结果(输入 10 个学生的姓名、学号、年龄和地址):

```
Please enter data of students:
Zhang 1001 19 room_101
Sun 1002 20 room_102
Tan 1003 21 room_103
Ling 1004 21 room_104
Li 1006 22 room_105
Wang 1007 20 room_106
Zhen 1008 16 room_107
Fu 1010 18 room_108
Qin 1012 19 room_109
Liu 1014 21 room_110
```

🔍 **程序分析:**

(1) 在 main 函数中,从终端键盘输入 10 个学生的数据,然后调用 save 函数,将这些数据输出到以 stu. dat 命名的磁盘文件中。fwrite 函数的作用是将一个长度为 36 节的数据块送到 stu_dat 文件中(一个 struct student_type 类型结构体变量的长度为它的成员长度之和,即 10+4+4+15=33,实际上占 36 字节,是 4 的倍数)。

(2) 在 fopen 函数中指定读写方式为 wb,即二进制写方式。在向磁盘文件 stu. dat 写的时候,将内存中存放 stud 数组元素 stud[i]的内存单元中的内容原样复制到磁盘文件,所建立的 stu. dat 文件是一个二进制文件。这个文件可以为其他程序所用(在本章例 10.6 的程序中将从这个文件读取数据)。

(3) 在本程序中,用 fopen 函数打开文件时没有指定路径,只写了文件名 stu. dat,系统

默认其路径为当前用户所使用的子目录（即源文件所在的目录），在此目录下建立一个新文件 stu.dat，输出的数据存放在此文件中。

（4）程序运行时，屏幕上并无输出任何信息，只是将从键盘输入的数据送到磁盘文件上。

为了验证在磁盘文件 stu.dat 中是否已存在此数据，可以用以下程序从 stu.dat 文件中读入数据，然后在屏幕上输出。

```c
#include <stdio.h>
#include <stdlib.h>
#define SIZE 10
struct Student_type
  {char name[10];
   int num;
   int age;
   char addr[15];
  }stud[SIZE];

int main()
  {int i;
  FILE * fp;
  if((fp=fopen ("stu.dat","rb"))==NULL)              //打开输入文件 stu.dat
      {printf("cannot open file\n");
       exit(0) ;
      }
  for(i=0;i<SIZE;i++)
    {fread (&stud[i],sizeof(struct Student_type),1,fp);  //从 fp 指向的文件读入一组数据
     printf ("%-10s %4d %4d %-15s\n",stud[i].name,stud[i].num,stud[i]. age,stud[i].addr);
                                      //在屏幕上输出这组数据
    }
  fclose (fp);                                      //关闭文件 stu_list
  return 0;
  }
```

运行结果（不需从键盘输入任何数据。屏幕上显示出以下信息）：

```
Zhang     1001   19   room_101
Sun       1002   20   room_102
Tan       1003   21   room_103
Ling      1004   21   room_104
Li        1006   22   room_105
Wang      1007   20   room_106
Zhen      1008   16   room_107
Fu        1010   18   room_108
Qin       1012   19   room_109
Liu       1014   21   room_110
```

程序分析：注意输入输出数据的状况。在前面一个程序中，从键盘输入 10 个学生的数据是 ASCII 码，也就是文本文件。在送到计算机时，回车和换行符转换成一个换行符。再用 fwrite 函数以二进制形式输出到 stu.dat 文件，此时不发生字符转换，按内存中存储形

式原样输出到磁盘文件上。在其后的验证程序中,又用 fread 函数从 stu. dat 文件向内存读入数据,注意此时用的是 rb 方式,即二进制方式,数据按原样输入,也不发生字符转换。也就是这时候内存中的数据恢复到第 1 个程序向 stu. dat 输出以前的情况。最后在验证程序中,用 printf 函数输出到屏幕,printf 是格式输出函数,输出 ASCII 码,在屏幕上显示字符。换行符又转换为回车加换行符。

如果企图从 stu. dat 文件中以"r"方式读入数据就会出错。

fread 和 fwrite 函数用于二进制文件的输入输出。因为它们是按数据块的长度来处理输入输出的,不出现字符转换。

如果有字符转换,很可能出现与原设想的情况不同。例如,若写出

fread(&stud[i],sizeof(struct student_type),1,stdin);

企图从终端键盘输入数据(stdin 是指向标准输入流的指针变量),这在语法上并不存在错误,编译能通过。如果用以下形式输入数据:

Zhang 1001 19 room_101 ↙
⋮

由于 fread 函数要求一次输入 36 个字节(而不问这些字节的内容),因此输入数据中的空格也作为输入数据而不作为数据间的分隔符了。连空格也存储到 stu[i] 中了,显然是不对的。

这个题目要求的是从键盘输入数据,如果已有的数据已经以二进制形式存储在一个磁盘文件 stu_list 中,要求从其中读入数据并输出到 stu. dat 文件中,可以编写一个如下的 load 函数,从磁盘文件 stu_list 中读二进制数据,并存放在 stud 数组中。

```c
void load()
  {FILE * fp;
  int i;
  if((fp=fopen("stu_list","rb"))==NULL)                    //打开输入文件 stu_list
    {printf("cannot open infile\n");
     return;
    }
  for(i=0;i<SIZE;i++)
    if(fread(&stud[i],sizeof(struct Student_type),1,fp)!=1)     //从 stu_ list 文件中读数据
      {if(feof(fp))
        {fclose(fp);
         return;
        }
       printf("file read error\n");
      }
  fclose (fp);
  }
```

将 load 函数加到本例第一个程序文件中,并将 main 函数改为

```c
int main()
  {
    load();
```

```
    save();
    return 0;
}
```

注意：请区分下面几个概念（每个都有文本和二进制两种方式）：

（1）数据的存储方式

文本方式：数据以字符方式（ASCII 代码）存储到文件中。如整数 12，送到文件时占 2 个字节，而不是 4 个字节。以文本方式保存的数据便于阅读。

二进制方式：数据按在内存的存储状态原封不动地复制到文件。如整数 12，送到文件时和在内存中一样占 4 个字节。

（2）文件的分类

文本文件（ASCII 文件）：文件中全部为 ASCII 字符。

二进制文件：按二进制方式把在内存中的数据复制到文件的，称为二进制文件，即映像文件。

（3）文件的打开方式

文本方式：不带 b 的方式，读写文件时对换行符进行转换。

二进制方式：带 b 的方式，读写文件时对换行符不进行转换。

（4）文件读写函数

文本读写函数：用来向文本文件读写字符数据的函数（如 fgetc，fgets，fputc，fputs，fscanf，fprintf 等）。

二进制读写函数：用来向二进制文件读写二进制数据的函数（如 getw，putw，fread，fwrite 等）。

说明：C 语言不禁止文本方式与二进制方式之间出现某些交叉，例如用二进制方式存储的一个整数，也可以用文本读写函数（如 fscanf 画函数）读取；用二进制方式也可以打开文本文件。这些虽然合法，但往往会导致结果出错。不提倡这种随意的、不规范的用法。提倡用文本方式打开文本文件，用文本读写函数进行读写。对二进制文件亦然。

10.4　随机读写数据文件

对文件进行顺序读写比较容易理解，也容易操作，但有时效率不高，例如文件中有 1000 个数据，若只查第 1000 个数据，必须先逐个读入前面 999 个数据，才能读入第 1000 个数据。如果文件中存放一个城市几百万人的资料，若按此方法查某一人的情况，等待的时间可能是不能忍受的。

随机访问不是按数据在文件中的物理位置次序进行读写，而是可以对任何位置上的数据进行访问，显然这种方法比顺序访问效率高得多。

10.4.1　文件位置标记及其定位

1. 文件位置标记

前已介绍，为了对读写进行控制，系统为每个文件设置了一个文件读写位置标记（简称文件位置标记或文件标记），用来指示"接下来要读写的下一个字符的位置"[①]。

　　一般情况下，在对字符文件进行顺序读写时，文件位置标记指向文件开头，这时如果对文件进行读的操作，就读第 1 个字符，然后文件位置标记向后移一个位置，在下一次执行读的操作时，就将位置标记指向的第 2 个字符读入。依此类推，遇到文件尾结束。见图 10.4 示意。

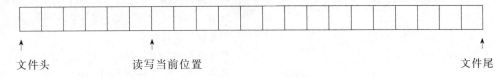

图　10.4

　　如果是顺序写文件，则每写完一个数据后，文件位置标记顺序向后移一个位置，然后在下一次执行写操作时把数据写入位置标记所指的位置。直到把全部数据写完，此时文件位置标记在最后一个数据之后。

　　可以根据读写的需要，人为地移动文件位置标记的位置。文件位置标记可以向前移、向后移，移到文件头或文件尾，然后对该位置进行读写，显然这就不是顺序读写了，而是随机读写。

　　对流式文件既可以进行顺序读写，也可以进行随机读写。关键在于控制文件的位置标记。如果文件位置标记是按字节位置顺序移动的，就是顺序读写。如果能将文件位置标记按需要移动到任意位置，就可以实现随机读写。所谓随机读写，是指读写完上一个字符（字节）后，并不一定要读写其后续的字符（字节），而可以读写文件中任意位置上所需要的字符（字节）。即对文件读写数据的顺序和数据在文件中的物理顺序一般是不一致的。可以在任何位置写入数据，在任何位置读取数据。

2. 文件位置标记的定位

可以强制使文件位置标记指向人们指定的位置。可以用以下函数实现。

（1）用 rewind 函数使文件位置标记指向文件开头

rewind 函数的作用是使文件位置标记重新返回文件的开头，此函数没有返回值。

　　【例 10.5】　有一个磁盘文件，内有一些信息。要求第 1 次将它的内容显示在屏幕上，第 2 次把它复制到另一文件上。

　　解题思路：分别实现以上两个任务都不困难，但是把二者连续做，就会出现问题，因为在第 1 次读入完文件内容后，文件位置标记已指到文件的末尾，如果再接着读数据，就遇到文件结束标志 EOF，feof 函数的值等于 1（真），无法再读数据。必须在程序中用 rewind 函数使位置指针返回文件的开头。

----

　　①　为了使读者便于理解，有的教材把文件读写位置标记形象化地称为"文件位置指针"（还有称为"文件指针"的），认为可以设想在文件中有一个看不见的指针在移动，它指向文件中下一个被读写的字节。但是这里说的"指针"和 C 语言中的"指针"所表示的意思是完全不同的，容易引起混淆。有的读者常把"文件位置标记"和"指向文件的指针"（FILE 指针）相混淆。从概念上说，变量的指针就是变量在内存中存储单元的地址。而文件是存储在外部介质上的，不存在内存地址。因此作者认为指示文件读写位置的不宜称为"指针"，应称为"文件位置标记"更为确切。

编写程序：

```
#include<stdio.h>
int main()
  {FILE *fp1,*fp2;char ch;
  fp1=fopen("file1.dat","r");          //打开输入文件
  fp2=fopen("file2.dat","w");          //打开输出文件
  ch=getc(fp1);                        //从 file1.dat 文件读入第一个字符
  while(! feof(fp1))                   //当未读取文件尾标志
    {putchar(ch);                      //在屏幕输出一个字符
     ch=getc(fp1);                     //再从 file1.dat 文件读入一个字符
    }
  putchar(10);                         //在屏幕执行换行
  rewind(fp1);                         //使文件位置标记返回文件开头
  ch=getc(fp1);                        //从 file1.dat 文件读入第一个字符
  while(! feof(fp1))                   //当未读取文件尾标志
    {fputc(ch,fp2);                    //向 file2.dat 文件输出一个字符
     ch=fgetc(fp1);                    //再从 file1.dat 文件读入一个字符
    }
  fclose(fp1);fclose(fp2);
  return 0;
  }
```

运行结果：

```
computer and c
```

🔍 **程序分析**：先打开 file1.dat 和 file2.dat 两个文件。file1.dat 中已存放了 computer and c 共 14 个字符。先从 file1.dat 读入第一个字符并赋给 ch。while 语句的循环条件是：文件尾标志未被读过。在第一个 while 循环中，先向屏幕输出一个字符，然后再从 file1.dat 文件读入一个字符。直到读入和输出最后一个字符。请注意在输出完最后一个字符后，再执行的"ch=getc(fp1);"的作用。它的作用是：在读取完最后一个字符后再读一次 file1.dat 文件，这时就读了文件尾标志，当再在 while 语句捡检查循环条件时，feof(fp1)为真，!feof(fp1)为假，循环终止。如果没有执行该 getc(fp1)，则 feof(fp1)不会变为真。请记住：feof(fp1)为真的条件是：读完最后一个字符后再读一次文件，即要读一次文件尾标志(EOF)。

和例 10.2 一样，while 条件也可改为：while(ch!=EOF)。

rewind 函数的作用是：使文件 file1 的文件位置标记重新定位于文件开头，同时 feof 函数的值会恢复为 0(假)。

这个程序是示意性的，为简化起见，在打开文件时未作"是否打开成功"的检查。这项工作留给读者自己去完成。

(2) 用 fseek 函数改变文件位置标记

fseek 函数的调用形式为

fseek（文件类型指针，位移量，起始点）

"起始点"用 0,1 或 2 代替,0 代表"文件开始位置",1 为"当前位置",2 为"文件末尾位置"。
C 标准指定的名字如表 10.4 所示。

表 10.4　C 标准指定的名字

起 始 点	名　字	用数字代表
文件开始位置	SEEK_SET	0
文件当前位置	SEEK_CUR	1
文件末尾位置	SEEK_END	2

"位移量"指以"起始点"为基点,向前移动的字节数。位移量应是 long 型数据(在数字的末尾加一个字母 L,就表示是 long 型)。

fseek 函数一般用于二进制文件。下面是 fseek 函数调用的几个例子:

```
fseek(fp,100L,0);        将文件位置标记向前移到离文件开头 100 个字节处
fseek(fp,50L,1);         将文件位置标记向前移到离当前位置 50 个字节处
fseek(fp,-10L,2);        将文件位置标记从文件末尾处向后退 10 个字节
```

(3) 用 ftell 函数测定文件位置标记的当前位置

ftell 函数的作用是得到流式文件中文件位置标记的当前位置。

由于文件中的文件位置标记经常移动,人们往往不容易知道其当前位置,所以常用 ftell 函数得到当前位置,用相对于文件开头的位移量来表示。如果调用函数时出错(如不存在 fp 指向的文件),ftell 函数返回值为 -1L。例如:

```
i=ftell(fp);             //变量 i 存放文件当前位置
if(i==-1L) printf("error\n");   //如果调用函数时出错,输出"error"
```

10.4.2　随机读写

有了 rewind 和 fseek 函数,就可以实现随机读写了。通过下面简单的例子可以了解怎样进行随机读写。

【例 10.6】　在磁盘文件上存有 10 个学生的数据。要求将第 1,3,5,7,9 个学生数据输入计算机,并在屏幕上显示出来。

解题思路:

(1) 按"二进制只读"的方式打开指定的磁盘文件,准备从磁盘文件中读取学生数据。

(2) 将文件位置标记指向文件的开头,然后从磁盘文件读入一个学生的信息,并把它显示在屏幕上。

(3) 再将文件位置标记指向文件中第 3,5,7,9 个学生的数据区的开头,从磁盘文件读入相应学生的信息,并把它显示在屏幕上。

(4) 关闭文件。

编写程序:

```
#include<stdio.h>
#include <stdlib.h>
```

```
        struct Student_type                        //学生数据类型
          { char name[10];
            int num;
            int age;
            char addr[15];
          }stud[10];

        int main()
          { int i;
          FILE * fp;
          if((fp=fopen("stu.dat","rb"))==NULL)       //以只读方式打开二进制文件
            {printf("can not open file\n");
              exit(0);
            }
          for(i=0;i<10;i+=2)
            {fseek(fp,i * sizeof(struct Student_type),0);     //移动文件位置标记
              fread(&stud[i], sizeof(struct Student_type),1,fp);  //读一个数据块到结构体变量
              printf("%-10s %4d %4d %-15s\n",stud[i].name,stud[i].num,stud[i].age,stud[i].addr);
                                                   //在屏幕输出
            }
          fclose(fp);
          return 0;
          }
```

运行结果:

```
Zhang      1001     19 room_101
Tan        1003     21 room_103
Li         1006     22 room_105
Zhen       1008     16 room_107
Qin        1012     19 room_109
_
```

程序分析：用 fopen 函数打开文件时,指定输入文件名为 stu.dat,它和本章例 10.4 程序中指定的输出文件的名字是相同的。在例 10.4 程序中用 fopen 函数打开文件时,指定读写方式为 wb(二进制只写方式),建立的是二进制文件 stu.dat,存放在用户当前目录中。在本例中则是以 rb(二进制只读)方式打开的,路径也是当前目录。可知,本程序要打开的文件就是例 10.4 程序建立的文件 stu.dat。在执行例 10.4 程序时已把 10 个学生的数据存放在 stu.dat 文件中了。本程序是从该文件中读入第 1,3,5,7,9 位学生的数据,然后输出到屏幕。

例 10.4 程序是采取顺序读写方式,把 10 个学生的数据顺序写入文件 stu.dat,本程序是采取随机读写方式,从 10 个学生的数据中有选择地读入若干个,用 fseek 函数指定读写位置。

在 fseek 函数调用中,指定"起始点"为 0,即以文件开头为参照点。位移量为 i * sizeof(struct Student_type),sizeof(struct Student_type)是 struct Student_type 类型变量的长度(字节数)。i 初值为 0,因此第 1 次执行 fread 函数时,读入长度为 sizeof(struct Student_type)的数据,即第 1 个学生的信息,把它存放在结构体数组的元素 stud[0]中,然后在屏幕上输出该学生的信息。在第 2 次循环时,i 增值为 2,文件位置的移动量是 struct Student_type 类型变量的长度的两倍,即跳过一个结构体变量,移到第 3 个学生的数据区的开头,然

后用 fread 函数读入一个结构体变量,即第 3 个学生的信息,存放在结构体数组的元素 stud[2]中,并输出到屏幕。如此继续下去,每次位置指针的移动量是结构体变长度的两倍,这样就读取了第 1,3,5,7,9 学生的信息。

需要注意的是应当保证在磁盘中存在所指定的文件 stu.dat,并且在该文件中存在这些学生的信息,否则会出错。

10.5 文件读写的出错检测

C 提供一些函数用来检查输入输出函数调用时可能出现的错误。

1. ferror 函数

在调用各种输入输出函数(如 putc,getc,fread 和 fwrite 等)时,如果出现错误,除了函数返回值有所反映外,还可以用 ferror 函数检查。它的一般调用形式为

ferror(fp);

如果 ferror 返回值为 0(假),表示未出错;如果返回一个非零值,表示出错。

应该注意,对同一个文件每一次调用输入输出函数,都会产生一个新的 ferror 函数值,因此,应当在调用一个输入输出函数后立即检查 ferror 函数的值,否则信息会丢失。

在执行 fopen 函数时,ferror 函数的初始值自动置为 0。

2. clearerr 函数

clearerr 的作用是使文件出错标志和文件结束标志置为 0。假设在调用一个输入输出函数时出现错误,ferror 函数值为一个非零值。应该立即调用 clearerr(fp),使 ferror(fp)的值变成 0,以便再进行下一次的检测。

只要出现文件读写出错标志,它就一直保留,直到对同一文件调用 clearerr 函数或 rewind 函数,或任何其他一个输入输出函数。

文件这一章的内容在实际应用中是很重要的,许多可供实际使用的 C 程序(尤其是有关事务管理的程序)都包含了文件处理。通常将大批数据存放在磁盘上,在运行应用程序的过程中,内存与磁盘之间频繁地交换数据,从磁盘中读入数据到计算机内存,程序对这些数据进行检查、分析、修改和其他处理,把修改过的数据再保存在磁盘上。这就牵涉到许多文件操作。本章只介绍了一些最基本的概念,并通过一些简单的例子使读者初步了解怎样进行文件操作,为今后进一步学习和应用打下必要的基础。

习   题

1. 什么是文件型指针?通过文件指针访问文件有什么好处?

2. 对文件的打开与关闭的含义是什么?为什么要打开和关闭文件?

3. 从键盘输入一个字符串,将其中的小写字母全部转换成大写字母,然后输出到一个磁盘文件 test 中保存,输入的字符串以"!"结束。

4. 有两个磁盘文件 A 和 B,各存放一行字母,今要求把这两个文件中的信息合并(按字

母顺序排列），输出到一个新文件 C 中去。

5. 有 5 个学生，每个学生有 3 门课程的成绩，从键盘输入学生数据（包括学号，姓名，3 门课程成绩），计算出平均成绩，将原有数据和计算出的平均分数存放在磁盘文件 stud 中。

6. 将第 5 题 stud 文件中的学生数据，按平均分进行排序处理，将已排序的学生数据存入一个新文件 stu_sort 中。

7. 将第 6 题已排序的学生成绩文件进行插入处理。插入一个学生的 3 门课程成绩，程序先计算新插入学生的平均成绩，然后将它按成绩高低顺序插入，插入后建立一个新文件。

8. 将第 7 题结果仍存入原有的 stu_sort 文件而不另建立新文件。

9. 有一磁盘文件 employee，内存放职工的数据。每个职工的数据包括职工姓名、职工号、性别、年龄、住址、工资、健康状况、文化程度。今要求将职工名、工资的信息单独抽出来另建一个简明的职工工资文件。

10. 从第 9 题的"职工工资文件"中删去一个职工的数据，再存回原文件。

11. 从键盘输入若干行字符（每行长度不等），输入后把它们存储到一磁盘文件中。再从该文件中读入这些数据，将其中小写字母转换成大写字母后在显示屏上输出。

附　录

附录 A　常用字符与 ASCII 代码对照表

ASCII值	控制字符	字符	ASCII值	字符	ASCII值	字符	ASCII值	字符	ASCII值	字符	ASCII值	字符	ASCII值	字符	ASCII值	字符
000	NUL	(null)	032	(space)	064	@	096	`	128	Ç	160	á	192	└	224	α
001	SOH	☺	033	!	065	A	097	a	129	ü	161	í	193	┴	225	β
002	STX	●	034	"	066	B	098	b	130	é	162	ó	194	┬	226	Γ
003	ETX	♥	035	#	067	C	099	c	131	â	163	ú	195	├	227	π
004	EOT	♦	036	$	068	D	100	d	132	ä	164	ñ	196	─	228	Σ
005	END	♣	037	%	069	E	101	e	133	à	165	Ñ	197	┼	229	σ
006	ACK	♠	038	&	070	F	102	f	134	å	166	ª	198	╞	230	µ
007	BEL	(beep)	039	'	071	G	103	g	135	ç	167	º	199	╟	231	τ
008	BS	▯	040	(	072	H	104	h	136	ê	168	¿	200	╚	232	Φ
009	HT	(tab)	041	)	073	I	105	i	137	ë	169	⌐	201	╔	233	Θ
010	LF	(line feed)	042	*	074	J	106	j	138	è	170	¬	202	╩	234	Ω
011	VT	(home)	043	+	075	K	107	k	139	ï	171	½	203	╦	235	δ
012	FF	(form feed)	044	,	076	L	108	l	140	î	172	¼	204	╠	236	∞
013	CR	(carriage return)	045	-	077	M	109	m	141	ì	173	¡	205	═	237	φ
014	SO	♫	046	.	078	N	110	n	142	Ä	174	«	206	╬	238	∈
015	SI	☼	047	/	079	O	111	o	143	Å	175	»	207	╧	239	∩
016	DLE	▲	048	0	080	P	112	p	144	É	176	░	208	╨	240	≡
017	DC1	▼	049	1	081	Q	113	q	145	æ	177	▒	209	╤	241	±
018	DC2	↕	050	2	082	R	114	r	146	Æ	178	▓	210	╥	242	≥
019	DC3	‼	051	3	083	S	115	s	147	ô	179	│	211	╙	243	≤
020	DC4	¶	052	4	084	T	116	t	148	ö	180	┤	212	╘	244	⌠
021	NAK	§	053	5	085	U	117	u	149	ò	181	╡	213	╒	245	⌡
022	SYN	▬	054	6	086	V	118	v	150	û	182	╢	214	╓	246	÷
023	ETB	↨	055	7	087	W	119	w	151	ù	183	╖	215	╫	247	≈
024	CAN	↑	056	8	088	X	120	x	152	ÿ	184	╕	216	╪	248	°
025	EM	↓	057	9	089	Y	121	y	153	Ö	185	╣	217	┘	249	∙
026	SUB	→	058	:	090	Z	122	z	154	Ü	186	║	218	┌	250	·
027	ESC	←	059	;	091	[	123	{	155	¢	187	╗	219	█	251	√
028	FS	└	060	<	092	\	124	|	156	£	188	╝	220	▄	252	ⁿ
029	GS	◆	061	=	093	]	125	}	157	¥	189	╜	221	▌	253	²
030	RS	▲	062	>	094	^	126	~	158	Pt	190	╛	222	▐	254	■
031	US	▼	063	?	095	_	127	⌂	159	ƒ	191	┐	223	▀	255	(blank 'FF')

注：表中 000～127 是标准的。128～255 是扩展的。

附录 B　C 语言中的关键字

auto	break	case	char	const
continue	default	do	double	else
enum	extern	float	for	goto
if	inline	int	long	register
restrict	return	short	signed	sizeof
static	struct	switch	typedef	union
unsigned	void	volatile	while	_bool
_Complex	_Imaginary			

附录 C　运算符和结合性

优先级	运　算　符	含　　义	要求运算对象的个数	结合方向
1	（　）	圆括号		自左至右
	［　］	下标运算符		
	—>	指向结构体成员运算符		
	·	结构体成员运算符		
2	!	逻辑非运算符	1（单目运算符）	自右至左
	~	按位取反运算符		
	++	自增运算符		
	——	自减运算符		
	—	负号运算符		
	（类型）	类型转换运算符		
	*	指针运算符		
	&	取地址运算符		
	sizeof	长度运算符		
3	*	乘法运算符	2（双目运算符）	自左至右
	/	除法运算符		
	%	求余运算符		
4	+	加法运算符	2（双目运算符）	自左至右
	—	减法运算符		
5	<<	左移运算符	2（双目运算符）	自左至右
	>>	右移运算符		
6	<　<=　>　>=	关系运算符	2（双目运算符）	自左至右
7	==	等于运算符	2（双目运算符）	自左至右
	!=	不等于运算符		
8	&	按位与运算符	2（双目运算符）	自左至右
9	∧	按位异或运算符	2（双目运算符）	自左至右
10	|	按位或运算符	2（双目运算符）	自左至右
11	&&	逻辑与运算符	2（双目运算符）	自左至右

续表

优先级	运算符	含　义	要求运算对象的个数	结合方向
12	||	逻辑或运算符	2（双目运算符）	自左至右
13	？ ：	条件运算符	3（三目运算符）	自右至左
14	= += -= *= /= %= >>= <<= &= ∧= ¦=	赋值运算符	2（双目运算符）	自右至左
15	,	逗号运算符（顺序求值运算符）		自左至右

说明：

（1）同一优先级的运算符，运算次序由结合方向决定。例如 * 与 ／ 具有相同的优先级别，其结合方向为自左至右，因此 3 * 5 ／ 4 的运算次序是先乘后除。— 和 ++ 为同一优先级，结合方向为自右至左，因此 — i ++ 相当于—（i ++ ）。

（2）不同的运算符要求有不同的运算对象个数，如 +（加）和 —（减）为双目运算符，要求在运算符两侧各有一个运算对象（如 3+5、8—3 等）。而 ++ 和 —（负号）运算符是单目运算符，只能在运算符的一侧出现一个运算对象（如—a、i ++ 、— — i、（float）i、sizeof（int）、* p 等）。条件运算符是 C 语言中唯一的三目运算符，如 x ？ a ： b。

（3）从上表中可以大致归纳出各类运算符的优先级：

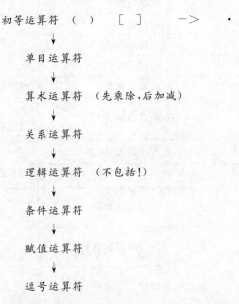

以上的优先级别由上到下递减。初等运算符优先级最高，逗号运算符优先级最低。位运算符的优先级比较分散（有的在算术运算符之前（如～），有的在关系运算符之前（如<<和>>），有的在关系运算符之后（如&、∧、¦））。为了容易记忆，使用位运算符时可加圆括号。

附录 D　C 语言常用语法提要

为读者查阅方便,下面列出 C 语言语法中常用的一些部分的提要。为便于理解,没有采用严格的语法定义形式,只是备忘性质,供参考。

1. 标识符

标识符可由字母、数字和下画线组成。标识符必须以字母或下画线开头,大、小写的字母分别认为是两个不同的字符。不同的系统对标识符的字符数有不同的规定,一般允许 7 个字符。

2. 常量

可以使用:

(1) 整型常量

- 十进制常数。
- 八进制常数(以 0 开头的数字序列)。
- 十六进制常数(以 0x 开头的数字序列)。
- 长整型常数(在数字后加字符 L 或 l)。

(2) 字符常量

用单撇号括起来的一个字符,可以使用转义字符。

(3) 实型常量(浮点型常量)

- 小数形式。
- 指数形式。

(4) 字符串常量

用双撇号括起来的字符序列。

3. 表达式

(1) 算术表达式

- 整型表达式:参加运算的运算量是整型量,结果也是整型数。
- 实型表达式:参加运算的运算量是实型量,运算过程中先转换成 double 型,结果为 double 型。

(2) 逻辑表达式

用逻辑运算符连接的整型量,结果为一个整数(0 或 1)。逻辑表达式可以认为是整型表达式的一种特殊形式。

(3) 字位表达式

用位运算符连接的整型量,结果为整数。字位表达式也可以认为是整型表达式的一种特殊形式。

(4) 强制类型转换表达式

用"(类型)"运算符使表达式的类型进行强制转换,如(float)a。

（5）逗号表达式（顺序表达式）

其形式为

表达式 1，表达式 2，…，表达式 n

顺序求出表达式 1，表达式 2，…，表达式 n 的值，结果为表达式 n 的值。

（6）赋值表达式

将赋值号"＝"右侧表达式的值赋给赋值号左边的变量。赋值表达式的值为执行赋值后被赋值的变量的值。

（7）条件表达式

其形式为

逻辑表达式？表达式 1：表达式 2

逻辑表达式的值若为非零，则条件表达式的值等于表达式 1 的值；若逻辑表达式的值为零，则条件表达式的值等于表达式 2 的值。

（8）指针表达式

对指针类型的数据进行运算，例如，p－2、p1－p2 等（其中 p、p1、p2 均已定义为指向数组的指针变量，p1 与 p2 指向同一数组中的元素），结果为指针类型。

以上各种表达式可以包含有关的运算符，也可以是不包含任何运算符的初等量（例如，常数是算术表达式的最简单的形式）。

4. 数据定义

对程序中用到的所有变量都需要进行定义。对数据要定义其数据类型，需要时要指定其存储类别。

（1）类型标识符可用

int

short

long

unsigned

char

float

double

struct　　　结构体名

union　　　共用体名

enum　　　枚举类型名

用 typedef 定义的类型名

结构体与共用体的定义形式为

struct　　　结构体名

　　｛成员表列｝；

union　　　共用体名

　　｛成员表列｝；

用 typedef 定义新类型名的形式为

typedef　已有类型　新定义类型；

例如：

typedef int COUNT；

（2）存储类别可用

auto
static
register
extern

（如不指定存储类别，作 auto 处理）

变量的定义形式为

存储类别　数据类型　变量表列；

例如：

static　float　a，b，c；

注意外部数据定义只能用 extern 或 static，而不能用 auto 或 register。

5. 函数定义

其形式为

存储类别　数据类型　函数名（形参表列）

函数体

函数的存储类别只能用 extern 或 static。函数体是用花括号括起来的，可包括数据定义和语句。函数的定义举例如下：

```
static int max (int x, int y)
{ int z;
  z=x > y? x:y;
  return (z);
}
```

6. 变量的初始化

可以在定义时对变量或数组指定初始值。

静态变量或外部变量如未初始化，系统自动使其初值为零（对数值型变量）或空（对字符型数据）。对自动变量或寄存器变量，若未初始化，则其初值为一不可预测的数据。

7. 语句

（1）表达式语句；

（2）函数调用语句；

（3）控制语句；

（4）复合语句；

（5）空语句。

其中控制语句包括：

(1) if(表达式)语句

或

if（表达式） 语句 1

else 语句 2

(2) while （表达式） 语句

(3) do 语句

while （表达式）;

(4) for （表达式 1;表达式 2;表达式 3）

语句

(5) switch （表达式）

{ case 常量表达式 1： 语句 1;

case 常量表达式 2： 语句 2;

⋮

case 常量表达式 n： 语句 n;

default； 语句 n+1;

}

前缀 case 和 default 本身并不改变控制流程，它们只起标号作用，在执行上一个 case 所标志的语句后，继续顺序执行下一个 case 前缀所标志的语句，除非上一个语句中最后用 break 语句使控制转出 switch 结构。

(6) break 语句

(7) continue 语句

(8) return 语句

(9) goto 语句

8. 预处理指令

define 宏名 字符串

define 宏名(参数 1,参数 2,…,参数 n) 字符串

undef 宏名

include "文件名" (或<文件名>)

if 常量表达式

ifdef 宏名

ifndef 宏名

else

endif

附录E　C库函数

　　库函数并不是C语言的一部分,它是由人们根据需要编制并提供用户使用的。每一种 C编译系统都提供了一批库函数,不同的编译系统所提供的库函数的数目和函数名以及函数功能是不完全相同的。ANSI C标准提出了一批建议提供的标准库函数,它包括了目前多数C编译系统所提供的库函数,但也有一些是某些C编译系统未曾实现的。考虑到通用性,本书列出ANSI C标准建议提供的、常用的部分库函数。对多数C编译系统,可以使用这些函数的绝大部分。由于C库函数的种类和数目很多(例如,还有屏幕和图形函数、时间日期函数、与系统有关的函数等,每一类函数又包括各种功能的函数),限于篇幅,本附录不能全部介绍,只从教学需要的角度列出最基本的。读者在编制C程序时可能要用到更多的函数,请查阅所用系统的手册。

1. 数学函数

使用数学函数时,应该在该源文件中使用以下命令行:

＃ include　＜math. h＞或＃ include　″math. h″

函数名	函数原型	功　　能	返回值	说　　明
abs	int abs (int x);	求整数 x 的绝对值	计算结果	
acos	double acos (double x);	计算 $\cos^{-1}(x)$ 的值	计算结果	x 应为 $-1\sim1$
asin	double asin (double x);	计算 $\sin^{-1}(x)$ 的值	计算结果	x 应为 $-1\sim1$
atan	double atan (double x);	计算 $\tan^{-1}(x)$ 的值	计算结果	
atan2	double atan2 (double x, double y);	计算 $\tan^{-1}(x/y)$ 的值	计算结果	
cos	double cos(double x);	计算 $\cos(x)$ 的值	计算结果	x 的单位为弧度
cosh	double cosh(double x);	计算 x 的双曲余弦 $\cosh(x)$ 的值	计算结果	
exp	double exp(double x);	求 e^x 的值	计算结果	
fabs	double fabs(double x);	求 x 的绝对值	计算结果	
floor	double floor(double x);	求出不大于 x 的最大整数	该整数的双精度实数	
fmod	double fmod(double x, double y);	求整除 x/y 的余数	返回余数的双精度数	
frexp	double frexp (double val, int * eptr);	把双精度数 val 分解为数字部分(尾数) x 和以 2 为底的指数 n,即 val= $x * 2^n$,n 存放在 eptr 指向的变量中	返回数字部分 x $0.5\leqslant x<1$	

函数名	函数原型	功　　能	返回值	说　　明
log	double log(double x);	求 $\log_e x$，即 $\ln x$	计算结果	
log10	double log10(double x);	求 $\log_{10} x$	计算结果	
modf	double modf(double val, double * iptr);	把双精度数 val 分解为整数部分和小数部分，把整数部分存到 iptr 指向的单元	val 的小数部分	
pow	double pow(double x, double y);	计算 x^y 的值	计算结果	
rand	int rand(void);	产生 $-90\sim32\ 767$ 的随机整数	随机整数	
sin	double sin(double x);	计算 $\sin x$ 的值	计算结果	x 单位为弧度
sinh	double sinh(double x);	计算 x 的双曲正弦函数 $\sinh(x)$ 的值	计算结果	
sqrt	double sqrt(double x);	计算 $\sqrt{x}$	计算结果	x 应 $\geqslant 0$
tan	double tan(double x);	计算 $\tan(x)$ 的值	计算结果	x 单位为弧度
tanh	double tanh(double x);	计算 x 的双曲正切函数 $\tanh(x)$ 的值	计算结果	

2. 字符函数和字符串函数

ANSI C 标准要求在使用字符串函数时要包含头文件 string. h，在使用字符函数时要包含头文件 ctype. h。有的 C 编译不遵循 ANSI C 标准的规定，而用其他名称的头文件。请使用时查阅有关手册。

函数名	函数原型	功　　能	返　回　值	包含文件
isalnum	int isalnum(int ch);	检查 ch 是否为字母(alpha)或数字(numeric)	是字母或数字返回 1；否则返回 0	ctype. h
isalpha	int isalpha(int ch);	检查 ch 是否为字母	是，返回 1；不是，则返回 0	ctype. h
iscntrl	int iscntrl(int ch);	检查 ch 是否为控制字符(其 ASCII 码在 0 到 0x1F 之间)	是，返回 1；不是，返回 0	ctype. h
isdigit	int isdigit(int ch);	检查 ch 是否为数字($0\sim9$)	是，返回 1；不是，返回 0	ctype. h
isgraph	int isgraph(int ch);	检查 ch 是否为可打印字符(其 ASCII 码在 0x21 到 0x7E 之间)，不包括空格	是，返回 1；不是，返回 0	ctype. h
islower	int islower(int ch);	检查 ch 是否为小写字母($a\sim z$)	是，返回 1；不是，返回 0	ctype. h
isprint	int isprint(int ch);	检查 ch 是否为可打印字符(包括空格)，其 ASCII 码在 0x20 到 0x7E 之间	是，返回 1；不是，返回 0	ctype. h

续表

函数名	函数原型	功　能	返 回 值	包含文件
ispunct	int ispunct(int ch);	检查 ch 是否为标点字符(不包括空格),即除字母、数字和空格以外的所有可打印字符	是,返回 1;不是,返回 0	ctype.h
isspace	int isspace(int ch);	检查 ch 是否为空格、跳格符(制表符)或换行符	是,返回 1;不是,返回 0	ctype.h
isupper	int isupper(int ch);	检查 ch 是否为大写字母(A~Z)	是,返回 1;不是,返回 0	ctype.h
isxdigit	int isxdigit(int ch);	检查 ch 是否为一个十六进制数字字符(即 0~9,或 A~F,或 a~f)	是,返回 1;不是,返回 0	ctype.h
strcat	char * strcat(char * str1, char * str2);	把字符串 str2 接到 str1 后面,str1 最后面的'\0'被取消	str1	string.h
strchr	char * strchr(char * str, int ch);	找出 str 指向的字符串中第一次出现字符 ch 的位置	返回指向该位置的指针,如找不到,则返回空指针	string.h
strcmp	int strcmp(char * str1,char * str2);	比较两个字符串 str1 和 str2	str1<str2,返回负数;str1=str2,返回 0;str1>str2,返回正数	string.h
strcpy	char * strcpy(char * str1,char * str2);	把 str2 指向的字符串复制到 str1 中去	返回 str1	string.h
strlen	unsigned int strlen (char * str);	统计字符串 str 中字符的个数(不包括终止符'\0')	返回字符个数	string.h
strstr	char * strstr(char * str1,char * str2);	找出 str2 字符串在 str1 字符串中第一次出现的位置(不包括 str2 的串结束符)	返回该位置的指针,如找不到,返回空指针	string.h
tolower	int tolower(int ch);	将 ch 字符转换为小写字母	返回 ch 所代表的字符的小写字母	ctype.h
toupper	int toupper(int ch);	将 ch 字符转换成大写字母	与 ch 相应的大写字母	ctype.h

3. 输入输出函数

凡用以下的输入输出函数,应该使用 #include<stdio.h>把 stdio.h 头文件包含到源程序文件中。

函 数 名	函数原型	功　能	返回值	说明
clearerr	void clearerr(FILE * fp);	使 fp 所指文件的错误标志和文件结束标志置0	无	
fclose	int fclose(FILE * fp);	关闭 fp 所指的文件,释放文件缓冲区	有错则返回非 0;否则返回 0	
feof	int feof(FILE * fp);	检查文件是否结束	已读文件尾标志返回非0值;否则返回 0	

函 数 名	函数原型	功　　能	返回值	说明
fgetc	int fgetc(FILE * fp);	从 fp 所指定的文件中取得下一个字符	返回所得到的字符，若读入出错，返回 EOF	
fgets	char * fgets(char * buf, int n, FILE * fp);	从 fp 指向的文件读取一个长度为(n−1)的字符串，存入起始地址为 buf 的空间	返回地址 buf，若遇文件结束或出错，返回 NULL	
fopen	FILE * fopen(char * filename, char * mode);	以 mode 指定的方式打开名为 filename 的文件	成功，返回一个文件指针(文件信息区的起始地址)；否则返回 0	
fprintf	int fprintf (FILE * fp, char * format, args,…);	把 args 的值以 format 指定的格式输出到 fp 所指定的文件中	实际输出的字符数	
fputc	int fputc (char ch, FILE * fp);	将字符 ch 输出到 fp 指向的文件中	成功，则返回该字符；否则返回非 0	
fputs	int fputs(char * str, FILE * fp);	将 str 指向的字符串输出到 fp 所指定的文件	成功返回 0；若出错返回非 0	
fread	int fread(char * pt, unsigned size, unsigned n, FILE * fp);	从 fp 所指定的文件中读取长度为 size 的 n 个数据项，存到 pt 所指向的内存区	返回所读的数据项个数，如遇文件结束或出错返回 0	
fscanf	int fscanf (FILE * fp, char format, args,…);	从 fp 指定的文件中按 format 给定的格式将输入数据送到 args 所指向的内存单元(args 是指针)	已输入的数据个数	
fseek	int fseek(FILE * fp, long offset, int base);	将 fp 所指向的文件的位置指针移到以 base 所给出的位置为基准、以 offset 为位移量的位置	返回当前位置；否则，返回−1	
ftell	long ftell (FILE * fp);	返回 fp 所指向的文件中的读写位置	返回 fp 所指向的文件中的读写位置	
fwrite	int fwrite(char * ptr, unsigned size, unsigned n, FILE * fp);	把 ptr 所指向的 n * size 个字节输出到 fp 所指向的文件中	写到 fp 文件中的数据项的个数	
getc	int getc (FILE * fp);	从 fp 所指向的文件中读入一个字符	返回所读的字符，若文件结束或出错，返回 EOF	
getchar	int getchar(void);	从标准输入设备读取下一个字符	所读字符。若文件结束或出错，则返回−1	
getw	int getw (FILE * fp);	从 fp 所指向的文件读取下一个字(整数)	输入的整数。如文件结束或出错，返回−1	非 ANSI 标准函数
open	int open (char * filename, int mode);	以 mode 指出的方式打开已存在的名为 filename 的文件	返回文件号(正数)；如打开失败，返回−1	非 ANSI 标准函数

续表

函数名	函数原型	功　能	返回值	说明
printf	int printf (char * format,args,…);	按 format 指向的格式字符串所规定的格式,将输出表列 args 的值输出到标准输出设备	输出字符的个数,若出错,返回负数	format 可以是一个字符串,或字符数组的起始地址
putc	int putc (int ch, FILE * fp);	把一个字符 ch 输出到 fp 所指的文件中	输出的字符 ch,若出错,返回 EOF	
putchar	int putchar (char ch);	把字符 ch 输出到标准输出设备	输出的字符 ch,若出错,返回 EOF	
puts	int puts(char * str);	把 str 指向的字符串输出到标准输出设备,将′\0′转换为回车换行	返回换行符,若失败,返回 EOF	
putw	int putw (int w, FILE * fp);	将一个整数 w(即一个字)写到 fp 指向的文件中	返回输出的整数,若出错,返回 EOF	非 ANSI 标准函数
read	int read(int fd, char * buf, unsigned count);	从文件号 fd 所指示的文件中读 count 个字节到由 buf 指示的缓冲区中	返回真正读入的字节个数,如遇文件结束返回 0,出错返回-1	非 ANSI 标准函数
rename	int rename (char * oldname, char * newname);	把由 oldname 所指的文件名,改为由 newname 所指的文件名	成功返回 0;出错返回 -1	
rewind	void rewind(FILE * fp);	将 fp 指示的文件中的位置指针置于文件开头位置,并清除文件结束标志和错误标志	无	
scanf	int scanf (char * format, args,…);	从标准输入设备按 format 指向的格式字符串所规定的格式,输入数据给 args 所指向的单元	读入并赋给 args 的数据个数,遇文件结束返回 EOF,出错返回 0	args 为指针
write	int write(int fd, char * buf, unsigned count);	从 buf 指示的缓冲区输出 count 个字符到 fd 所标志的文件中	返回实际输出的字节数,如出错返回-1	非 ANSI 标准函数

4. 动态存储分配函数

ANSI 标准建议设 4 个有关的动态存储分配的函数,即 calloc( ),malloc( ),free( )和 realloc( )。实际上,许多 C 编译系统实现时,往往增加了一些其他函数。ANSI 标准建议在 stdlib.h 头文件中包含有关的信息,但许多 C 编译系统要求用 malloc.h 而不是 stdlib.h。读者在使用时应查阅有关手册。

ANSI 标准要求动态分配系统返回 void 指针。void 指针具有一般性,它们可以指向任何类型的数据。但目前有的 C 编译所提供的这类函数返回 char 指针。无论以上两种情况的哪一种,都需要用强制类型转换的方法把 void 或 char 指针转换成所需的类型。

函数名	函数原型	功　　能	返　回　值
calloc	void * calloc(unsigned n, unsign size);	分配 n 个数据项的内存连续空间，每个数据项的大小为 size	分配内存单元的起始地址，如不成功，返回 0
free	void free(void * p);	释放 p 所指的内存区	无
malloc	void * malloc(unsigned size);	分配 size 字节的存储区	所分配的内存区起始地址，如内存不够，返回 0
realloc	void * realloc(void * p, unsigned size);	将 p 所指出的已分配内存区的大小改为 size，size 可以比原来分配的空间大或小	返回指向该内存区的指针

参 考 文 献

[1] 谭浩强.C 程序设计[M].4 版 . 北京：清华大学出版社,2010.

[2] 谭浩强.C 程序设计(第四版)学习辅导[M]. 北京：清华大学出版社,2010.

[3] 谭浩强.C 程序设计教程[M].2 版 . 北京：清华大学出版社,2013.

[4] 谭浩强.C 语言程序设计[M].3 版.北京：清华大学出版社,2014.

[5] 谭浩强.C++ 程序设计[M].3 版.北京：清华大学出版社,2015.

[6] C 编写组.常用 C 语言用法速查手册[M].北京：龙门书局,1995.

[7] KERNIGHAN B W, RITCHIE D M. The C Programming Language[M].2nd ed.北京：机械工业出版社,2007.

[8] PRINZ P, CRAWFORD T. C in a Nutshell[M]. O'Reilly Taiwan 公司,译.北京：机械工业出版社,2007.

[9] PEITEL H M, DEITEL P J.C How to Program[M].2nd ed.蒋才鹏,等译.北京：机械工业出版社,2000.

中国高等院校计算机基础教育课程体系
规划教材近期书目

- ❖ 计算机与信息技术基础教程(第 3 版)
- ❖ 计算机与信息技术基础教程题解与实验指导(第 3 版)
- ❖ 计算机与信息技术应用教程(第 2 版)
- ❖ 计算机与信息技术应用指导(第 2 版)
- ❖ 计算机应用技术基础
- ❖ 计算机应用技术基础习题与实验指导
- ❖ 大学计算机应用基础案例教程(配光盘)
- ❖ C 程序设计(第五版)
- ❖ C 程序设计(第五版)学习辅导
- ❖ C++ 程序设计(第 3 版)
- ❖ C++ 程序设计题解与上机指导(第 3 版)
- ❖ C++ 面向对象程序设计(第 2 版)
- ❖ C++ 面向对象程序设计题解与上机指导(第 2 版)
- ❖ C++ 程序设计实践指导
- ❖ C 程序设计教程(第 3 版)
- ❖ C 程序设计教程(第 3 版)学习辅导
- ❖ Visual Basic 程序设计(第 2 版)
- ❖ Visual Basic 程序设计题解与实验指导(第 2 版)
- ❖ Visual Basic 6.0 程序设计案例教程
- ❖ Visual C♯ 程序设计基础
- ❖ 计算机网络——基于因特网的信息服务平台(第 2 版)
- ❖ 多媒体技术与应用
- ❖ 数据库技术与应用
- ❖ 微机原理与接口技术
- ❖ Linux 基础与应用(第 2 版)
- ❖ Java 软件编程实例教程
- ❖ 基于 Web 标准的网页设计与制作(第 2 版)
- ❖ Intel 8086-Pentium 4 后系列微机原理与接口技术
- ❖ 数据结构 C++ 语言描述
- ❖ ASP. NET 动态网站开发教程
- ❖ PHP 动态网站开发